"十三五"职业教育规划教材

（第二版）

计算机网络技术

主　编　郑　华
副主编　刘　洋
编　写　李筱楠　贺媛媛　刘丽娜
主　审　于军琪

内 容 提 要

本书是“十三五”职业教育规划教材。

全书共分10章，主要内容包括概论、数据通信基础知识、通信子网、局域网、广域网、TCP/IP网络、网络安全、网络管理、综合布线系统、项目实训。另外，本书各章的结尾都安排有习题，以达到复习巩固的目的。本书理论基础讲解透彻、深入，突出介绍了TCP/IP协议集，充分考虑了实训课的可操作性，突出了职业教育特色，以应用为目的，以必需、够用为度，把握适用性、科学性、先进性、应用性。

本书可作为楼宇智能化工程技术专业、电气工程类、自动化类及电子类专业的教材，也可作为其他非电类专业相应课程的教材，同时可供从事电子技术工作的技术人员参考。

图书在版编目（CIP）数据

计算机网络技术/郑华主编. —2版.—北京：中国电力出版社，2016.3（2020.1重印）

“十三五”职业教育规划教材

ISBN 978-7-5123-8821-5

Ⅰ.①计…　Ⅱ.①郑…　Ⅲ.①计算机网络—高等职业教育—教材　Ⅳ.①TP393

中国版本图书馆CIP数据核字（2016）第011725号

中国电力出版社出版、发行

（北京市东城区北京站西街19号　100005　http://www.cepp.sgcc.com.cn）

北京雁林吉兆印刷有限公司印刷

各地新华书店经售

*

2007年2月第一版

2016年3月第二版　2020年1月北京第五次印刷

787毫米×1092毫米　16开本　17.5印张　421千字

定价 **49.00** 元

前　言

计算机网络技术是计算机相关专业的一门必修课。编者在多年的计算机网络教学过程中发现：①由于该课程涉及的知识面广，近年来的计算机网络发展速度很快，造成了许多相关的教材在内容安排上重点不够突出、细节不够深入、浮于表面的情况；②由于大多数的网络实验需要用到路由器、交换机等网络设备，而这些设备相对来说价格高，搭建这样一个实验平台往往资金投入多、设备利用率低，因此如何合理地安排网络实验一直是计算机网络课程最棘手的问题。本书在编写过程中力图使以上两个问题均能得到很好地解决。与同类计算机网络教材相比，该教材具有如下特点。

（1）基础理论讲解更加透彻、深入。如香农定理、PCM 原理，CRC 算法、流量控制算法、CSMA/CD 基本原理、时间槽的概念、最小帧的由来、载波扩展的含义、以太网的数编码方法、VLAN 本质与实现、距离矢量路由、链路状态路由、服务质量、IPsec、VPN、SSL、RSA 算法、Hash 算法等。笔者认为，这些计算机网络的最基本的概念必须掌握，其中数据链路层有关点到点的通信协议从本质上来说不会过时，自计算机网络诞生以来的几十年里，它们几乎没有任何变化，本书很详尽地介绍了这部分知识。

（2）突出介绍了 TCP/IP 协议集。TCP/IP 协议已经形成了一统天下的局面，从一定程度上来说，现有的其他协议只是作为 TCP/IP 协议的一个补充而存在，随着 IPv6 的日渐推广，这些补充的协议可能很快退出历史舞台。本书详细介绍了 IPv4、CIDR、NAT、ICMP、IGMP、ARP、RARP、BOOTP、DHCP、IPv6、TCP、UDP、HTTP、FTP、DNS 等重要协议，同时还介绍了静态路由、RIP 路由、IGRP 路由、OSPF 路由算法及其在模拟器上的实现，深刻地掌握 TCP/IP 相关协议是以后进行网络配置和网络管理的基础。

（3）充分考虑了实训课的可操作性。正如前面所提及的，为合理地安排学生进行实训，本书安排的所有实训项目均可以在普通的学生机房进行，各种路由和 VLAN 的实训都在模拟器上进行。

与第一版相比，第二版主要修订了项目实训的章节，删除了原有第 10、第 11 章的内容，新增了第 10 章项目实训，新修订的实训内容更加贴近现代计算机网络的技术方案，内容更实用、更新颖，且便于操作。同时，对于第一版中过时的内容、新出现的技术以及一些细节一并做了修订。

本书由郑华主编，刘洋副主编，李筱楠、贺媛媛、刘丽娜参加了编写，第 1、2 章由贺媛媛编写，第 3 章由刘丽娜编写，第 5、6、10 章由郑华编写，第 7、8 章由李筱楠编写，第 4、9 章由刘洋编写，全书由郑华统稿。在本书编写过程中，参考了许多同行的著作，在此一并表示感谢。

建议本书的总授课学时为 64 学时，其中讲课学时 32 学时，实训学时 32 学时。

限于编者水平，时间紧迫，不当之处在所难免，读者在阅读本书的过程中如果有任何意见或建议，请发送电子邮件至 sirtzhh@sohu. com，编者将不胜感激。

编　者

2015 年 12 月

目　录

第1章　概　　论

随着我国社会信息化程度地不断加强，计算机网络越来越多地深入到了我们的工作和生活中，人们迫切地需要通过计算机网络来进行交流并获取有用的信息。自从计算机这一电子设备诞生以来，它一直以惊人的速度发展着，世界上的第一台计算机被放在了一个很大的房间里面，参观的人可以透过玻璃来欣赏这个庞然大物，而在今天，具备同样功能的计算机可以被集成到一个只有指甲盖大小的范围里。在学完这门课程以后你会发现，计算机网络的发展速度远远超过计算机的发展速度，正如人们在计算机诞生之初无法正确地预测未来的计算机如何改变人们的生活一样，我们今天也很难预测未来的计算机网络如何改变我们的生活。

本章我们要讨论的内容主要是计算机网络的发展史和计算机网络的标准化进程。

1.1　计算机网络的形成与发展

1.1.1　计算机网络发展过程

计算机网络是电子计算机及其应用技术与通信技术日益发展、密切结合的产物。概括地说其发展过程可分为以下四个阶段。

1. 单机系统

单机系统的阶段大约是从1946年世界上第一台数字电子计算机问世到20世纪50年代末。但早期的计算机数量很少并且价格昂贵，因此通常放在计算机中心机房里，主要处理成批的信息，用户如果想使用计算机必须前往机房。当有许多用户需要使用计算机时，就必须排队等候。

2. 分时多用户系统

这个阶段是从20世纪50年代到20世纪60年代末，随着使用计算机用户数量的增多，主计算机处理数据的时间明显增加，效率大大降低，因此引入了分时系统。分时多用户系统支持多个用户利用多台终端共享单台计算机的资源。为了减轻主机与终端的通信开销，常设置前端机专门提供终端与主机之间的数据传输功能。如图1-1所示的分时多用户系统，一台主机可以供几十个用户甚至上百个用户同时使用。

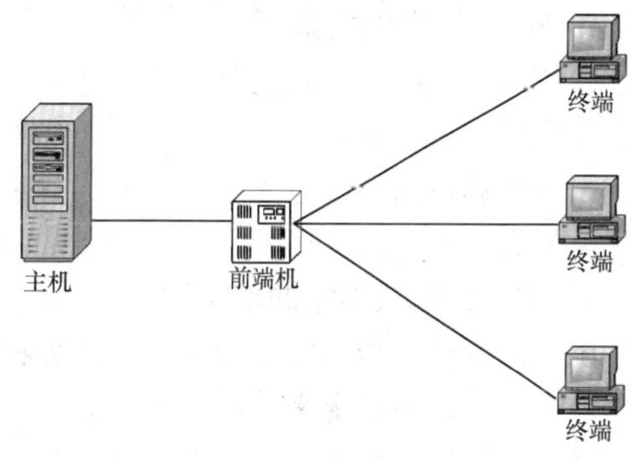

图1-1　分时多用户系统

3. 远程终端访问系统

这个阶段是从20世纪50年代末到20世纪60年代中期，利用通信线路将终端连接到主机，用户可以在远程终端上访问主机，不受地域的限制。远程用户可以专线方式或通过集线器访问主机，分别如图1-2和图1-3所示。

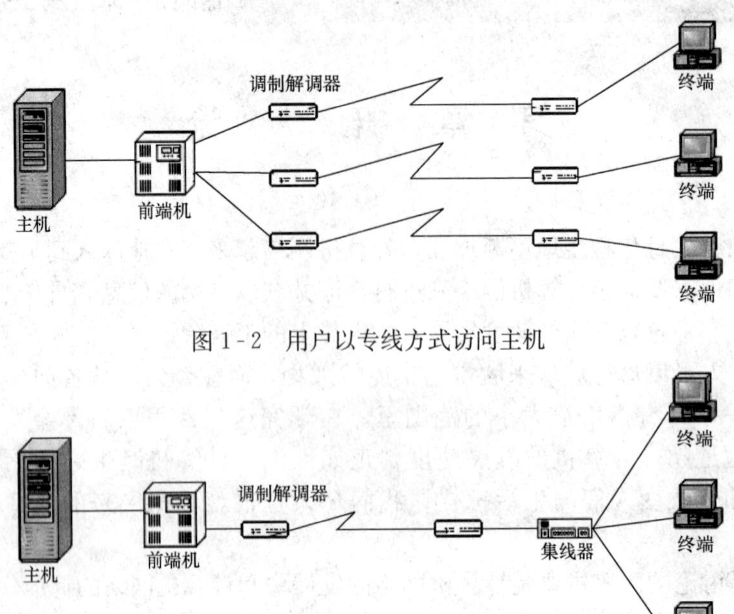

图 1-2　用户以专线方式访问主机

图 1-3　用户通过集线器访问主机

4. 计算机网络系统

从 20 世纪 60 年代末开始，进入了计算机网络的时代。将多台具有数据处理能力的计算机通过通信设备连在一起，相互共享资源。世界上第一个计算机网络 ARPANET 于 1968 年诞生，它是美国国防部高级计划研究局（Advanced Research Project Agency，ARPA）研究开发的，因此称为 ARPANET。它的思想是将多个大学、公司和研究所的多台计算机互联实现资源共享。ARPANET 通过有线、无线与卫星线路等使网络覆盖了从美国本土到欧洲的广泛地域。ARPANET 的研究成果对世界计算机网络的发展具有深远意义。从那以后计算机网络的发展十分迅速，出现了大量的计算机网络。

20 世纪 90 年代覆盖全球的计算机网络——Internet 的普及，使得计算机网络的发展进入了一个高速、高质量且支持综合业务的时期。只要用户将自己的计算机连入 Internet，足不出户便可知天下事。

目前计算机网络已经渗入到人们的日常工作、学习和生活中，网络正向着能更大程度地满足人们需求的方向发展着。

1.1.2　计算机网络的定义和功能

随着技术的进步、应用的扩大，计算机网络技术也在不断发展。这里，我们按照计算机网络所具有的特性来定义计算机网络。

计算机网络是通过通信设施（通信网络），将地理上分散的具有自治功能的多个计算机系统互联起来，进行信息交换，实现资源共享、互操作和协同工作的系统。

这是一个广义的定义，它具有以下的一些特征。

（1）计算机网络是一个互联的计算机系统的群体。这些计算机系统在地理上是分散的，可能在一个房间内、在一个单位里的楼群里、在一个或几个城市里、甚至在全国乃至全球范围。

（2）这些计算机系统是自治的，即每台计算机是独立工作的，它们是在网络协议控制下协同工作的。

（3）系统互联要通过通信设施（网）来实现。通信设施一般都由通信线路和相关的传输、交换设备等组成。

（4）系统通过通信设施执行信息交换、资源共享，互操作和协作处理，实现各种应用要求。互操作（Interoperation 或 Interoperability）和协作处理（Interworking）是计算机网络应用中更高层次的要求特性。它需要有一种机制能支持互联网络环境下的异种计算机系统之间的进程通信、互操作，实现协同工作和应用集成。

计算机网络可能提供的一些功能如下：

（1）数据通信

终端与计算机、计算机与计算机之间能够进行通信，相互传送数据，从而方便地进行信息收集、处理、交换。

（2）资源共享

用户可以共享计算机网络范围内的系统硬件、软件、数据、信息等各种资源。

（3）网络计算

提供分布处理和均衡计算机负荷的功能，降低软件设计复杂性，提高系统效率。

（4）集中控制

通过计算机网络可对地理上分散的系统进行集中控制，对网络资源进行集中的分配和管理。

（5）提高系统的可靠性

借助冗余和备份的手段提高系统可靠性。

（6）网络新服务

开辟大量新的应用服务项目等。

1.1.3 计算机网络的构成和分类

1. 计算机网络的构成

计算机网络的最终目的是面向应用。计算机网络应能同时提供信息传输和信息处理的能力。因此，在逻辑上可将计算机网络分为负责信息传输的子网——“通信子网”和负责信息处理的子网——“资源子网”两部分。它在结构上分成负责数据处理的主计算机与终端和负责通信处理的通信控制处理机（Communication Control Processor，CCP）与通信线路两部分，如图 1-4 所示。

通信子网是网络中面向数据传输或数据通信部分的资源的集合，主要支持用户数据的传输。该子网包括传输线路、网络设备和网络控制中心等硬、软件设施。电信部门提供的网络，如 X.25 网、DDN 网、帧中继网等一般都作为通信子网。企业网、校园网中除服务器和用户终端计算机外的所有网络设备和网络线路构成的网络也可称为通信子网。

资源子网是网络中面向数据处理的资源集合，主要支持用户的应用。资源子网由用户的主机资源组成，包括接入网络的用户主机以及面向应用的外设（如终端）、软件和可共享的数据（如公共数据库）等。

2. 计算机网络的分类

计算机网络的分类可以是多样的，根据网络覆盖的地理范围进行分类，能较好地反映不同网络的技术特征。网络覆盖的地理范围不同，它所需要采用的技术也就不同，因而形成了不同的网络技术特点与网络服务功能。计算机网络按其覆盖的地理范围可以分为三类：

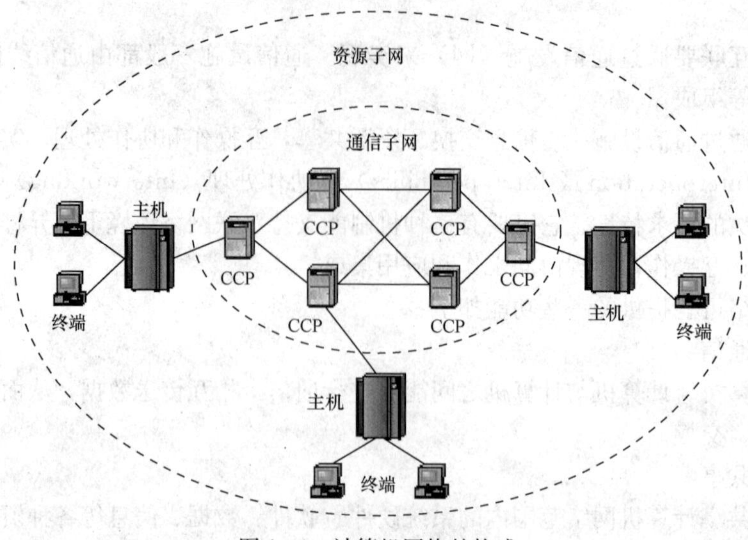

图 1-4 计算机网络的构成

（1）广域网

广域网简称为 WAN（Wide Area Network），它覆盖的地理范围从几十公里到几千公里，可以覆盖一个国家、地区或横跨几个洲，形成国际性的远程网络。广域网的通信子网主要使用分组交换技术。它可以利用公用分组交换网、卫星通信网和无线分组交换网将分布在不同地区的计算机系统互联起来，达到共享资源的目的。广域网的连接方法主要有以下几种：

- 通过公用分组交换网或者 X.25 网实现远程连接。
- 通过 T1/E1 高速数字线连接。在两个节点之间建立专用线，其全双工传输速率可达 1.544Mb/s 或 2.048Mb/s。这种方式较适用于远程数据库访问和建立实时 LAN/LAN 的连接。
- 通过 T3 高速数字线连接。它可分为 28 个 T1 通道，其传输速率可达 44.184Mb/s。该方式较适合于高速 WAN 应用环境。
- 利用帧中继（FR）网络。帧中继实质上是由 X.25 分组交换技术演变而来的，但比分组交换更有优越性。它着重数据的高速传输，因此帧中继的业务吞吐量大，能够提供相当于分组交换 10 倍的数据速率，上限速率可以达到 50Mb/s。
- 采用 ISDN 技术。

（2）城域网

城域网是指城市地区网络，简称 MAN（Metropolitan Area Network）。它是介于广域网与局域网之间的一种大范围的高速网络。城域网设计的目标是要满足几十公里范围内的大量企业、机关、公司与社会服务部门的计算机联网需求，实现大量用户、多种信息传输的综合信息网络。它使用广域网技术进行组网。

（3）局域网

局域网简称 LAN（Local Area Network），它用于将有限范围内各种计算机、终端与外部设备互联成网。局域网是目前计算机网络研究与应用技术发展最快的领域之一。它的主要技术特点有：

- 局域网覆盖有限的地理范围，它适用于机关、公司、校园、军营、工厂等有限范围的计算机、终端与各类信息处理设备联网的需求。

- 局域网具有高速数据传输速率，低误码率的高质量数据传输环境。
- 局域网一般属于一个单位所有，易于建立、维护和发展。
- 决定局域网特性的主要技术要素是：网络拓扑、传输介质与介质访问控制方法。由于局域网覆盖有限的地理范围，因此在传输介质、介质访问控制方法上形成了自己的特点，网络拓扑主要以总线型、环型与星型结构为主。网络传输介质主要采用双绞线、同轴电缆与光纤。

除了按地域范围分类外，计算机网络还可以按拓扑结构分为星型网、环型网、总线型网和网状网等。

按照对网络组建和管理的部门和单位不同，还可以将计算机网络分为公用网和专用网。

公用网一般由电信部门或其他提供通信服务的经营商组建、管理和控制，网络内的传输和转接装置可供任何部门和个人使用，公用网常用于广域网络的构建，支持用户的远程通信。如我国的电信网、广电网和联通网等。

专用网是由用户部门组建经营的网络，不容许其他用户和部门使用。由于投资等因素，专用网常为局域网或者是通过租借电信部门的线路而组建的广域网。如由学校组建的校园网、由企业组建的企业网等。

许多部门直接租用电信部门的通信网络，并配置一台或者多台主机，向社会各界提供网络服务，这些部门构成的应用网络称为增值网络，也即在通信网络的基础上提供了增值服务，如中国教育科研网、全国各大银行的网络等。

1.2　网络体系结构与参考模型

1.2.1　网络的分层体系结构

现代计算机通信网的设计是以高度结构化的方式进行的。分层是一种结构技术，它可以把网络在逻辑上看成是由相邻的层组成的。结构中的每一层都完成特定的功能，每一层都向它的上一层提供一定的服务，而把这种服务是如何实现的细节对上层屏蔽起来。因此，我们就可以专门研究某一层的协议或其功能的实现而不必考虑其相邻层的协议，使我们对网络的掌握具有很大的灵活性。分层的另一个目的是保持层间的独立性。由于只定义了本层向高层所提供的服务，至于如何提供这种服务不作任何规定，因此每一层在如何完成自己的功能上都具有一定的独立性。这样一来就允许任意一层在工作中作各种变动，关键是要向高层提供同样的服务。

计算机网络是由多个互联的网络节点构成的，节点之间要不断地交换数据和控制信息。要做到有条不紊地交换数据，每个节点都必须遵守一定的事先约定好的规则。这些规则明确地规定了所交换数据的格式和时序。这些为进行网络数据交换而建立的规则、约定或标准被称为网络协议（Protocol）。

一个网络协议由三个要素组成：语法，即用户数据与控制信息的结构和格式；语义，即需要发出何种控制信息、完成何种动作与做出相应的响应；时序，即对事件实现顺序的规定。一个功能完备的计算机网络需要制定一套的网络协议，对于复杂的网络协议最好的组织方式是层次结构模型。

计算机网络的分层体系结构就是计算机网络的层次结构模型与各层协议的集合。网络体系结构对计算机网络应该实现的功能进行了精确的定义。

世界上第一个网络体系结构是 IBM 公司于 1974 年提出的 SNA（System Network Architecture）。在此之后许多公司纷纷提出了各自的网络体系结构。这些网络体系结构的共同之处就是它们都采用了分层技术，但层次的划分与功能的分配均不相同。随着信息技术的发展，各种计算机系统联网及各种计算机网络互联已经成为人们迫切的需要。为解决这一问题，国际标准化委员会（ISO）和国际电工委员会（IEC）联合成立了联合技术委员会（ISO/IEC）与 CCITT 共同开发并制定了 OSI 标准，1983 年正式成为国际标准。

1.2.2 OSI 参考模型

OSI 参考模型定义了网络互联的七层框架，在框架下进一步详细规定了每一层的功能和网络协议，以实现开放系统环境中的互联性、互操作性和应用的可移植性。

这个模型描述了这样一个过程，即数据如何由用户产生，并在一系列中间层移动，然后被转换为可以实际放入网络传输介质中的数据流，最后被发送到网络上。这个模型还描述了在网上的两个设备之间如何建立通信会话。因为打印机和路由器等设备都能够参与网络通信，因此通常把网络上的设备（当然主要是计算机）称为网络节点。

当数据被网络节点发送时，数据就在 OSI 栈中向下移动，然后被发送到网络介质中。当数据被某个节点接收之后，它就从 OSI 栈中向上移动，直到又变成能被那台计算机上的用户访问的数据形式。用户数据在发送节点沿 OSI 栈向下移动的过程是层层封装的过程，数据在接收节点沿 OSI 栈向上移动的过程为层层解除封装的过程。数据在应用层被创建后沿着 OSI 的其他层向下移动时，其他各层都会在数据的开头处附加上一段信息，称为信息头。当数据到达物理层时，它就像被包裹在若干层不同包装纸内的糖果一样。当数据传送到接收点时，数据随着一层层的上移，数据头部也被层层地剥下（头并不是被接收计算机简单地除去，而是被读取之后用来决定接收计算机如何在 OSI 的每一层处理接收到的数据），从而被接收计算机的应用程序读取。图 1-5 表示了数据被层层封装和解封装的过程。

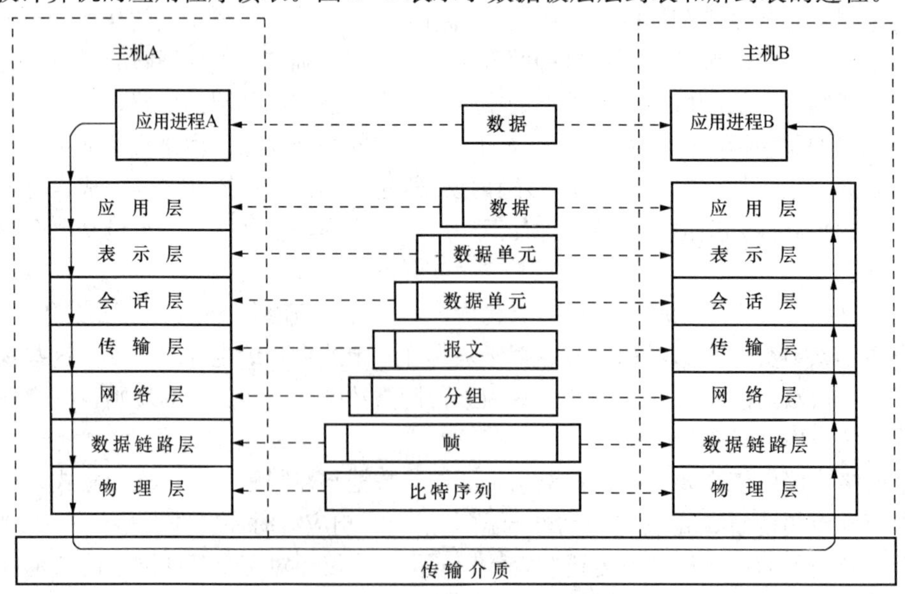

图 1-5 OSI 模型中的数据流

OSI模型的一个重要特点就是栈中的每一层都直接为其上一层服务，只有位于栈顶的应用层不向更高的层提供服务。

（1）物理层

OSI模型的最底层。物理层为设备之间的数据通信提供传输媒体及互连设备，为数据传输提供可靠的环境。物理层标准规定了网络的物理特性，比如连接的电缆类型及物理特性等，具体的规定是通过特定的协议来描述的。最常用的是IEEE802.3、IEEE802.4、IEEE802.5标准和美国国家标准化协会在ANSI光纤分布式数据接口FDDI标准中所规定的协议。

（2）数据链路层

数据链路层负责在相邻节点间的物理链路中传送数据，并负责把数据封装进特定格式的帧中，帧类型由网络中使用的特定类型的网络结构及协议确定。比如，以太网中使用以太帧，令牌环网中使用令牌环帧。数据链路层还负责流量控制与差错控制方法，使有差错的物理线路变成无差错的数据链路。

（3）网络层

网络层负责通过运行路由算法为分组选择最适当的路径，以实现拥塞控制、网络互联等功能。网络层的数据传输单元是分组，也称为包。路由器就在这一层运行，它利用分配给分组的逻辑地址来决定分组在网络上应该采取的路由，从而把信息包从源节点传送到目的节点。

（4）传输层

传输层向用户提供可靠的端到端的数据传输服务。它负责将联网计算机用户创建的数据信息分成很多小数据包，经过可靠的传输，在接收节点再将数据包重新组合起来。就传输层涉及的流控制来说，通信的计算机使用确认来验证数据的正确接收，在发送节点已经发出了协商好的若干数据包后，目的计算机会向发送计算机发送确认信息，然后发送节点再继续发送另外的信息。传输层向高层屏蔽了下层数据通信的细节。

（5）会话层

负责在发送和接收计算机之间建立通信链接或会话，还负责管理已经在这两个节点之间建立起来的通信会话。它实际上提供网络节点之间建立的三种不同模式的通信会话，即单工、半双工和全双工。会话层的另一个功能是在发送计算机向接收计算机传送的数据流中加入特殊的检查点。如果计算机之间的连接丢失，这些检查点就可以发挥作用。发送计算机只需重新发送数据流中从最近接收到的检查点处开始的数据。

（6）表示层

表示层执行对各种应用非常有用的通用数据交换，从而提供高效的可被各种应用识别的数据接口。它可被认为是OSI模型的翻译器，负责把网络上传输的数据从一种格式转换成另一种格式，比如在发送端该层可以把从应用层取得的数据打乱进行传输，然后，在接收端把从下层取得的数据表示成应用层可以读取的数据格式。表示层也负责对数据进行加密或进行数据压缩等。

（7）应用层

应用层提供使用者的各种应用，并处理用户看不到的各种应用进程。其基本业务有消息处理、文件传输和数据库查询等。对于这些应用，用户可以直接通过能够看得到的工具来实现。应用层中使用的协议我们已经很熟悉了，有HTTP（超文本传输协议）、FTP（文件传输协议）、WAP（无线应用协议）、SMTP（简单邮件传输协议）等。

1.2.3 TCP/IP 参考模型

TCP/IP 协议最早是 1957 年由美国国防部高级计划研究局制定的。以后，TCP/IP 进入商业领域，以实际应用为出发点，支持不同厂商、不同机型、不同网络的互联通信，并成为目前令人瞩目的工业标准。

1. TCP/IP 协议的特点

1）开放的协议标准，可以免费使用，并且独立于特定的计算机硬件与操作系统。最开始的各种计算机网络都有各自特定的通信协议，如 Novell 公司的 IPX/SPX、IBM 公司的 SNA、DEC 公司的 DNA（DECnet）等，这些通信协议相对于自己的网络都具有一定的排他性。而在很多情况下，需要把不同的系统连接在一起，以提高不同网络之间的通信能力。但由于各种网络通信协议的专用性，使得不同系统之间的连接变得十分困难。使用 TCP/IP 协议能很好地解决这个问题，它提供了一个开放的环境，能够把各种计算机平台，包括大型机、小型机、工作站和 PC 机很好地连接在一起。

2）独立于特定的网络硬件，可以运行在局域网、广域网，更适用于互联网中。它能为不同的网络服务器（如 Netware 的网络服务器和工作站与 UNIX 系统主机、IBM 和 DEC 系统中的大中型机）之间提供很好地连接，各种类型的网络都可以容易地接入 Internet。

3）统一的网络地址分配方案，使得整个 TCP/IP 设备在网络中都具有唯一的地址。IP 地址具有固定、规范的格式，使得路由与寻址更加方便准确。

4）标准化的高层协议，可以提供多种可靠的用户服务。

2. TCP/IP 参考模型

在 TCP/IP 协议的基础上出现了 TCP/IP 参考模型。它最早是在 1974 年提出的，经过不断地完善和发展形成了目前比较完整的体系结构。TCP/IP 参考模型可以分为四个层次：应用层（Application Layer）、传输层（Transport Layer）、互联网络层（Internet Layer）和网络接口层（Network Interface Layer）。其中，TCP/IP 参考模型的应用层与 OSI 参考模型的应用层相对应；TCP/IP 参考模型的传输层与 OSI 参考模型的传输层相对应；TCP/IP 参考模型的互联网络层与 OSI 参考模型的网络层相对应；TCP/IP 参考模型的网络接口层与 OSI 参考模型的数据链路层和物理层相对应。在 TCP/IP 参考模型中，相对于 OSI 参考模型中的表示层、会话层都没有对应的协议，如图 1-6 所示。

OST参考模型	TCP/IP参考模型
应用层	应用层
表示层	
会话层	
传输层	传输层
网络层	互联网络层
数据链路层	网络接口层
物理层	

图 1-6 OSI 参考模型与 TCP/IP 参考模型的对应关系

（1）网络接口层

网络接口层是 TCP/IP 参考模型中的最底层，它负责通过网络发送和接收数据报。它提供了 TCP/IP 协议与各种物理网络的接口，如局域网中的 Ethernet、局域网中的令牌环网和 X.25 公共分组交换网等。

（2）互联网络层

互联网络层负责将源主机的报文分组发送到目的主机，源主机与目的主机可以在一个网上，也可以在不同的网上。

互联网络层的功能包括以下几点：

- 处理来自传输层的分组发送请求。在收到分组发送请求之后，将分组装入 IP 数据报，填充报头，选择发送路径，然后将数据报发送到相应的网络输出线。
- 处理接收的数据报。在接收到其他主机发送的数据报之后，检查目的地址，如需要转发，则选择转发路径转发出去；如目的地址为本结点 IP 地址，则除去报头，将分组交送传输层处理。
- 处理互联的路径、流控与拥塞问题。

互联网络层协议是 IP（Internet Protocol）协议。IP 协议是一种不可靠、无连接的数据报传送协议，它提供一种“尽力而为”的服务，IP 协议的协议数据单元是 IP 分组。将数据包封装成 Internet 数据报，并运行必要的路由算法。IP 协议组中包括四个互联协议：

- 网际协议 IP：负责在主机和网络之间寻址和路由数据包。
- 地址解析协议 ARP：获得同一物理网络中的硬件主机地址。
- 网际控制消息协议 ICMP：发送消息，并报告有关数据包的传送错误。
- 互联组管理协议 IGMP：被 IP 主机拿来向本地多路广播路由器报告主机组成员。

（3）传输层

传输层负责在应用进程之间的端到端的通信，即旨在建立互联网中源主机与目的主机的对等实体间用于会话的端到端的连接。这一点与 OSI 参考模型中的传输层的功能是类似的。这里定义了两个端到端的协议：TCP（传输控制协议）和 UDP（用户数据报协议）。

传输层提供了两种不同的数据传送方法：面向连接的和面向无连接的。面向连接的传输使用一种确认系统保证数据传送，并在网络上定义了一条静态路由，以保证在会话的过程中，数据包沿同一条路径传送。这种连接被认为是可靠的。TCP（传输控制协议）就是用来为面向连接的传输提供服务的。它允许将一台主机的字节流无差错地传送到目的主机，并完成流量控制与协调收发双方速率的功能。它将应用层的字节流分成多个字节段依次传送给互联网络层，在接收端把收到的字节段重新组装成输出流。

传输层中的无连接传输不使用确认，也不为数据传送提供静态路径，因此，这种数据传送的方法被认为是不可靠的。不过，无连接传输不需要面向连接的通信所需的资源。传输层的 UDP（用户数据报协议）就是用来为面向无连接的传输提供服务的，它允许分组沿不同的路径到达接收端，并且不要求顺序到达，它不对传送包进行可靠的保证。但在数据传输中，UDP 比 TCP 需要的网络资源要少。

TCP 和 UDP 都使用了端口进行寻址。一个主机里往往有多个进程在运行，为区分是哪一个进程在进行通信，就必须在传输层上设置一些端口。对于一些常用的应用层服务，都各有一个对应的端口号，这种端口号叫数据端口，范围在 0～1023，如 FTP 服务端口号为 21、WWW 服务端口号为 80 等。

（4）应用层

应用程序通过应用层来访问网络。它包括了所有的高层协议，并且总是不断有新的协议加入。目前，应用层协议主要有以下几种：

- 远程登录协议（Telnet）。
- 文件传送协议（file transfer protocol，FTP）。
- 简单邮件传送协议（simple mail transfer protocol，SMTP）。
- 域名系统（domain name system，DNS）。
- 简单网络管理协议（simple network management protocol，SNMP）。
- 超文本传送协议（hyper text transfer protocol，HTTP）。

TCP/IP 模型的各层所遵守的协议及提供的业务如图 1-7 所示。

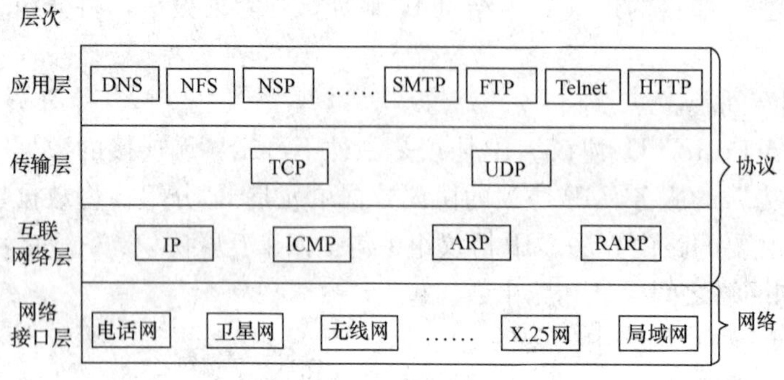

图 1-7　TCP/IP 参考模型及协议栈

下面着重讲一下不容易理解的传输层和网络层之间的联系与区别：

在协议组中，传输层位于网络层之上，传输层协议为不同主机上运行的进程提供逻辑通信，而网络层协议为不同主机提供逻辑通信。这个区别很微妙，但是却非常重要。让我们用一家人作为类比来说明一下这个区别。

设想有两所房子，一所位于东海岸而另一所位于西海岸，每所房子里都住着 12 个小孩。东海岸的房子里的小孩和西海岸房子里的小孩是堂兄妹。两所房子里的孩子喜欢互相通信——每个孩子每周都给每一个堂兄妹写一封信，每一封信都由老式的邮局分别用信封来寄。这样，每一家每周就都有 144 封信要送到另一家（这些孩子如果可以用电子邮件的话就可以省掉很多钱了！）。在每一家里面，都由一个孩子——西海岸的房子里的 Ann 和东海岸房子里的 Billy 负责邮件的收集和分发。每周 Ann 都从她的兄弟姐妹那里收集起信件，并将这些信件送到每天都来的邮递服务员那里。当信件到达西海岸的房子，Ann 又将这些信件分发给她的兄弟姐妹。Billy 在东海岸有着同样的工作。

在这个例子中，邮递服务提供着两所房子之间的逻辑通信——邮递服务在两所房子之间传递邮件，而不是针对每个人的服务。Ann 和 Billy 提供堂兄妹之间的逻辑通信——Ann 和 Billy 从他们的兄弟姐妹那里收集邮件并将邮件递送给他们。注意，从这些堂兄妹的角度看，Ann 和 Billy 是邮件的服务人，尽管他们俩只是端到端寄送服务的一部分（终端系统部分）。这个例子是传输层和网络层之间的关系的一个形象比喻：

主机（也称为终端系统）＝房子

进程＝堂兄妹

应用程序消息＝信封里的信

网络层协议＝邮递服务（包括邮递员）

传输层协议＝Ann 和 Billy

继续我们的这个例子，Ann 和 Billy 各自在他们的家中做所有的工作：他们不负责各个邮递中心的邮件分类工作以及将邮件从一个中心送到另一个中心的工作。这正与传输层协议在终端系统中的作用一样。在一个终端系统中，传输层协议将应用进程的消息传送到网络边缘（也就是网络层），反之亦然，但是它并不涉及消息是如何在网络层之间传送的工作。事实上，中间路由器对于传输层加在应用程序消息上的信息不能做任何识别和处理。

继续我们的例子，假设 Ann 和 Billy 都去度假了，另外一对堂兄妹——Susan 和 Harvey 代替他们来提供家庭内部的邮件收取和分发工作。不幸的是，Susan 和 Harvey 所提供的收集和分发工作与 Ann 和 Bill 所提供的不完全相同。对于年龄更小的 Susan 和 Harvey 来说，他们收集和分发邮件的频率比较少，而且偶尔会发生丢失信件的事情（这些信件偶尔被家里的狗吃掉了）。这样，这一对堂兄妹 Susan 和 Harvey 提供了一套不同于 Ann 和 Bill 的服务（也就是说，服务模型不同）。打比方来说，正如一个计算机网络可以接受不同的传输层协议一样，每一个协议为应用程序提供不同的服务模型。

TCP/IP 模型是同 ISO/OSI 模型等价的。当一个数据单元从网络应用程序向下送到网卡，它通过了一系列的 TCP/IP 模块。这其中的每一步，数据单元都会同网络另一端对等 TCP/IP 模块所需的信息一起打成包。在数据传送中，可以形象地理解为有两个信封，TCP 和 IP 就像是信封，要传递的信息被划分成若干段，每一段塞入一个 TCP 信封，并在该信封封面上记录有分段号的信息，再将 TCP 信封塞入 IP 大信封，发送上网。在接收端，一个 TCP 软件包收集信封，抽出数据，按发送前的顺序还原，并加以校验，若发现差错，TCP 将会要求重发。因此，TCP/IP 在 Internet 中几乎可以无差错地传送数据。

1.2.4 IEEE802 参考模型

1980 年 2 月，IEEE 成立了局域网标准委员会（简称 IEEE802 委员会），专门从事局域网标准化工作，并制定了 IEEE802 标准。IEEE802 标准与 OSI 参考模型之间的关系如图 1-8 所示，局域网参考模型只对应于 OSI 参考模型的数据链路层和物理层，它将数据链路层划分为两个子层：逻辑链路控制（Logical Link Control，LLC）子层与介质访问控制（Media Access Control，MAC）子层。

该标准以一个逻辑链路协议和四种类型介质访问技术来描述 OSI 参考模型中的物理层和数据链路层。802 标准的组成部分如下：

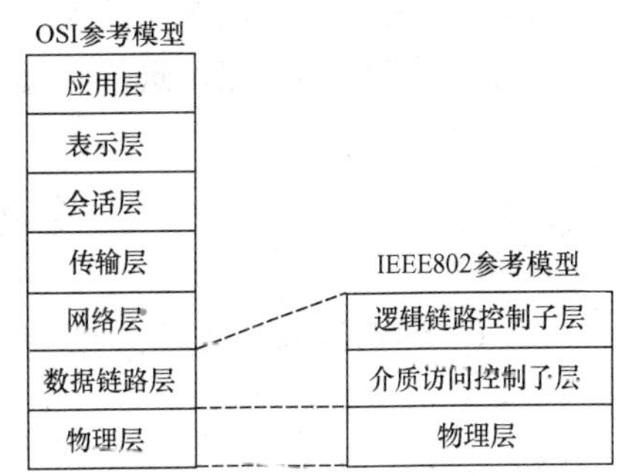

图 1-8 IEEE802 参考模型与 OSI 参考模型的对应关系

IEEE802.2 标准定义了逻辑链路控制 LLC 子层的功能与服务；

IEEE802.3 标准定义了 CSMA/CD 总线介质访问控制子层与物理层规范；

IEEE802.4 标准定义了令牌总线访问控制子层与物理层规范；

IEEE802.5 标准定义了令牌环介质访问控制子层与物理层规范；

IEEE802.6 标准定义了城域网 MAN 介质访问控制子层与物理层规范；

IEEE802.7 标准定义了宽带网络规范；

IEEE802.8 标准定义了光纤传输规范；

IEEE802.9 标准定义了综合语音与数据局域网规范；

IEEE802.10 标准定义了可互操作的局域网安全性规范；

IEEE802.11 标准定义了无线局域网规范；

IEEE802.12 标准定义了 100VG－AnyLAN 规范；

IEEE 802.14 标准定义了电缆调制器标准；

IEEE 802.15 标准定义了近距离个人无线网络标准；

IEEE 802.16 标准定义了宽带无线局域网标准。

最后 IEEE 802.1 标准为一个补充文件，它说明标准的各个组成部分之间的关系、这些组成部分与 ISO 参考模型和高层协议之间的关系，它还规定了网络互联和网络管理等问题。IEEE 802 参考模型标准之间的关系如图 1-9 所示。

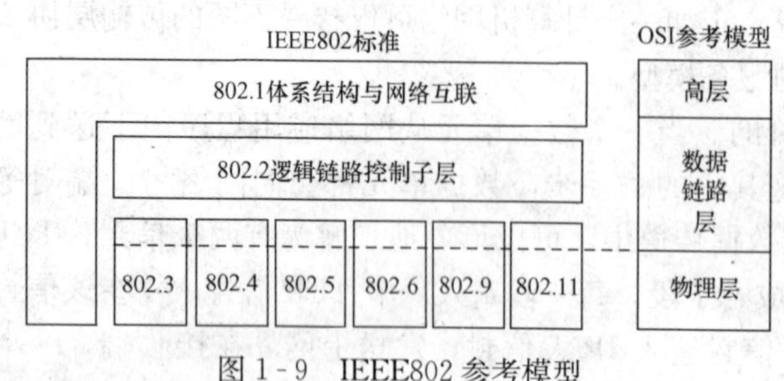

图 1-9 IEEE802 参考模型

IEEE 局域网标准的物理层所包含的接收和发送比特的功能实质上与 OSI 模型相同。唯一不同之处是 IEEE 802 标准的介质访问模型包括介质访问协议的功能，而在 OSI 模型中，这些功能都在物理层上体现了。

OSI 数据链路层的功能主要是由 IEEE 802 标准的逻辑链路控制子层（LLC）和部分介质访问控制子层（MAC）执行的。MAC 层允许采用随机访问或令牌规程控制对信道的访问。除基本规程外，MAC 层还包括数据帧的地址和帧检验序列。802 标准的 LLC 层位于 MAC 层的上面，两层之间的接口称为 MAC 服务接口。它主要提供基本数据链路协议和至少下列两种服务：

1）类似于数据报的无确认的无连接服务，它不保证帧的可靠传递。

2）有连接的服务，它与虚电路服务相似，并提供对数据单元的确认、流量控制、排序和差错恢复。

IEEE802 标准中没有相当于 OSI 模型中网络层的协议层，理由是局域网通常共享一条公共信道，因此不需要路由选择和交换等功能。许多网络层的功能是由 LLC 层完成的。

1.3 网络标准化

1.3.1 影响计算机网络发展的组织

1. 国际电信联盟（ITU）

国际电报电话咨询委员会 CCITT 在 1992 年更名为国际电信联盟（International Telecommunications Union，ITU），它负责电信方面的标准制定。ITU 里共有 15 个工作组，分别负责某一具体电信技术的标准制定。ITU 标准主要用于国与国之间的互联，而在各个国家内部则可有自己的标准。例如，美国在连到国际电话网时就采用 ITU 标准，而在国内则采用 ANSI 标准。

2. 国际标准化组织（ISO）

国际标准化组织（international organization for standardization，ISO）成立于 1946 年，其成员为来自世界各地的标准化组织，其宗旨是协商国际网络中使用的标准并推进世界各国间的互通性。ISO 中负责数据通信标准的是 ISO 第 97 技术委员会（T97）。ISO 共颁布了 5000 多个标准，其中包括被广泛采用的开放系统互联（OSI）参考模型。

3. 电子工业协会（EIA）

电子工业协会（Electronic Industries Association，EIA）制定的标准 RS-232 接口在通信中应用十分广泛。近年来，EIA 在移动通信领域的标准制定方面表现很活跃，许多蜂窝移动通信网中采用的临时标准 IS—41、IS—94、IS—95 等就是 EIA 的标准。

4. 电气电子工程师协会（IEEE）

电气电子工程师协会（Institute of Electrical and Electronics Engineers，IEEE）是国际电子电信行业最大的专业学会，其成员主要是工程师等专业人才。局域网领域最重要的标准 802 标准就是 IEEE 组织制定的。

5. Internet 体系结构委员会（IAB）

Internet 体系结构委员会（Internet Architecture Board）是一个松散的、非盈利的、国际性的自由组织，它致力于研究 Internet 的体系结构，保证 Internet 可以平滑地稳步发展，RFC（Request for comments）标准就是由 IETF 制定的，截止到 2016 年 1 月为止，RFC 已经有了 7736 个标准，内容涉及 Internet 的方方面面，其具体内容可以在 http：//www.ietf.org/rfc.html 上查到。IAB 下设很多其他机构，如 IASA（IETF Administrative Support Activity）、IETF（Internet Engineering Task Force）、IANA（Internet Assigned Numbers Authority）、IRTF（Internet Research Task Force）、ISOC（Internet Society）等。

1.3.2 常用度量单位

通信网中常用来衡量数据传输速率 R_b 的单位是 b/s，位（bit）是信息量的单位，单位时间内传送的信息量就是信息速率，即数据传输速率。

在 M 进制的数字传输系统中，符号速率 R_B 是指单位时间内传送的符号数，单位为 symbol/s，它与 R_b 的关系为 $R_b=R_B\times\log_2 M$

即 $1\text{symbol/s}=\log_2 M$（b/s）

常用的信息度量单位的换算关系如表 1-1 所示。

表 1-1 常用信息度量单位换算关系

比较项目	度量单位
数据传输速度	b/s：bit per second kb/s：10^3 b/s Mb/s：10^6 b/s Gb/s：10^9 b/s Tb/s：10^{12} b/s
内存、硬盘、文件	B：Byte KB：2^{10} B MB：2^{20} B GB：2^{30} B TB：2^{40} B
时间单位	s（秒）： ms（毫秒）：10^{-3} s μs（微秒）：10^{-6} s ns（纳秒）：10^{-9} s

习 题

一、选择题

1. 当数据分组从低层向高层传送时，分组的头要被（ ）。

A）加上； B）去掉； C）重新处置； D）修改。

2. 数据链路层中的数据块常被称作（ ）。

A）信息； B）分组； C）帧； D）比特流。

3. 表示层的功能是（ ）。

A）给物理层送一串位以供传输； B）在屏幕上显示数据以供用户查看；

C）将数据转换成一种默认格式；　　D）上述全是。

4. 邮件服务和目录服务是通过（　　）层提供给用户的。

A）数据链路层；　B）网络层；　C）会话层；　D）应用层。

5. IEEE802 规范主要与 OSI 模型的（　　）层有关？

A）较低的 4 层；　　B）物理层和网络层；

C）物理层和数据链路层；　　D）数据链路层和网络层。

二、填空题

1. 一个计算机网络可分为两个子网，即________和________。

2. 计算机之所以可以通过 Internet 互相通信，是因为它们遵循了一套共同的 Internet 协议，这套协议的核心是________，在其上建立的无连接的运输层协议是________，万维网 WWW 超文本传输遵循________协议。

三、简答题

1. 在计算机网络结构中采用分层结构有什么好处？

2. 请简述 OSI 与 IEEE802 协议的层次对应关系。

3. TCP/IP 参考模型分为哪几层？每层的基本功能是什么？

4. 在百兆的局域网中，一个 100MB 的文件从一台计算机拷贝到另一台计算机，理论上至少需要多长时间？

第2章 数据通信基础知识

计算机网络最基础的技术是如何将信息从一台计算机通过某种物理介质传输到另一台计算机，无论采用什么样的介质，我们可以通过改变它的某种物理特性（如电压或电流）来传输信息，本章我们要讨论的重点就是如何在线路上表示信息以及如何解决信息在传输过程中可能出现的各种问题。

2.1 数据通信基础理论

2.1.1 信息、数据与信号

通信的目的在于传递信息，因此对信息这个术语含义的理解是至关重要的。信息一词在概念上与消息的意义相似，但它的含义更普遍化和抽象化。信息可以理解为消息中包含的有意义的内容。信息的载体可以是数字、文字、语音、图形和图像等，不同形式的消息，可以包含相同的信息。例如，分别用语音和文字发送的天气预报，所含信息内容相同。

数据是传递信息的实体，它总是和一定的形式相联系的，而信息则是该数据反映的内容或解释。数据的形式分为两种：模拟数据和数字数据。模拟数据反映的是随时间连续变化的消息，如语音和动态图像等。数字数据反映的是只有有限个取值的离散的消息，如电报发出的数据。

信号是数据的电编码或电磁编码。它分为模拟信号和数字信号两种。模拟信号是指在时间和幅值上均连续的信号，语音信号、图像信号等都属于模拟信号。数字信号是指在时间和幅值上均离散的信号，计算机处理和发出的取值仅为"0"和"1"的信号就属于数字信号。模拟信号与数字信号如图2-1所示。

2.1.2 信道的最大数据传输速率

在这里我们先来理解一下信道的概念，信道是通信中传递信息的通道，它由相应的发送信息和接收信息的设备以及与这些设备连接在一起的传输介质组成。如果有多个信源以及多个接收端经过传输介质连接在一起进行通信，则该信道为共享信道，否则称其为独占信道。

对于特定的物理信道来说，它可以传输的信号是有一定的频率范围的，通常情况下，在从0到 f_c 的这一段频率内，振幅在传输过程中不会衰减，这里 f_c 用Hz（赫兹）来度量，而在此截止频率 f_c 之上的频率所对应的振幅都会有不同程度的减弱。传输过程中振幅不会明显减弱的这一段频率范围称为传输介质的带宽（bandwidth）。在实践中，截止频率并不会那么明显，所以，通常引用的带宽是指从0到某一个能保留一半能量的频率处。

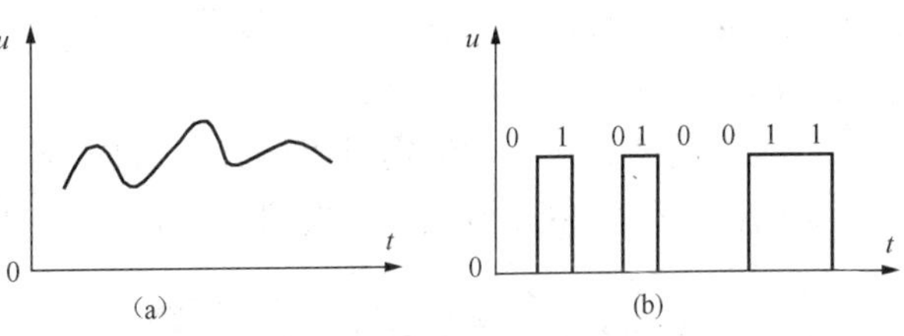

图2-1 模拟信号与数字信号
（a）模拟信号；（b）数字信号

信道的最大数据传输速率是指信道每秒钟最多可以传送的信息量。在现代网络技术的说法中，“带宽”与“速率”几乎成了同义词。那么带宽与信道的数据传输速率到底有什么关系呢？我们可以用奈奎斯特准则与香农定理来解释。

早在1924年，AT&T的工程师奈奎斯特就认识到，即使一条理想的信道，它的传输能力也是有限的。他推导出一个公式，用来表示一个有限带宽、无噪声信道的最大数据传输速率。1948年，香农（Claude Shannon）进一步把奈奎斯特的工作扩展到具有随机噪声的信道的情形。奈奎斯特的经典结论是：如果任意一个信号已经通过了一个带宽为 H 的低通滤波器，则只要每秒 $2H$ 次采样，过滤之后的信号就可以被完全重构出来。如果该信号包含了 V 个离散级数，则奈奎斯特定理为

$$\text{最大数据传输率} = 2H\log_2 V(\text{b/s})$$

例如，无噪声的3kHz信道不可能以超过6000b/s的速率传输二进制信号（两级电平）。

奈奎斯特准则指出了在有限带宽、无噪声的信道中传输信号的最大数据传输速率与带宽的关系。但如果信道中存在随机噪声的话，情况会急剧恶化。由于系统中分子的运动，随机噪声总是存在的。热噪声的数量可以用信号功率与噪声功率的比值来衡量，该比值称为信噪比(signal-to-noise ratio)。如果我们将信号功率记作 S，噪声功率记作 N，则信噪比为 S/N。

香农定理指出了在有限带宽、有随机热噪声的信道中传输数据信号时，信号可以达到的最大数据传输速率 R_{max} 与信道带宽 H 和信噪比 S/N 之间的关系，用计算式表示为

$$R_{max} = H\log_2(1 + S/N)(\text{b/s}) \quad (2-1)$$

由于信噪比的数值比较大，实践中经常使用信噪比的分贝（dB）定义，分贝与功率比值之间的关系是这样定义的：

$$\text{dB} = 10\lg(S/N) \quad (2-2)$$

例如，如果某信道带宽为3000Hz，信噪比为30dB，那么该信道的最大数据传输速率 $R_{max} \approx 30\text{kb/s}$。

因为信道的最大传输速率与信道带宽之间存在着明确的关系，所以我们可以用“带宽”来表征“速率”的概念。例如，人们常把网络的“高数据传输速率”用网络的“高带宽”去表述。因此，在现代通信网络中，“带宽”与“速率”的概念一般可以通用。

2.1.3 数据通信方式

1. 单工、半双工与全双工通信

终端设备、信号变换器和传输线路可以按设计要求允许数据沿双向或任一单向传输。

在单工通信方式中，数据在任何时刻只能沿着一个方向传输，即收发双方的通信线路是单向的，例如广播就是采用这种通信方式。

在半双工通信方式中，数据可以沿任一方向传输，但不允许同时沿两个方向传输，即在任一给定时间，传输仅能沿某一方向进行，例如无线对讲机就是采用这种通信方式，只有当一方讲完按结束键后，另一方才能讲话。

在全双工通信方式中，数据则可以同时沿两个方向传输，我们平时使用的固定电话和手机就是采用这种通信方式，即通信双方能同时讲话，可以讨论和争辩。图2-2中：图（a）为单工通信方式；图（b）为半双工通信方式；图（c）为全双工通信方式。

2. 串行通信与并行通信

数据通信按照使用的信道数可以分为串行通信与并行通信。假如我们要传送的消息是一个字符，在计算机中一个字符通常用8位二进制代码来表示，则在串行通信方式中待传送的

8 位二进制代码是按由低位到高位依次传送的，而在并行通信方式中待传送的 8 位二进制代码是同时通过 8 条并行的通信信道发送出去的，分别如图 2-3（a）、（b）所示。

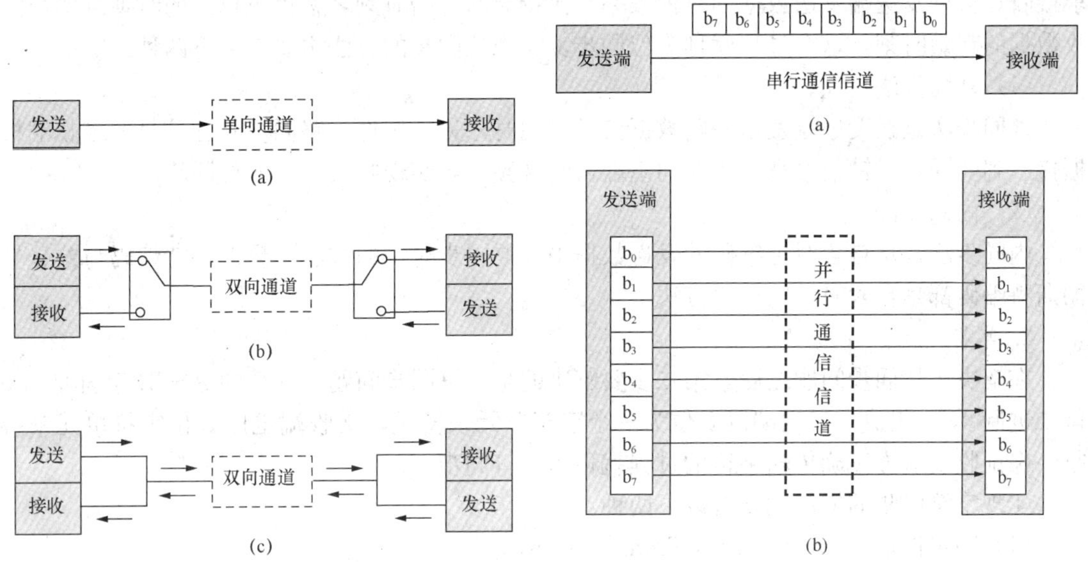

图 2-2 单工、半双工与全双工通信方式比较

图 2-3 串行通信方式与并行通信方式

显然，串行通信方式只需要在收发双方之间建立一条通信信道；而采用并行通信方式，收发双方之间必须建立并行的多条通信信道。对于远程通信来说，在同样传输速率的情况下，并行通信在单位时间内所传送的码元数是串行通信的 n 倍（在上图中 $n=8$）。但并行通信需要建立多个通信信道，因此这种方式的造价较高。正因为如此，在远程通信中，人们一般采用串行通信方式，而在计算机内部各部件之间的数据传输则采用高效的并行传输。

2.1.4 数据传输的同步问题

同步问题是数字通信中必须解决的一个重要问题。同步，就是要求通信的收发双方在时间基准上保持一致。

利用计算机进行通信的过程与人们使用电话进行通话的过程有很多相似之处。在正常的通话过程中，人们在拨通电话并确定对方是他要找的人时，双方就可以进入通话状态。在通话时，说话的人要讲清楚每一个字，在每讲完一句话时都需要停顿一下。听话的人也要适应讲话人的速度，听清楚对方讲的每一个字，并根据讲话人的语气和停顿来判断一句话的开始和结束，这样才可能听懂对方所说的每一句话，这就是电话通信过程中需要解决的“同步”问题。如果在数据通信中收发双方不能保持严格的同步，轻者会造成通信质量下降，严重时会造成系统完全不能工作。

因此，在数据通信过程中，收发双方同样要解决同步问题，但是数据通信中的同步问题的解决要复杂一些。数据通信的同步包括位同步和字符同步两种。

1. 位同步

数据通信如果是在两台计算机之间进行的，那么尽管两台计算机的时钟频率标称值相同（假如都是 330MHz），实际上不同计算机的时钟频率肯定存在着差异。这种时钟频率的差异，将导致不同计算机发送和接收的时钟周期的误差。尽管这种差异是微小的，但是大量数据在传输过程中积累的误差足以造成接收比特取样周期的错误和传输数据的错误。因此，在数据通信过程中，首先要解决收发双方的时钟频率的一致性问题。解决的基本方法就是：要求接收端根据发送端发送数据的时钟频率与比特流的起始时刻，来校正自己的时钟频率与接收数据的起始时刻，这个过程就称为位同步。实现位同步的方法主要有以下两种：

（1）外同步法

外同步法是在发送端发送一路数据信号的同时，另外发送一路同步时钟信号。接收端根据接收到的同步时钟信号来校正时间基准与时钟频率，实现收发双方的位同步。

（2）内同步法

内同步法是从自含时钟编码的发送数据中提取同步时钟的方法。曼彻斯特编码与差分曼彻斯特编码都是自含时钟的编码方法。

2. 字符同步

在解决比特同步问题之后，第二步要解决的是字符同步问题。标准的 ASCII 字符是由 8 位二进制 0、1 组成。发送端以 8 位为一个字符单元来发送，接收端也以 8 位字符单元来接收。保证收发双方正确传输字符的过程就称为字符同步。

实现字符同步的方法主要有以下两种：

（1）同步传输（Synchronous Transmission）

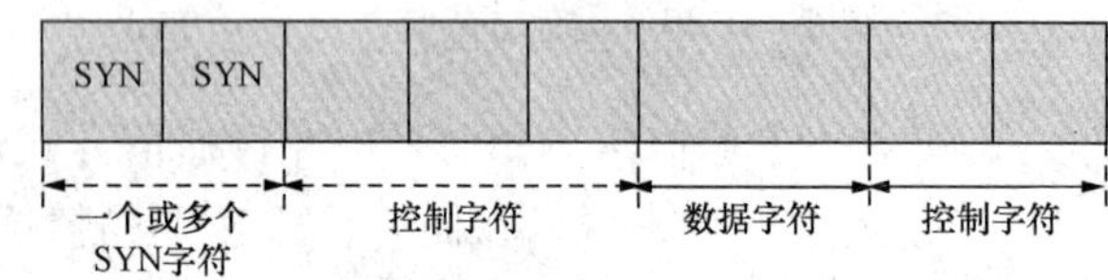

图 2-4 同步传输方式

同步传输是将字符组织成组，以组为单位连续传送。每组字符之前加上一个或多个用于同步控制的同步字符 SYN，每个数据字符内不加附加位。接收端接收到同步字符 SYN 后，根据 SYN 来确定数据字符的起始与终止，以实现同步传输的功能，如图 2-4 所示。

（2）异步传输（Asynchronous Transmission）

异步传输的特点是：每个字符作为一个独立的整体进行发送，字符之间的时间间隔可以是任意的。为了实现字符同步，每个字符的第一位前加 1 位起始位，字符的最后一位后加 1 位、1.5 位或 2 位终止位。异步传输的比特流结构如图 2-5 所示。

同步传输的传输效率要比异步传输的传输效率高，因此同步通信方式更适用于高速数据传输。

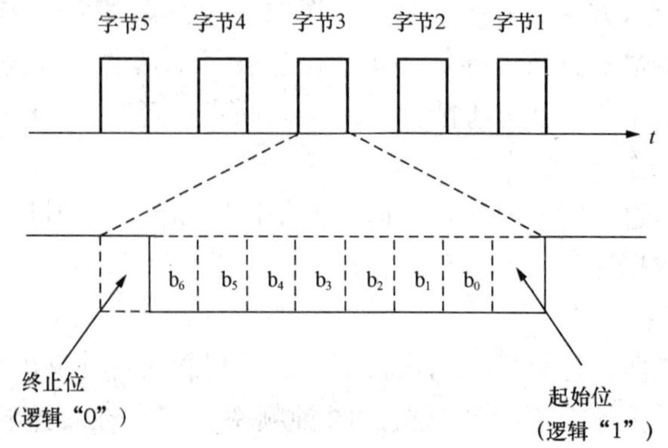

图 2-5 异步传输方式

2.2 数据编码技术

2.2.1 模拟信号的数字化

数字化是当今通信与网络技术发展的必然趋势，也是信息化社会的基础。常见的电话、传真、电视等信号都是连续的模拟信号，但是为了传输、处理、存储与交换的方便，同时为了提高通信质量以及设备生产、维护的方便，通常需要对模拟信号进行数字化。下面简单介绍数字化的基本原理。

模拟信号数字化从原理上看一般要经过三个基本步骤：采样、量化与编码。它们分别完成对模拟信号时间的离散化、取值域的离散化，以及将已被离散化的数值编成对应 0、1 序列的码组，再进行传送。

为了简化，在这里以对模拟信号的采样值进行 16 电平量化为例。对于以上三个基本步骤用图 2-6 形象地表示。图 2-6（a）表示模拟信源输出的原始连续模拟信号及对其按均匀间隔采样后的样值序列，按照四舍五入的原则对采样值进行量化。其取值是0～15 电平区间内的某一个值。例如，样本 D_1 的采样值为 0.12，量化值为 0.1；样本 D_4 的采样值为 1.26，量化值为 1.3，依次类推。显然量化是引入失真的，但这种失真属于有限失真。由于 16 电平可以采用 4 位二进制编码来表示，例如，D_1 的量化电平 0.1 可以编成 4 位二进制码组 0001，D_4 的量化电平值为 1.3 可以编成 1101，依次类推，图 2-6（b）就是对应于各个量化值的编码。采样值与量化序列值之间的误差就是量化误差值，由于量化误差值在接收端无法消除，因此它是一类不可逆失真，而且其失真与量化电平数目有关，量化级数越多，量化失真越小。

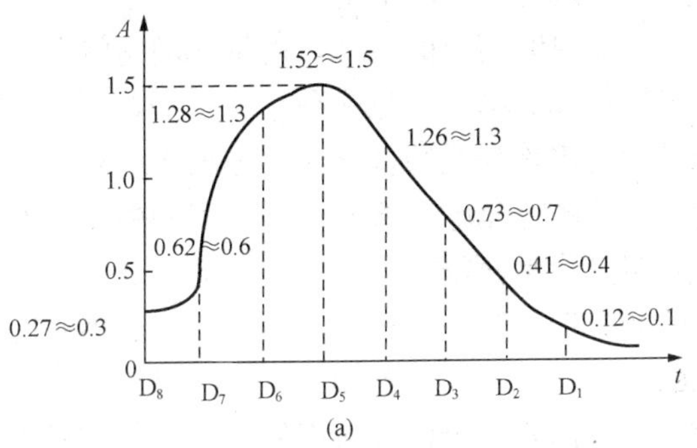

(a)

样本	量化级	二进制编码	编码信号
D_1	1	0001	
D_2	4	0100	
D_3	7	0111	
D_4	13	1101	
D_5	15	1111	
D_6	13	1101	
D_7	6	0110	
D_8	3	0011	

(b)

图 2-6　采样、量化、编码

模拟信号转换成数字信号常称为 A/D 转换，模拟信号转换成数字信号有多种方式，但最基本和最常用的是脉冲编码调制方式。

2.2.2 PCM 简介

将模拟信号的采样量化值变换成代码称为脉冲编码调制，简称 PCM。它是当前最常用的模拟语音信号数字化的编码方法。下面对脉冲编码调制的过程进行详细地讲解。

1. 采样

为了将模拟信号在时间上离散化，要对它进行采样，采样过程就是让一周期性脉冲函数与该模拟信号相乘的过程。在接收端，让采样信号通过一个滤波器即可恢复原始模拟信号。为了在接收端能够无失真地恢复该模拟信号，要求采样速率或采样间隔要满足采样定理。采样定理的内容是指：一个频带限制在（0，f_m）内的时间连续信号，可以唯一地被不大于$\frac{1}{2f_m}$s等间隔周期的采样序列值所决定。也就是说如果每秒对模拟信号均匀采样不少于$2f_m$个，则所得样值序列含有该模拟信号的全部信息，该样值序列才可以无失真地恢复成原来的模拟信号。

2. 量化

利用预先规定的有限个电平来表示模拟采样值的过程称为量化。采样是把一个时间连续的信号变换成时间离散的信号，而量化则是将取值连续的采样变成取值离散的采样。量化又分为均匀量化和非均匀量化两种。

均匀量化也称为线性量化，它把输入信号的取值域按等间隔分割，即各量化间隔相等，每个量化区间的量化电平值取在各区间的中点。2.2.1 小节中的量化过程就是均匀量化。

非均匀量化是根据信号的取值密度情况来确定量化间隔的。它是在信源取值概率密度相对较大的区域选择较小的量化间隔，而在概率密度相对较小的区域选择较大的量化间隔，以降低总的量化误差。

由于语音信号的小信号出现概率大，大信号出现概率小，若使用均匀量化，则在对小信号进行量化编码时，难以达到较好的量化信噪比。因此在实际中，对语音信号进行数字化的过程中采用的是非均匀量化的方法。非均匀量化的实现方法通常是将采样值通过非线性压缩后再进行均匀量化。非线性压缩就是用一个非线性变换电路将输入变量 x 变换成另一个变量 y，即

$$y=f(x)$$

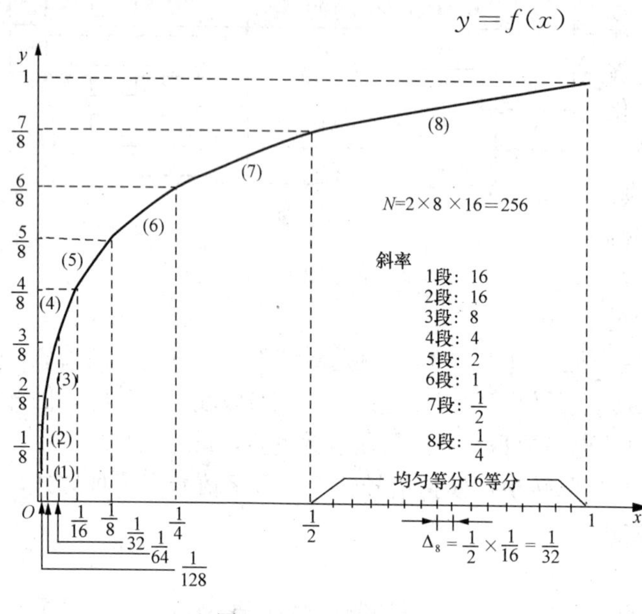

图 2-7　A 律 13 折线

然后再对压缩后的变量 y 进行均匀量化。通常使用的压缩器中，大多采用对数压缩。广泛采用的两种对数压缩律是 μ 压缩律和 A 压缩律。美国与日本采用 μ 压缩律，我国和欧洲各国均采用 A 压缩律。我国采用的是国际标准的 A 律 13 折线 PCM 编码。A 律 13 折线如图 2-7 所示，先在 0～1 之间分别把 y 轴均匀地分为 8 段；在 x 轴上，采用对折法把 0～±1 之间的线段分别分为 8 个不均匀段，各段分界点为 ±1/128、±1/64、±1/32、±1/16、±1/8、±1/4、±1/2、±1；从原点出发，把各段对应的分界点（x，y）连接成折线。由于正负方向的前两段斜率相同，可视为一条直线段，故称为 13 折线，图中内画出了正值部分，负值部分与

正值部分是对称的。

3. 编码

电话信号的带宽是300～3400Hz，采样频率 f_s＝8kHz，对每个采样脉冲按A律或 μ 律对数压缩非均匀量化及非线性编码，每个样值用8位二进制代码表示，这样，每路标准语音信号的比特率为64kb/s，而这8位二进制代码是按国际上电话信号的PCM编码规则来决定的。

A律13折线PCM编码的编码标准可以这样来描述，每个样值用8位比特码来表示，即 $[b_1]$ $[b_2b_3b_4]$ $[b_5b_6b_7b_8]$。这8位比特码分为三部分：b_1 为极性码，0代表负值，1代表正值。$[b_2b_3b_4]$ 称为段落码，表示段落的号码，其值为0～7，代表8个段落。$[b_5b_6b_7b_8]$ 表示每个段落内均匀分层的位置，其值为0～15，代表任一段落内的16个量化电平。每一量化电平是其量化间隔的中间值。表2-1、表2-2示出了A律13折线PCM编码的段落码与8个段落之间的对应关系以及段内码与16个量化级之间的对应关系。

表2-1　段　落　码

段落序号	段落码	段落序号	段落码
1	000	5	100
2	001	6	101
3	010	7	110
4	011	8	111

表2-2　段　内　码

量化级	段内码	量化级	段内码
0	0000	8	1000
1	0001	9	1001
2	0010	10	1010
3	0011	11	1011
4	0100	12	1100
5	0101	13	1101
6	0110	14	1110
7	0111	15	1111

我们可以根据一个例子来说明一下编码过程。

【例2-1】　某A律13折线PCM编码器的设计输入范围是［－6，＋6］V。若采样脉冲幅度 x＝－2.4V，求编码器的输出码组。

解　$\frac{-2.4\text{V}}{6\text{V}}=-0.4$（输入信号幅度归一化），根据编码规则－0.4属于负极性，位于第7段内的第9个量化电平。因此－2.4V对应的编码输出为01101001。

PCM通信系统是采用PCM技术将模拟信号变换成数字信号后，再进行时分多路复用，在信道中传送PCM信号的通信系统。PCM系统有两种系列，一种是我国和欧洲采用的PCM30/32系统，另一种是美国和日本采用的PCM24路系统。

PCM30/32系统的帧结构如图2-8所示，在它提供的32个信道中，30个信道用于通话，其余2个信道分别用于传送信令与同步信号。

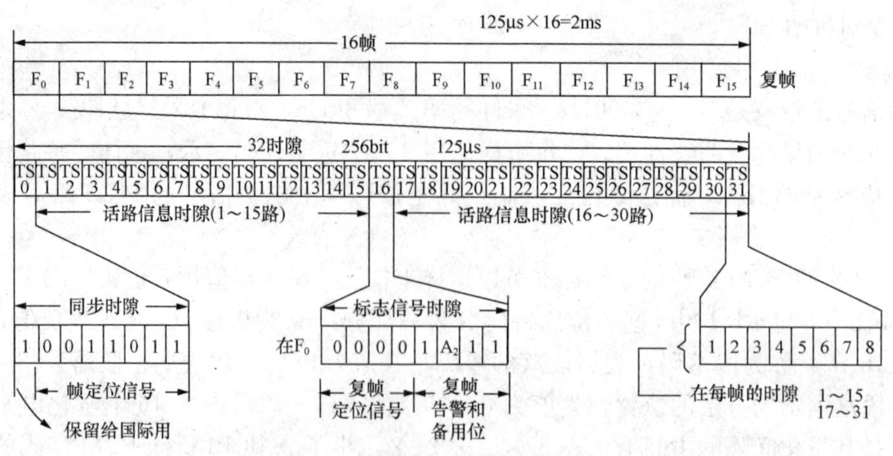

图 2-8 PCM30/32 系统的帧结构

2.2.3 数字信号的直接传输

数据通信技术中数字信号的直接传输是指利用数字通信信道直接传输数字信号的方法，又称为数字信号的基带传输。它在不改变数字数据信号波形的情况下直接传输数字信号，因此可以达到很高的数据传输速率与系统效率。在基带传输中，要对将传送的数字数据信号用合适的码型来表示，以适合数字通信信道的特征。数字基带传输常用的编码方式有：

1. 非归零码

非归零码是指利用特定的电平信号来表示二进制数字 0 和 1，如用高电平表示“1”，用低电平表示“0”。如图 2-9（a）所示。

2. 曼彻斯特编码

曼彻斯特编码是将一个二进制位时间一分为二，用一个二进制位时间内发生由低电平到高电平的变化表示 0；高电平到低电平的变化表示 1，如图 2-9（b）所示，传统的 10M 位以太网就是采用了曼彻斯特编码。

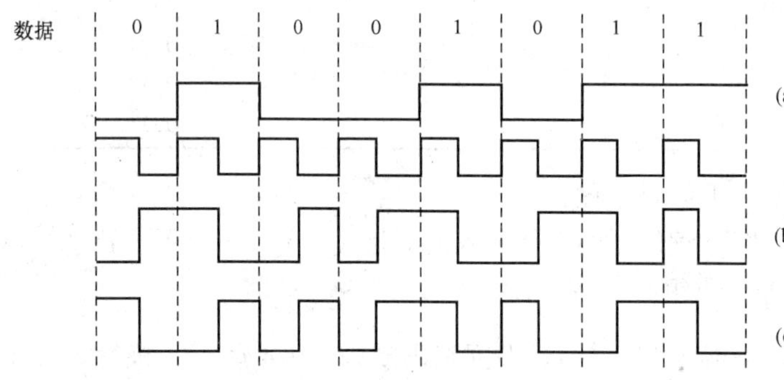

图 2-9 常用的数字基带传输码型

（a）非归零码同步时钟；（b）曼彻斯特编码；（c）差分曼彻斯特编码

3. 差分曼彻斯特编码

差分曼彻斯特编码是对曼彻斯特编码的一种改进，它也是将一个二进制位时间一分为二，比特时间的中部发生电平变化，但该比特表示的值依赖于这个比特时间的起始边界处的电平是否发生了跳变，跳变表示 0，不跳变表示 1，如图 2-9（c）所示，令牌环网中就是采用了差分曼彻斯特编码。

非归零码的特点是编码中不含时钟同步信号，因此，当发送与接收设备的时钟略有差异时，可能造成误差积累，而导致接收到的信息与发送的信息不一致。因此，这类编码不适合成块数据的一次性传输。

曼彻斯特编码与差分曼彻斯特编码常用于局域网，其特点是编码中含有同步信号，接收方可以根据该同步信号及时调整接收脉冲的产生，可以支持较大数据块的传输，但要求发送与接收设备支持比数据传输速率高 1 倍的脉冲频率的产生。

2.2.4　数字信号的模拟传输

电话通信信道是典型的模拟通信信道，它是目前世界上覆盖面最广、应用最普遍的一类通信信道。传统的电话线路是为传输语音信号设计的，只适用于传输音频范围内的模拟信号。为了利用模拟语音通信的电话交换网实现计算机数字信号的传输，必须首先将要传送的数字信号转换为模拟信号。

我们将发送端数字信号变换成模拟信号的过程称为调制（modulation），将调制设备称为调制器（modulator）；将接收端模拟信号还原成数字信号的过程称为解调（demodulation），将解调设备称为解调器（demodulator）。因为目前的数据通信都是双向的，终端设备既可以发送数据也可以接收数据，因此通常把调制与解调集成在一个功能模块中，这种设备称为调制解调器（Modem）。

根据让载波的不同参量（如幅度、频率、相位）随数字信号发生改变的过程而把调制分为幅度调制、频率调制和相位调制三种调制方法。

1. 幅度调制

数字信号的幅度调制又称振幅键控（amplitude-shift keying，ASK），它是将不同的数字信号用载波的不同幅度来表示，ASK 信号的波形如图 2-10 (a) 所示，高幅值表示数字信号 1，低幅值表示数字信号 0。

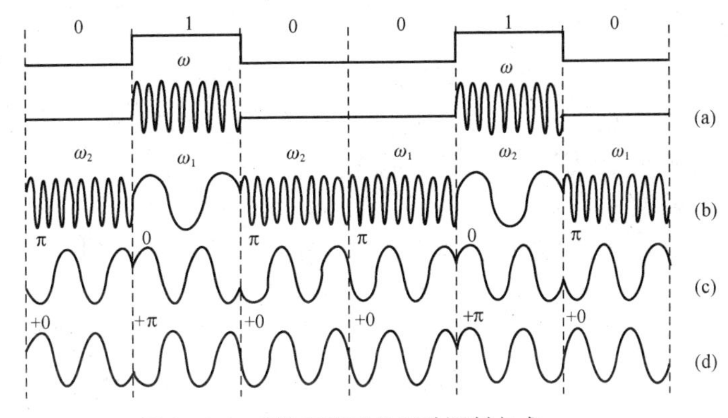

图 2-10　对数字信号的四种调制方式

(a) ASK；(b) FSK；(c) PSK（绝对）；(d) PSK（相对）

2. 频率调制

数字信号的频率调制又称频移键控（Frequency-shift Keying，FSK），它用载波的不同频率来表示不同的数字信号，FSK 信号的波形如图 2-10（b）所示。

3. 相位调制

数字信号的相位调制又称为相移键控（Phase-shift Keying，PSK），它用载波的不同的相位来表示不同的数字信号。相移键控又分为绝对相移键控和相对相移键控两种调制方式。前者是直接用不同的相位表示不同的数字信号，而后者则是用相邻两码元间载波的不同相位差来表示不同的数字信号（0：不变化；1：变化），如图 2-10（c）、(d) 所示。

2.3　多路复用技术

将若干路信号以某种方式汇合，放在一个信道中传输的技术称为多路复用技术。在近代通信系统中普遍采用多路复用技术以提高通信容量。常用的多路复用技术有时分多路复用、频分多路复用、波分多路复用以及混合多路复用技术，下面分别进行介绍。

2.3.1 时分多路复用

时分多路复用的理论依据是采样定理，在 2.2 节已经说明频带受限于 $0\sim f_m$ 的信号，可由间隔为$\leqslant\frac{1}{2f_m}$的采样值唯一确定。从这些瞬时采样值可以正确恢复原始的连续信号。因此，允许只传送这些采样值，信道仅在抽样瞬间被占用，其余的空闲时间可供传送第二路、第三路等各路采样信号使用。将各路信号的采样值有序地排列起来就可实现时分复用。在接收端，这些采样值再由适当的同步检测器分离。图 2-11 为两路信号的时分复用波形图。

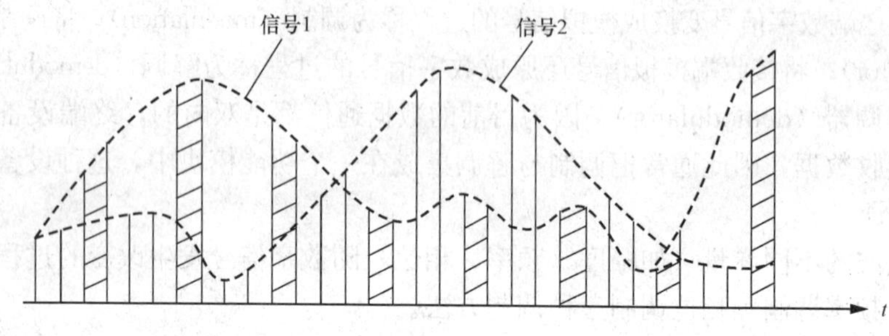

图 2-11 两路信号的时分复用波形图

时分多路复用技术的特点为：

- 时分多路复用是将信道用于传输的时间划分为若干个时间片。
- 每个用户分得一个时间片。
- 在每个用户占有的时间片内，用户使用通信信道的全部带宽。

对话音信号的时分复用系统的收发框图如图 2-12 所示。

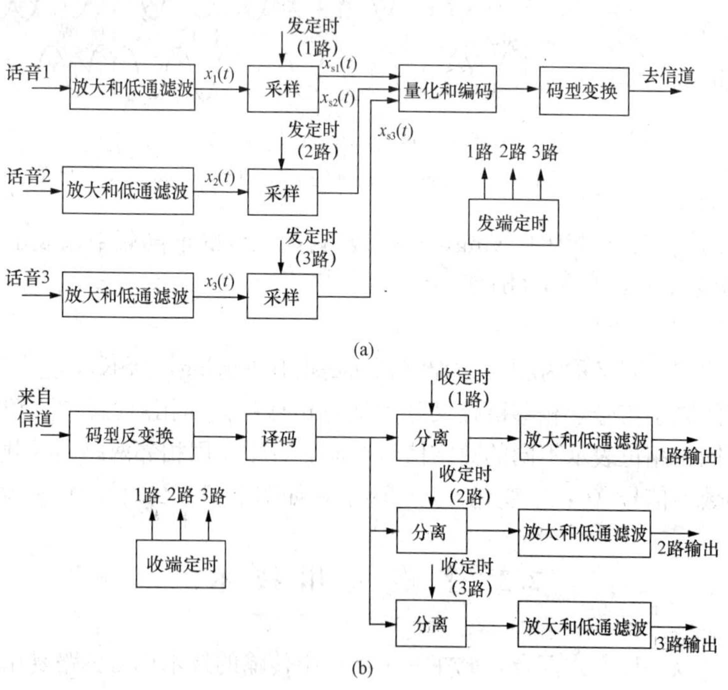

图 2-12 时分复用系统的收发框图

对于时分复用通信系统，国际上已建立起一些技术标准。按这些标准规定先把一定路数的电话语音复合成一个标准数据流，称为基群。然后，再把若干组基群汇合成更高速的数字信号。我国和欧洲的基群标准就是30路用户和同步、控制信号组合共32路。按前节给出的一路PCM信号速率为64kb/s，基群信号速率就是32×64kb/s=2.048Mb/s，这是PCM通信系统基群的标准时钟速率。

在实际应用中，时分复用数据流的组成不只包含语音信号，也可以是语音、数据、图像多种信源产生的数字信号码流的汇合。

2.3.2　频分多路复用

频分多路复用是利用传输介质的可用带宽超过给定信号所需的带宽这一性能，把每个要传输的信号用不同的载波频率调制，而且各个载波频率是完全独立的，即载波信号的带宽不会发生重叠，这样在传输介质上就可以同时传输多路信号，如图2-13所示，线路两端都需要一个多路复用器和多路合成器以便实现在同一条传输线路上进行双向通信，每一个信源和信宿都用一个共享的通信信道发送数据而不互相干扰。频分多路复用最典型的应用就是电话网中语音信号的传送，电话语音信号经过载波调制后使用频分多路技术实现多路信号使用一条通信线路进行传输。

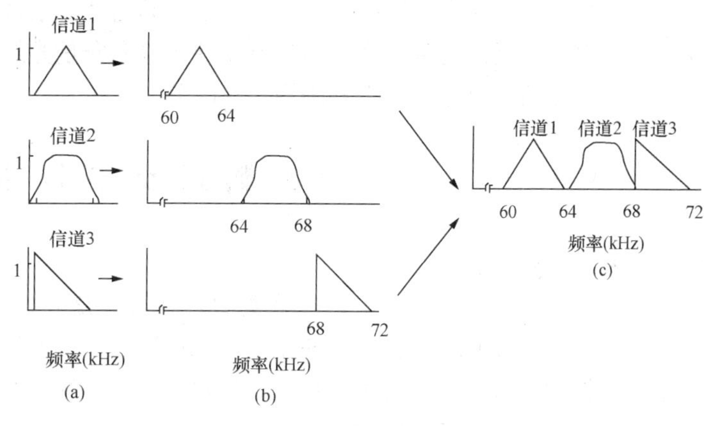

图2-13　频分多路复用原理

频分多路复用的特点为：

- 在一条通信线路设计多路通信信道。
- 每路信道的信号以不同的载波频率进行调制。
- 各个载波频率是不重叠的，一条通信线路就可以同时独立地传输多路信号。

2.3.3　波分多路复用

波分多路复用技术主要用于全光纤网组成的通信系统，这将是计算机网络系统今后的主要信道复用技术之一。波分复用类似于频分复用，为了在同一时刻能进行多路传送，需将光信号划分为多个波段，不同的波段承载不同的用户信号，这相当于频分复用技术中的频段。但与电信号频分复用不同之处在于，波分多路复用是在光学系统中利用衍射光栅来实现多路不同频率光波信号的合成与分解。

目前，正在使用的波分复用技术可分为稀疏波分复用（Coarse Wavelength Division Multiplexing，CWDM）、普通波分复用（Wavelength Division Multiplexing，WDM）和密集波分复用（Dense Wavelength Division Multiplexing，DWDM）技术三种，普通波分复用即刚开始使用的波分复用技术，它的波长间隔为4～10nm。随着WDM技术的发展，波长间隔更小的复用技术DWDM技术出现了，以适应对更大容量的数据传输的要求。DWDM的波长复用间隔很小，如经常用的波长间隔有1.6、0.8、0.4、0.2nm，可以复用80路或更多路的光载波信号。例如，我们将 8 路传输速率为 2.5Gb/s 的光信号经过光信号调制后，分别将光信号的波长变换到 1550～1557nm，每个光载波的波长相隔大约 0.8nm。那么经复用后的一根光纤上的总的数据传输速率就为 8×2.5Gb/s，为 20Gb/s。CWDM 的波长复用间隔约为 20nm，它对光源和光学器件的要求不高，不必采用复杂的控制技术，因此器件的成本较低，也比较容易实现，目前正在城域网的建设中得到广泛应用。

2.3.4 混合多路复用

目前的通信网络里传输数据的方式主要是多种复用技术的结合，包括频分复用基础上的时分复用技术和波分复用基础上的时分复用技术。例如，我们可以对一个物理传输媒介进行频分复用，复用出多个支持不同载波频率段的信道，然后在各个信道上再进行多路时分复用，进一步复用出多个不同的时隙，来传送不同用户的信号。这样就可以大大提高信道利用率，从而提高数据的传输速率。而如果物理传输媒介是光缆，我们就可以先对每根光纤进行波分复用，然后在每个波段上再采用多路时分复用技术，使信道的传输容量获得倍增。

2.4 数据交换技术

2.4.1 电路交换

这种交换方式与熟知的电话交换类似。其特点是开始正式信息传输前，首先由用户呼叫，一直等待到在收发双方之间建立起一条适当的信息通道，用户才开始进行信息传输。在信息传输期间，该信道一直为通信双方用户所占用，通信结束后才释放线路。

电路交换方式的特点可归纳为如下几点：

- 独占性，这是线路交换最大的特点，在建立线路之后、释放线路之前，即使站点间无任何数据可以传输，整个线路仍不允许其他站点占用，因此线路的利用率较低。
- 实时性好，一旦线路建立，通信双方的所有资源均用于本次通信，除了少量的传输延迟之外，不再有其他延迟，具有较好的实时性。
- 线路设备简单，不需要提供任何缓存装置。
- 用户数据透明传输，要求收发双方自动进行速率匹配。

2.4.2 报文交换

报文交换作为对电路交换技术的改进，解决了线路独占性问题。报文交换属于存储一转发方式，其工作原理为：中间结点由具有存储能力的计算机承担，在线路忙时，用户信息可以暂时保存在中间结点上，等待线路空闲时再转发出去。

报文交换无须同时占用整个物理线路。如果一个站点希望发送一个报文（也可以称为数据块），它将目的地址附加在报文上，然后将整个报文传递给中间结点；中间结点暂存报文，根据地址确定输出端口和线路，等待线路空闲时再转发给下一个结点，直至终点。

与电路交换相比，报文交换的最大特点是“存储一转发”。由于它的“存储一转发”功能，站点之间的通信不再独占线路，多个用户的数据可以通过存储和排队共享一条线路，并且无需要线路建立的过程，提高了线路利用率。报文交换的另一个特点是由于中间结点采用了计算机，因此可以利用计算机的处理能力，提供一些其他服务，例如数据格式的转换、差错检测等。

报文交换的缺点是：由于存储转发和排队等候，增加了数据传输的延迟。而且报文长度未作规定，不同长度的报文要求不同的处理和传输时间，即使非常短小的报文也必须排队等候，直到在此之前的所有报文处理完毕，才可以进行转发，因此报文交换难以满足实时通信和交互式通信的要求。

2.4.3 分组交换

分组交换技术作为对报文交换技术和电路交换技术两者优点的结合，可以使数据交换技术的性能达到最优。

分组交换与报文交换类似也采用了存储—转发方式，但它规定了交换设备处理和传输的数据长度，我们称之为分组。通常分组的长度远小于报文交换中的报文长度，发送端可以将一条长报文分成多个分组进行传送，接收端再将属于一条报文的多个分组按顺序重新组织成一个长报文。

由于分组长度较短，在传输出错时，检错容易，并且重发花费的时间较少，这就有利于提高存储—转发结点的存储空间利用率与传输效率，因此成为当今公用数据交换网中主要的交换技术。分组交换技术在实际应用中可以分为两类：数据报方式（Data Gram，DG）和虚电路方式（Virtual Circuit，VC）。

1. 数据报方式

在数据报方式中，分组传送之前不需要预先在源主机与目的主机之间建立“线路连接”。源主机所发送的每一个分组都可以独立地选择一条传输路径。每个分组在通信子网中可以通过不同的传输路径到达目的主机。

数据报方式的特点有：

- 同一报文的不同分组可以由不同的传输路径通过通信子网，因此每个中间结点除进行差错检测之外还必须有路径选择功能。
- 每一个分组在传输过程中都必须带有目的地址和源地址。
- 同一报文的不同分组到达目的结点时可能出现乱序或丢失现象。
- 数据报方式的分组传输延迟较大，适用于突发性通信，不适用于长报文、会话式通信。

2. 虚电路方式

虚电路方式在分组发送之前，需要在发送方和接收方建立一条逻辑连接的虚电路。这一点虚电路方式与电路交换方式相同，虚电路方式的整个通信过程分为虚电路建立、数据传输与虚电路拆除三个阶段。虚电路方式的交换具有以下几个特点：

- 在每次分组发送之前，必须在发送方与接收方之间建立一条逻辑连接。这是因为不需要真正去建立一条物理链路，连接发送方与接收方的物理链路已经存在。
- 一次通信的所有分组都通过这条虚电路顺序传送，因此报文分组不必带目的地址、源地址等辅助信息。分组到达目的结点时不会出现丢失、重复与乱序等现象。
- 分组通过虚电路上的每个结点时，结点只需做差错检测，而不必做路径选择。
- 通信子网中每个结点可以和任何结点建立多条虚电路连接。

虚电路与电路交换方式的不同之处在于：虚电路是在传输分组时建立起的逻辑连接，称为“虚电路”是因为这种电路不是专用的。每个结点到其他结点间可能有无数条虚电路存在，一个结点可以同时与多个结点之间具有虚电路。每条虚电路支持特定的两个结点之间的数据传输。

由于虚电路方式具有分组交换与电路交换两种方式的优点，因此在计算机网络中得到了广泛的应用。

2.5 差错控制技术

2.5.1 差错控制方法

1. 差错产生的原因

当数据从信源出发，经过通信信道时，由于通信信道中总是有一定的噪声存在，在到达信宿时，接收信号是数据信号与噪声的叠加。在接收端，如果噪声对信号叠加的结果在电平判决时出现错误，就会引起数据传输的错误。通信信道中的噪声分为冲击噪声和热噪声，热噪声是由传输介质的电子热运动产生的，它时刻存在着，但幅度较小，是一种随机噪声。冲击噪声是由外界的电磁干扰引起的，与热噪声相比，冲击噪声幅度较大，是引起传输差错的主要原因。在通信过程中产生的传输差错就是由随机差错与突发差错共同构成的。

2. 常用的差错控制方法

（1）反馈重传法（ARQ）

- 发送方发送具有检测错误能力的代码（称为检错码）。
- 接收方根据代码的编码规则，验证接收到的数据代码，并将结果反馈给发送方（正确接收/接收有错）。
- 发送方可根据反馈的结果决定是否执行重传动作，如果接收方未正确接收，则重传（出错重传）。
- 在规定的时间内，若未能收到反馈结果（称为超时），则发送方可以认为传输出现差错，进而执行重传动作（超时重传）。

（2）前向纠错法

由发送方发送具有纠正错误能力的代码，接收方根据编码规则，检查传输差错，并自动进行纠错动作。

（3）混合纠错法

继承了反馈重传法和前向纠错法两者的优点，发送方发送具有检错能力和一定纠错能力的编码，接收方根据检测的结果，如果差错可以纠正，则自动进行纠错；否则，通过反馈信道，要求发送方执行重发动作。

2.5.2 数据检验方法

2.5.1 小节我们讲了差错控制的几种方法，那么接收端到底是如果检测出错误或者检出错误并进行纠正呢？这就需要对要传输的数据进行特定的编码以检测并纠正错误，这种编码方法就称为差错控制编码。可以由发送端的信道编码器在信息序列中增加一些监督位，这些监督位和信息位之间有一定的关系，使接收端可以利用这种关系由信道译码器来发现或纠正可能存在的错码。

目前的差错控制编码主要有检错码和纠错码两种方案，采用纠错码方案时，需要让每个传输的分组附加上足够的冗余信息，以便在接收端能发现并自动纠正错误。采用检错码方案时，需要让分组附加上一定的冗余信息，以便在接收端可以发现传输出现了差错，但由于不能判断是哪一位传输出了差错，因此也不能纠正。纠错码方法虽然有优越之处，但实现困难，在一般的通信场合不易采用。检错码方法虽然需要通过重传机制来达到纠错的目的，但原理简单，实现容易，是目前正在广泛使用的编码方式。

检错码的构造：检错码＝信息字段＋检验字段

信息字段和检验字段之间的对应关系为：

检验字段越长，编码的检错能力越强，编码解码越复杂；附加的冗余信息在整个编码中所占的比例越大，传输的有效成分越低，传输的效率下降。

检错码一旦形成，整个检错码将作为一个整体被发往线路，通常的发送顺序是信息字段在前，检验字段在后。常用的编码方法有：奇/偶检验码（包括水平奇/偶检验码、垂直奇/偶检验码和水平垂直奇/偶检验码三种编码）、循环冗余编码等。

1. 水平奇/偶检验码

其信息字段以字符为单位，检验字段仅含一个比特称为检验比特或校验位，使用7位的ASCII码来构造成8位的检错码时，若采用奇/偶检验，检验位的取值应使整个码字包括检验位中为1的比特个数为奇数或偶数。

例：	信息字段	奇检验码	偶检验码
	0110001	01100010	01100011

编码效率：Q/(Q＋1)（信息字段占Q个比特）

应用：通常在异步传输方式中采用偶检验，同步传输方式中采用奇检验。

2. 垂直奇/偶检验码（组检验）

把传输的信息进行分组并排列为若干行和列。组中每行的相同列进行奇/偶检验，最终产生由检验位形成的检验字符（检验行），并附加在信息分组之后传输。

例：4个字符（4行）组成一信息组，其垂直奇/偶检验码如表2-3所示。

表2-3　垂直奇/偶检验码

信息组	0 1 1 1 0 0 1
	0 0 1 0 1 0 1
	0 1 0 1 0 1 1
	1 0 1 0 1 0 1
奇检验	0 1 0 1 1 0 1
偶检验	1 0 1 0 0 1 0

表2-4　水平垂直偶检验码

	信息组	水平检验位
	0 1 1 1 0 0 1	0
	0 0 1 0 1 0 1	1
	0 1 0 1 0 1 1	0
	1 0 1 0 1 0 1	0
垂直检验位	1 0 1 0 0 1 0	1

发往线路顺序：0111001 | 0010101 | 0101011 | 1010101 | 0101101

第1字符　第2字符　第3字符　第4字符　奇检验字符

编码效率：PQ/P(Q＋1)　（假设信息分组占Q行P列）

3. 水平垂直奇/偶检验码（方阵检验）

在水平校验的基础上实施垂直检验。表2-4就是以4行7列信息组的水平垂直偶检验码为例。

发往线路顺序：01110010 | 00101011 | 01010110 | 10101010 | 10100101

第1字符　第2字符　第3字符　第4字符　偶检验字符

编码效率：PQ/(P＋1)(Q＋1)　（假设被传信息分组占Q行P列）

4. 循环冗余编码工作原理

循环冗余编码（Cyclic Redundancy Code，CRC）是目前应用最广的检错码编码方法之一，它的检错能力很强而且实现起来比较容易。

CRC 检错方法的工作原理是：将要发送的数据比特序列当做一个多项式 $f(x)$ 的系数，在发送端用收发双方预先约定的生成多项式 $G(x)$ 去除，求得一个余数多项式，将余数多项式加到数据多项式之后发送到接收端。在接收端用同样的生成多项式 $G(x)$ 去除接收数据多项式 $f'(x)$，得到计算余数多项式。如果计算余数多项式与接收到的余数多项式相同，则表示传输无差错；如果计算余数多项式与接收余数多项式不相同，则表示传输有差错，由发送方重发数据，直至正确为止。CRC 校验的工作过程可以由图 2-14 说明。

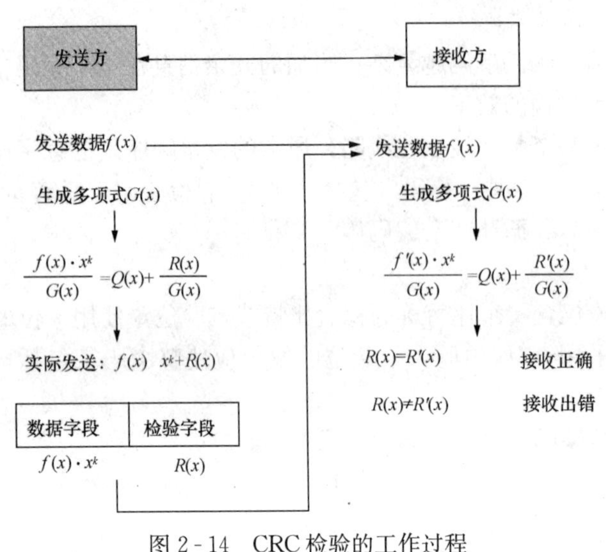

图 2-14 CRC 检验的工作过程

其中生成多项式 $G(x)$ 的结构及检错效果是经过严格的数学分析与实验后确定的。目前，已列入国际标准的生成多项式有很多种，例如：

CRC-12 $G(x)=x^{12}+x^{11}+x^3+x^2+x+1$

CRC-16 $G(x)=x^{16}+x^{15}+x^2+1$

CRC-CCITT $G(x)=x^{16}+x^{12}+x^5+1$

CRC-32 $G(x)=x^{32}+x^{26}+x^{23}+x^{22}+x^{16}+x^{12}+x^{11}+x^{10}+x^8+x^7+x^5+x^4+x^2+x+1$

CRC 检错方法举例：

实际的 CRC 检验码生成是采用二进制模 2 算法，即减法不错位，加法不进位，这是一种异或操作。下面的一个例子说明了 CRC 码的生成及检错过程。

1）发送数据序列 110011。

2）生成多项式序列为 11001（$k=4$）。

3）将发送数据序列左移 4 位，右侧相应补 4 个 0（相当于 110011 乘以 2^4）。

4）将第 3）步移位得到的数据序列用生成多项式序列去除，按模 2 算法为

```
                    100001     ← Q(x)
G(x) → 11001 /1100110000     ← f(x)·x^k
              11001
              ----------
                   10000
                   11001
                   -----
                    1001     ← R(x)
```

得到余数序列为 1001，将余数序列加到原始发送比特流的后面就是编码后将要发送的序列（注意：余数应该只比生成多项式少 1 位，如果运算所得余数比生成多项式少很多位，应该

在前面加0)，即

```
110011          1001
└────────┘      └────────┘
发送数据         CRC检验码
比特序列         比特序列
└──────────────────────────┘
       带CRC检验码的
      发送数据比特序列
```

如果数据传输过程中没有发生错误，则接收端接收到的比特序列一定能被相同的生成多项式整除

```
              100001
       ┌──────────────
 11001 │1100111001
        11001
       ──────────────
             11001
             11001
             ─────
                 0
```

如果接收到的CRC检验序列不能被原生成多项式整除，则说明传输中出现了错误。

CRC的检错能力很强，它除了能检查出离散错误以外，还能检查出突发错误。它的检错能力如下：

CRC检验码能检查出全部单个错；

CRC检验码能检查出全部离散的二位错；

CRC检验码能检查出全部奇数个错；

CRC检验码能检查出全部长度小于或等于k位的突发错；

CRC检验码能以$[1-(1/2)^{k-1}]$的概率检查出长度为$(k+1)$位的突发错。

一、选择题

1. 多个数据字符组成的数据块之前，以一个或多个同步字符SYN做为开始，帧尾是另一个控制字符，这种传输方案称为（　　）。

A）面向字符的同步传输；　　B）异步传输；

C）面向位的同步传输；　　D）起止式传输。

2. 调制解调器的作用是（　　）。

A）传送数字信号；　　B）传送模拟信号；

C）进行数字和模拟信号转换；　　D）防止信号衰减。

3. 在常用的传输介质中，带宽最宽、信号传输衰减最小、抗干扰能力最强的一类传输介质是（　　）。

A）双绞线；　　B）光缆；　　C）同轴电缆；　　D）无线信道。

4. 通过改变载波的频率来表示数字信号1、0的方法称为（　　）。

A）绝对相移键控；　　B）振幅键控；

C）相对相移键控；　　D）频移键控。

5. 两台计算机复用电话线路传输数据信号时必备的设备是（　　）。

A）调制解调器；　B）网卡；　C）中继器；　D）集线器。

6. 利用载波信号频率的不同来实现电路复用的方法有（　　）。

A）频分多路复用；　B）数据报；

C）时分多路复用；　D）码分多路复用。

7. 数据报的主要特点不包括（　　）。

A）同一报文的不同分组可以由不同的传输路径通过通信子网；

B）在每次数据传输前必须在发送方与接收方之间建立一条逻辑连接；

C）同一报文的不同分组到达目的结点时可能出现乱序、丢失现象；

D）每个分组在传输过程中都必须带有目的地址与源地址。

8. 当 PCM 用于数字化语音系统时，如果将声音分为 128 个量化级，由于系统的采样频率为 8000 样本/s，那么数据传输速率应该达到（　　）。

A）56kb/s；　B）14.4kb/s；　C）2880b/s；　D）1600b/s。

二、填空题

1. 常用的多路复用方式有________、________、________等。

2. 数据通信中常用的差错控制方法有________和________两类。

三、简答题

1. 简述异步传输和同步传输的差别。

2. 试比较数据报分组交换和虚电路分组交换的异同。

第3章　通　信　子　网

在第1章中我们曾经提到过，计算机网络从总体上说可以分成通信子网和资源子网两部分，其中通信子网的任务就是保证数据快速、可靠、稳定地从一台计算机传输到另一台计算机，本章我们就来讨论通信子网的具体内容，它主要包括通信介质和交换设备两部分。

3.1　计算机网络拓扑结构

3.1.1　计算机网络拓扑的定义和用途

通常，将通信子网中的通信处理机和其他通信设备称为节点，通信线路称为链路，而将节点和链路连接而成的几何图形称为该网络的拓扑（Topology）结构。它反映了网络中各通信实体的结构关系，计算机网络拓扑主要是指通信子网的拓扑结构。局域网和广域网都存在拓扑结构，资源子网同样也存在拓扑结构。

1. 从逻辑和物理结构分类

计算机网络拓扑结构从大的方面分为逻辑拓扑结构和物理拓扑结构。逻辑拓扑结构用来描述网络中各节点间的信息流动形式，即由网络中的介质访问控制方法决定的拓扑结构。物理拓扑结构用来描述网络硬件的布局，即网络中各部件的物理连接形状。

2. 从通信子网分类

根据通信子网的接入方式不同分为广播信道通信子网和点对点线路通信子网。

在采用广播信道的通信子网中，一个公共通信信道被多个节点使用。在任一时间内只允许一个节点使用公共通信信道，其典型的代表就是"总线型"拓扑结构，见图3-1（a）。利用广播通信信道完成网络通信任务时，必须解决的两个基本问题是：①确定谁是通信对象；②解决多节点争用公用通信信道的问题。

现在用到的局域网使用CSMA/CD介质访问通信方式。

在点—点线路通信子网中，每条物理线路连接一对节点。若两个节点之间没有直接连接的物理线路，则它们之间的通信只能通过其他节点转接。ADSL接入使用PPP协议作为介质访问通信方式。

网络拓扑的设计、选型是计算机网络建设的第一步。网络的拓扑的选择，将直接影响网络的投资、运行速率、安装、维护和诊断等各种性能。

3.1.2　计算机网络基本拓扑结构类型

计算机网络常见的基本拓扑结构有：总线型、星型和环型等，如图3-1所示。

1. 总线型拓扑

如图3-1（a）所示，在总线拓扑结构中，使用一个信道作为传输介质，所有网络节点都通过接口，直接连到公共传输介质上，公共传输介质就是总线。

总线上的工作站向两个方向同时发送数据，并且能被网络上的任何一个节点接收到。工作时，每个工作站收到信息后都会核对该信息中的目的地址是否与本工作站的地址一样，然

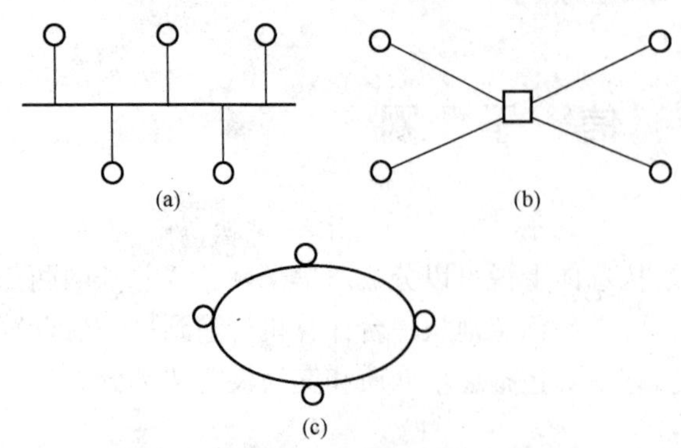

图 3-1 计算机网络的基本拓扑结构

后决定是否接收这个信息。总线拓扑结构的典型应用是细缆以太网（10BASE－2）和粗缆以太网（10BASE－5）等，适用于小型办公自动化系统和小型信息管理系统等低负荷、实时性要求低的场所。

总线型拓扑的主要优点：

1）结构简单灵活，硬件设备量和电缆量少，造价低。

2）在轻负荷时，网络响应速度较快。

3）易于安装、配置，使用和维护方便。

4）共享能力强，适合于一点发送，多点接收的场合。

总线型拓扑的主要缺点：

1）故障诊断困难。一个链路故障，检测工作需要涉及整个网络。

2）网络扩充不便。在总线网络上，增加节点时，需要断开相邻节点，整个网络将停止工作。因此，此类网络的扩展性较差。

3）信号随距离的增加而衰减，因此，总线网络的传输距离受到限制。

4）总线的带宽成为网络的瓶颈。一般总线结构上的 N 个节点共享，并“争用”公用总线（即传输介质），因此，当网络中的节点数目较多时，网络性能下降。

5）由于单个网段的距离长度受到严格的限制，因而负载能力有限。

2. 星型拓扑

星型拓扑的结构如图 3-1（b）所示，在星型拓扑结构中，每个节点都由一个单独的通信线路连接到中心节点上。中心节点控制全网的通信，任何两个节点的相互通信，都必须经过中心节点。星型拓扑采用的交换方式有电路交换和报文交换。其中，以电路交换为主。目前，程控交换系统就是星型拓扑结构的典型实例。

星型拓扑结构的优点：

1）网络结构简单。星型网络的组建、安装、使用、维护与管理都很方便。

2）扩展性好。在交换机或集线器上可以在不影响网络运行的情况下删除或增加节点。

3）集线器或交换机上的多种类型接口，可以连接多种传输介质。

4）每个节点与中心节点使用单独的连线，单个边节点的故障不会影响整个网络，易于节点故障的处理。

星型拓扑结构的缺点：

1）中心节点出故障时，会导致整个网络的瘫痪。

2）使用集线器结构的网络的最大缺点是，当负荷剧增时，中央节点的负荷过重。此时，作为中心节点的集线器也就成为了网络的瓶颈。

3）需要较多的传输介质，通信线路利用率低，投资成本较高。

4）使用集线器的网络在轻负荷时，系统响应较快；但在重负荷时，系统的响应和性能会急剧下降。

星型结构适用性很广，可以应用于各种中小型网络系统，常见的有以下三种场合。

(1) 工作间网络

工作间网络通常指办公室、实验室和网吧类的小型网络。

(2) 智能大厦

在智能大厦中，通常设有整个建筑的总交换机，在每层安装与总交换机相连接的分交换机或集线器，各工作节点与每层的交换机或集线器连接，从而将整个建筑连接起来。

(3) 交换式网络

交换式网络是指使用网络交换机或集线器组成的10/100/1000Base-T以太网。

3. 环型拓扑

环型拓扑结构如图3-1 (c) 所示。在环型拓扑结构中，各个节点通过点到点的通信线路首尾相接，形成闭合的环型。在环型拓扑上，只有得到“令牌”的节点，才有权发送信息；在这样的系统上，“令牌”沿环路不断单向传递，每个节点都有机会传输信息，因此，可以建立高速、有序的网络。使用环型拓扑的大型网络的数据信号在每个节点都会被重传，信号可以传输很长的距离而不会衰减，因此，适宜使用光纤，可以构成高速网络。IBM令牌环网（Token-Ring）和FDDI环型网络就是环型拓扑结构的典型实例。

环型拓扑的主要优点：

1) 由于两个节点之间只有唯一的通路，因此大大简化了路径选择的控制。

2) 当有迂回电路时，某个节点发生故障可以自动迂回，这样可以提高可靠性。

3) 传输时间固定，适用于对数据传输实时性要求较高的应用场合。

4) 在重负荷的场合，比“争用”信道的总线型网络有更高的传输速率。

5) 由于光纤适合于信号单方向传递和点对点式连接，因此“环型”结构最适合使用光纤。

环型拓扑的主要缺点：

1) 传输效率低。当节点过多时，传输效率较低，网络响应时间变长。

2) 灵活性差。单环时，由于环路封闭，因此扩展不便。

3) 可靠性差，管理不易。单环时，只要有一个工作站出现故障，整个网络都将瘫痪。

4) 环路维护复杂，实现困难，维护费用和造价高。

在高速主干网中，环形网络通常使用光纤作为传输介质，它适用于企业的自动化系统、对数据传输实时性要求较高的应用场合以及负荷较重的大型网络和信息管理系统。

除了上面三种拓扑结构以外，在实际应用中往往将上述两种单一拓扑结构混合起来，取两者的优点构成混合型拓扑结构，常见的有树型（总线结构的演变或者总线和星型的混合）、环星型（星型和环型拓扑的混合）等。还有一种卫星通信网络拓扑结构，在卫星通信网中，通信卫星就是一个中心交换站，通过分布在不同地理位置的地面站与各地区网络相互连接。

3.2 数据传输介质

数据传输介质是数据传输的物质基础，它是两节点间传输数据的通路。如声音要通过空气传输，电信号要通过导线传输，光要通过透明物质包括气体、液体或固体来传输。总之介质的种类很多，性能也很复杂，习惯上可分为有线介质和无线介质。有线介质包括各种导线和光缆，无线介质包括传输电磁波的真空和空气。当然随着科学技术的进步，还会出现新的传输介质。传输介质属于计算机网络的物理层。

传输介质主要特性：

1）物理特性：传输介质物理结构的描述。

2）传输特性：传输介质允许传送数字或模拟信号，以及调制技术、传输容量、传输的频率范围。

3）连通特性：允许点一点或多点连接。

4）地理范围：传输介质最大传输距离。

5）抗干扰性：传输介质防止噪声与电磁干扰对传输数据影响的能力。

6）相对价格：器件、安装与维护费用。

3.2.1 双绞线

双绞线（twisted pair）是一种最普通、使用最为广泛的传输介质。随着技术的发展，双绞线在计算机网络中应用也越来越多，发展迅猛，大有取代同轴电缆之势。相对于其他传输介质（同轴电缆和光缆）来说，它价格便宜也易于安装和使用，但就传输距离和带宽来说，性能较差。双绞线被广泛地用作模拟信号和数字信号传输。双绞线的结构如图 3-2 所示。

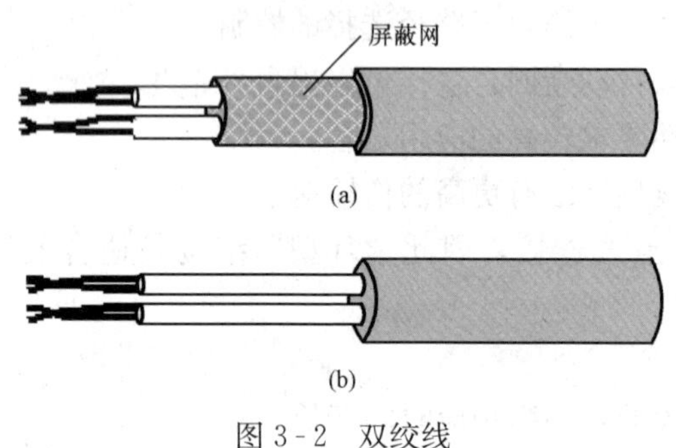

图 3-2 双绞线
（a）屏蔽双绞线；（b）非屏蔽双绞线

双绞线的基本组成是：由两根 22～26 号的绝缘芯线按一定密度（绞距）的螺旋结构相互绞绕组成，每根绝缘芯线由各种颜色塑料绝缘层的多芯或单芯金属导线（通常为铜导线）构成，这也是双绞线名称的由来，许多电话线就是采用双绞线。

将两根导线绞在一起是为了减少在一根导线中电流发射的能量对另一根导线的干扰，而且绞在一起有助于减少其他导线中的信号对这两根导线的干扰。当两根导线靠得很近且互相平行时，一根导线中的电流信号的变化将在另一根导线上产生相似的电流变化；若两根导线靠得很近但互相垂直时，则一根导线上的电流变化几乎不会影响到另一根导线。所以导线绞在一起可以减少互相间干扰。

双绞线最常用于声音的模拟传输。声音的频谱在 20Hz～20kHz，但可理解语音的带宽却较窄，在 300～3400Hz 范围内。电话通信中的一条全双工的音频通道所用带宽是300～3400Hz。普通双绞线的带宽通常可达几百千赫（兹）。若使用频分多路复用技术，可以在一对双绞线上同时复用多个音频通道，每个通道带宽为 4kHz，各通道间增加一定频段的隔离，对一条带宽为 268kHz 的双绞线具有 24 条或 32 条音频通道的容量。使用调制解调器，就可以将频谱很宽的数字信号转换为频谱很窄的模拟信号在模拟音频通道（300～3400Hz 通道）上传输。对于模拟信号，大约每 5～6km 需要使用一个放大器，对由于长距传输而衰减后的模拟信号进行放大。

双绞线也可用于数字传输，这时选用不同质量的双绞线、采用不同的传输技术，其传输率差异极大，目前传输率从几百千赫到几十兆赫不等。通常对于特定的双绞线，传输率与传输距离成反比，即距离越近传输率就越高；反之，传输距离越远，传输率就越低。与模拟信号相比，数字信号的频谱很宽，故一对双绞线仅能传输一路信号。且由于同样原因，其中的高频成分衰减较大，对外干扰也较为敏感，在使用中必须加以注意。通常数字传输的双绞线间距窄，缠绕密度大，价格也相对较高。对于数字信号，要2～3km使用一台中继器，对于长距离传输衰减特别是高频成分衰减较大时，对信号进行整形。

双绞线有非屏蔽和屏蔽两种。普通电话线采用非屏蔽双绞线UTP（Unshielded Twisted Pair），如图3-2（b）所示。EIA/TIA规定了五类UTP标准，对传输数据来说，最常用的UTP是3类和5类UTP，常见UTP的分类、所传信息及数据速率及用途如表3-1所示。UTP易受外部干扰，包括来自环境噪声和附近其他双绞线的干扰。屏蔽双绞线STP（Shielded Twisted Pair）就是在其外面加上金属包层来屏蔽外部干扰，如图3-2（a）所示。虽然STP的抗干扰性能好，但比UTP昂贵，且安装也困难。

表3-1　常见UTP的分类、所传信息及数据速率及用途

类型	所传信息及数据速率	用　途
第一类	主要用于传输语音，不用于数据传输	主要用于20世纪80年代初之前的电话线缆
第二类	用于语音传输和最高传输速率4Mb/s的数据传输，传输频率为1MHz	常见于使用4Mb/s规范令牌传递协议的旧令牌网
第三类	目前在ANSI和EIA/TIA568标准中指定的电缆，该电缆的传输频率为16MHz，用于语音传输及最高传输速率为10Mb/s的数据传输	主要用于10Base-T
第四类	该类电缆的传输频率为20MHz，用于语音传输和最高传输速率16Mb/s的数据传输	主要用于基于令牌的局域网和10Base-T/100Base-T
第五类	该类电缆增加了绕线密度，外套一种高质量的绝缘材料，传输频率为100MHz，用于语音传输和最高传输速率为100Mb/s的数据传输	主要用于100Base-T和10Base-T网络，这是最常用的以太网电缆

3.2.2　同轴电缆

同轴电缆（coaxial cable）也像双绞线那样由一对导体组成，但它们是按同轴的形式组成的。最里面是内导体，外包一层绝缘材料，外面再套一层空心的圆柱形外导体，最外面是起保护作用的塑料外皮。内导体和外导体构成一组线对，如图3-3所示。

同轴电缆有多种型号，各国定义不同。通常用两种办法对其分类。第一种方法按其特性阻抗进行分类，分为50Ω、75Ω、93Ω等；第二种方法按其直径分类，又分为粗同轴电线和细同轴电缆等。

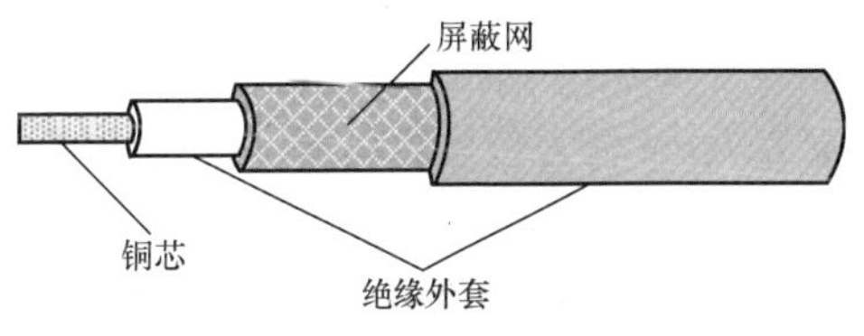

图3-3　同轴电缆

50Ω的同轴电缆又称基带同轴电缆，主要用来传送基带数字信号，广泛用于计算机网络。75Ω电缆又称宽带同轴电缆，它是CATV电视系统中的标准传输电缆，用于传输电视等模拟信号。在传输模拟信号时，其频率高达300～450MHz或更高，传输距离可达100km。93Ω的同轴电缆主要用于ARCNET局域网。由于其几何结构和生产工艺等原因，同等条件下与双绞线相比，同轴电缆对高频信号的衰减较小、对外辐射小、更利于高频信号的传输。

与双绞线一样，同轴电缆可通过频分多路复用而传输多路模拟信号，如共用天线所用的

75Ω同轴电缆中传输的电视信号为多频道电视信号。随着多路复用技术的发展，人们正试图在共用天线电视电线中传输电视信息的基础上传输其他信息。带宽很宽的数字信号也可以通过调制转换为带宽较窄的模拟信号，通过多路复用的方法在同轴电缆中传输。同双绞线相比，同轴电缆的高频衰减较小，高频辐射也相对弱，故更利于频带很宽的数字信号的传输。

同样，同轴电缆中信号传输率与同轴电缆的型号以及配套传输接口电路有关，从几十到几百兆赫不等。对于特定的同轴电缆，其传输率也同样与传输距离成反比。与双绞线相比，同轴电缆价格贵，但带宽大、传输距离长、抗干扰能力强。

3.2.3 光纤

光纤是一根很细的可传导光线的纤维媒体，其半径仅有几微米至一二百微米。制造光纤的材料可以是超纯硅、合成玻璃或塑料。外面是包层，最外面是外部保护层，如图 3-4（a）所示。

光纤是光纤通信的传输介质，在发送端有光源，可以采用发光二极管或半导体激光器，它们在电脉冲的作用下能产生出光脉冲；在接收端利用光电二极管做成光检测器，在检测到光脉冲时可还原出电脉冲，如图 3-4（c）所示。

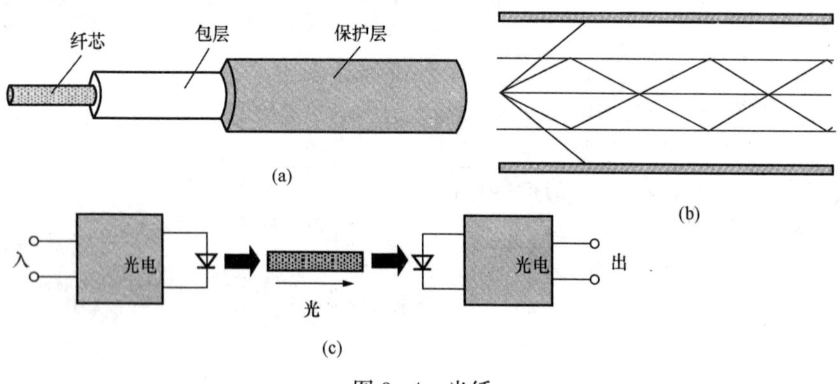

图 3-4　光纤

目前，通信上应用最多的为石英光纤。按照折射率分布通常分为两种，即均匀光纤和非均匀光纤。均匀光纤的纤芯和包层的折射率分别为常数 n_1 和 $n_2(n_1>n_2)$，在纤芯和包层的分界面处折射率发生突变，故其被称为均匀光纤或突变型光纤，用 S1 表示。非均匀光纤纤芯的折射率 n_1 不为常数，其纤芯抽心处 n_1 最大，其后 n_1 随抛物线规律减小，到纤芯与包层交界处 n_1 变为包层折射率 n_2，包层折射率 n_2 为常数，故其被称为非均匀光纤或渐变型光纤，用 G1 表示。

按照传输的总模数分，光纤通常又分为多模光纤和单模光纤。所谓模式，就是光波电磁场的分布模式，同频率同波长的光由许多模式组成。模式的概念从理论上详细解释很复杂，对于具体光纤的计算更加复杂，通常在实际应用中不作深入讨论，可以简单概括为：同频率同波长而不同模式的光沿光纤方向的传输速度不同，从光纤一端同时发送的同频同波长的光信号，其不同模式到达光纤另一端的时间各不相同。光纤的模式与光纤的直径、折射率、光的波长等参数有关。总的来说，光纤直径越小，其能传输光的模式越少，当直径小于一定临界值时，光纤内只能传输一种模式的光。若光纤中同一波长同一频率光的电磁场传输模式多则称为多模光纤，若光纤中同一波长同一频率的光的电磁场传输模式仅有一种则称为单模光纤。多模光纤频带较窄、传输衰减也比较大，但它的光源可使用廉价的发光二极管。单模光纤具有较宽的频带，传输损耗小，但它的光源使用昂贵的半导体激光器。

光纤不仅具有通信容量非常大的优点，而且还具有其他的一些特点。

1）传输损耗小，中继距离长，对远距离传输特别经济。

2）抗雷电和电磁干扰性能好。这在有大电流脉冲干扰的环境下尤为重要。

3）无串音干扰，保密性好，也不易被窃听或截取数据。

4）体积小、质量轻、抗腐蚀。

3.2.4 无线传输

我们的时代出现了这样的信息“上瘾”者：他们需要随时保持在线（on-line）。对于这些移动的用户，双绞线、同轴电缆和光缆都无法满足要求。他们需要利用膝上型计算机、笔记本计算机、袖珍计算机、掌上型计算机或手表式计算机来获取数据，而不受地理上的基础通信设施的限制。对这些用户，无线通信是解决问题的唯一办法。本节将简要介绍无线通信，因为它除了为想在飞机上阅读电子邮件的用户提供连接以外，还有许多其他重要的应用。

一些人甚至认为未来将有两种通信手段，即光纤和无线通信。所有固定的计算机、电话和传真等由光纤连接，而所有的移动通信都是无线的。但是，即使对于固定的设备，无线通信有时也有优势。例如把光纤接入建筑物有困难（山、丛林、沼泽等的阻碍），无线通信可能更好一些。

1. 电磁波谱

当电子运动时，它们产生可以自由传播的电磁波。这种波由英国科学家麦克维尔（James Clark Maxwell）于 1865 年预言，并且于 1887 年由德国物理学家赫兹（Heinrich Hertz）首次发现。

在信号的传输中，若使用的介质不是人为架设的介质，而是自然界所存在的介质，那么这种介质就是广义的无线介质。如可传输声波信号的气体（大气）、固体和液体，能传输光波的真空、空气、透明固体、透明液体，以及能传输电波的真空、空气、固体和液体等。这些媒体都可以称为无线传输介质。在这些无线介质中完成通信称为无线通信。但由于目前人类广泛使用的无线介质是大气，在其中传输的是电磁波，所以这里仅对利用大气介质传输电磁波的无线通信作简单介绍。

无线电通信（radio）在无线电广播和电视广播中已广泛应用。国际电信联盟的 ITU－R 将无线电的频率划分为若干波段，即低频 LF（Low Frequency）、中频 MF（Medium Frequency）、高频 HF（High Frequency）、甚高频 VHF（Very High Frequency）、超高频 UHF（Ultra High Frequency）、特高频 SHF（Super High Frequency）、极高频 EHF（Extremely High Frequency）等。

根据所利用的电磁波的频率又可将无线通信分为无线电通信、微波通信、红外通信和激光通信。

2. 无线电通信

无线电很容易产生，可以传播很远，很容易穿透建筑物，因此被广泛用于通信，不管是室内还是室外。无线电波同时还是全方向传播的，因此发射和接收装置不必在物理位置上准确地对准。

无线电波在全方向传播时一般工作得很好，但有时却不好。在 70 年代，通用汽车公司决定为他的新型号卡迪拉克装配计算机控制的防止抱死刹车。当驾驶员踩住刹车时，计算机将刹车时放时收，以避免死锁。在一个晴朗的日子里，俄亥俄州高速公路警察开始使用他的新移动电台呼叫总部，突然他旁边的卡迪拉克像发了疯的野马一样。当警官将车拉了回来以后，驾驶员说他什么也没有做，而汽车却发了疯。

渐渐地发现了规律，卡迪拉克有时会发疯，但仅在俄亥俄州的主要高速公路上并且只有公路警察在监视时才发生。通用汽车公司在进行了大量研究以后才发现，卡迪拉克的电路系统对俄亥俄州公路警察的新无线电系统是极好的天线。

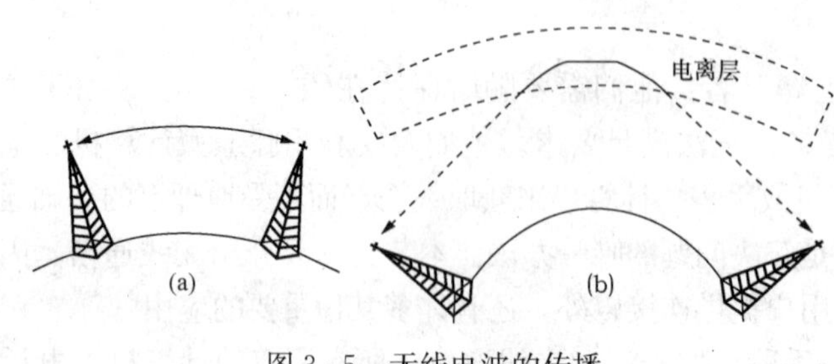

图 3-5　无线电波的传播

无线电波的特性与频率有关。在低频和中频的波段内，无线电波沿着地面传播如图 3-5（a）所示，可轻易地通过障碍物，但能量随着与信号源距离的增大而急剧减少。在高频和甚高频波段内，地表电波会被地球吸收，但也会被离地表数百千米的带电离子层——电离层反射回来，如图 3-5（b）所示，因此传输距离较远，业余无线电爱好者利用这个波段来进行长距离通信，军方也使用这个波段通信。

3. 微波通信

微波（microwave）通信通常是指利用在 1GHz 范围内的电波来进行通信。高频的微波和低频的无线电波不同，它的一个重要特性是沿直线传播，而不会向各方向扩散，因此需要视线传播的传送和接收设备。视线传播的信号所覆盖的范围在很大程度上依赖于天线的高度：天线越高、信号传播距离越远。从高处发送使信号在被地球表面挡住之前可以传播地更远些，并使信号避开了例如小山丘和高建筑等可能阻碍传输的障碍物，典型做法是将天线安装在塔顶，而塔又建立在山顶上。微波通信一次只能向一个方向传播，因此对于类似电话交谈这种双向传输来说就需要两种频率。每种频率用于一个方向上的传输。每种频率的信号都要有自己的发送器和接收器。现在，通常将两种设备集成到一个称为收发器的设备中，从而使得单个天线就能处理双向的频率。

为延长地面微波传输的距离，每个天线上都可以安装一个转发器系统。天线接收的信号可以重新转换成可发送的形式并转发到下一个天线，如图 3-6 所示。根据信号频率的不同和天线安装环境的不同，转发器之间的距离要求也不同。根据系统不同，转发器可以以原来信号的频率重新广播信号，也可以在一个新频率上重新广播。使用转发器的地面微波系统为当代的全球电话系统提供了基础。

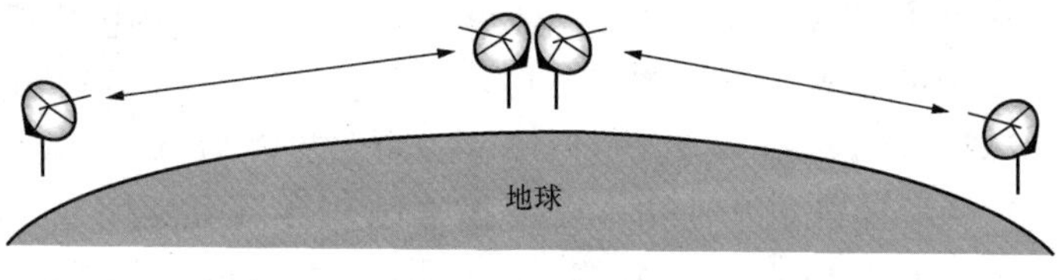

图 3-6　微波通信

微波通信被广泛用于长途电话通信、蜂窝电话、电视传播和其他应用，微波通信费用较低。

4. 红外通信

红外（infrared）通信是利用红外线进行的通信，已广泛应用于短距离的通信。它要求有一定的方向性，即发送器直接指向接收器。电视机和录像机的遥控器就是应用红外通信的例子。红外通信的发送和接收装置硬件相对便宜，且容易制造，也不需要天线。许多便携机内部都已装备有红外通信的硬件，利用它就可以与其他装有红外通信硬件设备的PC机或工作站通信。

红外线不能穿透坚固的墙壁也是一个优点。它意味着一间房屋里的红外线系统不会对其他房间里的红外线系统产生串扰。而且，正是这个原因，红外线系统被窃听的安全性比无线电系统好。基于这些原因使用红外线系统不需要授权，而无线电系统必须获得授权。

这些特性使红外线成为室内无线网络的一个候选对象。例如，建筑物内的计算机和办公室里可以装备相对不集中的红外线发射器和接收器，通过这种方式，有红外线设备的便携式计算机就可以连接到本地的LAN上，不需要物理连接。

5. 激光通信

激光（laser）能直接在空中传输而无须通过有形的光导体，并能在很长的距离内保持聚焦的特点，也可作为物理传输媒体。它和微波通信在直线传输上有相似性，但是和红外通信一样也不必经政府管理部门授权分配频率。激光同样不能被遮挡，而且对雨雪雾都比较敏感，这限制了它的应用。有时可用激光通信来连接不同建筑物中的局域网络，在建筑物之间要跨越公共空间（如要通过公路）不易安放电缆时特别有用。

3.2.5 卫星通信

卫星通信实质上是微波通信的一种。卫星系统提供广泛的语音、数据和广播服务，通常是全球的，与固定节点一样覆盖高移动性的用户。它们与蜂窝系统有同样的基本结构，不同的只是它的基站是围绕地球轨道运行的卫星，如图3-7所示。

根据轨道与地球的距离可将卫星分为三类：

- 近地轨道（LEO），500～2000km。
- 中高轨道（MEO），约10000km。
- 地球同步轨道（GEO），约35800km。

地球同步卫星具有很大的覆盖区域，不随时间的变化而变化，这是因为地球与卫星轨道是同步的。轨道低的卫星其覆盖范围也小，而且覆盖范围会随着时间变化而变化，因而对固定用户或固定点服务需要卫星传递。

由于地球同步卫星的覆盖范围如此之大，所以只需要少数几个卫星就可达到全球覆盖。实际上，只要在赤道上空35800km的高空上放置三颗同步卫星，就能够覆盖几乎整个地球表面。然而地球同步系统在双向通信上存在缺点。因为需要很大的功率才能将信号送达卫星，所以手持设备一般都体积较大。此外，在同卫星的双向语音通信中，会产生较大的传播往返延迟。

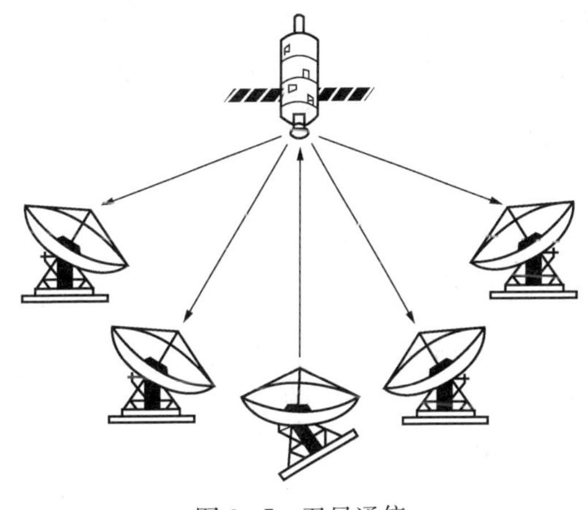

图3-7 卫星通信

因为地球同步卫星具有巨大的单元，一个卫星会覆盖地球上很大的区域。相对于蜂窝系统，卫星的单元是很大的。因而这些系统的特点是容量小、开销大以及数据速率低，小于

10kb/s。

表 3-2 卫星微波通信的频率

波段	上行频率（GHz）	下行频率（GHz）
L	1.6465～1.66	1.545～1.5585
C	5.925～6.425	3.7～4.2
Ku	14.0～14.5	11.7～12.2
Ka	27.5～30.5	17.7～21.2

为卫星微波通信保留的频带是在千兆赫区域内的。每一颗卫星使用两个波段分别用于发送和接收。从地面向卫星的传输称为上行。卫星到地面的传输称为下行。表 3-2 给出了波段的名字和相应的频率。

当前卫星系统的发展趋势是使用较低的近地轨道，这样轻巧的手持设备可以与卫星进行通信，传播延迟也不会降低语音质量。现在较有名的新型近地系统是 Globalstar、Iridium 和 Teledesic。Globalstar 和 Iridium 都为全球漫游用户提供语音和数据服务，数据速率在 10kb/s 以下。Teledesic 使用 288 颗卫星来提供全球覆盖，使固定点用户的速率达到 2Mb/s。近地轨道系统中每个卫星的单元大小要远远大于地面单元，相应的容量也减少了。建立、安装和维护这些卫星的花费要远远大于地面基站，所以这些卫星系统不可能在价格上与地面蜂窝系统或无线数据服务竞争。近地轨道系统可以作为地面系统在人烟稀少的地方的补充，同时也吸引旅游者只要一个手持设备和一个电话号码就能实现漫游全球。

今天运行中的主要的地球同步系统是全球 Inmarsat 系统、北非的 MSAT、澳大利亚的 Mobilesat 和欧洲的 EMS 与 LLM。

卫星通信的缺点是通信费用高，延时较大，不管两个地面站之间的地面距离是多少，传播的延迟时间都为 270ms，这比地面电缆的传播延迟时间要高几个数量级。

3.2.6 N－ISDN 网络

早期使用的通信系统大多是模拟通信系统，系统中都通过模拟信号表示声音和数据。后来在传输线路上出现数字传输系统并逐步取代模拟传输系统。把数字传输和模拟传输系统结合起来并集成相关的要素就形成了模/数混合通信网——ISDN 网络（综合业务数字网）。

ISDN 是以综合数字电话网（IDN）为基础发展演变而成的通信网，能够提供端到端的数字连接，用来支持包括话音和非话音在内的多种电信业务，用户能够通过有限的一组标准多用途用户/网络接口接入网内。这种综合业务数字网因带宽比较窄，也称为 N－ISDN。

ISDN 在一定的时期内，成为通信网发展的热点，是因为 ISDN 在通信业务、通信质量、通信功能及使用等各方面有独到的优势，主要体现在以下几方面。

1）通过一条用户线就可以提供电话、传真、可视图文及数据通信等多种业务。

2）在 ISDN 中，由于终端到终端已完全数字化，噪声、串音、信号衰减等受距离和链路数增加的影响非常小，信道容量大，误码率极低，使通信质量大为提高。

3）在 ISDN 中，信息信道和控制信道分离，信号能在终端与网络或终端与终端间自由传输，为提供各种新的业务创造了条件。

4）ISDN 能够提供多种业务的关键在于使用标准化的用户接口。该接口有基本速率接口和基群速率接口。

5）ISDN 能与电话网、分组交换网、因特网、局域网等网络广泛连接。

1. ISDN 功能群

（1）终端设备（TE）

TE1（Terminal Equipment Type 1）用于 ISDN 中的声音、数据或其他业务的输入或输

出，ISDN 的标准终端 TE1，如数字电话机等。

TE2（Terminal Equipment Type 2）是不符合 ISDN 接口标准的终端设备，也叫非 ISDN 终端，如 X. 21 或 X. 25 数据终端、模拟电话机等。

（2）终端适配器 TA

TA（Terminal Adaptor）完成适配功能（包括速率适配及协议转换），使 TE2 能接入 ISDN 的标准接口，TA 具有用户—网络接口处第 1 层的功能以及高层功能。

（3）网络终端 NT

完成用户—网络接口功能的主要部件是网络终端 NT1（Network Termination 1）。它的功能是把用户终端设备连接到用户线，为用户信息和信令信息提供透明的传输信道。NT1 实现 OSI 参考模型第 1 层的各种功能。

NT2（Network Termination 2）完成用户—网络接口处的 1～3 层全部功能。NT2 完成用户侧与网络的连接，具有连接与交换功能。

（4）线路终端 LT

LT（Line Terminal）是用户环路和交换局的端接接口设备，实现交换设备和线路传输端连接的接口功能。

（5）交换终端（ET）

交换终端（ET）属于 ISDN 交换机侧的功能。

有关 ISDN 的用户—网络接口参考配置还有两个问题需要说明：

1）功能群和参考点都是抽象的概念，它们可能映射实际的物理结构，但又不同于物理设备和接口。

2）图 3-8 中 R，S，T，U，V 均为参考点，原 CCITT 规定 T 为用户与网络的分界点。某些情况（比如用户比较分散时）可以不用 PBX 等装置，也就是说没有 NT2，此时 S 和 T 参考点合并成一个点，称为 S/T 点。

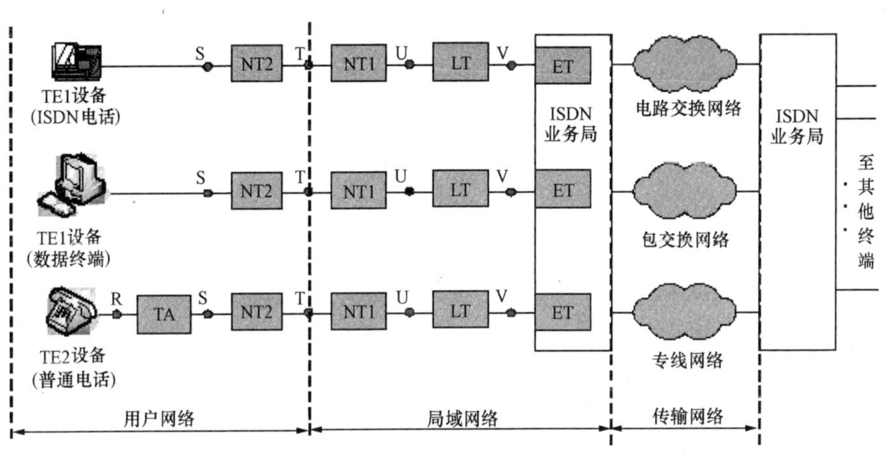

图 3-8 ISDN 网络结构

2. ISDN 参考点

R：非 ISDN 终端 TE2 与终端适配器 TA 之间的连接参考点；

S：终端与网络之间的参考点，即 TE1 或 NT2 之间的连接参考点；

T：网络用户端与传送端之间的参考点，即 NT1 与 NT2 之间的连接参考点；

U：网络终端接入传输线路接口参考点，即 NT1 与线路终端 LT 之间的连接参考点；

V：用户环路传送端与交换设备之间的参考点，即 LT 与 ET 之间的连接点。

3. ISDN 交换机

ISDN 的目的是把多种业务综合在一个网中，ISDN 交换机是能满足多种业务综合需求的交换机。

(1) ISDN 交换机的功能

图 3-9 是 ISDN 交换机的功能结构图。ISDN 交换机一般包括以下功能：

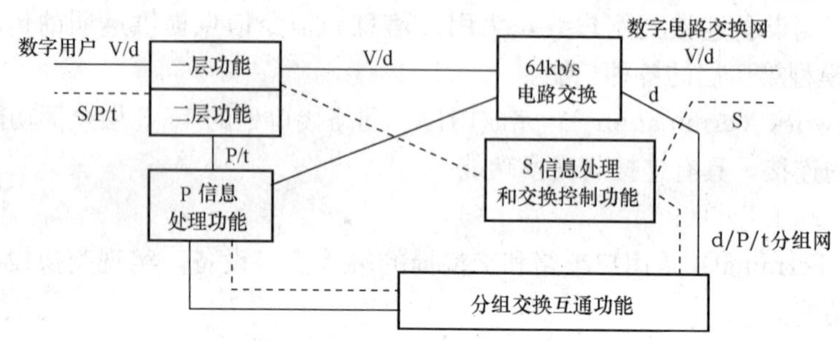

图 3-9 ISDN 交换机功能结构示意图

P—D 信道上的分组信息；d—B 信道上的数据信息（分组或电路方式）；S—D 信道上的信令信息；t—D 信道上的远测信息；V—B 信道上的语音信息

- 一层功能，能对数字用户进行连接。
- 二层功能，能进行 D 信道二层协议处理。
- 64kb/s 电路交换功能，能进行 64kb/s 电路交换。B 信道的最大传输速率是 64kb/s。
- D 信道信令（Signaling）信息处理与交换控制功能，能以 D 信道协议为基础进行交换。D 信道的最大传输速率是 16kb/s。
- 分组交换互通时，能进行互通信令处理、能进行呼叫的路由选择、兼容性检查和内部分组呼叫的连接。

D 信道上分组信息处理功能，对 D 信道中的分组信息（三层上）进行处理，进行分组信息的多路复用及分路。

(2) ISDN 交换机的结构

为了完成以上功能，一个实用的 ISDN 交换机应包括：

- 基本接入（2B+D）——即 2B+D 接口，是 ISDN 最基本的用户—网络接口。两个 B 信道能同时传输相互独立的一路话音和一路数据，或者同时为两路数据，允许用户在打电话的同时进行计算机通信。最大传输速率通常为 128kb/s。
- 基群接入（23B+D/30B+D）——即 23B+D 和 30B+D 接口，D 信道的传输速率为 64kb/s。在北美洲和日本，提供 23B+D，总传输速率为 1.544Mb/s（T1）。在中国、欧洲和澳大利亚，提供 30B+D，总传输速率为 2.048Mb/s（E1）。
- D 信道处理器，ISDN 的用户网络信令采用 D 信道信令。
- 时分交换网，交换网络的核心。
- 数字中继线。
- 分组处理器。

● 与其他专用网互通的接口。
● 运行、管理和维护设备。
● 七号共路信令处理设备。

4. ISDN 数据链路层

ISDN 的 D 信道的数据链路层是 LAPD（链路访问规程 D），而 B 信道上的分组交换连接是 LAPB（链路访问规程 B）。对于 B 信道上的电路交换和永久连接，用户可以选择数据链路协议，也可以选择 CCITT 定义的 I. 465/v. 120 协议。

LAPD 提供了非确认的和确认的信息传输服务。帧格式的实质与 X. 25 一样，即它是面向位的，使用 8 位来标志开始和结束，数据位通过比特填充来避免与标志位相同；16 位的 CRC 用来进行错误校验；16 位的地址用于区分连接在同一个接口上的不同用户以及一个给定用户（访问点的不同业务）的不同连接。不确认业务是由数据报实现的，错误的帧被抛弃。确认帧是由虚拟电路实现的，使用退回 N 协议进行错误控制。接收者可以通过发信息“接收者没有准备好”和“接收者已经准备好”帧来开启或者关闭发送者。

I. 465/v. 120 数据连接协议是 LAPD 的修订版本，提供了异步的数据传输，HDLC 同步数据传输以及位透明异步传输。使用这个传输协议，用户首先要通过 D 信道建立一个在 B 信道上的链路。当连接完成，用户通过 D 信道释放该链路。

ISDN 的网络层除了呼叫控制，还进行路由、多路复用、以及拥塞控制等。

5. ISDN 与其他通信网的互通

当 ISDN 和其他通信网互通时，要求在 ISDN 一侧或其他网络一侧，或在两侧都装置具有互通功能 IWF（Inter Working Function）的互通单元 IWU（Inter Working Unit），确保不同协议及不同用户规程的转换互通。

前已指出，ISDN 是以电话通信 IDN 为基础发展而形成的，所以 ISDN 和电话通信网的互通，与其看作不同通信网间的互通，不如按同一通信网中具有不同功能的两个部分对待。

ISDN 与分组交换公众数据网的互通，ISDN 的宗旨是通过一个网络可向用户提供包括语音和非语音业务在内的多种业务，其分组数据业务是非话音业务中的主要一项。利用 ISDN 可构成多媒体信息网。ISDN 的应用为用户提供了一种接入 Internet 和多媒体信息网的全新方式。利用 ISDN 可进行局域网的互联，图 3-10 所示的是两个公司的局域网各通过一台路由器接入 ISDN。

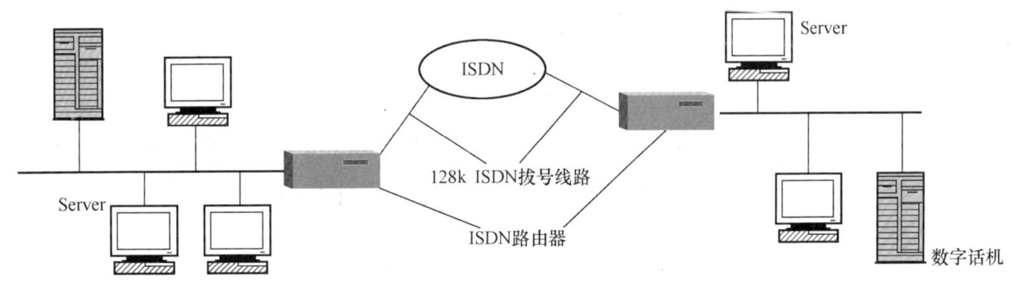

图 3-10 ISDN 局域网互联示意图

3.2.7 B－ISDN 网络和 ATM

“宽带”一词已经沿用多年，且有好几个定义。宽带综合业务数字网是在综合业务数字网（ISDN）基础上发展起来，可支持任意速率的，从语音、数据到视频业务的 ISDN，简称 B－ISDN。

B－ISDN 与 ISDN 相比有一定的差别。其主要差别有以下几项：

（1）传输带宽

ISDN 仅能向用户提供 128kb/s 以下的业务，因此 ISDN 又称窄带综合业务数字网，又称 N－ISDN。

（2）信道应用

N－ISDN 以目前使用电话通信网为基础，其用户线采用双绞线，而 B－ISDN 中的用户线和干线均采用光缆（但短距离也可使用双绞线）。

（3）速率配置

N－ISDN 各种通路的比特率需预先确定好，而 B－ISDN 使用虚通路，其比特率不必预先确定。

（4）业务处理

ISDN 以传送语音为主，而 B－ISDN 可传送各种数字服务数据（包括数据、语音、图像等）。

（5）交换模式

ISDN 使用电路交换，而 B－ISDN 则使用建立在电路交换和分组交换基础上的一种新的交换技术——异步转移模式（ATM）。

1. B－ISDN 结构

初期的 B－ISDN 是由三个网结合而成，如图 3－11 所示。第一个网是以电话交换与接续为主体并把静止图像和低速数据综合为一体的电路交换网，当前以电话通信业务为主，即是以传输速率 64kb/s 作为此网的基础，称为 64kb/s 网。第二个网是以存储交换型的数据通信为主体的分组交换网。第三个网是以异步转移方式（ATM）构成的宽带交换网，它是电路交换与分组交换的组合，它能实现语音、高速数据和活动图像的综合传输。

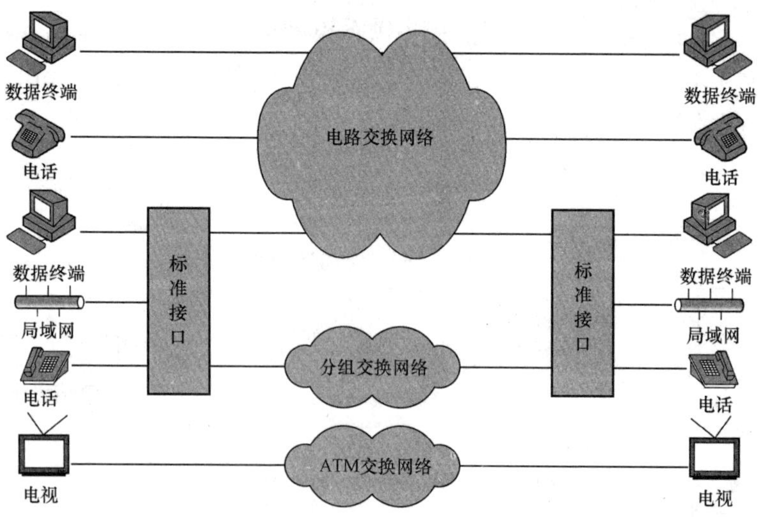

图 3－11　初期的 B－ISDN 结构示意图

从B—ISDN的发展及B—ISDN的网络结构可以看出，实现B—ISDN的关键在于宽带交换技术。从目前的研究成果和研究方向来看，光交换技术和ATM技术是实现B—ISDN的关键。

现阶段B—ISDN以光交换网和ATM交换网为主，兼容电话网提供电话、数据和数字电视信号，如图3-12所示。实现视频点播（VOD）、高清晰度电视（HDTV）、会议电视、可视电话、远程教育、远程医疗、高速数据传输等业务。

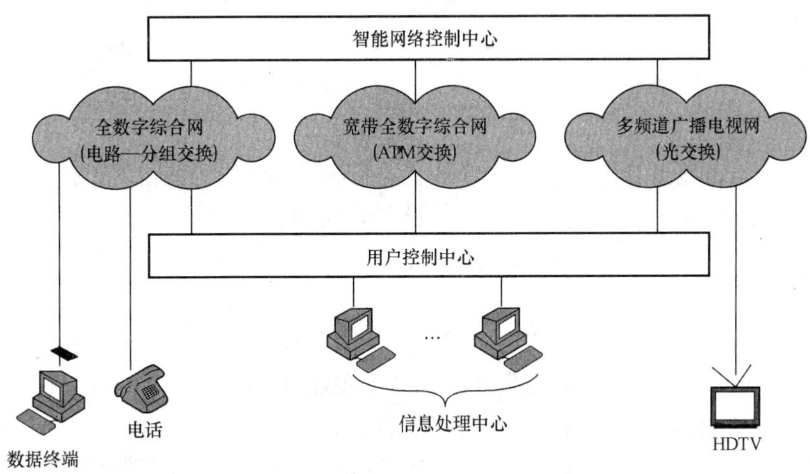

图3-12 现阶段的B—ISDN结构示意图

2. ATM技术

异步传输模式（ATM）是在分组交换技术上发展起来的一种快速分组交换，它吸取了分组交换高效率和电路交换高速率的优点，并且和分组交换、帧中继一样都可以实现对网络资源的按需分配。我们将这种交换称为信元交换。ATM由国际电信联盟ITU在1991年正式确定为B—ISDN的传送方式。值得说明的是，N—ISDN采用的交换技术是同步传输模式(STM)，而B—ISDN采用的交换技术则是基于异步时分复用的信元交换。

(1) ATM的基本特点

ATM采用类似分组交换中的信息封装方式，将信息分解、包装在一个个小的固定长度的信息分组中，从而具有灵活的分配带宽、高效的复用等特点。这些信息分组称为信元(Cell)。同时ATM中采用了电路交换中面向连接的通信方式，保证了信息的顺序性，同时通过一定的控制，力图保证各电路的通信业务质量，以满足不同业务的需求。在ATM中使用了虚电路概念，即每个信元中都含有虚电路标志，带有相同标志的信元属于同一个虚电路，这些信元将得到相同的处理并按先后顺序在ATM网络中传送。ATM最重要的特点是能适用于一般电路交换和分组交换都不能胜任的高速宽带信息业务，它可适应范围宽广的可变速率，终端产生的数据比特流可以是突发式的，也可以是连续的。

ATM标准中定义的端系统接口基本标准为155.52Mb/s的SDH接口。在ATM论坛的标准中还定义了T1、E1及25M、51M、100Mb/s等多种速率的物理接口。

(2) ATM的虚电路和虚路径

ATM采用分组交换中的统计复用（即异步时分多路复用），以期达成较高的资源利用率和实现灵活的多速率和变速率的复用。在同一物理传输线路上的复用依靠信元中的不同的虚路径标识符 VPI（Virtual Path Identifier）和虚电路标识符 VCI（Virtual Channel Identifier）区分。

虚路径和虚电路都是指一个单向的 ATM 信元传输信道。不过，一条虚路径中包含有多条虚电路，所有这些虚电路有相同的标识符（即 VPI）。同样，在一条物理链路中，可以有许多虚路径。一条物理链路中的虚电路，由其 VPI 和 VCI 共同确定。ATM 中物理链路、虚电路和虚路径的关系可以用图 3-13 表示。

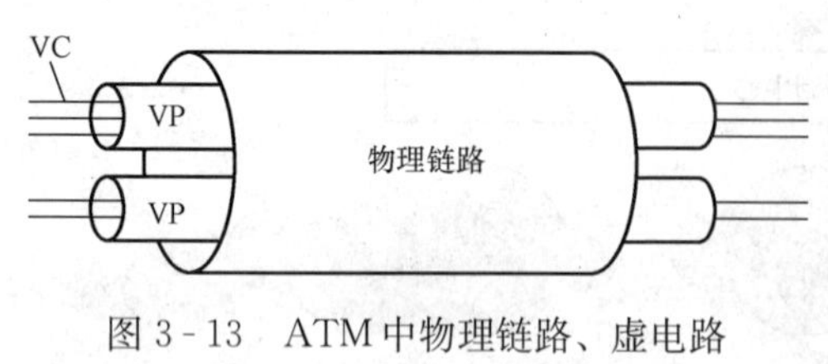

图 3-13 ATM 中物理链路、虚电路和虚路径的关系

不同 VPI、VCI 的信元属于不同的虚连接（Virtual Connect），有不同的逻辑路由和连接。在复用之后，各路由的信元之间没有固定的关系。这样，ATM 中就把虚连接分为虚路径和虚电路两个层次。其优点在于：通过预定义虚路径，可以构造虚拟专用网 VPN，保证在同一个 VPN 中的数据的保密性；其次，使用虚路径还可以简化网络管理。

例如，在主干网上可以预先定义两个节点间的虚路径，为它保留足够的资源。如果用户要建立的虚电路通过该虚路径，则在资源预约时，仅需要在 VP 的入口点处理连接请求，该 VP 的中间节点不必处理，这样就可以简化整个网络的连接处理。

另外，如果一条 VP 所经过的网络链路出现故障，网络的路由机制可以为该 VP 找到另外一条路由。此时可以一次性地把属于该 VP 的所有虚电路都移到新的虚路径上去，并且路由的改变对于每个虚电路是透明的。

应该指出，VCI 和 VPI 只是本地编号，不具有全局的含义。因此，不同 VP 中的 VC 可以具有相同的 VCI 值，不同的物理链路上的 VP 也可以具有相同的 VPI 值。

虚路径和虚电路都是单向的，不过在建立连接时，可以同时建立起一对正向和反向的通道，形成一个双工信道。两个方向上的 VPI 和 VCI 值是不一样的，其带宽也可以是不相同的。因为，在许多情况下（如视频点播 VOD 等应用），需要下载的图像信号量远远大于上行的控制信号。

虚电路和虚路径可以是点到点的，也可以是点到多点的（multicast）。这是为了满足视频会议等应用而设计的。在这种情况下，可以把某个人的信号发送给每一个成员，而且比采用点到点方式时要求的带宽小，发送方的负载也小。

（3）ATM 信元交换

ATM 信元交换是对逻辑路由的交换，属于标记交换，即是对物理通路上各种 VPI、VCI 的信元分别处理，进行转接和变换（更换新的 VPI、VCI）。ATM 交换的这种特征决定了交换机必须对每个信元进行一次处理，由于 ATM 传输速率较高，每个信元的持续时间很短，对于 155.52Mb/s 的 STM—1 接口，每个信元约 2.7μs，故交换机操作的速度是很高的。

（4）ATM 信元格式

ATM 信元的长度固定为 53 字节。信元格式分为两部分：前 5 个字节称为信元头部，记载 ATM 层中各种标识和控制信息；后面 48 个字节称为信息净荷（Payload），它承载上一层协议的信息，并在 ATM 层透明地传输。

ITU—T 在 B—ISDN 网中定义了两种信元，即用户网络接口 UNI（User Network Interface）和网络节点接口 NNI（Network Node Interface）信元。这两种信元的头部结构稍有不同，如图 3-14 所示。两种格式的差别仅在于信元头部的第一个字节的高四位上。在 NNI 中，这四位是 VPI 的一部分，而在 UNI 中，这四位是一个独立的 GFC 字段。

在图 3-14 中，信元头部主要用来标明在异步时分复用上属于同一虚电路的信元，并完成适当的选路功能。具体来说，其中包括这样一些内容，即一般流量控制（GFC）、虚路径标识符（VPI）、虚电路标识符（VCI）、净荷类型（PT）、信元丢失优先等级（CLP）、差错控制（HEC）。

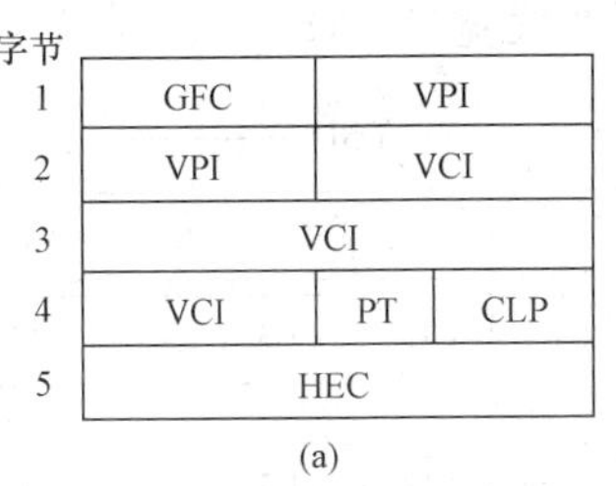

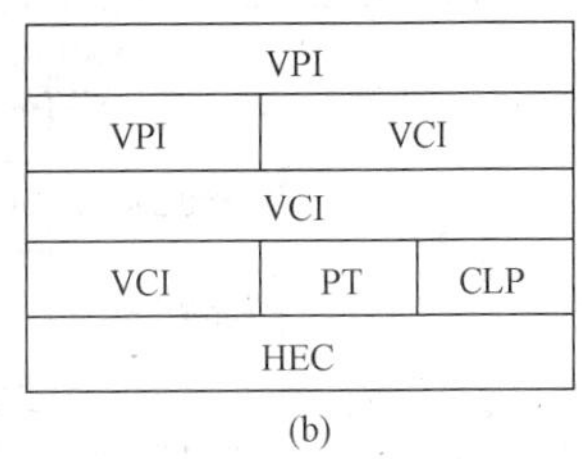

图 3-14 ATM 信元头部的结构

(a) 用户网络接口；(b) 网络节点接口

GFC 仅在 UNI 信元头部出现，在经过交换机后，就被扩展成 VPI 的一部分。在制定标准时，是希望该字段能够用于主机和网络间的流量控制、标识数据的优先级，但实际上没有为它定义任何值。GFC 一般为 0。

PT（3 位）定义了信元净荷的类型，此外还包括一些其他的信息。如果 PT 的最高位为 0，则表示信元的净荷部分为用户数据，此时 PT 的中间一位表示信元是否经过了网络拥塞，而最低位是用户指示信息。AAL5 就使用该位的信息来完成其功能。PT 的最高位为 1 时，其低两位不具有上述的含义。此时，PT 从 100 到 110 的值分别表示一种数据类型，111 保留作其他用途。例如，110 表示资源管理（RM）信元。数据类型和用户指示信息是由发送端的用户提供的，在传输过程中不能更改，而拥塞信息是网络设置的。

CLP（1 位）用于标识信元的丢弃优先级。如果 CLP 为 1，则网络处于拥塞时，可以丢弃该信元。CLP 为 0 时，信元的优先级较高，应该为之分配足够的资源，并优先发送。CLP 位可以由应用程序设置，也可以由 ATM 交换机设置。属于 CBR 业务的信元总是处于高优先级，即 CLP 都为 0。而 VBR 业务则可以设置一些重要信元的 CLP 为 0，另外一些信元的 CLP 为 1。

网络设备通过检查信元头部来决定如何处理这个信元以及将此信元送往何处，但不检查信元净荷部分。也就是说，净荷是由数据、话音或图像中的哪一种组成无关紧要，它只被看作是 384 位（48 字节）的一个单位。因此可在单一的网络上同时支持所有数据的传输，这是 ATM 的突出优点。

3.2.8 移动电话系统

现在我们正在使用的移动通信系统主要是第二代移动通信系统，第二代移动通信系统为数字移动通信系统，是当前移动通信发展的主流，以 GSM/GPRS 和窄带 CDMA 为典型代表。

1. GSM

全球可移动通信系统 GSM（Global System for Mobile Communication）是数字蜂窝移动通信系统的代表，最初，GSM 被设计为使用 900MHz 波段，后来在 1800MHz 波段建立了 GSM 的衍生系统 DCS—1800。

(1) GSM的信道

GSM系统中每个蜂窝最多可拥有124个全双工信道，每个信道包括下行链路频率（从基站到移动台：下行频率为935.2～959.8MHz）和上行链路频率（从移动台到基站，上行频率为890.2～914.8MHz)，每个频率段宽200kHz，如图3-15所示。

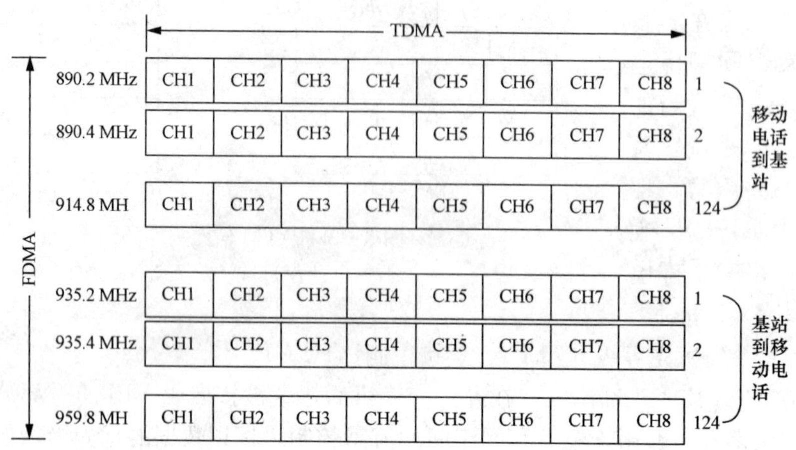

图3-15 GSM使用124个频率信道，每个频段均使用8时隙TDMA系统

在124个频率信道中，每一个均可采用时分复用技术，支持8个独立的连接。每个当前活动的站点均在某一信道中分配一个时隙。虽然理论上每个蜂窝可支持992个信道，但为了避免与相邻蜂窝的频率冲突，其中许多都不能使用。如果移动台被指定为890.8/935.8MHz的时隙CH2，当它想向基站发送数据时，它使用890.8MHz的时隙CH2（以及其后相应的时隙)，将数据依次放入这时隙中，直至所有的数据发送完毕。

8个数据帧构成1个TDM帧，26个TDM帧构成1个120ms的复帧。其中12号TDM帧用于控制，25号TDM帧保留为将来使用，所以只有24个时槽用于用户流量。

(2) 频率配置

GSM蜂窝电话系统多采用4小区3扇区（4×3）的频率配置和频率复用方案，即把所有可用频率分成4大组12个小组分配给4个无线小区而形成一个单位无线区群，每个无线小区又分为3个扇区，然后再由单位无线区群彼此邻接排布，覆盖整个服务区域。

2. CDMA

(1) 扩频的概念

众所周知，对于时域上的脉冲信号，其脉冲宽度越窄，频谱就越宽。那么，如果用所需要传送的信号信息去调制很窄的脉冲序列，就可以将信号的带宽进行扩展。所谓扩频调制，就是指用所传送的原始信号去调制窄脉冲序列，使信号所占的频带宽度远大于所传原始信号本身需要的带宽。其逆过程称为解扩，即将这个宽带信号还原成原始信号。这个窄脉冲序列称为扩频码。如果用这样一种扩频后的无线信道来传送无线信号，则由于信号扩展在非常宽的带宽上，因此来自同一无线信道的用户干扰就很小，使得多个用户可以同时分享同一无线信道。

实现扩频的方式有三种：直接序列扩频、跳频、跳时。其中CDMA系统中常用直接序列扩频方式，它是指在发送端直接用一个宽带的扩频码序列和原始信号相乘，以扩展信号的带宽，而在接收端则用相同的扩频码和宽带信号相乘进行解扩，从中还原出原始的信息，如

图 3 - 16 所示。只有知道该扩频码序列的接收机才能够对收到的信号进行解扩，并恢复出原始数据。我们把原始信息的速率称为信息速率，而把扩频码的速率称为码片速率，用 chip 表示。

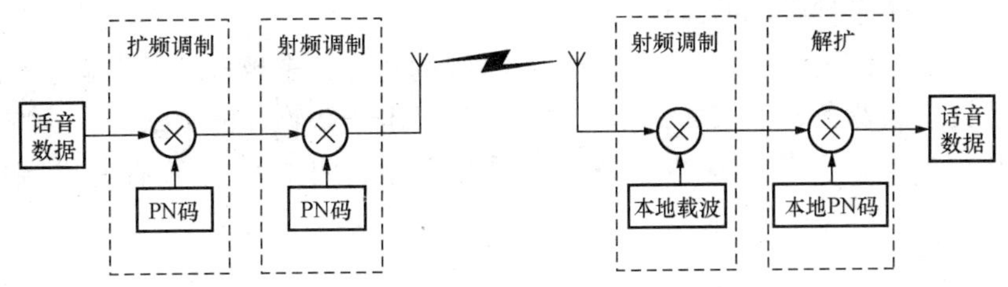

图 3 - 16 直接序列扩频实现框图

(2) IS - 95A 和 IS - 95B

1995 年 5 月美国 TIA 正式颁布了窄带 CDMA(N-CDMA) 标准，它是 IS - 95 的修订本(增强型)，简称 IS - 95A。为满足更高比特速率数据业务的需求，1998 年推出了 IS - 95B 标准，该标准基于电路型交换，允许 8 个业务信道组合在一起，数据传输速率理论上最高可达 115.2kb/s，实际可达到 64kb/s。IS - 95 标准支持高级的数据接入协议，如 TCP 等，为 Internet 的接入提供高速、灵活、方便的服务。

IS - 95A 和 IS - 95B 均有一系列标准，其总称为 IS - 95。所有基于 IS - 95 标准的各种 CDMA 产品又总称为 CDMA One。

(3) CDMA2000 和 IS - 2000

CDMA2000 是美国向 ITU 提出的第三代移动通信空中接口标准的建议，是 IS - 95 标准向第三代演进的技术体制方案，是一种宽带 CDMA 技术。CDMA2000 室内最高数据传输速率为 2Mb/s 以上，步行环境时为 384kb/s，车载环境时为 144kb/s 以上。CDMA2000 技术的正式标准总称叫 IS-2000，它包含六部分，定义了移动台和基地站系统之间的各种接口。按照标准的规定，CDMA2000 系统一个载波的带宽为 1.25MHz，如果系统分别独立使用每个载波，则称为 1X 系统；如果系统将 3 个载波捆绑使用，则称为 3X 系统。

CDMA2000 1X 目前已经在韩国开始商用，中国联通也于 2003 年 3 月底正式开通 CDMA20001X 业务。

3.2.9 有线电视

有线电视的早期形式是共用天线电视系统。它为了克服高层建筑和高山阻挡等因素对电视信号接收效果的影响，采用一组接收良好的共用天线，将收到的电视信号以有线的方式传输并分配到各用户。随着社会的进步和技术不断发展，共用天线电视系统发展成为能够接收卫星节目及安排自制节目，甚至利用电视进行信息交流的系统，也就是有线电视系统。由于它不向外界辐射电磁波，而是以有线闭路的形式传送电视信号，故称作有线电视 (CATV)。有线电视的基本组成如图 3 - 17 所示。

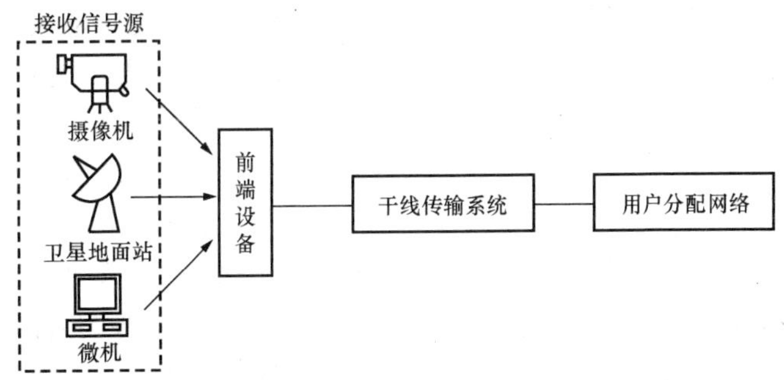

图 3 - 17 有线电视系统基本组成

CATV 网以电缆、光纤为主要传输媒介，是一个集节目组织、节目传送及分配于一体的区域型网络，并正向综合信息传播媒介的方向发展。CATV 网的特点是带宽宽和速率高。其带宽可达 30MHz～1GHz，从而能够提供多种交互式宽带和窄带业务，以及高速传输多种媒体的信息。

随着双向有线通信技术的发展，有线电视系统的功能越来越多。近年来在有线电视系统中相继开放了许多新业务，如家庭安全报警、咨询、电子购物、电子邮政、遥控银行、定点及多点高速数据通信业务等。这些业务的开展都充分表明了 CATV 有着广阔的市场发展前景。

（1）接收信号源

接收信号源可以是摄像机、录像机、演播室、电影电视转换机及计算机等。

（2）前端设备

前端设备包括带通滤波器、频率变换器、调制器、频道放大器、导频信号发生器、混合器及信号处理器等，它先把信号源送来的电视信号进行必要的处理，然后把所有的信号经过混合器运到干线传输分配系统中去。

（3）干线传输系统

干线传输系统把前端设备接收处理与混合后的电视信号传输给用户分配网络系统。

（4）用户分配网络

用户分配网络的作用是将干线传播系统为其子系统提供的信号电平合理地分配给各个用户，它包括线路延长分配放大器、分支器、分配器、串接单元支线、分支线、用户线及用户终端盒等。

3.3 计算机网络互联和硬件设备

1. 网络互联概念

网络互联就是指不同网段、网络或子网之间通过网络的连接或互联设备（集线器、交换机、路由器或网关等）实现各个网络段或子网间的互相连接，其目的在于实现各个网段或子网之间的数据传输、通信、交互与资源共享。

互联的网络和设备可以是同种类型的网络、不同类型的网络，以及运行不同网络协议的设备与系统。

例如以太网和 ATM 网络互联、以太网和令牌环网互联；使用 IPX 协议网络和使用 TCP/IP 协议网络互联等。

将多个计算机网络互联起来，就构成一个更大的网络——互联网。在互联网上的用户只要遵循相同的协议，就能相互通信，并且互联网上的资源也可以被更多的用户所共享。

总线型网络随着用户数的增多，冲突的概率和数据发送延迟会显著增大，网络性能也会随之降低。但如果采用子网自治以及子网互联的方法就可以缩小冲突域，有效提高网络性能。

当同一地区的多台主机希望接入另一地区的某个网络时，一般都采用主机先行联网（构成局域网），再通过网络互联技术和其他网络连接的方法，这样可以大大降低联网成本。

将具有相同权限的用户主机组成一个网络，在网络互联设备上严格控制其他用户对该网的访问，从而可以提高网络的安全机制。

2. 网络互联功能及类型

基本功能是指网络互联所必需的功能，包括不同网络之间传送数据时的寻址与路由选择等功能；扩展功能是指当互联的网络提供不同的服务类型时所需的功能，包括协议转换、分组长度变换、分组重新排序及差错检测等功能。

(1) 互联局域网的类型

1) 同构网 (homogeneous net)：具有相同协议的局域网互联。

2) 异构网 (heterogeneous net)：所谓"异构网"(heterogeneous net) 是指网络具有完全不同的传输性质和通信协议。目前，不同类型的网络之间的连接大多是异构网间的连接。

(2) 网络互联的应用类型

1) 局域网之间的互联 (LAN－LAN)：同种局域网互联是指符合相同协议的局域网之间的互联。例如：两个以太网之间的互联，或是两个令牌环网之间的互联。

异种局域网互联是指不符合相同协议的局域网之间的互联。例如：一个以太网和一个令牌环网之间的互联，或令牌环网和 ATM 网络之间的互联。

2) 局域网与广域网的互联 (LAN－WAN)：局域网－广域网互联也是常见的网络互联方式之一。局域网－广域网互联一般可以通过路由器 (Router) 或网关 (Gateway) 来实现。

3) 局域网通过广域网与 Internet 之间的互联 (LAN－WAN－Internet)：将两个分布在不同地理位置的局域网通过广域网实现互联，也是常见的网络互联方式。局域网－广域网－局域网互联也可以通过路由器和网关来实现。

4) 多个远程局域网之间互联为广域网 (LAN－WAN－LAN)：广域网与广域网之间的互联同样也可以通过路由器和网关来实现。

3. 网络互联的层次

互联 (Interconnection) 是指在两个物理网络之间至少有一条在物理上连接的线路，但不能保证两个网络一定能进行数据交换，这取决于两个网络的通信协议是否相互兼容。

互通 (Intercommunication) 是指两个网络之间可以交换数据。

互操作 (Interoperability) 是指网络中不同计算机系统之间具有透明访问对方资源的能力。

互联是网络互联的基础，互通是网络互联的手段，互操作是网络互联的目的。

网络协议分别属于 OSI 参考模型的不同层次，因此网络互联一定存在着互联层次的问题。从网络协议的角度来看，网络互联的层次可以分成以下四个，如图 3-18 所示。

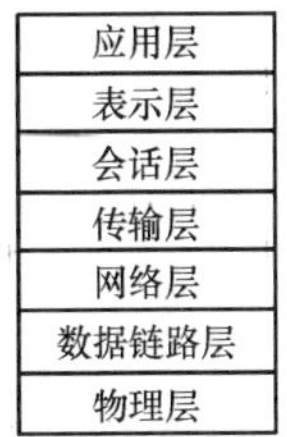

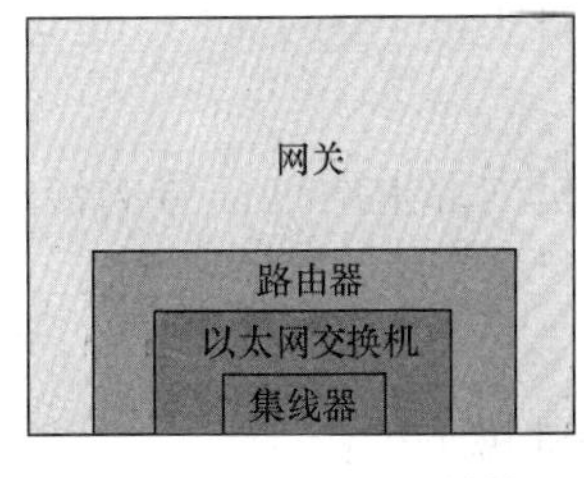

应用层 表示层 会话层 传输层 网络层 数据链路层 物理层

图 3-18 网络互联层次结构示意图

(1) 物理层互联

物理层互联的主要设备是中继器、集线器等。中继器在物理层互联中起到的作用是将一个网段传输的数据信号进行放大和整形，然后发送到另一个网段上，克服信号经过长距离传输后引起的衰减。集线器主要指共享式集线器，它工作在 OSI 模型的第一层，即物理层。它也被称为多端口中继器。由于集线器与中继器以相同的方式进行工作，因此具有同样的基本功能，遵循同样的规则。

（2）数据链路层互联

数据链路层互联的设备是网桥和以太网交换机。基于网络物理地址进行过滤和网络分段，这层的设备具有物理层和数据链路层两层的功能，它们既可以用于局域网的延伸、扩展节点；也可以用于将负荷过重的网络划分为较小的网段，以达到改善网络性能和提高网络安全性的目的。

（3）网络层互联

网络层互联的设备是路由器和第三层交换机。网络层互联主要是解决路由选择、拥塞控制、差错处理与分段技术等问题。

（4）高层互联

实现高层互联的设备是网关。高层互联是指传输层以上各层协议不同的网络之间的互联，高层互联所使用的网关大多是应用层网关。

3.3.1 网卡

网络接口板又称为通信适配器（adapter）或网络接口卡 NIC（Network Interface Card），如图 3-19 所示。但现在更多的人愿意使用更为简单的名称“网卡”。网卡是网络中最基本、最重要的连接设备，它一边连着传输介质，另一边连着计算机。

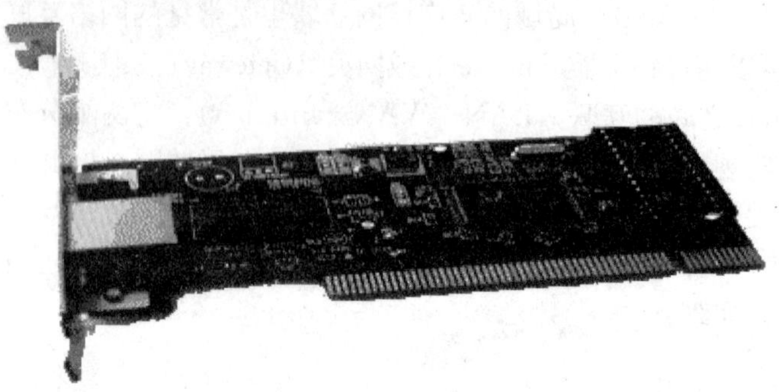

图 3-19 网卡

1. 网卡的组成与连接

（1）组成

网卡由 CPU、RAM、ROM 和 I/O 接口组成，48 位的 MAC 地址存固化在 RAM 中；现在把 CPU、RAM、ROM 和 I/O 接口固化在一个芯片上，如 Realtek8019/8039 等。

（2）网卡与 LAN 的连接

网卡通过传输介质与局域网连接。在传输介质中，信号以串行方式传输。

（3）网卡与计算机的连接

网卡通过计算机主板上的 I/O 总线与计算机连接。在计算机的总线上，信号以并行方式传输。

在介质和计算机内部上两种信号的传输速率不相同，因此，网卡上必须设置有用于数据存储的缓存芯片。

2. 网络适配器的基本功能

网卡工作在 OSI 模型的第 2 层，它完成物理层和数据链路层的功能。从功能来说，网卡相当于广域网的通信控制处理机，通过它将工作站或服务器连接到网络上，实现网络资源共享和相互通信。网卡的功能主要有以下三个：

（1）数据的封装与解封

发送时，将上一层交下来的数据加上首部和尾部，成为以太网的帧。接收时，将以太网的帧剥去首部和尾部，然后送交上一层。

（2）链路管理

如以太网卡主要实现 CSMA/CD 协议。

(3) 编码与译码

如曼彻斯特编码与译码。

3. 网卡的分类方法

(1) 按网卡支持计算机上的接口类型分类

1) 常见的总线插槽类型有：PCI 和 PCMCIA 等。PCMCIA 网卡主要用在笔记本计算机上。所选的网卡应当与所插入的计算机的总线类型一致。

2) 无线网卡：主要用于无线网络（WLAN），它使用无线的电磁波进行连接，具有布线容易、移动性强、组网灵活和成本低廉等特点。

3) USB（Universal Serial Bus，通用串行总线）接口网卡：具有热插拔、不用占用计算机的总线插槽、安装和使用方便等显著的优点。

(2) 按网卡支持的传输速率大小分类

可以分为四类：10Mb/s 网卡、100Mb/s 网卡、10/100Mb/s 自适应网卡与 1000Mb/s 网卡等。

(3) 按网卡支持的传输介质类型分类

可以分为四类：双绞线网卡、粗缆网卡、细缆网卡与光纤网卡。

3.3.2 集线器

集线器是一种特殊的中继器，它工作在 OSI 模型的第一层，即物理层。它也被称为多端口中继器。其主要作用是对接收到的信号进行再生放大，以扩大网络的传输距离。集线器负责对多个网络电缆进行中间转接，以便对网络进行集中管理。

1. 集线器的特点

1) 从表面上看，使用集线器的局域网在物理上是一个星型网，但由于集线器是使用电子器件来模拟实际电缆线的工作，因此整个系统仍然像一个传统的以太网那样运行。也就是说，使用集线器的以太网在逻辑上仍是一个总线网，各工作站使用的还是 CSMA/CD 协议，并共享逻辑上的总线。网络中的各个计算机必须竞争对传输体的控制，并且在一个特定时间内至多只有一台计算机能够发送数据。

2) 一个集线器有许多端口，因此，一个集线器很像一个多端口的转发器。

3) 集线器工作在物理层，它的每个端口都具有发送和接收数据的功能。当集线器的某个端口接收到工作站发来的比特时，就简单地将该比特向所有其他端口转发。若两个端口同时有信号输入（即发生碰撞），那么所有的端口都收不到正确的帧。

4) 集线器采用了专门的芯片，可以进行自适应串音回波抵消。

2. 集线器的分类

1) 集线器分为有源集线器、无源集线器和智能集线器。

无源集线器：只是把相近地区的多段传输介质集中到一起，对它们所传输的信号不作任何处理，而且对它所集中的传输介质，只允许扩展到最大有效距离的一半。

有源集线器：把相近地区的多段传输介质集中到一起，还对每条传输的电信号有整形、放大和转发作用，并具有扩展传输介质长度的功能。

智能集线器：具备有源集线器的功能，还具有网络管理、路径选择等功能。随着网络技术的发展，现在集线器发展成为交换集线器。交换集线器不但能使网络分段，并增加了线路交换功能，提高了传输带宽。

2）集线器分为独立型共享式集线器和堆叠式集线器。独立型共享式集线器不具备堆叠功能，当联网节点数超过单一集线器的端口时，只能采用多集线器的级联方法来扩充；堆叠式集线器由一个基础集线器与多个扩展集线器组成，通过在基础集线器上堆叠多个扩展集线器，可以很方便地扩充联网的节点数，如图 3-20 所示。

(a) (b)

图 3-20 集线器分类

（a）独立型集线器；（b）堆叠式集线器

3）按集线器支持的传输速率大小，可以分为三类：10Mb/s 集线器、100Mb/s 集线器、10/100Mb/s 自适应集线器。

3. 集线器的应用特点

1）优点：集线器可扩充网络的规模，即延伸网络的距离和增加网络的节点数目。集线器安装极为简单，几乎不需要配置。集线器可以连接多个物理层不同，但高层协议相同或兼容的网络。

2）缺点：集线器限制了介质的极限距离，例如 10BASE-T 中的 100m。集线器没有数据过滤的功能，它将收到的数据发送到所有的端口，因此，使用中继器连接多个网络后，会增加网络的信息量，易发生阻塞。集线器使用数量的限制，低速以太网应遵循的“5—4—3”规则。集线器互联网络中的多个节点共享网络集线器的带宽，因此，当节点数目过多时，冲突增加，网络性能急剧下降。集线器向所有端口转发广播信息，因此它不能控制广播风暴。

4. 典型的集线器产品

- Cisco 公司的 FastHub 400 系列与 Cisco 1528 系列。
- 3Com 公司的 Office Connect 系列与 SuperStack Ⅱ系列。
- Accton 公司的 EtherHub 系列与 Fast EtherHub 系列。
- Nortel 公司的 Netgear DS508 系列与 BayStack 250 系列。
- Intel 公司的 InBusiness 系列与 Express 10/100 系列。
- D-Link 公司的 DE-800TP 系列。

3.3.3 交换机

交换机和交换式集线器均被称为交换机或第二层交换机（表明这种交换机工作在数据链路层）。典型的第二层交换机是以太网交换，它是工作在 OSI 模型的第二层的设备。目前，交换机正在迅速代替共享式集线器，并成为组建和升级以太局域网的首选设备，以太网交换机实质上就是一个多端口的网桥，如图 3-21 所示。

1. 以太网交换的特点

以太网交换机除了包括集线器的所有特性外，还具有自动寻址、交换和处理等功能。局域网交换机的数据帧转发功能是通过硬件来实现的，通过硬件结构，使得局域网交换机的数

图 3-21 交换机

据帧处理的延迟时间由网桥的几百微秒减少到几十微秒。集线器组成的网络逻辑拓扑为总线型；而交换机组成的网络逻辑拓扑为星型。

局域网交换机支持交换机端口之间的多个并发连接，实现多个节点之间数据的并发传输；以太网交换机可以有多个端口，每个端口可以单独与一个节点连接，也可以与一个以太网集线器连接。

2. 以太网交换机的工作原理

(1) 以太网交换机的工作过程

以太网交换机监测发送到每个端口的数据包，通过数据包中的有关信息（源节点的MAC地址、目的节点的MAC地址），在交换机的内部建立一张“端口——MAC地址”的映射表。

当某个端口接收到数据包后，交换机会取出该包中目的节点的MAC地址，并通过该映射表迅速地将数据包转发到相应的输出端口。

典型的交换机结构与工作过程如图3-22所示。图中的交换机有6个端口，其中端口1、4、5、6分别连接了节点1、节点4、节点5和节点6、节点7。交换机内部的“端口/MAC地址映射表”就可以根据以上端口与节点MAC地址的对应关系自动地建立起来。

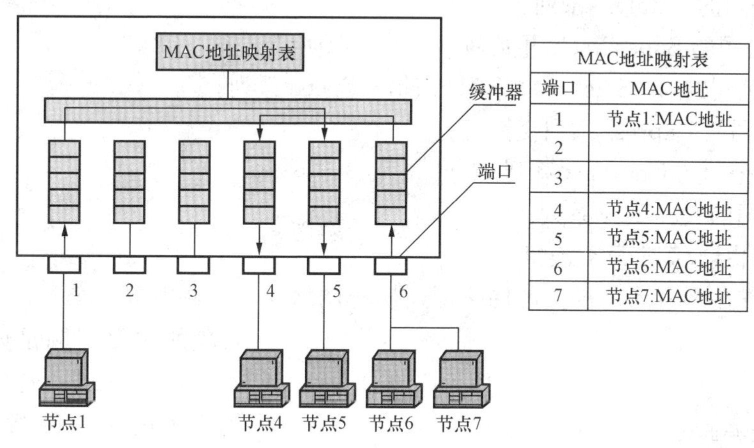

图 3-22 交换机的工作原理

当节点1要向节点5发送信息时，节点1首先将带有节点5的MAC地址的帧发送到交换机端口1，交换机接收该帧，并检查到其目的MAC地址后，在交换机的“端口/MAC地址映射表”中查找节点5所连接的端口号为5，交换机将在端口1和端口5之间建立连接，将信号转发到端口5。

同时，节点6需要向节点4发送信息，交换机的端口6和端口4也建立一条连接，并将端口6的信息转发到端口4。

这样，交换机在端口1和端口5、端口6和端口4之间建立了两条并发连接，依次类推，交换机内部可以建立多条连接，进行并发工作。

(2) 数据交换方式

直接交换：交换机只要接收到数据包，便立即获取包的目的地址，转换成相应的交换机端口，将该数据包转发出去。由于不需要存储，因此交换速度很快，延迟极小。但在转发数据包时不进行错误校验，可靠性相对较低。另外，由于没有缓存，不能将具有不同速率的输入/输出端口直接接通。

存储转发：交换机把数据包全部接收到内部缓冲区中，并进行校验，一旦发现错误就通知源节点重新发送该包。这种交换方式具有数据包的差错检测能力，可靠性高，并能支持不同速率端口之间的转发。但它延迟时间较大，交换机内的缓冲存储器有限，当负载较重时，易造成数据包的丢失。

3. 局域网交换机的分类

（1）10/100Mb/s 自适应的局域网交换机

它是一种小型以太网交换机，由于采用了 10/100Mb/s 自动监测技术，它可以检测端口连接设备的传输速率与工作方式，并自动做出调整以保证 10Mb/s 和 100Mb/s 节点工作在同一网络中。

（2）大型的局域网交换机

它是一种箱式结构，在机箱内可以根据需要插入各种模块，例如 10Mb/s 以太网模块、1000Mb/s 以太网模块、路由器模块等，通过它可以构成大型局域网的主干网。

4. 典型的局域网交换机产品

- Cisco 公司的 Catalyst 系列。
- 3Com 公司的 SuperStack Ⅱ 系列。
- Nortel 公司的 BayStack 300 系列与 EtherSpeed 系列。
- Intel 公司的 Express 系列交换机。
- Accton 公司的 Cheetack 系列。
- 华为公司的 Quidway 系列。

3.3.4 路由器/第三层交换机

路由器工作在 OSI 参考模型的网络层，属于网络层的一种互联设备。网络层互联需要解决的主要问题是如何在不同的网络之间存储、转发数据包。如果两个网络的网络层协议相同，则利用路由器互联主要是解决路由选择问题；如果协议不同，则主要是解决协议转换。一般说来，异种网络互联与多个子网互联都是采用路由器来完成的，如图 3-23 所示。

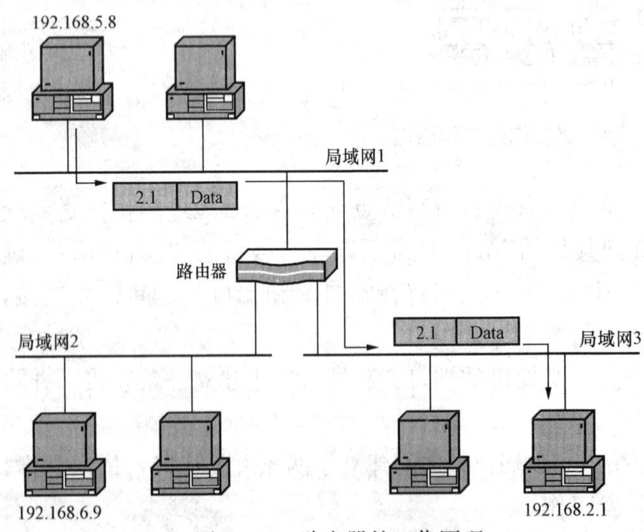

图 3-23　路由器的工作原理

路由器互联两个或多个独立的相同类型或不同类型的网络，如局域网与广域网的互联、局域网与局域网的互联。为了提高路由器的响应速度，部分路由器上也提供了三层交换的功能。三层交换类似于交换器，只是交换的对象是分组，而不是帧。

1. 路由器的作用

路由器的主要功能就是进行路由选择。当一个网络中的主机要给另一个网络中的主机发送分组时，它首先把分组送给同一网络中用于网间连接的路由器，路由器根据目的地址信息，选择合适的路由，把该分组传递到与目的网络连接的路由器中，然后通过目的网络中内部使用的路由协议，该分组最后被递交给目的主机。

路由器和局域网交换机的概念类似，都是接收协议数据单元 PDU，检查头部字段，并依据头部信息和内容的一张表来进行转发。但实际上，局域网交换机只检查数据链路帧的帧头，并不查看和修改帧携带的网络层分组头部；而路由器则检查网络层分组头部，并根据其中的地址信息做出决定，当它把分组下传到数据链路层时，它不知道也不关心它是通过以太网还是令牌环网进行传送。

2. 路由器的功能

- 改进网络分段（每个网段的节点数是有限的）。相同类型的局域网互联，划分子网段，避免“广播风暴”。
- 不同局域网之间的路由能力，实现三层的数据报文的转换。
- 连接 WAN 的路由能力。路由器通过软件实现其功能，速度较慢，数据报文延迟较大，高性能的路由器比较昂贵。
- 具有判断需要转发的数据分组的功能，不仅可根据 LAN 网络地址和协议类型，而且可根据网间地址、主机地址、数据类型（如文件传输、远程登录或电子邮件）等，判断分组是否应该转发。对于不该转发的信息（包括错误信息），都过滤掉，从而可避免广播风暴，比网桥有更强的隔离作用，提高安全保密性能。

3. 路由器的特点

- 寻址能力：通过路由器互联的网络具有不同的网络地址，网间协议能很好地识别这些网络，路由器也就可以区分各个节点所在的通信子网。
- 路由选择：路由器具备相对灵活的路由选择功能，以最快的速度将分组传送通过网络。目前，路由器使用的路由协议主要由 Internet（因特网）工程任务组（IETF）定义，包括开放式最短路径优先协议（OSPF：RFC1247）、边界网关协议（BGP：RFC1163）和内部网关路由协议（IGRP）等。
- 分段：路由器可对分组进行分段，使得互联能力不受通信子网分组长度的影响，需要注意的是，各分段的重组是在目的主机上进行的，并不是在路由器上进行的。
- 存储—转发：路由器严格地执行“存储—转发”的原则，即先接收和存储分组，在完成必要的分组分析和格式转换之后，转发分组至特定的子网。
- 分组过滤：路由器通常分析整个分组，因此可以过滤掉网络中的错误信息，减少出错分组的无谓传输。

4. 典型的路由器产品

- Cisco 公司的 Cisco 系列路由器。
- 3Com 公司的 Office Connect NetBuilder 系列。
- Nortel 公司的 Accelar 系列。
- Intel 公司的 Express Router 系列。

● 华为公司的 Quidway 系列。

5. 第三层交换机

（1）第三层交换机的概念

将局域网交换机的设计思想应用在路由器的设计中，就出现了第三层交换的概念；第三层交换机工作在 OSI 参考模型的第三层，因此，它除了具有第二层的功能外，还具有第三层的“选路”（路由）功能，又叫交换式路由器，第三层交换是 IP 交换，其功能主要是由硬件实现的。

（2）第三层交换机与路由器的联系与区别

传统的路由器通过软件来实现路由选择功能，而第三层交换的路由器通过专用集成电路芯片来实现路由选择功能，将数据包处理时间从传统路由器的几千微秒减少到几十微秒，大大地缩短了数据包在交换设备中的传输延迟时间；通过硬件来实现第三层交换的路由器，在网络层协议类型上受到一定的限制。第三层交换机充分利用路由器的第三层功能，既保留了第二层交换机灵活的虚拟局域网（VLAN）划分和高交换速度的优点，又解决了第二层网络无法处理的“广播风暴”问题；并且在引入路由器计费和访问控制功能的情况下仍然能保持线速。

在连接局域网中的各个子网时，第三层交换机是推荐的选择，而在通过广域网连接远程子网或者是 Internet 时，路由器则是最佳的选择。

（3）典型的第三层交换机产品

● Cabletron 公司的 SmartSwitch 系列路由器。
● Foundry 公司的 BigIron 系列与 SererIron 系列交换机。
● PacketEngines 公司的 PowerRail 系列交换式路由器。
● Cisco 公司的 4000 系列、5000 系列、6000 系列与 8000 系列交换式路由器。

目前，路由器/第三层交换机已被广泛地用于网络互联，尤其是企业的内部网和外部网的互联。企业内部网采用交换机和集线器连接企业的各种设备（服务器和客户机），并通过路由器/第三层交换机和外部沟通，包括通过广域网和其他企业网互联。

3.3.5 网关

网关就是将两个或多个在高层使用不同协议的网络段连接在一起的软件或者硬件。它的主要作用是实现不同网络传输协议的翻译和转换工作，因此又称为网间协议转换器。网关工作在 OSI 参考模型的高层，即传输层到应用层。例如 TCP/IP 协议节点可以和其他的 TCP/IP 协议节点通信，但不能和 Netwar 协议的节点通信。网关提供使用不同构架协议的网络之间的连接，网关不仅具有路由器的功能，而且其主要功能是实现异种网之间传输层以上的协议转换，它相当于语言交流中的翻译。网关的协议转换总是针对某种特殊的应用协议或者有限的特殊应用，如电子邮件、文件传输和远程登录等。

网关通过使用适当的硬件与软件实现不同网络协议之间的转换功能；硬件提供不同网络的接口，软件实现不同互联网协议之间的转换。图 3-24 给出了网关的基本结构。

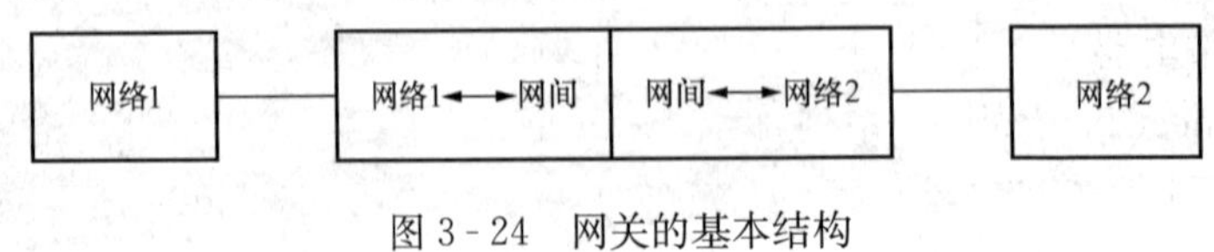

图 3-24 网关的基本结构

网关实现协议转换的方法主要有以下两种：

1）网关直接将输入网络的信息包的格式转换成输出

网络信息包的格式；当连接的网络协议多时，协议转换比较复杂，实现难度较大。

2）首先制定一种标准的网间信息包格式，网关在输入端将输入网络信息包格式转换成标准网间信息包格式，在输出端再将标准网间信息包格式转换成输出网络信息包格式，协议转换比较简单。

网关能够连接多个高层协议完全不同的局域网。因此，网关是连接局域网和广域网的首选设备。

习 题

一、选择题

1. 下列传输介质中，（ ）的抗干扰能力最强。

A）双绞线； B）同轴电缆； C）光纤； D）通信卫星。

2. 因为ATM（ ），即信元沿同一条路径走，所以信元一般不会失序。

A）是异步的； B）是多路复用的；

C）是一个网络的； D）是用虚电路的。

3. 现在最流行的局域网的拓扑结构是（ ）的。

A）星型； B）总线型； C）环型； D）网状。

4. ISDN中2B+D通路中的B和D的意义是（ ）。

A）4kHz的模拟话路和内部信令；

B）64kb/s的PCM通路和64kb/s的控制通路；

C）16kb/s的PCM通路和16kb/s的控制通路；

D）64kb/s的PCM通路和16kb/s的控制通路。

5. 下列网络互联设备中，工作在网络层的是（ ）。

A）网卡； B）交换机； C）路由器； D）网关。

二、思考题

1. 常用的传输介质有哪些？
2. 双绞线和同轴电缆各有何优缺点？
3. 网络在不同层次上互联的设备都有哪些？
4. 网络交换机的三种交换方式是什么？
5. ISDN定义了哪几种信道？
6. 简述ATM中，VC和VP的各自应用。
7. ATM的信元总长是多少个字节，信息段是多少个字节？
8. 卫星通信根据卫星距地球的距离可分为哪几类？

第4章 局 域 网

局域网（local area network，LAN）是将分散在有限地理范围内（如一栋大楼，一个部门）的多台计算机通过传输媒体连接起来的通信网络，通过功能完善的网络软件，实现计算机之间的相互通信和共享资源。

局域网的应用范围极广，主要用于办公自动化、生产自动化、企事业单位的管理、银行业务处理、军事指挥控制、商业管理、校园网等方面。随着网络技术的发展，计算机局域网将更好地实现计算机之间的连接，更好地实现数据通信与交换、资源共享和数据分布处理。

局域网的发展始于20世纪70年代，至今仍是网络发展中的一个活跃领域。1972年，美国加州大学研制了NEWHALL环，称为DCS（Distributed Computer System）分布计算机系统。1974年，英国剑桥大学计算机实验室建立了剑桥环。1975年，出现了第一个总线争用结构的实验性Ethernet网络，该网络借鉴了夏威夷大学ALOHA网络的有关技术。1977年，日本京都大学研制成功了以光纤为传输介质的局域网络。到20世纪80年代初期，多种类型的局域网络纷纷出现，越来越多的制造商投入到局域网络的研制潮流中，其中有Xerox、DEC和Intel公司3家联合研制的第二代Ethernet网络，Zilog公司推出的Z-net网，Corvus公司和Intel公司研制的Omninet网，Cromemco公司研制的C-net网等。美国、日本和西欧一些国家的大学投入了相当大的力量研究局域网络。同时，各种先进的网络组件，如传播介质和转接器件也不断出现，连同高性能的微机一起构成了局域网的基本硬件基础。由于新技术和新器件不断出现。所以局域网也被赋予更强的功能和生命力。

20世纪80年代是局域网飞速发展的年代，到了80年代末期，先后推出了Novell和LAN Manager等性能优异、极具代表性的局域网络。到了20世纪90年代，由于集线器（Hub）技术的发展，局域网的发展也上了一个台阶，出现了交换式以太网、高速局域网和虚拟局域网，其性能更优、应用更广。

局域网是将小范围的通信设备连在一起的通信网。一般说来，局域网有以下特点：

1）为一个单位所拥有，且地理范围和站点数目均有限。

2）较高的通信速率。局域网的传输速率在每秒10Mb/s的数量级以上，可达Gb/s数量级。

3）较低的时延和误码率，一般为10^{-8}～10^{-11}。

4）各站点为平等关系而不是主从关系。

5）能支持简单的点对点或多点通信。

6）支持多种传输介质。

与多用户系统相比，局域网有如下一些主要优点：

1）能方便共享昂贵的外设、主机以及软件、数据，从一个站点访问全网。

2）便于系统的扩展和逐渐地演变。

3）提高了系统的可靠性和可用性。

4）响应速度较快。

5）各种设备的位置可灵活地调整和改变，有利于数据的处理和办公自动化。

自 1980 年以来，许多国家和国际标准化机构都在积极进行局域网的标准化工作，其中最有影响力的是 IEEE 制定的局域网的 802 标准，包括 CSMA/CD、令牌总线和令牌环等，它被 ANSI 接受为美国国家标准，被 ISO 作为国际标准（称为 ISO8802 标准）。这些标准在物理层和 MAC 子层上有所不同，但在数据链路层上是兼容的。

由于局域网只是一个短距离内的计算机通信网，它并不存在路由选择问题，因而它不涉及网络层，只需考虑最低的两层。因此，IEEE 802 的 LAN 标准遵循 OSI 参考模型的分层原则，描述最低两层——物理层和数据链路层的功能以及与网络层的接口服务，然而由于局域网的种类繁多，其介质访问控制方式各不相同，为了使局域网的数据链路层不致过分复杂，有必要将数据链路层分成两个子层，介质访问控制子层 MAC（Medium Access Control）和逻辑链路控制子层 LLC（Logical Link Control）。由此来使得数据链路层向上提供的服务与介质、拓扑等因素无关。

MAC 子层和 LLC 子层合并在一起，近似等效于 OSI 参考模型中的数据链路层。LLC 子层协议与局域网的拓扑形式和传输介质的类型无关，它对各种不同类型的局域网都是适用的。然而，MAC 子层协议却与网络的拓扑形式及传输介质的类型直接相关，其主要作用是介质访问控制和对信道资源的分配。例如，总线型局域网主要采用竞争式的随机访问控制协议，最典型的是 CSMA/CD，还有令牌总线、令牌环等标准。

目前 IEEE 已经制定的局域网标准有 10 多个，主要的标准如下：

- IEEE 802.1A：局域网体系结构，并定义接口原语。
- IEEE 802.1B：寻址、网间互联和网络管理。
- IEEE 802.2：描述逻辑链路控制（LLC）协议，提供 OSI 数据链路层的上部子层功能，以及介质接入控制（MAC）子层与 LLC 子层协议间的一致接口。
- IEEE 802.3：描述 CSMA/CD 介质接入控制方法和物理层技术规范。802.3i：描述 10BASE-X 访问控制方法与物理层技术规范。802.3u：描述 100BASE-X 访问控制方法与物理层技术规范。802.3z：描述 1000BASE-X 访问控制方法与物理层技术规范。802.3ae：描述 10G BASE-X 访问控制方法与物理层技术规范。
- IEEE 802.4：描述令牌总线网标准。
- IEEE 802.5：描述令牌环网标准。
- IEEE 802.6：描述城域网 DQDB（Distributed Queue Dual Bus）标准。
- IEEE 802.7：描述宽带局域网技术。
- IEEE 802.8：描述光纤局域网技术。
- IEEE 802.9：描述综合话音/数据局域网（IVD LAN）(Integrated Voice Data）标准。
- IEEE 802.10：描述可互操作局域网安全标准，定义提供局域网互联的安全机制。
- IEEE 802.11：描述无线局域网标准。
- IEEE 802.12：描述交换式局域网标准，定义 100Mb/s 高速以太网按需优先的介质接入控制协议 100VG-ANYLAN。
- IEEE 802.14：描述交互式电视网（包括 cable modem)。
- IEEE 802.15：描述无线个人区域网；IEEE 802.15.1：描述蓝牙技术；IEEE 802.15.3a：描述 UWB（Ultra Wide Band）标准—超宽带无线技术。

- IEEE 802.16：描述宽带无线接入。
- IEEE 802.17：描述弹性分组环。
- IEEE 802.18：描述无线管制。
- IEEE 802.19：共存 TAG（Technical Advisory Group）。
- IEEE 802.20：描述移动宽带无线接入。
- IEEE 802.21：描述媒质无关切换。

4.1 数据链路层的主要协议

链路（link）就是一条无源的点到点的物理线路段，中间没有任何其他的交换节点。

数据链路（data link）则是另一个概念。这是因为当需要在一条线路上传输数据时，除了必须有一条物理线路外，还必须有一些必要的规程来控制这些数据的传输。把实现这些规程的硬件和软件加到链路上，就构成了数据链路。

也有人采用另外的术语。这就是将链路分为物理链路和逻辑链路。物理链路就是上面所说的链路，而逻辑链路就是上面的数据链路，是物理链路加上必要的通信协议。

在进行数据通信时，两个计算机之间的通路往往是由许多链路串接而成的。可见一条链路只是一条通路的一个组成部分。数据链路就像一个数字管道，可以在它上面进行数据通信。当采用复用技术时，一条链路上可以有多条数据链路。

数据链路层提供相邻设备间的无差错数据传输，它要完成如下功能：

1）成帧：把比特流分成帧，标定帧的起始和结束，以利于进行差错控制。数据的传送单位是帧，数据一帧一帧地传送，这样就可以在出现差错时，将有差错的帧重传一次，而避免将所有数据重传，从而实现差错控制。

2）差错控制：在计算机一类数据通信中，一般都要求有极低的比特差错率，为此广泛采用了编码技术。编码技术有两大类：一类是纠错编码，即前向纠错。收方收到有差错的数据帧时，能够发现差错并能自动加以改正。这种方法的开销较大，适合于使用卫星中继的计算机通信。另一类是检错编码，即检错重发。收方一旦检测出收到的帧中有差错（但并不关心是哪几个比特有错），就要求发方重复发送这一帧，以便收方能正确接收。这种方法在计算机通信中是最常用的。本章所要讨论的协议主要采用检错重发这种差错控制方法。

3）流量控制：流量控制确保通信的基本要求，即发方的发送数据速率必须不能超过收方及时接收和处理的能力。当收方来不及接收时，就必须采取相应的措施来控制发方发送数据的速率。

4）介质访问控制：如何控制信号在介质上传输，常用的有 CSMA/CD、Token Bus、Token Ring 等。

4.1.1 成帧

为了向网络层提供服务，数据链路层必须使用物理层向它提供的服务。物理层以比特为单位进行数据传输，数据链路层以帧为单位进行数据传输。物理层所做的工作是接收一个原始的比特流，并把它交给目的地。不能保证这个比特流无差错。所接收的比特的数量也许少、也许等于或多于所传送的比特的数量，它们具有不同的值。把比特流送到数据链路层才进行检测，如果需要的话，纠正差错。

对于数据链路层，把比特流分成帧，标定帧的起始和结束，以利于进行差错控制。在数据链路层，数据的传送单位是帧。数据一帧一帧地传送，就可以在出现差错时，将有差错的帧重传一次，而避免将所有数据重传，从而实现差错控制。

帧是具有一定长度和格式的信息块，一般由一些字段和标志组成。不同网络其帧格式或长度可以不同，但将比特流分成帧的方法基本相同，四种常用的方法为字符计数法。带填充字符的首尾界符法、带填充比特的首尾标志法、物理层编码违例法。

1. 字符计数法

在帧的头部中使用一个字段来标明帧内字符数。图 4-1（a）中的 4 帧分别为 5、5、8、8 个字符。这种算法所面临的问题是计数值有可能由于传输差错而被“篡改”。例如，图 4-1（b）中的第 2 帧的字符计数值 5 变成了 7，目的方和发送方不同步，而且无法确定下一帧的开始位置。由于检验和不正确，目的主机知道此帧出错了，但无法说明下一帧从哪里开始。向源机器发回一帧请求重传也没有用处，因为目的机器不知道应该跳回多少字符开始重传。由于这个原因，字符计数法已经很少被采用。

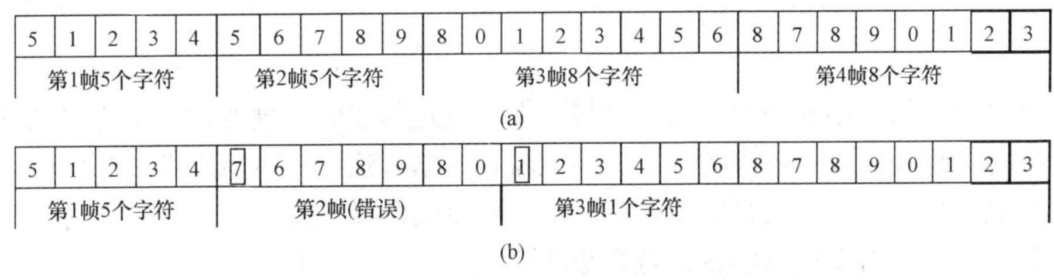

图 4-1 一个字符流

（a）无差错；（b）有一个差错

2. 带填充字符的首尾界符法/带填充比特的首尾标志法

这种成帧法绕过了出错后再同步的问题，采用的措施是每一帧以 ASCII 字符序列 DLE STX 开头，以 DLE ETX 结束（DLE 代表 Data Link Escape；STX 代表 Start of Text；ETX 代表 End of Text）。用这种方法，目的机器一旦丢失边界，它只需查找 DLE STX 或 DLE ETX 字符序列，就可以找到帧的开始或结束。

这种方法所带来的一个严重的问题是，当传送程序或浮点数这样的二进制数据时，DLE STX 或 DLE ETX 可能出现在数据中，这种情况会干扰帧界的确定。随着网络的发展，这种嵌入字符的机制带来的弊端变得越来越明显。于是出现一种允许任意长短字符的新技术（带填充比特的首尾标志法）。

带填充比特的首尾标志法允许数据帧包含任意个数的比特，而且也允许每个字符的编码包含任意个数的比特。它的工作方式如下：每一帧使用一个特殊的位模式，即 01111110 作为开始和结束的标志（flag）字节。当发送方的数据链路层在数据中遇到 5 个连续的 1 时，它自动在其后插入一个 0 到输出比特流中。当接收方收到 5 个连续的 1 后面跟着一个 0 时，自动将此 0 删除。图 4-2 给出了一个位填充的例子。

采用位填充技术，两帧间的边界就可以通过位模式唯一的识别。因此，如果接收方失去同步，它只需要在输入流中扫描标志序列，即重新可获得同步。因为这些标志序列只能是帧界，而绝不应该是数据。

（a） 0 1 1 0 1 1 1 1 1 1 1 1 1 1 1 1 1 1 1 1 0 0 1 0
（b） 01111110 0 1 1 0 1 1 1 1 1 0 1 1 1 1 1 0 1 1 1 1 1 0 1 0 0 1 0 01111110
（c） 0 1 1 0 1 1 1 1 1 1 1 1 1 1 1 1 1 1 1 1 0 0 1 0

图 4-2 位填充

（a）原始数据；（b）线上数据帧；（c）接收方存储器内的数据

现在，广域网和局域网的数据链路层大都使用位填充技术进行帧定界。

3. 物理层编码违例法

该法只适用于那些在物理介质中采用冗余技术的网络。例如，一些局域网用两个物理位译码数据的1位。通常，数据位1编码成高—低电平对，将数据位0编码成低—高电平，高—高电平和低—低电平在数据编码中没有使用。此方案意味着每个数值位都要在中间进行一次变换。这样使接收方容易将位边界确定，物理层编码违例法是802局域网标准的组成部分。

关于成帧，最后要提到的是，很多数据链路层协议使用字符计数与其他方法相结合来提高可靠性。当一个帧到达时，其计数字段用来确定帧尾。只有当帧界定位符出现在帧尾的位置，而且校验和是正确的时候，这个帧才是有效帧。否则，将继续扫描输入流直到下一个帧界定位符。

4.1.2 流量控制

数据链路层必须控制链路上的数据流量，保证发送与接收速度匹配，防止出现发送速度超过接收能力的现象，以免丢失数据。大多数流量控制方法的基本原理都是相同的，都需要启用反馈机制，使发方直接或是间接地获得收方指示的发送时机。在未得到允许前，禁止发出帧，如停等协议、滑动窗口协议、选择重传协议等。

发方的发送速率必须小于等于收方的接收速率，否则会浪费网络资源，增加网络负担。流量控制就是对发方的发送速率进行控制。

流量控制的作用：能防止由于网络和用户过载而产生的吞吐量降低以及响应时间增长的现象；避免死锁；可在用户间合理分配资源；实现网络及其用户之间的速率匹配。

滑动窗口协议的基本原理就是在任意时刻，发送方维持了一个连续的允许发送的帧的序号，称为发送窗口；同时，接收方也维持了一个连续的允许接收的帧的序号，称为接收窗口。发送窗口和接收窗口的序号的上下界不一定要一样，甚至大小也可以不同。不同的滑动窗口，协议窗口大小一般不同。本节主要介绍三种滑动窗口协议：停止等待协议、后退n协议和选择重传协议。

1. 停止等待协议

当发送窗口和接收窗口的大小固定为1时，滑动窗口协议退化为停止等待（stop-and-wait）协议。该协议规定发送方每发送一帧后就要停下来，等待接收方已正确接收的确认返回后才能继续发送下一帧。由于接收方需要判断接收到的帧是新发的帧还是重新发送的帧，因此发送方要为每一个帧加一个序号。由于停止等待协议规定只有一帧完全发送成功后才能发送新的帧，因而只用1位来编号就够了，因此，停止等待协议又叫1位滑动窗口协议。

在发送节点：

1）从主机取一个数据帧。

2）将数据帧送到数据链路层的发送缓存。

3）将发送缓存中的数据帧发送出去。

4）等待。

5）若收到由接收结点发过来的信息（此信息的格式与内容可由双方事先商定好），则从主机取一个新的数据帧，然后转到2）。

在接收节点：

1）等待。

2）若收到由发送结点发过来的数据帧，则将其放入数据链路层的接收缓存。

3）将接收缓存中的数据帧上交主机。

4）向发送结点发一信息，表示数据帧已经上交给主机。

5）转到1）。

图4-3（a）所示的是数据在传输过程中不出差错的情况。当节点A发出一个数据帧后，必须停止发送，等待节点B的应答（Acknowledgement，ACK）。如果节点B收到数据帧后，经检验无差错，则回送一应答（确认）帧通知节点A，节点A才能发送下一个数据帧。这样就实现了收方对发方的流量控制。

现在，我们来讨论节点A与B之间的数据传输出现了差错。由于通常都在数据帧中加上了循环冗余CRC，所以节点B很容易检验出收到的数据帧是否有差错。发现差错时，节点B就向主机A发送一个否认帧NAK，以表示主机A应当重传出现差错的那个数据帧。图4-3（b）画出了主机A重传数据帧。如果多次出错，就要多次重发数据帧，直到收到节点B发来的确认帧ACK为止。为此，在发送端必须暂时保存已发送过数据帧的副本。

有时链路上的干扰很严重，或由于其他一些原因，节点B收不到节点A发来的数据帧。这种情况称为帧丢失，如图4-3（c）所示。发生帧丢失时节点B当然不会向节点A发送任何应答帧，如果节点A要等收到节点B的应答信息后再发送下一个数据帧，那么就将永远等待下去。于是就出现了死锁现象。节点B收到数据帧后，回送出ACK帧，在传输过程中丢失，也同样会出现死锁现象，如图4-3（d）所示。

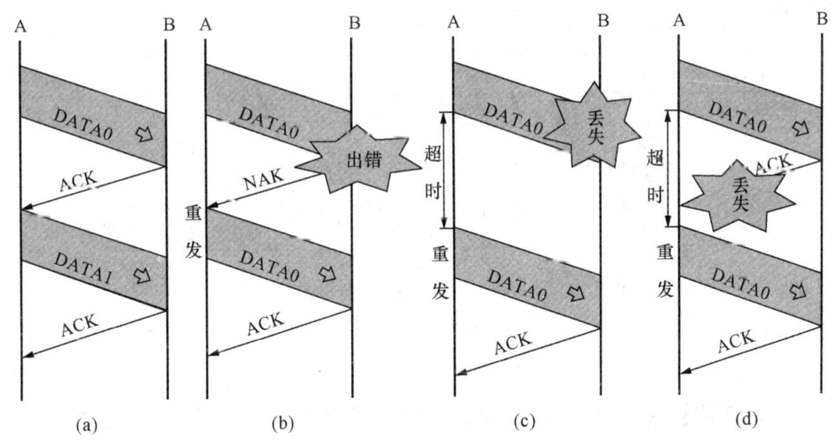

图4-3　数据帧在链路上传输的几种情况

（a）正常情况；（b）数据帧出错；（c）数据帧丢失；（d）应答帧丢失

要解决死锁问题，可在节点A发送完一个数据帧时，就启动一个超时计时器。若到了超时定时器所设置的重发时间而仍收不到节点B的任何确认帧，则节点A就重传前面所发送的这一数据帧，如图4-3（c）和图4-3（d）所示。超时定时器设置的重发时间应仔细选择。若重发时间选得太短，则在正常情况下也会在对方的应答信息回到发送方之前就过早地重发数据，这样在节点B将会收到第二份相同的数据帧，形成重复帧，这是在数据链路控制协议中要采取措施解决的又一问题。一般可将重传时间选为略大于“从发完数据帧到收到确认帧所需的平均时间”。若重发时间选得太长，则往往要白白等掉许多时间。

要解决重复帧的问题，行之有效的方法是对每一个发出的数据帧都编上号。若接收端收到相同编号的帧，可认为出现了重复帧，这时应当丢弃这一重复帧，与此同时，节点B仍需向节点A发送确认帧ACK，表明上一次发送的ACK已丢失，并未送到节点A。

接着要考虑的问题是如何选用编号方案。对于停止等待协议，节点A每次只能发一个数据帧，所以只需用1位的两个状态0、1加以编号即可。在正常的数据帧交换过程中，帧的序号0、1交替出现。每发送一个新的数据帧，编号值与上一次不同，收方就能区分出新的或重复的数据帧。

2. 后退n协议

由于停等协议要为每一个帧进行确认后才继续发送下一帧，大大降低了信道利用率，因此又提出了后退n协议。后退n协议中，发送方在发完一个数据帧后，不停下来等待应答帧，而是连续发送若干个数据帧，即使在连续发送过程中收到了接收方发来的应答帧，也可以继续发送，即发送窗口的大小为k，接收窗口仍是1。由于减少了等待时间，必然提高通信的吞吐量和信道利用率。

如图4-4所示，设节点A向节点B发1号帧后，连续发送后继的2号帧、3号帧、4号帧和5号帧，由于发方连续发送了多帧，所以收方的应答帧应编号，说明是对哪一帧的确认与否认，现在设2号帧出了差错，节点B发送否认帧NAK2，当NAK2到达节点A时，节点A刚好发完5号帧，所以节点A接着重发2号帧。在这期间，虽然在2号帧后，节点B正确地接收了3号、4号和5号3个帧，由于它们的发送序号都不是2号，所以和2号帧一起被丢弃，这样节点A尽管已发完5号帧，但必须后退，从2号帧开始重发。这也是后退n协议名字的由来。

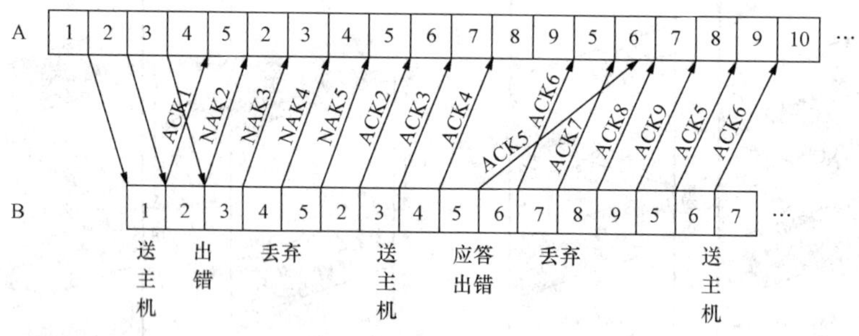

图4-4 后退n协议的工作原理

由此可见，接收端只按序接收数据帧。虽然在有差错的2号帧之后接着又收到了正确的3个数据帧，但都必须将它们丢弃，因为这些帧的发送序号都不是所需的2号。

发送方在每发送完一个数据帧时都要设置超时定时器。只要在所设置的超时时间内未收到确认帧，就要重发相应的数据帧。在等不到5号帧的确认而重发5号数据帧时，虽然节点A已经发完了9号帧，但仍必须向回走，将5号帧及其以后6号、7号、8号和9号帧全部进行重传。

从这里不难看出，后退n协议一方面因连续发送数据帧而提高了效率，但另一方面，在重传时又必须把原来已正确传送过的数据帧进行重传（仅因这些数据帧之前有一个数据帧出了错），这种做法又使传送效率降低。由此可见，若传输信道的传输质量很差因而误码率较大时，后退 n 协议不一定优于停止等待协议。

3. 选择重传协议

在后退 n 协议中，接收方若发现错误帧就不再接收后续的帧，即使是正确到达的帧，这显然是一种浪费。另一种更好的方法是：若某一帧出错，后面送来的正确的帧虽然不能立即送主机，但接收方仍可收下来，放在一个缓冲区中，同时要求发送方重新传送出错的那一帧，一旦收到重传的帧后，就可以与原先已收到但暂存在缓冲区中的其余帧一起按正确的顺序送主机。这就是选择重传协议，即发送窗口和接收窗口均大于 1。选择重传协议的工作原理如图 4-5 所示。

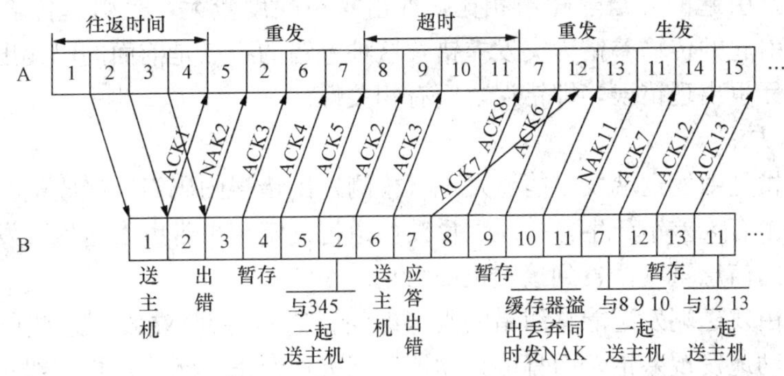

图 4-5 选择重传协议的工作原理

设节点 A 向节点 B 发 1 号帧后，连续发送后继的 2 号帧、3 号帧、4 号帧和 5 号帧，2 号帧出错了。按照选择重传协议，1 号帧送主机，3 号帧、4 号帧和 5 号帧不是被丢弃，而是先暂时存在一个缓存器中，同时要求发送方重新传送 2 号帧。等收到重新传送的 2 号帧，再把 2 号帧、3 号帧、4 号帧和 5 号帧一起送主机。

同理，节点 B 在应答 7 号帧时超时，6 号帧送主机，8 号帧、9 号帧和 10 号帧不是被丢弃，而是先暂时存在一个缓存器中，节点 A 在定时时间内没有收到 7 号帧的应答帧，重新传送 7 号帧。等收到重新传送的 7 号帧，再把 7 号帧、8 号帧、9 号帧和 10 号帧一起送主机。在这个过程中，缓存器发生溢出错误，要求重新传送 11 号帧。

选择重传协议让我们付出的代价是在接收端要设置一定容量的缓存空间，这在许多情况下是不经济的。正因为如此，选择重传协议在目前就远没有后退 n 协议使用的广泛。今后，随着存储器芯片的价格的降低，选择重传协议会得到广泛的应用。

4.1.3 差错控制

为保证发方发出的所有帧都正确、有序地交付给目的机网络层，需要启动确认重传机制，由收方向发方提供有关接收情况的反馈信息。

如果发方收到肯定确认，则知道此帧已正确到达；若收到否定确认，则意味着需重传此帧。同时，为防止丢失帧所引起的错误，需设置定时器。当发方等待足够的时间还未收到接收方发回的确认帧，则可能是所传帧或者是确认帧丢失，解决的方法是重传此帧（返回 n 协议和选择重传）。

多次传送同一帧的危险是收方可能收到重复帧；为防止这种情况发生，可为发出的各帧编号，使收方能够辨别是重复帧还是新帧，从而保证每帧最终交付给目的网络层。通常利用检错码（Error-Detecting Codes）和纠错码（Error-Correcting Codes）来控制传送差错。

1. 差错产生的原因与差错类型

影响信号正确地在物理信道上传输的因素包括：随机产生的信号；频率、相位的畸形和衰减；相邻线路之间的串线干扰；大气中的闪电；电源开关的跳火；自然界磁场的变化；电源的波动；电气信号在线路上产生反射噪声的回波效应等。

传输中的差错都是由噪声引起的。噪声有两大类，一类是信道固有的、持续存在的随机热噪声；另一类是由外界特定的短暂原因所造成的冲击噪声。热噪声由传输介质导体的电子热运动产生，它是一种随机噪声，所引起的传输差错为随机差错。这种差错的特点是所引起的某位码元的差错是孤立的，与前后码元没有关系。它导致的随机错误通常较少。冲击噪声是由外界电磁干扰引起的，与热噪声相比，冲击噪声幅度较大，是引起传输差错的主要原因。冲击噪声所引起的传输差错为突发差错，这种差错的特点是前面的码元出现了错误，往往会使后面的码元也出现错误，即错误之间有相关性。

2. 差错检验方法

自动请求重发是由发送端发出能够发现（检测）出错误的码组，接收端根据该码的编码规则，判定传输中有无差错产生，并通过反馈信道把判定结果告诉发送端。发送端则根据反馈的结果把有错的信息重发，直到接收正确为止。

前向纠错是由发送端发送能够纠错的码（即纠错码），接收端收到这些码后，通过纠错译码器不仅能自动地发现差错，而且能自动地对其进行纠正；然后，再把纠正过的信息（或数据）送给主机。这种方式的优点是不需要反馈信道。但缺点是译码设备比较复杂，所选用的纠错码必须与信道中干扰情况紧密对应，而且为了纠正比较多的差错，所要求附加的冗余码比检验码所用的冗余码要多得多，因而降低了传输效率。鉴于这些因素，所以这种方法不能被广泛地应用。

3. 检错码和纠错码

典型的差错检测码有奇偶检验码和循环冗余码。典型的差错校正码有海明码。

（1）奇偶检验码

在有效信息比特之前或之后，增加 1 位检验位，就可构成奇偶检验码。若增加 1 位后码字中“1”的个数为奇数，则称为奇检验；若增加 1 位后码字中“1”的个数为偶数，则称为偶检验。

（2）循环冗余码

奇偶检验码虽然简单，但漏检率太高。目前应用广泛的差错检测码是循环冗余码（CRC）。循环冗余码又称为多项式码。这是因为任何一个二进制数比特串组成的代码都可以和一个只含有 0 和 1 两个系数的多项式建立一一对应的关系。

关于奇偶检验和循环冗余检验的详细内容请参见本书 2.5.2 小节。

（3）海明不等式

海明码（Hamming，1950）是一种可以纠正单个错误的检验码，其基本原理是在 m 位数据的后面加上 r 位的检验位，其中 r 必须满足不等式 $m+r+1\leqslant 2^r$，比如说如果数据有 10 位，即 $m=10$，则 r 至少要取 4 位。

4.1.4 介质访问控制方法

在传统的局域网上，一般采用共享介质的工作方式，当信道的使用产生竞争时，如何分配信道的使用权。所谓“访问”，指的是在两个实体间建立联系并交换数据（信息）。在任何网络中，访问方式泛指分配共享介质使用权限的机理、策略和算法，是一种关键技术，它几乎用到了计算机和通信网中的一切可用技术。这种访问方式又称随机访问技术，即两个或多个用户站点竞争使用同一线路或信道，这种竞争是随机的，在任何时刻与任意站点之间都可能发生。实现这种技术的协议属于链路层的子层——介质访问控制子层 MAC（Media Access Control）。

介质访问控制（MAC）子层在支持 LLC 子层中完成介质访问控制功能。IEEE 802 已规定了 CSMA/CD（载波监听多路访问/冲突检测）、Token Bus（标记总线）、Token Ring（标记环）、CSMA/CA（载波监听多路访问/冲突避免）等一系列 MAC 协议。MAC 子层实现帧的寻址和识别，并完成帧检验序列的产生和检验等工作。

1. CSMA/CD

CSMA/CD（Carry Sense Multiple Access/Collision Detection）是一种总线争用协议，争用协议一般用于总线网，每个站都能独立地决定帧的发送。如两个站或多个站同时发送，即产生冲突，同时发送的所有帧都会出错。每个站必须有能力判断冲突是否发生，如冲突发生，则应等待随机时间间隔后重发，以避免再次发生冲突。CSMA/CD 协议是由 ALOHA 协议和 CSMA 协议发展而来，为说明 CSMA/CD 的机理，先介绍 ALOHA 和 CSMA。

（1）ALOHA 技术

20 世纪 70 年代初在夏威夷大学试验成功的随机访问系统称 ALOHA（Areal Locations of Hazardous Atmospheres），这种 ALOHA 方式称为纯 ALOHA（Pure AL OHA），它起初是在无线公用信道上实现的。ALOHA 是集中控制的转接系统，设立一个中央控制主站，使用两个频率。其中：一个频率为 407.35MHz，用于用户站点（从站）到主站的上行传输（争用方式）；另一个频率为 413.475MHz，可用于主站到用户站点的下行传输（广播方式）。两个信道带宽各为 100kHz，其数据率为 9600b/s。

纯 ALOHA 工作原理很简单：每个站都可发送数据，若发送帧的时间长度内无其他站发送，则发送成功，否则，可能因为每个站同时占用信道产生冲突而使数据帧受损。冲突的结果使冲突双方都检测到数据出错，因而都必须重发。但发生冲突的站不能马上重发，因为这样会继续冲突，而是让各站等待（延缓）一段随机时间再重发。若有冲突，再延缓一段随机时间，直到重发成功为止。由于纯 ALOHA 的随意性，各站冲突机会很大，导致效率低下，其吞吐量不足 18%。

一种改进的方案称为时隙 ALOHA（也称分槽 ALOHA）。在这种网络中，信道被划分为等长时间片（时隙）。每个站所发送的数据帧到达目的地的最大时延就等于时间片长度。所有站在时间上同步起来，同时规定，不论帧何时产生，它只能在每个时隙的开始点才可以发送。这样改进后，如果 2 个站发送的信息产生在不同的时隙，不会冲突。若冲突，它们必是同一时刻开始整帧碰撞，避免了 2 个帧部分碰撞。这样减少了冲突机会，其信道吞吐量提高到 37%。

（2）CSMA

CSMA（Carrior Sense Multipte Access）协议是一种带有载波监听的多路访问系统，是对 ALOHA 协议的改进。CSMA 被通俗地称为“先听后讲”。其工作原理是：每个站在发送数据前先要监听信道上是否有载波，即是否有别的站在传输数据。如果介质空闲，就可发送；如果介质忙，就暂不发送而回避一段时间，这样大大减少了冲突。根据监听到介质状态后采取的回避策略可将 CSMA 分为 3 种：

1）坚持型 CSMA：又称 1—坚持 CSMA，当某站要送数据时，先监听信道，若信道忙，就坚持监听，直到信道空闲为止，当空闲时立即发送一帧。若两个站同时监听到信道空闲，立即发送，必定冲突，即冲突概率为 1，故称之为 1—坚持型。假如有冲突发生，则等待一段时间后再监听信道。

2）非坚持型 CSMA：当某站监听到信道忙状态时，不再坚持监听，而是随机后延一段时间再来监听。其缺点是很可能在再次监听之前信道已空闲了，从而产生浪费。

3）带冲突检测的 CSMA（CSMA/CD）：CSMA 在发送数据之前进行载波监听，所以减少了冲突机会，但如果两个站点同时检测到总线是空闲的，于是它们同时发送数据，这样仍然会导致冲突发生；另一种导致冲突的情况是由于传播时延而引起的，请考虑这种情况，其中一个占先发送信息，由于传送时延使另一个站点也发现信道是空闲的，于是也发送信息，结果 2 个站点的信息在途中冲突。如果冲突信号在到达发送主机之前主机已经发送完了这一帧，那么发送主机会认为它已经成功发送了这一帧，但这一帧显然不能被目的主机正确接受。能否在发送时检测到冲突并在冲突后立即停发？这就是 CSMA/CD（Carrior Sense Multiple Access With Collision Detection—带冲突检测的载波监听多路访问）的思想。

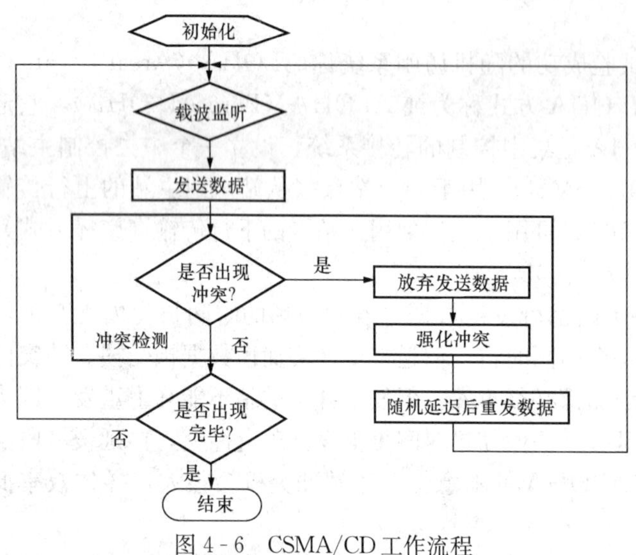

图 4-6　CSMA/CD 工作流程

通俗地讲，CSMA/CD 就是“先听后讲，边讲边听”，这种边发边监听的功能称为冲突检测。其工作流程如图 4-6 所示。

①载波监听。任一站要发送信息时，首先要监测总线，用来判决介质上有否其他站的发送信号。如果介质呈忙，则等待一定间隔后重试；如果介质为空闲，则可以立即发送。这就是 CSMA。对传播时延小的网络，CSMA 可降低冲突次数，减少冲突时间，但对传播时延大的网络，CSMA 无多大价值。

②冲突检测。每个站点在发送帧期间，同时具有检测冲突的能力。一旦遇到冲突，就立即停止发送，并向总线上发一串阻塞信号，以便网中其他站点均可知道冲突，然后准备重发冲突受损的帧。

如何估算所需的冲突检测时间呢？对基带总线而言，此时用于检测冲突的时间不会超过任意 2 站之间的最大传输延迟的 2 倍。在 CSMA/CD 中，通过检测总线上是否存在信号加以实现。

载波监听，发送站的收发器同时检测冲突，如果收发器电缆上的信号超过收发器本身发送信号的幅度就判断出冲突。

③多路访问。检测到冲突并在发完阻塞信号后，为了降低再次冲突的概率，需要等待一个随机时间（冲突的各站可不相等），然后再用CSMA算法重新发送。

如前所述，在CSMA/CD中，及时地发现冲突是很重要的，为避免一个站在收到冲突信号之前发送完当前帧，CSMA/CD引入了时间槽的概念。它是这么定义的：网络中距离最远的两个站点之间往返1位所需的时间。很显然，只要帧的发送时间大于时间槽，那么一个站肯定可以检查到冲突信号。

如何保证帧的发送时间大于时间槽呢？CSMA/CD中又引入了最小帧的概念，比如以太网规定最小帧为64字节（512位）。它是这么得来的：传统以太网的最大距离是2500m（10 BASE 5），电磁信号在这么长的距离中往返一次的时间延迟约为50μs（加上4个中继器上的时耗，即时间槽），按照10Mb/s的速率，50ms内可以传输500比特位，因此64字节的最小帧可以保证发送时间大于1个时间槽。

2. 令牌环介质访问控制

令牌环技术始于1969年，称为Newhall环路。如今，IBM公司所研究的IBM Token Ring局域网就采用了这种工作方式，后来成为IEEE 802.5标记环的标准。

令牌环由一组用传输介质串联成一个环的站组成，环中有一个令牌在循环传送。任何一个站要发送数据，都必须等待循环的令牌通过该站。令牌是一种特殊的位组合，是一种发送权标志，如其形式可为01111111，表示空令牌。希望发送数据帧的站等到空令牌来后，将空令牌改成忙令牌，其形式为01111110，然后紧接着其后传送数据帧。数据信息1位接1位地附加到环上，环上信息从一站到下一站地环行。接受帧的站在帧经过本站时，将帧中的目的地址与本站的地址进行比较。如地址相符合，则将帧放入接收缓冲器，并同时将帧送回环上；如地址不符合，则将帧沿环下传，最后由发送该信息的站从环上撤除此信息，并将忙令牌改为空令牌，传至后面的站，使之获得发送权。图4-7所示为令牌环结构。

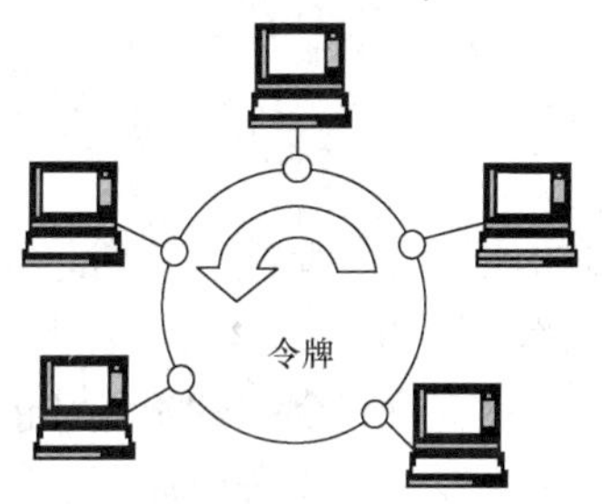

图4-7 令牌环结构

令牌环的故障处理功能主要是对令牌和数据帧的维护。环上至关重要的差错是没有空令牌和持续的忙令牌，为解决此问题，指定1个站为令牌管理站。该管理站通过采用超时机制来检测令牌丢失情况，该超时值比最长的帧完全遍历该环所需要的时间还要长一些，如果在这一段时间里没有检测到令牌，就认为该令牌已经丢失。为恢复令牌，管理站将清除环上的所有残余数据并发出1个空令牌。

为了检测到1个持续循环的忙令牌，管理站可在经过的忙令牌上置其管理比特为1。如果管理站看到1个忙令牌的管理比持已经是1，就知道某个站未能清除自己发出的帧，管理站就将此令牌设为空令牌。

环上其他站都具有被动管理站的功能和作用，它们的主要工作是检测出主动管理站的故障，并承担起主动管理站的职能。

令牌环在轻负载时，由于存在等待令牌的时间，效率较低。在重负载时，对各站公平访问且效率高。考虑到数据的位模式可能会和令牌形式相同，此时在数据段使用位插入的办法以确保令牌位模式的唯一性，以区别令牌和数据。采用发送站从环上收回帧的策略，具有广播特性，即可有多个站收同一个数据帧，同时这种策略还具有对发送站自动应答的功能。令牌环介质访问控制方法比较适合光纤通信系统。

3. 令牌总线介质访问控制

CSMA/CD介质访问控制采用总线争用方式，具有结构简单、在轻负载下延迟小等优点，随着负载的增加，冲突概率增加，性能明显下降；令牌环访问控制在重负载下利用率高、性能对传输距离不敏感且公平访问，但环形网结构复杂并存在检错能力和可靠性差等问题。令牌总线介质访问控制（Token Bus）是在综合上面2种介质访问控制优点的基础上形成的一种介质访问控制方法。

令牌总线介质访问控制是将物理总线上的站点构成一个逻辑环。或者说，在物理上是一个总线网，而在逻辑上却是一个令牌网。每一个站都在一个有序的序列中被指定一个逻辑位置，而序列中最后一个成员又连着第一个成员，每个站都知道在它之前和在它之后的站的标识，如图4-8所示。

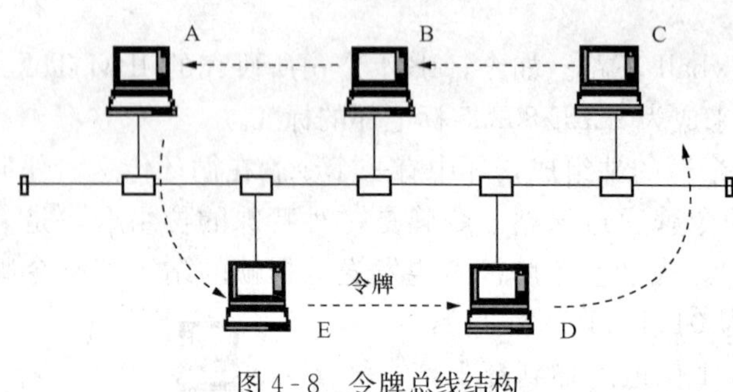

图4-8　令牌总线结构

图4-8所示的5个站，在逻辑上组成了一个令牌网。令牌的传递顺序与站的物理位置无关，在图中是按照A→E→D→C→B→A的顺序传递的。

在正常运行时，当站点做完所做的工作或者时间终了时，它将令牌传递给逻辑序列中的下一个站。从逻辑上看，令牌是按地址的递减顺序传递至下一个站点；但从物理上看，带有目的地址的令牌帧广播到总线上所有站点，当目的站识别出符合它的地址的帧，即把该令牌帧接收。

只有收到令牌的站点才能将信息帧送到总线上，因此，不像CSMA/CD访问方式那样，令牌总线不可能产生冲突，因而信息帧的长度只需根据要传送的信息长度来确定，也没有最小分组长度要求。而对于CSMA/CD访问控制，为了使最远距离的站点也能检测到冲突，需要在实际的信息长度后加填充位，以满足最小信息长度的要求。

令牌总线控制的另一特点是站点有公平的访问权。每个站点无论在有数据发送还是无数据发送时，都会将令牌传给下一站点。站点接收令牌的过程是按顺序依次进行的，因此对每一个站也就是公平的。

4.1.5　逻辑链路控制层

1. 逻辑链路控制子层的服务访问点LLC SAP

一个主机中可能有多个进程在运行，它们可能同时与其他一些进程进行通信，因而一个主机的LLC层应设有多个服务访问点（L-SAP：Service Access Point），即在网络层与LLC子层的界面上提供多个逻辑接口。来自多个L-SAP的服务在LLC子层中进行复用。

所谓复用是指利用L-SAP在任一对网络节点之间同时建立多条逻辑链路连接，然后经统一的服务访问点M-SAP与MAC子层交互。所以，MAC子层向上只需提供一个服务访问点M-SAP，也即单一的逻辑接口。MAC子层与物理层之间也只需提供单一的服务访问点（P-SAP）。

在图4-9中所示的局域网上共有三个站，站A的一个进程x欲向站C中的某个进程发送文件，它必须通过站 A 的 LLC 层的一个服务访问点 SAP1 请求与站 C 的服务访问点 SAP1 建立连接，在此过程中，需要有以下两种地址，即 MAC 地址和 SAP 地址。

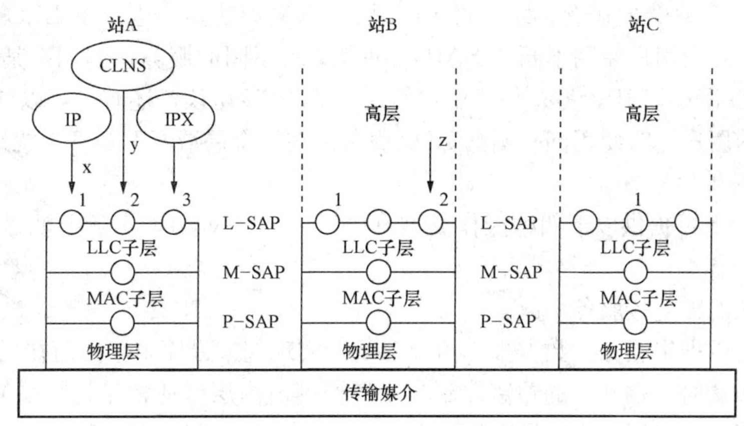

图 4-9　MAC 地址和 SAP 地址的关系

（1）MAC 地址

MAC 地址即某站在网络中的物理地址，它由 MAC 帧进行传送。IEEE 为每个站都规定了一个 48 位的全局地址，MAC 帧固化在网卡的 RAM 中了。当一个站搬移到另一个局域网时，并不改变其全局地址。这样，对于共享同一传输介质的局域网来说，物理地址不仅指明了数据发送和接收的网卡，还可以过滤那些不属于本主机接收但又必须处理的数据帧信息，并且能有效地处理广播方式的数据传输。

现在 IEEE 的注册管理委员会 RAC（Registration Authority Committee）是局域网全球地址的法定管理机构，它负责分配地址字段的六个字节中的前三个字节（即高位 24 bit）。世界上凡要生产局域网网卡的厂家都必须向 IEEE 购买由这三个字节构成的一个号（即地址块），这个号的正式名称是机构唯一标识符 OUI（Organizationally Unique Identifier），通常也称为公司标识符（company_id）。目前的价格是 1000 美元买一个地址块。例如，3Com 公司生产的一个网卡的 MAC 地址是 02-60-8C-1E-01-5A，前六个字节是 02-60-8C 是地址块。地址字段中的后三个字节（1E-01-5A 即低位 24 bit）则是由厂家自行指派，称为扩展标识符（extended identifier），只要保证生产出的网卡没有重复地址即可。

（2）SAP 地址

SAP 地址即进程在站中的地址，由 LLC 帧负责传送。

由此可见，局域网中的寻址要分两步走，第一步是用 MAC 帧的地址信息找到网络中的某一个站，第二步是用 LLC 帧的地址信息找到该站中的某个 SAP。这样，从站 A 发出的连接请求帧的源地址和目的地址分别表示为 A（1）和 C（1），其中 A 和 C 都是 MAC 地址，括号中的数字则是相应站中 LLC 层上的 SAP 地址。

当站 C 同意建立连接时，就向站 A 返回一个接受连接的帧，从此以后，所有由站 A 的进程 x 发往站 C 的帧，都包括源地址 A（1）和目的地址 C（1）。凡是发给地址 C（1）的帧，若其源地址不是 A（1），都将被过滤掉（拒收）。同样，凡不是由地址 C（1）发给 A（1）的帧也被过滤掉。

现在如果站 A 上还有一个进程 y 和 SAP2 连接上，并且要和站 B 的 SAP1 交换数据。这时，从A（2）到B（1）也可以建立一条连接。同理，进程z还可以从地址B（2）与A（3）建立连接。可见，多个SAP是可以复用一条数据链路的。

正是因为有了SAP的概念，才使得LLC层具有复用功能。当一个LLC层有很多的服务访问点时，不同的用户使用不同的SAP就可以请求不同的服务。例如，某些用户通过某些SAP使用互联网协议IP，另外一些用户使用IPX/SPX协议，还有的可以使用NetBEUI，这些不同类型的用户同时使用同一站的LLC服务，在一个局域网上互不干扰地同时工作着。

2. LLC所提供的服务

LLC子层向上可提供以下四种操作类型（Operation Type），实际上就是四种不同类别的服务：

（1）不确认的无连接服务

该服务就是数据报服务。数据报不需要确认，实现起来最简单，因而在局域网中得到了最广泛的应用。这时，端到端的差错控制和流量控制由高层（通常是运输层）协议来提供。这种服务可用于点对点通信、对所有用户发送信息的广播和只向部分用户发送信息的多播。我们不必担心这种不要确认的服务将会很不可靠。这是因为局域网的传输差错率比广域网的低很多，所以在链路层不要确认信息并不会引起多大麻烦。对于广播通信和多播通信，若要求收到数据的用户都必须发回确认信息，那么或者在大家同时发送确认信息时将会产生多次的冲突，或者为了使这些确认信息在不同的时间发送而产生了许多的额外开销。因此这种不确认的无连接服务特别适合于广播和多播通信。例如，向网络中的用户定期广播实时时钟或有关网络管理的一些信息，这些都没有必要让用户们及时发回确认信息。此外，周期性地采集网络中的一些数据也特别适合于这种不确认的无连接服务。

（2）面向连接服务

该服务相当于虚电路。它的开销较大，因为每次通信都要经过连接建立、数据传送和连接断开这三个阶段。但是当主机是个很简单的终端时，由于没有复杂的高层软件，因此必须依靠LLC子层来提供端到端的控制。这就需要面向连接服务。采用这种方式时，用户和LLC子层商定的某些特性在连接断开以前一直有效。因此这种方式特别适合于传送很长的数据文件。

（3）带确认的无连接服务

该服务用于传送某些非常重要且时间性也很强的信息，如在一个过程控制或自动化工厂的环境中的告警信息或控制信号。这时如不要确认则不够可靠，但若先建立连接则又嫌太慢。因此就不必先建立连接而是直接发送数据。这种服务也就是“可靠的数据报”。带确认的无连接服务只用在令牌总线网中。

（4）高速传送服务

它是在1991年被提出，专为城域网服务的，这里不进行讨论。

3. LLC的帧结构

由于它还要封装在MAC帧中，所以LLC帧没有标志字段和帧校验序列字段。这样，LLC帧共有4个字段，即目的服务访问点DSAP字段、源服务访问点SSAP字段、控制字段和数据字段。图4-10是LLC帧前三个字段的具体结构。

从图4-10可看出，地址字段共两个字节，目的服务访问点DSAP和源服务访问点SSAP都各占一个字节。DSAP字段的最低位（第一个比特）为I/G比特。I（Individual）代

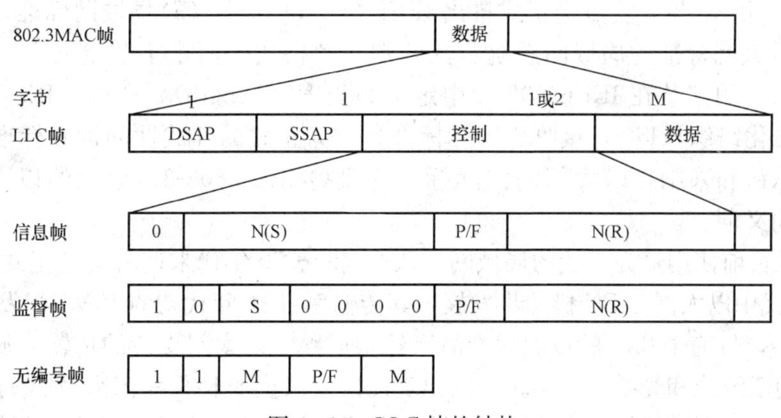

图 4-10 LLC 帧的结构

表“单个”，而G（Group)代表“组”。当I/G比特为0时，它后面的7bit就代表一个单个目的服务访问点。但当I/G比特为1时，则DSAP代表组地址。组地址规定数据要发往其一特定站的一组服务访问点，它只适合于不确认的无连接服务。全1的组地址为该站所有工作的DSAP。SSAP字段的最低位（第一个比特）为C/R比特。当C/R比特为0时LLC帧为命令帧，否则为响应帧。在C/R比特后面的7bit用来表示源服务访问点。因此，DSAP值和SSAP值都各占7bit。

LLC帧的控制字段为两个字节（当LLC帧为信息帧或监督帧时）或一个字节（当LLC帧为无编号帧时）。信息帧和监督帧的控制字段与HDLC（High-level Data Link Control）的扩展的控制字段的格式一样，其序号按模128进行编号。无编号帧则与HDLC的情况一样。

LLC帧的数据字段长度并无限制，但都应是整数个字节。当MAC帧的长度受限时，由于MAC帧的首部和尾部的长度在不同的局域网中都有明确的规定，因此LLC帧的长度实际上也并不是没有限制的。

4.2 以 太 网

最早试验型以太网由Xerox（施乐）公司在20世纪70年代中期开发的，它是在2.94Mb/s传输率的基带粗同轴电缆上工作的。当时人们认为“电磁辐射是可以通过发光的以太来传播的”，故命名为以太网（Ethernet，以太这种物质后来被证明并不存在，因为电磁波在真空中也可以传播）。此后，Xerox得到DEC（数字设备公司）和Intel公司的支持，三家公司一起参加标准和器件的开发工作。

1980年，以太网1.0版本由三家公司联合发表称DIX80（取3家公司的首字母拼和而成，这就是现代著名的以太网蓝皮书，全称为“以太网，一种局域网：数据链路层和物理层规范，1.0版”）。它与试验型系统主要差别在于采用了10Mb/s传输率。以后两年里DIX重新定义该标准，并在1982年公布DIX82即以太网2.0版本作为终结。在DIX开展以太网标准化工作的同时，1981年6月IEEE 802 LAN标准委员会成立，其中802.3分委会在DIX工作成果的基础上负责产生国际性标准，1982年年底802.3出台，它与DIX82差别甚微，从此，以太网成为IEEE 802标准系列中第一个标准化的局域网标准。

到了 1985 年，IEEE 802 委员会正式推出 IEEE 802.3CSMA/CD 局域网标准，它描述了一种基于 DIX 以太网标准的局域网系统。其差别在帧格式的两个字节定义上：以太网定义为类型（Type）的字节在 IEEE 802.3 中定义为长度（Length）。此后，IEEE 802.3 标准又被国际标准化组织（ISO）接收成国际标准，成为正式的开放性的世界标准，被全球工业制造商所承认和采纳，以太网的国际标准为 ISO/IEC 8802-3。今天的以太网和 802.3 可以认为是同义词。

以太网是目前使用最为广泛的局域网，从 20 世纪 70 年代末期就有了正式的网络产品。在整个 80 年代中以太网与 PC 机同步发展，其传输率自 80 年代初的 10Mb/s 发展到 90 年代达到 100Mb/s，目前 1Gb/s 的以太网产品已经很成熟。以太网支持的传输介质从最初的同轴电缆发展到双绞线和光缆。星型拓扑的出现使以太网技术上了一个新台阶，获得更迅速的发展。从共享型以太网发展到交换型以太网，并出现了全双工以太网技术，致使整个以太网系统的带宽成十倍、百倍地增长，并保持足够的系统覆盖范围。

从 20 世纪 80 年代到 90 年代，近 20 年的时间中，随着信息技术的发展，以太网产品及其标准不断更新和扩展。90 年代随着网络技术及其应用的急剧发展，以太网在拓扑结构、传输率和相应的传输介质方面与原来的 DIX 标准有了很大的变化，表 4-1 列出了以太网的系列规范，包括传输速率、拓扑结构、传输介质、网段长度以及网段数等参数。

表 4-1 以太网的系列规范

以太网规范	IEEE 标准	产生年份	传输速率（Mb/s）	拓扑结构	传输介质	网段长度（m）	站/网段
10BASE-5	802.3	1982	10	总线型	粗铜轴电缆	500	100
10BASE-2	802.3a	1988	10	总线型	细铜轴电缆	185	30
10BASE-T	802.3i	1990	10	星型	双绞线	100	HUB
10BASE-F	802.3j	1993	10	星型	光纤	2000	1024
100BASE-T	802.3u	1995	100	星型	双绞线	100	1024
全双工以太网	802.3x	1997	100	星型	双绞线	100	
1000BASE-X	802.3z	1998	1000	星型	光纤、STP	100	
1000BASE-T	802.3ab	1999	1000	星型	双绞线	100	
10G BASE-FX	802.3ae	2002	10000	星型	光纤		

4.2.1 以太网帧格式

802.3 局域网主要使用 CSMA/CD 作为其介质访问控制技术，CSMA/CD 的机理前面已经介绍，下面介绍一下其 MAC 层的帧结构。现在流行的总线局域网的 MAC 子层的帧结构有两种标准，一种是 802.3 标准，另一种是 DIX Ethernet V2 标准。图 4-11 画出了这两种标准的 MAC 帧结构。

经过比较发现两种帧大致相似，存在微小的差别。以太网帧结构中各字段的含义如下所示。

（1）前导码

包含了 7 个字节的二进制 1、0 间隔的代码，即 1010……10 共 56 位。当帧在介质上传输时，接收方就能建立起位同步，因为在使用曼彻斯特编码情况下，这种 1、0 间隔的传输波形为一周期性方波。

7	1	6	6	2	46~1500	4
前导码	帧首定界符(SDF)	目的地址(DA)	源地址(SA)	类型(TYPE)	数据区(DATA)	帧检验序列(FCS)

(a)

7	1	2或6	2或6	2	46~1500	4
前导码	帧首定界符(SDF)	目的地址(DA)	源地址(SA)	长度(L)	LLC-PDU	帧检验序列(FCS)

(b)

图 4-11 以太网帧与 IEEE 802.3 帧结构的区别

(a) 以太网帧结构；(b) IEEE 802.3 帧结构

(2) 帧首定界符（SFD)

它是 1 字节的 10101011 二进制序列，此码一过，表示一帧实际开始，使接收器对实际帧的第一位定位。

(3) 目的地址（DA)

它说明了帧企图发往目的站的地址，共 6 个字节，可以是一个唯一的地址，即单址，代表单个站，也可以是一个多址，代表一组站，或一个全地址，代表局域网上所有的站。当目的地址出现多址时，即表示该帧被一组站同时接收，称“组播”（Multicast)。当目的地址出现全地址时，即表示该帧被局域网上所有站同时接收，称“广播”（Broadcast)。以 DA 的最高位来判断是否单址，若最高位为 0 则表示单址，1 表示多址或全地址。且全地址还必须是 DA 为全 1 代码，即 FF-FF-FF-FF-FF-FF。

(4) 源地址（SA)

它说明发送该帧站的地址，与 DA 一样占 6 字节。

(5) 类型（TYPE)

它共占 2 个字节，说明了高层所使用的协议，例如可能是 IP 协议，也可能是 NOVELL 的 IPX 协议。

(6) 数据（DATA)

它的范围处在 46～1500 字节之间。注意到 46 字节最小帧长度是一个限制，其目的是为了能够有效地进行冲突检测，这个我们在前面已经学习过。如果高层协议的分组使数据段小于 46 个字节，则由有关软件把 DATA 填充到 46 字节最小长度。

(7) 帧检验序列（FCS)

它处在帧尾，共占 4 字节。是 32 位冗余检验码（CRC)，检验范围除前导码、SFD 和 FCS 以外的所有帧的内容，即从 DA 开始至 DATA 完毕的 CRC 检验结果都反映在 FCS 中。当发送站发出帧时，边发送，边逐位进行 CRC 检验。最后形成一个 32 位 CRC 检验和填在帧尾 FCS 位置中一起在介质上传输。接收站接收后，从 DA 开始同样边接收边逐位进行 CRC 检验。最后接收站形成的检验和若与帧的检验和相同，则表示介质上传输帧未被破坏。反之，接收站认为帧被破坏。则会通过一定的机制要求发送站重发该帧。

对于 IEEE802.3 帧来说，由于它的高层协议基于逻辑链路控制子层（LLC)，即 IEEE802.2 标准。因此在以太网 DATA 段的位置中被 LLC 协议数据单元（LLC-PDU）所取代，而以太网的 DATA 字段直接为网络层的分组。与之相对应的，IEEE 802.3 中的长度字段（L）代替了以太网帧的类型字段。L 表示 LLC-PDU 的字节数，它的范围也在 46～1500 字节之间。如果 LLC-PDU 的字节数小于 46 字节，则发送站的 MAC 子层自动填 0 代码于填充段 PDU 中。至于 LLC-PDU 中的数据则由一个网络层分组来提供。

为了使得以太网和 IEEE 802.3 两种帧能兼容，即都能在网上正常发送和接收，怎样处理 TYPE 和 L 是关键之一。其解决的办法是：认为该段中的值大于最大帧长度（即 1518），则表示为类型段，该段的值仅来说明后面的 DATA 是何种网络层协议的分组，也就是认为该帧为以太网帧，按以太网帧结构来处理；反之，则认为是 IEEE 802.3 帧结构，按 IEEE 802.3帧结构来处理。实际的做法为：取值 1536（即 0600H）作为界限，大于或等于 0600H，认为是以太网帧，此段按类型处理。例 IP 为 0800H，IPX 为 8137H。反之，认为是 IEEE 802.3 帧，该段为长度值。

两种帧结构另外的区别是：以太网帧的 DA 和 SA 段上只有 6 字节。而 IEEE802.3 帧的 DA 和 SA 段可以是 2 个或 6 个字节，2 个字节的情况很少出现。DA 和 SA 实际就是指网卡的 MAC 地址。

4.2.2 10Mb/s 以太网

1. 以太网物理层性能和功能

4 种 10BASE 常用的以太网——10BASE-5、10BASE-2、10BASE-T 和 10BASE-F，它们的 MAC 子层使用相同的 CSMA/CD 介质访问控制方法，物理层中的编码/译码模块均是相同的，而不同的是物理层中的收发器及介质连接方式。表 4-2 比较了 4 种 10BASE 以太网的物理性能。

表 4-2 4 种 10BASE 以太网的物理性能

类型	介质类型	网段长度	拓扑结构	节点数/段	中继设备	接口类型
10BASE-5	50Ω 粗铜轴电缆	500m	总线型	100	中继器	15 芯 D 型 AUI
10BASE-2	50Ω 细铜轴电缆	185m	总线型	30	中继器	BNC，T 头
10BASE-T	3、4、5UTP	100m	星型	HUB	集线器	RJ-45
10BASE-F	2 芯多模光纤—直径 62.5μm 或 125μm	2000m	星型	1024	集线器	ST

在 MAC 子层中形成了帧结构后，要通过物理层发送到介质上，介质上传输帧的二进制代码时必须采用特殊的编码，而不是计算机主体中一般的不归“0”制（NRZ）编码，在 10BASE 以太网上采用了曼彻斯特编码（ManchesterCode）（详见第 2 章）。

采用曼彻斯特编码在代码中包括了同步时钟信号，还有一个优点是在使用同轴电缆介质的以太网（10BASE-5、10BASE-2）上能很方便地检测到发生碰撞的现象。由于该编码的帧在正常发送过程中，介质上形成的平均电平是固定的，这是由于以跳变状态来表示代码所致。每一位的平均电平是一样的，如果跳变的低电平为 u_1，高电平为 u_2，则平均电平为 $(u_1+u_2)/2$。如果在介质上发生了碰撞，则平均电平就会改变，只要超过一个规定的门槛电平，发送站就能检测到碰撞。这种碰撞检测效果使用一般的 NRZ 编码是无法达到的。

在以太网物理结构中，另一重要的功能模块称“收发器”。它处在编码/译码功能模块与介质之间，收发器完成如下功能。

（1）往介质发送信号

由曼彻斯特编码的帧由收发器发送到介质上。在帧正常发送过程中，收发器以一定的脉冲序列信号告诉 MAC 子层以说明帧发送正常。

(2) 从介质接收信号

把介质上接收来的帧转发到译码功能模块上。通过译码后，传至 MAC 子层。

(3) 识别介质是否存在信号

当发送站的帧准备好要发送时，首先要判断介质是"忙"还是"空闲"，即是否其他站正在发送帧而占用了介质。若"忙"，即介质被其他站占用，则帧发送要等待，直至介质空闲。收发器能识别介质上是忙还是空闲，并把识别信号传至 MAC 子层。注意不同的结构，判断介质是否存在信号的机理是不同的。

(4) 识别碰撞

收发器能在帧持续发送过程中而不停地检测介质上是否发生碰撞。若检测到碰撞，则发生碰撞的信号会转告 MAC 子层。

2. 粗缆以太网和细缆以太网

10BASE-5 采用粗同轴电缆，所以又叫"粗缆以太网"，单段最大长度为 500m。超过时，可通过中继器将几个网段连接在一起，但中继器的数量最多为 4 个，网段的数量最多为 5 段（其中只有 3 段可以连接计算机），因此网络的最大长度可达 2500m。网络连接如图 4-12 所示。

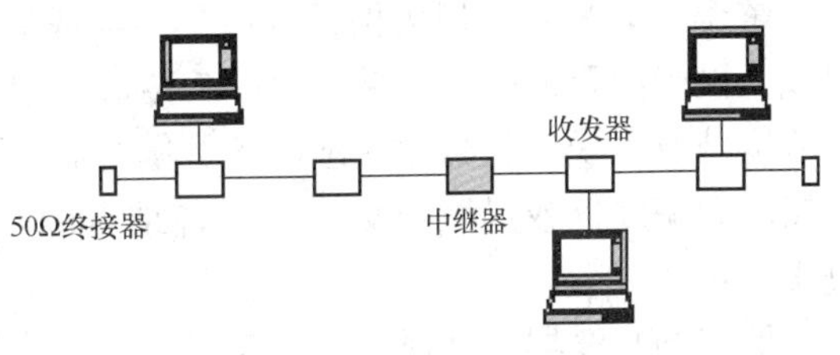

图 4-12 粗缆以太网

粗缆以太网是最初使用的以太网，其网卡通过 DB-15 型连接器（15 针）与收发器电缆（transceiver cable）相连，收发器电缆的正式名称是 AUI 电缆。AUI 是连接单元接口（Attachment Unit Interface）的缩写。收发器电缆的另一端连接到收发器。收发器电缆的长度不能超过 50m。收发器由两部分组成：一部分是含有电子元器件的媒体连接单元 MAU（Medium Attachment Unit）；另一部分是没有电子元器件的插入式分接头（tap），称为媒体相关接口 MDI（Medium Dependent Interface），它直接插入到电缆中（不用切断电缆）就能和同轴电缆的内部导线有良好的接触连接。中继器（Repeater）用于再生信号，延伸传输距离。

粗缆用 0.4in（英寸）的同轴电缆作干线，一个干线上最多可接 100 台工作站。50Ω 终接器用于阻抗匹配，网络一端的终接器要求接地。

建立一个粗缆以太网需要一系列硬件设备，主要包括网络适配器、外部收发器、收发器电缆、DIX 接口、中继器、N 系列插头和网络终端器。

粗缆以太网的优点是可靠性高、抗干扰能力强、作用距离长，并且适用于恶劣环境；缺点是粗缆硬件系统较贵、成本较高、网络投资较大。

10BASE-2 采用细同轴电缆，所以又叫"细缆以太网"，它使用细同轴电缆，单段最大长度为 185m。超过时，则需使用支持 BNC 头的中继器。细缆以太网中，中继器的数量最多也只能为 4 个，网段的数量也最多为 5 段，因此网络的最大长度为 925m。其网络连接如图 4-13 所示。

10BASE-2 的网络接口卡接口采用 BNC 型接头，也兼有 RJ-45 接口。中继器用于再生

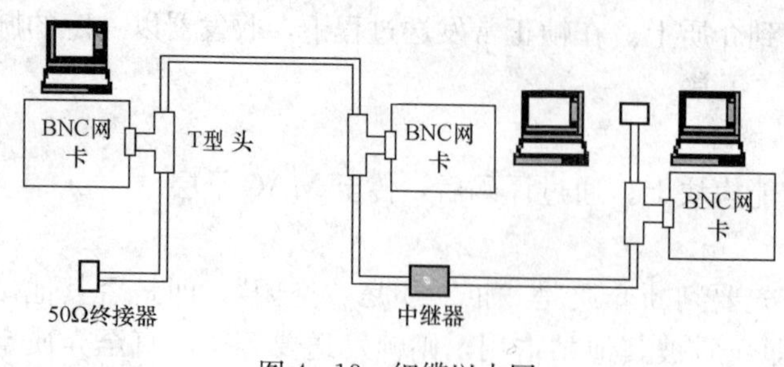

图 4-13　细缆以太网

信号，延伸传输距离。细缆用 0.2in 的同轴电缆作干线，一个干线上最多可接 30 台工作站。50Ω 终接器用于阻抗匹配，要求网络一侧的端接器接地。

使用细缆组建以太网时，需要使用的基本硬件设备有带有 BNC 接口的以太网卡、BNC 连接器插头、T 型连接器、终端匹配器。

细缆以太网常用于小规模的网络。

3. 双绞线以太网

10BASE-T 以太网采用非屏蔽双绞线，所以又叫“双绞线以太网”，T 代表双绞线星型网。目前，在部门级、工作组内基本都采用双绞线以太网（10BASE-T）来组网，应用非常广泛。

10BASE-T 的逻辑拓扑结构为“总线”型；物理拓扑结构为“星型”；最大网络节点数目 1024 个；级联的最大集线器数量 4 个；最大网段长度 100m。

（1）10BASE-T 的构成

整个 10BASE-T 以太网系统由集线器或局域网交换机（详见第 3 章）、网卡以及双绞线组成。网卡内置的收发器采用 RJ-45 接口，用 RJ-45 水晶头连接。双绞线常用 5 类或超 5 类的非屏蔽双绞线。组网的关键设备是集线器或局域网交换机。当使用非屏蔽双绞线进行网络连接时，集线器或局域网交换机到各结点的距离、集线器或局域网交换机之间的距离不超过 100m。

网卡与集线器之间通过 RJ-45 连接器连接双绞线，RJ-45 接线示意图如图 4-14 所示。1 个 RJ-45 连接器最多可连接四对双绞线，1—2、3—6、4—5、7—8 分别连接一根双绞线。在 10BASE-T 上仅用了两根双绞线，即 1—2 及 3—6。网卡与集线器双绞线直通连接——TIA/EIA568B 标准，如图 4-15（a）所示。在网卡上 1—2 双绞线作为发送用，而 3—6 作为接收用，而集线器却与之相反。因而集线器之间连接则可采用以下两种办法，即双绞线电缆两端 RJ-45 交叉连接或集线器中用开关控制，如图 4-15（b）所示。

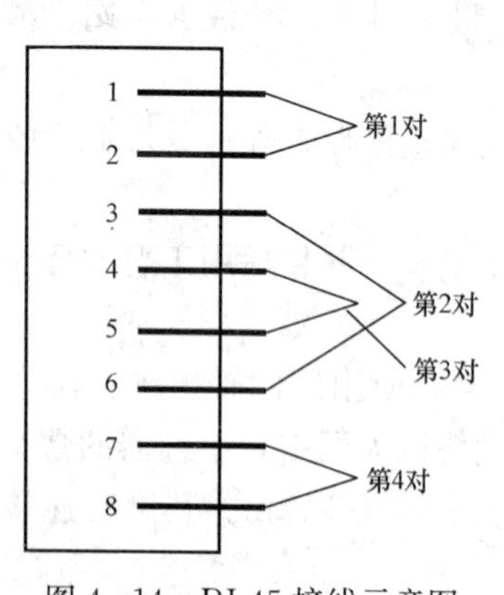

图 4-14　RJ-45 接线示意图

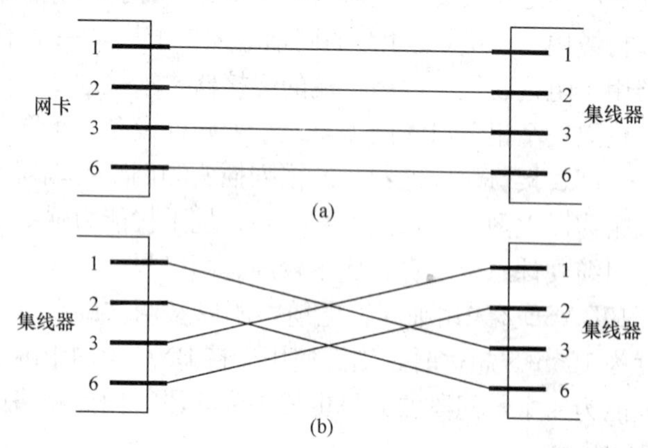

图 4-15　双绞线连接示意图

(2) 通过集线器连接的双绞线以太网

按使用集线器的不同方式分为单一集线器结构、多集线器级联结构和堆叠式集线器结构的双绞线以太网，如图 4-16 所示。

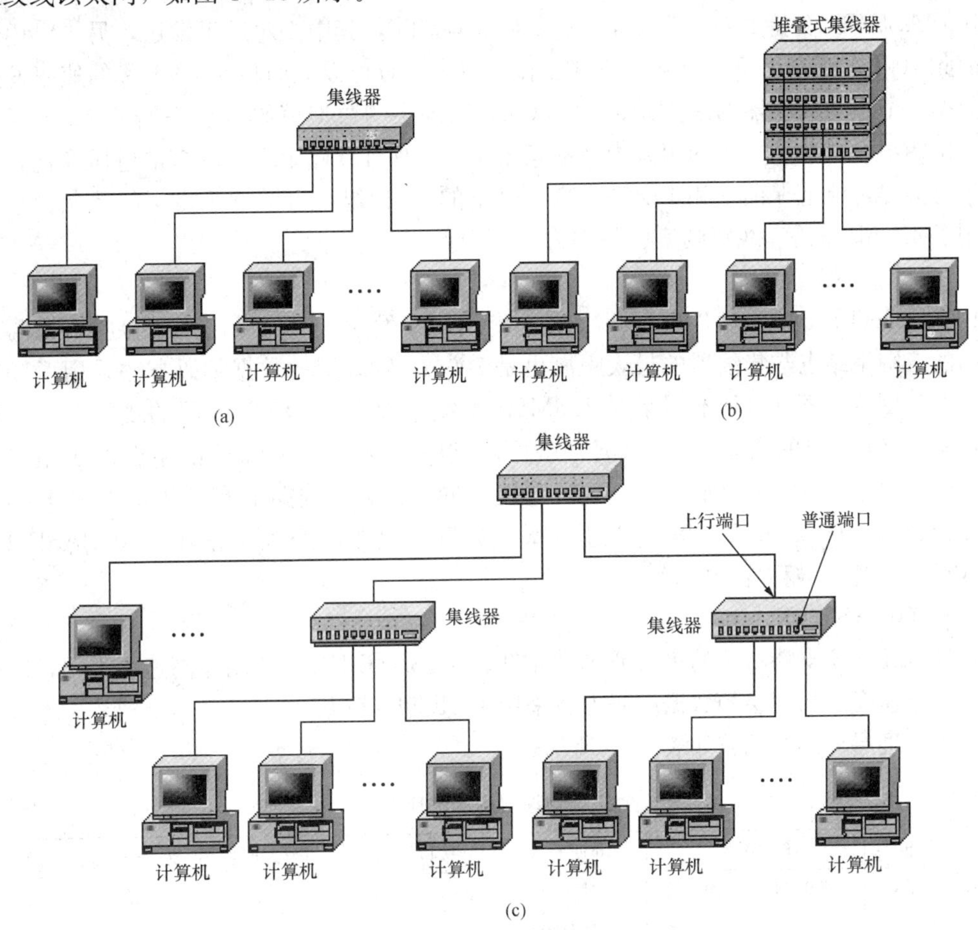

图 4-16　通过集线器连接的双绞线以太网

(a) 单一集线器结构；(b) 堆叠式集线器结构；(c) 多集线器级联结构

4.2.3　100Mb/s 快速以太网

随着人们对局域网传输速率要求的不断提高，IEEE 802.3 委员会决定制定一个快速的局域网协议。但他们内部出现了两种不同的观点：一种是建议采用一种具有优先级、集中控制的 MAC 协议，但它不能兼容原先的以太网；另一种是建议保留原来以太网的体系结构和 MAC 协议不变，设法提高局域网的速度。后来 IEEE 802.3 委员会决定保持传统以太网的原状，并于 1995 年 6 月正式发布了快速以太网协议标准—IEEE 802.3u。

802.3u 是 802.3 标准的延伸，它保留了 802.3 的帧格式、接口、软件算法规则以及 CSMA/CD 协议，只是将数据传输速率从 10Mb/s 提高到 100Mb/s。快速以太网是完全基于 10BASE-T 而设计的，它仍然使用 HUB 进行组网。

快速以太网在 MAC 子层继续使用现有的 802.3 媒体访问控制方法 CSMA/CD，在物理层定义了三种不同的物理子层。MAC 子层通过一个媒体独立接口 MII (Media Independent Interface) 与其中的一个物理子层相连接，MII 将物理层和 MAC 子层分割开来，这样物理层的各种变化就不会影响到 MAC 子层。

快速以太网的三种物理层标准：

（1）100BASE-TX

100BASE-TX 支持 2 对 5 类 UTP 或 2 对 1 类 STP，其中 1 对用于发送，另 1 对用于接收。因此 100BASE-TX 可以全双工方式工作，每个节点可以同时以 100Mb/s 的速率发送与接收数据，节点与集线器的最大距离为 100m。物理层的数据编码方法采用了 4B/5B 编码，即将 4 位的组合映射到 5 位的组合中并取其子集，为保证线路上有足够多的电压变化，在选取子集时应尽可能地保证 0 和 1 交替出现，剩下的 16 种组合可被用于专门的控制信息。由于采用了 4B/5B 编码，线路的实际频率为 125MHz。

（2）100BASE-T4

100BASE-T4 支持 4 对 3 类 UTP：一对专门用于发送，一对专门用于接收，另两对则是双向的。网络结点与集线器的最大距离也是 100m。物理层的数据编码方法采用了 8B/6T 编码，这是因为 3 类 UTP 不能承受 125MHz 的线路频率，8B/6T 编码的线路上有三种电平，这样一来，8 位的组合（$2^8=256$）就可以被映射成 6 个 T 信号的组合的子集（$3^6=729$），而且由于 100M 的流量被均分到 3 对线上同时传输，线路的实际频率为 $100\times6/8\times1/3=25$MHz，100BASE-T4 是一种过渡型的方案，现在已经很少采用。100BASE-T4 和 100BASE-TX 通常被称为 100BASE-T。

（3）100BASE-FX

100BASE-FX 支持 2 芯的多模或单模光纤。100BASE-FX 主要用作高速主干网，以提高网络的主干速度。物理层的数据编码方法采用了 4B/5B 编码。

三种物理层标准的比较如表 4-3 所示。

表 4-3　三种物理层标准的比较

物理层标准	介质类型	介质对数	接口类型	网段长度	支持全双工	编码方式
100BASE-TX	5 类 UTP 或 1 类 STP	2 对双绞线	RJ-45 或 DB9	100m	是	4B/5B
100BASE-T4	3 类 UTP	4 对双绞线	RJ-45	100m	否	8B/6T
100BASE-FX	多模/单模光纤	一对光纤	MIC/STSC	450m/2km	是	4B/5B

100Mb/s 快速以太网是 10BASE-T 和 10BASEF-L 发展的必然结果，快速以太网家族中用得最广泛的是 100BASE-TX 和 100BASE-FX，它们的拓扑结构和介质布局几乎与 10BASE-T 和 10BASE-F 完全一样，但传输率相差 10 倍，至于帧结构，介质访问控制方式完全沿袭了 IEEE 802.3 的基本标准。

快速以太网技术与产品推出后，迅速获得广泛应用，目前几乎所有的局域网系统中均采用了快速以太网产品。同样，它既有共享型集线器组成的共享型快速以太网系统，又有快速以太网交换器构成交换型以太网系统。在 100BASE-FX 使用光缆作为介质的环境中，又充分发挥了全双工以太网技术的优势。10M/100Mb/s 自适应的特点保证了 10Mb/s 系统平滑地过渡到 100Mb/s 以太网系统。100BASE-T 网采用自适应网卡，可在 10Mb/s 和 100Mb/s 环境下混合使用，已成为当前市场的主流选择。

100BASE-TX 是继承了 10BASE-T5 类非屏蔽双绞线的环境，在布线不变的情况下，从 10BASE-T 设备更换成 100BASE-TX 的设备即可形成一个 100Mb/s 的以太网系统；同样

100BASE-FX是继承了10BASE-F的多模光纤的布线环境而直接可以升级成100Mb/s光纤以太网系统。

4.2.4 1000Mb/s高速以太网

以太网现在已经主导了整个局域网技术和产品市场，当前10Mb/s和100Mb/s的以太网产品，从共享型、交换型以太全双工的产品大量充塞着局域网的市场。用户应用后对网络从技术和结构上的升级和迁移需求往往有如下三点：

1）要求增加系统的带宽。从主干到站点的带宽的增加反应了用户在网络上业务的急剧增长。随着业务的增长，网络上的设备和传输介质上的数据流量随之增长，因此要求系统不断增加带宽。

2）保护已有的投资。当用户升级和迁移时，原来的设备不能舍弃。原来操作人员经过培训后的技能也希望在新的网络系统环境中能够平滑继承。

3）在系统升级和迁移技术上平滑过渡，费用开销尽可能降低。

1000Mb/s以太网技术及其产品的出现正是适应局域网从10M/100Mb/s升级的潮流。它的优势在于：

1）使系统主干或者客户站访问服务器的速度大大提高。这是一种平滑过渡的技术，用户的培训和维护方面的技术投资可得到有效的保护。

2）升级投资降到最低限度，即花了最少的再投资，能获得高性能的回报。

3）不需再花过多的精力去学习新的协议和技术。升级使用户没有感到技术上有难度和风险。

1000Mb/s（千兆）以太网的研究工作始于1995年。IEEE802.3委员会于1996年8月成立了802.3z工作组，主要研究使用光纤和短距离STP的物理层标准。1997年初，又成立了802.3ab工作组，主要研究使用长距离光纤与UTP的物理层标准。1998年，IEEE802.3z正式成为了千兆以太网的标准。

千兆以太网保留了传统100BASE-T的所有特征，并可从现有的传统以太网和快速以太网的基础上平滑地过渡得到。它的速度10倍于快速以太网，价格却仅为快速以太网的2～3倍。千兆以太网的关键是利用交换式全双工操作部件构建主干网络，连接超级服务器和工作站。它未来的发展和应用前景十分广阔。

1. 千兆以太网的物理层

IEEE 802.3z只定义了MAC子层和物理层。在MAC子层，千兆以太网仍然使用CSMA/CD媒体访问控制方法。而在物理层则做了一些必要的调整，定义了新的物理层标准1000BASE-T。1000BASE-T标准定义了千兆媒体独立接口（GMII）。GMII将物理层和MAC子层分割开来，这样物理层的各种变化（如传输介质和信号编码方式的变化）就不会影响到MAC子层了。1000M以太网的主要标准如表4-4所示。

1000BASE主要有以下四种物理层标准：

（1）1000BASE-CX

它使用的是150Ω的STP，采用8B/10B编码方式，传输速率为1.25Gb/s，传输距离为25m，主要用于集群设备的连接，提供半双工（CSMA/CD）和全双工1000Mb/s的以太网服务。如一个交换机房的设备互联。

表 4-4 **1000M 以太网的主要标准**

千兆以太网标准	传输介质	网段长度	编码方式
1000BASE-CX	铜质屏蔽双绞线	25m	8B/10B
1000BASE-T	4 对 5 类 UTP	100m	PAM5
1000BASE-SX	多模光纤	300～550m	8B/10B
1000BASE-LX	单模/多模光纤	3000m	8B/10B

（2）1000BASE-T

1000BASE-T 使用 4 对 5 类 UTP，采用 PAM5 编码方式，传输距离为 100m。主要用于结构化布线中同一层建筑的通信，从而可以利用以太网或快速以太网中已铺设的 UTP 电缆，实现从 100～1000Mb/s 的平滑升级。PAM5 编码的基本思想是将 1000M 的比特流平均分配到四对双绞线中，每对实现 250Mb/s 的全双工传输，同时线路上有 5 种电平，因此任一种电平可代表两个比特位，线路频率为 125MHz，剩余一种电平用于控制。

（3）1000BASE-SX

1000BASE-SX 使用 62.5μm 和 50μm 两种直径、工作波长为 850nm 的多模光纤，采用 8B/10B 编码方式，传输距离可以从 300～500m，适用于建筑物中同一层的短距离主干网。

（4）1000BASE-LX

1000BASE-LX 使用 62.5μm 和 50μm 两种直径的多模光纤和直径为 5μm、工作波长为 1300nm 的单模光纤，采用 8B/10B 编码方式，最大传输距离可达 3000m，主要用于校园主干网。

2. 千兆以太网的 MAC 层

MAC 子层中实现了 CSMA/CD 介质访问控制方式和全双工/半双工的处理方式。

（1）半双工千兆以太网 MAC 层协议

对于快速以太网来说，512 位的时间槽内电波或光可以传输 500m 远，而在千兆以太网中，512 位的时间槽内电波或光的传输距离则只有 50m 远，采用星型拓扑结构的半双工千兆以太网的覆盖半径只有 25m。这样的距离覆盖范围在实际中无法得到大规模推广。为了解决这个问题，IEEE 对以太网的 MAC 层协议作了第一次重大修改：载波扩展和帧突发。

1）载波扩展。为了使千兆以太网的距离覆盖范围达到实用标准，半双工千兆以太网将最小帧扩展了 8 倍，由 64 字节扩展到了 512 字节（4096 位），这样半双工千兆以太网的距离覆盖半径扩展到了 200m。为了兼容以太网和快速以太网中的帧结构，当某个通信终端发送小于 512 字节帧时，半双工千兆以太网 MAC 将在正常发送数据之后发送一个载波扩展序列直到一个时间槽结束。例如：某 DTE（Data Terminal Equipment）发送一个 64 字节帧，MAC 将会在其后加入 512－64＝448 字节的载波扩展序列。如果 DTE 发送的帧长度大于 512 字节，则 MAC 不做任何改变。

在载波扩展的情况下，解决了半双工千兆以太网距离覆盖范围的问题，但引入了一个新的问题：对于长度较小的以太网帧的发送效率降低了。对于一个 64 字节的帧来说，尽管发送速度较快速以太网增加了 10 倍，但发送时间增加了 8 倍。这样的效率并未比快速以太网提高多少，为了解决半双工千兆以太网的效率问题，IEEE 又引入了帧突发这种技术。

2）帧突发。帧突发的工作方式如下：对于 DTE 发送的第一个小于 512 字节的帧，依然使用载波扩展到512字节，但随后发送的小于512字节的短帧不再使用载波扩展，而是加入96位的帧间隔序列后连续发送短帧，最长可以突发到65536位。这种做法可以成立的原因在于一个正确配置的网络环境里，如果某个DTE开始发送数据后，其他DTE都可以通过载波监听协议检测到其信号并抑制本身的数据发射。使用了帧突发的半双工千兆以太网的效率得到了改善，当一个DTE连续的突发64字节帧并突发持续65536位时，其效率约为72%。

(2) 全双工千兆以太网MAC层协议

在全双工千兆以太网中，由于每个千兆以太网DTE在通信时独占一个信道，因此不需要考虑以太网的冲突问题。自然，全双工千兆以太网也不受时间槽长度的限制，从而也没有距离覆盖范围的限制。

与半双工方式相比，全双工千兆以太网的MAC层的区别主要有以下几点：

1) 在接收活动帧时发送不会被推迟。

2) 全双工方式下的冲突指示将被忽略。

3) 没有载波扩展，最小帧长度仍为64字节。

4) 没有帧突发。

全双工交换式以太网中，如果交换机的多个输入端口同时向一个输出端口输出数据，那么将会在输出端口产生拥塞，这时一些输入喘口发送的帧将会被丢弃。如果在以太网帧上承载的是TCP/IP协议的数据包，那么TCP的传输机制会自动重发被丢弃的数据包，可以想象每个产生了丢包的输入端口都将重新发包，引发新一轮的拥塞和丢包，结果是导致网络的吞吐率大幅下降。为了避免丢包（丢帧）和重发现象的发生，IEEE在MAC层引入了802.3x流量控制协议来避免丢包现象发生。

流量控制的原理是当交换机检测到发生拥塞的端口之后，就会向输入端口发送暂停帧，通知其抑制发送的流量，最后达到消除拥塞的目的。流量控制并不能提高整个交换机的数据吞吐能力，但是避免了在交换机内的丢包现象。

千兆以太网支持IEEE 802.1QVLAN（虚拟局域网），提供灵活的网络分段功能，提高网络性能、效率和安全性能等。

3. 千兆以太网组网方法

基本的硬件设备：

- 1000Mb/s以太网交换机。
- 1000Mb/s以太网网卡。
- 100Mb/s以太网交换机或100Mb/s集线器。
- 10Mb/s以太网网卡、100Mb/s以太网网卡或10/100Mb/s以太网网卡。
- 双绞线或光缆。

图4-17给出了典型的千兆以太网组网方法示例。

在设计千兆以太网时，我们需要注意以下几个问题：

(1) 一般在网络的主干部分需要使用性能很好的1000Mb/s以太网交换机。

(2) 在网络支干部分使用性能较低的1000Mb/s以太网交换机。

(3) 在楼层或部门一级，根据实际需要选择100Mb/s以太网交换机或100Mb/s集线器。

(4) 用户端使用10/100Mb/s以太网卡，将工作站连接到100Mb/s以太网交换机或

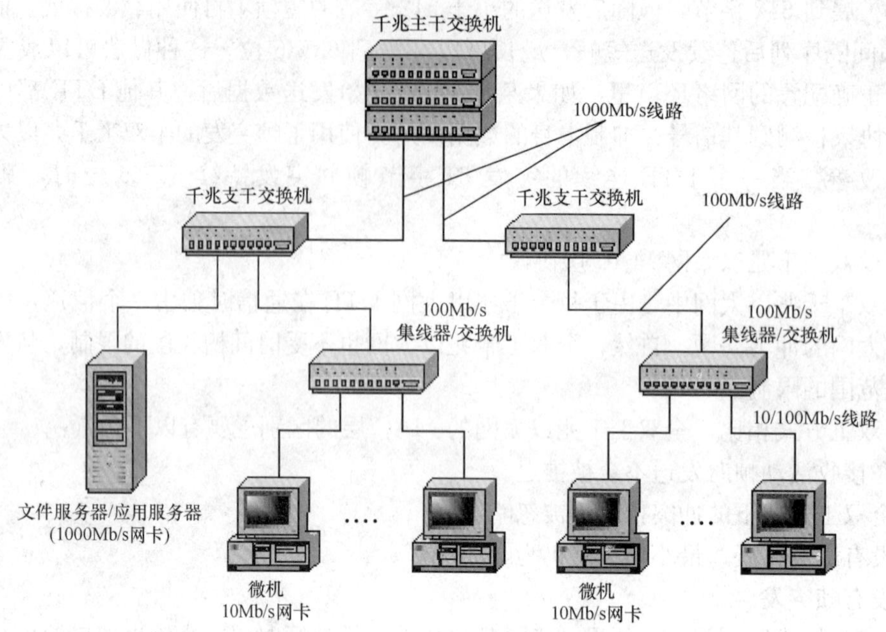

图 4-17　典型的千兆以太网组网方法

100Mb/s 集线器。

4.2.5　10Gb/s 以太网

1. 10Gb/s（万兆）以太网出现的背景

以太网主要在局域网中占绝对优势。但是在很长的一段时间中，人们普遍认为以太网不能用于城域网，特别是汇聚层以及骨干层，主要原因在于以太网用作城域骨干网带宽太低（10Mb/s 以及 100Mb/s 快速以太网的时代），传输距离过短。当时认为最有前途的城域网技术是光纤分布式数据接口 FDDI（Fiber Distributed Data Interface）和分布队列双总线 DQDB（Distributed Queue Dual Bus）。随后的几年里 ATM 技术成为热点，几乎所有人都认为 ATM 将成为统一局域网、城域网和广域网的唯一技术。但是由于种种原因，当前在国内上述三种技术中只有 ATM 技术成为城域网汇聚层和骨干层的备选方案。

目前最常见的以太网是 10Mb/s 以太网以及 100Mb/s 以太网（快速以太网）。100Mb/s 快速以太网作为城域骨干网带宽显然不够，即使使用多个快速以太网链路绑定使用，对多媒体业务仍然是心有余而力不足。随着千兆以太网的标准化以及在生产实践中的广泛应用，以太网技术逐渐延伸到城域网的汇聚层。千兆以太网通常用作将小区用户汇聚到城域业务点，或者将汇聚层设备连接到骨干层。但是在当前 10M 以太网到用户的环境下，千兆以太网链路作为汇聚也是勉强，作为骨干则是力所不能及。虽然以太网多链路聚合技术已完成标准化且多厂商互通指日可待，可以将多个千兆链路捆绑使用。但是考虑光纤资源以及波长资源，链路捆绑一般只用在业务点内或者短距离应用环境。

传输距离也曾经是以太网无法作为城域数据网骨干层/汇聚层链路技术的一大障碍。无论是十兆、百兆还是千兆以太网，由于信噪比、碰撞检测、可用带宽等原因五类线传输距离都是 100m。使用光纤传输的距离限制由以太网使用的主从同步机制所制约。802.3 规定 1000BASE-SX 接口使用纤芯 62.5μm 多模光纤最长传输距离 275m，使用纤芯 50μm 的多模光纤最长传输距离 550m；1000BASE-LX 接口使用纤芯 62.5μm 的多模光纤最长传输距离 550 米，使用纤芯 50μm 的多模光纤最长传输距离 550m，使用纤芯为 10μm 的单模光纤最长传输距离 5000m。最长传输距离 5km 千兆以太网链路在城域范围内远远不够。虽然基于厂商的千兆接口实现已经能达到 80km 传输距离，而且一些厂商已完成互通测试，但是毕竟是非标准的实现，不能保证所有厂商该类接口的互联互通。

综上所述，以太网技术不适于用在城域网骨干层/汇聚层的主要原因是带宽以及传输距离。随着万兆以太网技术的出现，上述两个问题基本已得到解决。

2. 万兆以太网的标准

2002 年 6 月，IEEE 通过了 10Gb/s 速率的以太网标准 IEEE 802.3ae。至此为止，以太网的发展已经历了 4 个阶段，即以太网、快速以太网、千兆以太网和万兆以太网（10GE）阶段。万兆以太网作为传统以太网技术的一次较大的升级，在原有的千兆以太网的基础上将传输速率提高了 10 倍，传输距离也大大增加，摆脱了传统以太网只能应用于局域网范围的限制，使以太网延伸到了城域网和广域网。万兆以太网的优点在于保留了 IEEE 802.3 以太网媒体访问控制（MAC）协议，保持以太网的帧格式不变。万兆以太网主要有以下特点：只工作在全双工模式；增加了广域网接口子层，可实现与 SDH 的无缝连接。万兆以太网技术适用于各种网络结构，可以降低网络的复杂性，能够简单、经济地构建各种速率的网络，满足骨干网大容量传输的需求，解决了城域网传输的“瓶颈”问题。由于局域网、城域网、广域网采用同一种核心技术，避免了协议转换，实现了无缝连接，因此万兆以太网是实现未来端到端光以太网的基础。

1）IEEE 802.3ae——定义了在光纤上传输万兆以太网的标准，传输距离从 300m 到 40km。

2）IEEE 802.3ak——定义了在对称铜缆上运行万兆以太网的标准，传输距离小于 15m，适用于数据中心内部服务器之间的连接应用。

3）IEEE 802.3an——定义了基于双绞线作为媒质的万兆以太网标准，希望传输距离至少达到 100m，目前该标准正在制订中。

3. 万兆以太网的物理接口

基于 IEEE802.3ae 标准定义的万兆以太网光接口，可以根据光纤类型、传输距离等进一步细分为 7 种类型，如表 4-5 所示。

表 4-5　万兆以太网的物理接口标准

标准	应用场合	广域网接口	编码方式	激光器（nm）	传输距离
10GBASE-LX4	局域网	无	8B/10B	1310	多模 300m/单模 10km
10GBASE-SR	局域网	无	64B/66B	850	多模 300m
10GBASE-LR	局域网	无	64B/66B	1310	单模 10km
10GBASE-ER	局域网	无	64B/66B	1550	单模 40km
10GBASE-SW	广域网	有	64B/66B	850	多模 300m
10GBASE-LW	广域网	有	64B/66B	1310	单模 10km
10GBASE-EW	广域网	有	64B/66B	1550	单模 40km

（1）10GBASE-LX4

它使用了波分复用技术，把 12.5Gb/s 的数据流分成 4 路 3.125Gb/s 的数据流在光纤中传播，由于采用了 8B/10B 编码，因此有效数据流量是 10Gb/s。这种接口类型的优点是应用场合比较灵活，既可以使用多模光纤，应用于传输距离短对价格敏感的场合，也可以使用单模光纤，支持较长传输距离的应用。

（2）10GBASE-SR、10GBASE-LR 和 10GBASE-ER

它们的物理编码子层使用了效率较高的 64B/66B 编码，在线路上传输的速率是 10.3Gb/s。

10GBASE-SR 使用 850nm 的激光器，在多模光纤上的传输距离是 300m；10GBASE-LR 和 10GBASE-ER 分别使用 1310nm 和 1550nm 的激光器，在单模光纤上的传输距离分别是 10km 和 40km，适用于城域范围内的传输，是目前的主流应用。

（3）10GBASE-SW、10GBASE-LW 和 10GBASE-EW

传输速率和 OC－192 SDH 相同，物理层使用了 64B/66B 的编码，通过广域网接口子层把以太网帧封装到 SDH 的帧结构中去，并做了速率匹配，以便实现和 SDH 的无缝连接，是应用于广域网的接口类型。

4. 万兆以太网技术展望

万兆以太网在设计之初就考虑城域骨干网需求。首先，带宽 10Gb/s 足够满足现阶段以及未来一段时间内城域网骨干带宽需求（现阶段多数城域骨干网骨干带宽不超过 2.5G）。其次，万兆以太网最长传输距离可达 40km，且可以配合 10Gb/s 传输通道使用，足够满足大多数城市城域网覆盖。采用万兆以太网作为城域网骨干层可以省略骨干网设备的 POS（Packet Over Sonet/SDH）或者 ATM 链路。首先，可以节约成本，以太网端口价格远远低于相应的 POS 端口或者 ATM 端口。其次，可以使端到端采用以太网帧成为可能：一方面可以端到端使用链路层的 VLAN 信息以及优先级信息，另一方面可以省略在数据设备上的多次链路层封装解封装以及可能存在的数据包分段，简化网络设备。在城域网骨干层采用万兆以太网链路可以提高网络性价比并简化网络。

我们可以清楚地看到，万兆以太网可以应用在校园网、城域网、企业网等。但是由于当前宽带业务并未广泛开展，人们对单端口万兆骨干网的带宽没有迫切需求，所以万兆以太网技术相对其他替代的链路层技术（例如 2.5G POS、捆绑的千兆以太网）并没有明显优势。思科和 JUNIPER 公司已推出万兆以太网接口（依据 802.3ae 草案实现），但在国内几乎没有应用。目前城域网的问题不是缺少带宽，而是消耗大量带宽，是如何将城域网建设成为可管理、可运营并且可盈利的网络。所以 10G 以太网技术的应用将取决于宽带业务的开展。只有广泛开展宽带业务，例如视频组播、高清晰度电视和实时游戏等，才能促使万兆以太网技术广泛应用，推动网络健康有序发展。

4.3 虚拟局域网

随着以太网交换技术的发展，允许区域分散的部门在逻辑上成为一个新的工作组，在实践中经常会遇到这种情况：不同部门的计算机连接到了同一个交换机下面，这种做法容易导致广播风暴并且通信也不安全，如何将物理上的同一个 LAN 通过逻辑的方法划分成多个独立的 LAN 呢？这就用到了所谓的虚拟局域网（VLAN，Virtual LAN）技术。

1. 虚拟局域网概念

在 IEEE 802.1Q 标准中对虚拟局域网 VLAN (Virtual LAN) 是这样定义的：虚拟局域网是由一些局域网网段构成的与物理位置无关的逻辑组，而这些网段具有某些共同的需求。每一个 VLAN 的帧都有一个明确的标识符，指明发送这个帧的工作站是属于哪一个 VLAN。

虚拟局域网其实只是局域网给用户提供的一种服务，而并不是一种新型局域网。VLAN 具有下列特性：

1) 一个 VLAN 是一个有限的广播域。基于以太网交换机建立的 VLAN 能使原来 LAN 的一个大广播区（交换机的所有端口）逻辑地分为若干个“子广播区”，在子广播区里的广播包只会在该广播区内传送，其他的广播区是收不到的。VLAN 通过交换技术将通信量进行有效分离，从而更好地利用带宽，并可从逻辑的角度出发将实际的 LAN 基础设施分割成多个子网，它允许各个局域网运行不同的应用协议和拓扑结构。

2) 以软件方式实现对逻辑工作组的划分与管理，简便快捷。

3) 逻辑工作组的结点组成不受物理位置的限制。

4) 一个逻辑工作组的结点可以分布在不同的物理网段上，但它们之间的通信就像在同一个物理网段上一样。

5) VLAN 可对广播与组播进行通信控制，增强网络的安全性，完善网络的管理并减少 LAN 对路由器的操作。

2. 虚拟局域网的组网方法

交换技术本身就涉及网络的多个层次，因此虚拟局域网也可以在不同的层次上实现，通常有以下四种。

(1) 用交换机端口号定义虚拟局域网

基于交换端口的 VLAN 方式，使得划分成不同 VLAN 的交换端口在物理上是相连的，但在逻辑上是断开的。第一代基于交换端口的 VLAN 只能在同一个交换模块上划分 VLAN，这显然无法满足现代分布式网络的需要。在这种实际需求的推动下，第二代基于端口的 VLAN 可以在不同交换模块上划分同一 VLAN，各交换模块之间通过构造生成树 (Spanning Tree) 的方式在主干上传递端口的 VLAN 信息，实现 VLAN 的划分。

通过建立基于端口的 VLAN 和相应的网管软件，网络管理员可以在很短时间内根据网络的实际需求完成对整个网络的动态管理。但是基于端口的 VLAN 无法做到一个端口同时属于几个不同的 VLAN。同时，如果网络中的用户要经常从一个 VLAN 移动到另一个 VLAN，则网络管理员也要在网络中进行相应地改动。

将一系列端口配置到一个单一的广播域内，由于数据报不会漏到其他区域，因而基于端口的 VLAN 能对确定的端口进行安全访问。例如，对一个企业的财务部门，网络管理员能在企业内网络设备上的一组规定的端口上建立一个可以访问财务系统的 VLAN，提供访问财务系统信息的能力。由于其他端口或企业外的计算机不属于这个 VLAN，因而它们无法进行访问。

图 4-18 给出了用交换机端口来定义虚拟局域网的示意图。从逻辑上把局域网交换机端口划分为不同的虚拟子网，各虚拟子网相对独立，其结构如图 4-18 (a) 所示。图中局域网交换机端口 1、2、3、7 和 8 组成 VLAN2，端口 4、5 和 6 组成 VLAN1。虚拟局域网也可

以跨越多个交换机，如图 4-18（b）所示。局域网交换机 1 的端口 1、2 和局域网交换机 2 的端口 4、5、6、7 组成 VLAN2，局域网交换机 1 的端口 4、5、6、7、8 和局域网交换机 2 的端口 1、2、3、8 组成 VLAN1。

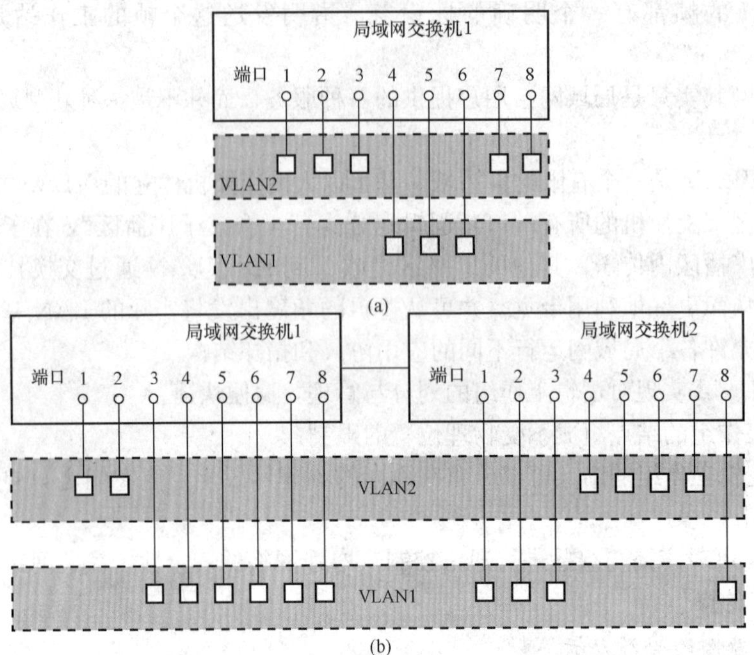

图 4-18 基于交换机端口来定义的虚拟局域网

（2）用 MAC 地址定义虚拟局域网

MAC 地址是每一个网卡的物理地址，原则上全球网卡的物理地址是唯一的。因此，管理员可以通过网管软件逐一设置每张网卡对应的 VLAN 来实现 VLAN 的划分。众所周知，MAC 地址属于数据链路层，以此作为划分 VLAN 的依据，能独立于网络层上的各种应用，当某一用户从一个 VLAN 转移到另一个 VLAN 上时，在用户端无需作任何改动，真正做到了基于个人的 VLAN。

基于 MAC 地址的 VLAN 将一组工作站从逻辑上放到通过基于 MAC 层地址的多个集线器的一个广播域中。这种策略扩充了以太网的属性，客户机可不依赖于物理位置映射到服务器，优化了客户/服务器的配置。因此，当服务器被集中放置用来改善管理及安全性时，基于 MAC 地址的 VLAN 能很容易地将工作组客户机连接至合适的服务器资源上。

在基于 MAC 地址的 VLAN 划分方式中，如果要划分 VLAN，必须对每个 MAC 地址进行逐个配置。显然，这种方法在大型网络中给网络管理员增加的工作量相当大。但支持这种功能的厂商可提供相应的网管软件，通过网管软件对 MAC 地址进行自动跟踪，实现自动/半自动划分 VLAN。此外，基于 MAC 地址的 VLAN 划分要依据硬件的地址，缺乏硬件的独立性，因此对网络的灵活性会造成较大的影响。

（3）用网络层地址定义虚拟局域网

这种 VLAN 划分方式是根据网络上应用的网络协议或网络地址来划分 VLAN 的。这对于那些想针对具体应用和服务来组织用户的网络管理员来说无疑是十分有效的。基于网络层的 VLAN 对协议（如 IP）非常有用，通过手工配置或地址服务器将网络层地址与设备相连接。

基于网络层的 VLAN 划分方式，能够很好地根据实际应用来划分 VLAN。但是无论哪种网络协议，只要是属于网络层的交换机，都必须通过对数据报的解包才能获得必要的 VLAN 信息，这势必造成交换速度的下降，同时也引来了网络的安全问题。除非网络管理员能对客户端上捆绑的网络协议进行锁定，不然每个用户通过增删自己本机上的网络协议可以毫无限制地在各 VLAN 中畅游，这将带来网络安全隐患。以上各种 VLAN 划分方式各有利弊，应用者必须根据实际的建网需求来选择合适的 VLAN 划分方式。

（4）IP 广播组虚拟局域网

这种虚拟局域网的建立是动态的，它代表了一组 IP 地址。由虚拟局域网的代理设备对虚拟局域网的成员管理。当 IP 广播包要送达多个目的的结点时，就动态的建立虚拟局域网代理，这个代理和多个 IP 结点组成 IP 广播组虚拟局域网。网络用广播信息通知各 IP 站，表明网络中存在 IP 广播组，结点如果响应信息，就可以加入 IP 广播组，成为虚拟局域网的一员，与虚拟局域网中的其他成员通信。IP 广播组中的所有结点属于同一个虚拟局域网，但他们只是特定时间段内特定 IP 广播组的成员。IP 广播组虚拟局域网动态性提供了很高的的灵活性，可以根据服务灵活地组建，而且它可以跨越路由器形成与广域网的互联。

4.4 无线局域网

通常计算机组网的传输媒介主要依赖铜缆或光缆，构成有线局域网。但有线网络在某些场合要受到布线的限制：布线、改线工程量大；线路容易损坏；网中的各节点不可移动。特别是当要把相离较远的节点连接起来时，敷设专用通信线路的布线施工难度大、费用高、耗时长，对正在迅速扩大的联网需求形成了严重的瓶颈阻塞。无线局域网就是为解决有线网络以上问题而出现的。

无线局域网利用电磁波在空气中发送和接收数据，而无需线缆介质。无线局域网的数据传输速率现在已经能够达到 11Mb/s，传输距离可远至 20km 以上。它是对有线联网方式的一种补充和扩展，使网上的计算机具有可移动性，能快速方便地解决使用有线方式不易实现的网络连通问题。

便携站（portable station）和移动站（mobile station）表示的意思并不一样。便携站当然是便于移动的，但便携站在工作时其位置是固定不变的。而移动站不仅能够移动，而且还可以在移动的过程中进行通信。移动站一般都是使用电池供电。

1. IEEE 802.11 标准

1998 年，IEEE 制定出无线局域网的协议标准 802.11，后面又相继制定了 802.11a、IEEE 802.11b 和 802.11g 无线局域网协议标准。

其中使用得最普遍的是 IEEE 802.11b（也称为 Wi－Fi）。IEEE 802.11b 使用 2.4～2.4835GHz 的 S－Band 工业、科学和医学（ISM）频段，以 1、2、5.5 或 11Mb/s 的速度传输数据。在近距离和没有衰减或干扰源的理想条件下，IEEE 802.11b 速度可达 11Mb/s，高于 10Mb/s 有线以太网的位速率。在不太理想的条件下，它将使用 5.5Mb/s、2Mb/s 和 1Mb/s 的较低速率，最远传输距离为 50～100m。IEEE 802.11b 技术成熟、价格低廉，是目前市场占用率最大的无线产品，具有非常高的性能价格比，适用于家庭或中小型企业。

IEEE 802.11g 也使用 2.4GHz 的 S-Band ISM 频段，最高带宽高达 54Mb/s，最远传输

距离为 50～100m，兼容 IEEE 802.11b 标准，可实现与 IEEE 802.11b 产品的通信。IEEE 802.11g较 IEEE 802.11b 产品的价格较高，适用于企业用户或高端无线网络。

IEEE 802.11a 标准具有最高 54Mb/s 的位速率，并且使用 5.725～5.875GHz 的 C-Band ISM 频段。这种更高速的技术使得无线 LAN 网络在视频和会议应用方面表现更为出色。由于与蓝牙或微波位于不同的频段，IEEE 802.11a 同时提供了更高的数据传输率和更清晰的信号。但是，IEEE 802.11a 芯片价格昂贵，且与 IEEE 802.11b 和 IEEE 802.11g 标准不兼容，因此，已经处于淘汰边缘。

2009 年，IEEE 正式批准 802.11n 标准，这是在 802.11g 和 802.11a 之上发展起来的一项技术，最大的特点是速率提升，理论速率最高可达 600Mbps（目前业界主流为 300Mbps），可工作在 2.4GHz 和 5GHz 两个频段。802.11n 标准使得无线局域网达到了以太网的性能水平，其主要的物理层技术是 MIMO（Multiple Input Multiple Output，多进多出）和 OFDM（Orthogonal Frequency Division Multiplexing，正交频分复用技术）。

2. 802.11 标准中的工作方式

IEEE 802.11 标准指定了两种工作模式，即基础结构模式和自治网络模式。

（1）基础结构模式

802.11 标准规定无线局域网的最小构件是基本服务集 BSS（Basic Service Set），通常把 BSS 称为一个单元（cell）。一个基本服务集 BSS 所覆盖的地理范围叫作一个基本服务区 BSA（Basic Service Area）。基本服务区 BSA 和无线移动通信的蜂窝小区相似。在无线局域网中，一个基本服务区 BSA 的范围可以有几十米的直径。

在 802.11 标准中，基本服务集里面的基站使用了一个新名词，叫做接入点 AP（Access Point）。一个基本服务集可以是孤立的，也可通过接入点 AP 连接到一个主干分配系统 DS（Distribution System），然后再接入到另一个基本服务集，这样就构成了一个扩展的服务集 ESS，一个扩展服务集（ESS）由两个或更多个通过分布系统互联的 BSS 组成。一般分布系统是一个有线骨干 LAN，扩展服务集相对于逻辑链路控制层来说，只是一个简单的逻辑 LAN。图 4 - 19 给出了一个基础结构模式的无线网络。

基于移动性，无线 LAN 标准定义了三种站点：

1）不迁移站点。这种站点的位置是固定的或者只是在某一个 BSS 的通信站点的通信范围内移动。

2）BSS 迁移站点。站点从某个 ESS 的 BSS 迁移到同一 ESS 的另一个 BSS。在这种情况下，为了把数据传输给站点，就需要具备寻址功能以便识别站点的新位置。

3）ESS 迁移站点。站点从某个 ESS 的 BSS 迁移到另一 ESS 的 BSS，在这种情况下，因为由 IEEE 802.11 所支持的对高层连接的维护不能得到保证，因而服务可能受到破坏。

例如，家庭或小型企业办公室可能拥有现有的以太网络。有了基础结构模式，不具备有线以太网连接的膝上计算机或其他台式计算机就能够无缝地连接到现有的网络。

（2）自治网络模式

另一类无线局域网是无固定基础设施的无线局域网，它又叫作自治网络（Ad hoc network）。这种自治网络没有上述基本服务集中的接入点 AP 而是由一些处于平等状态的移动站之间相互通信组成的临时网络，如图 4 - 20 所示。移动自治网络也就是移动分组无线网络。

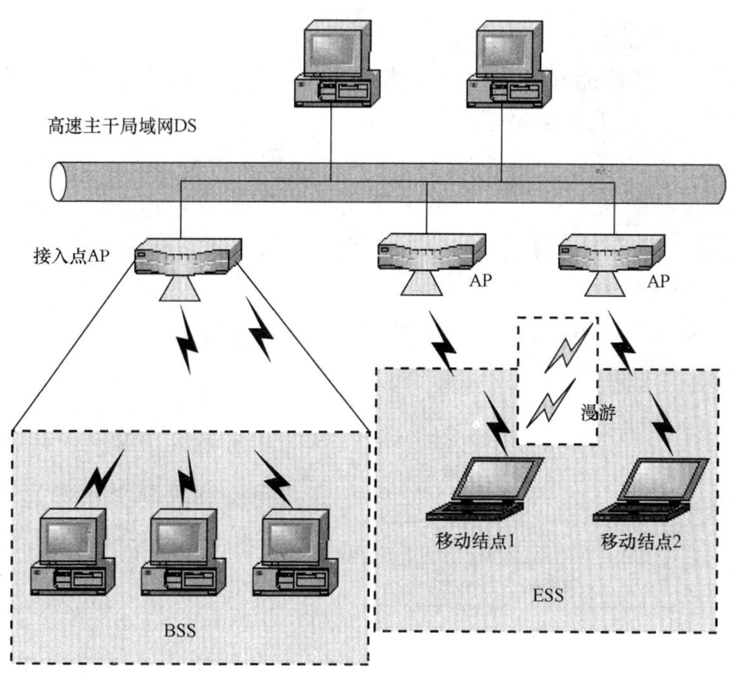

图 4-19 一个基础结构模式的无线网络

3. 802.11 标准中的物理介质规范

目前的 IEEE802.11 标准定义了三种物理介质：红外线、直接序列扩频和跳频扩频。

(1) 直接序列扩频

直接序列扩频 DS-SS (Direct Sequence Spread Spectrum) 是另一种重要的扩频技术。它也使用 2.4GHz 的 ISM 频段。当使用二元相对移相键控调制时，基本接入速率为 1Mb/s。当使用 4 元相对相移键控调制时，接入速率为 2Mb/s。

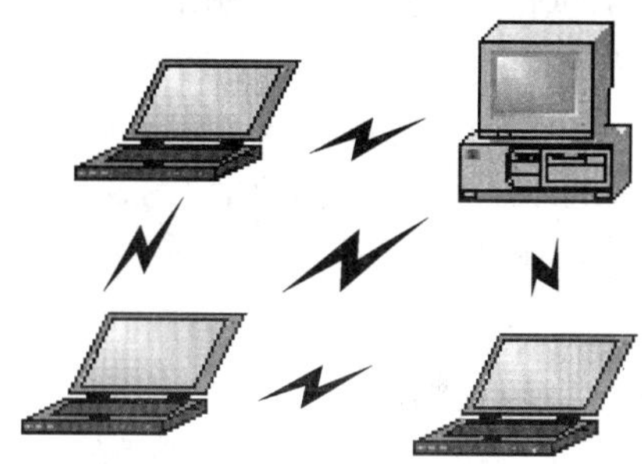

图 4-20 一个自治网络模式的无线网络

(2) 跳频扩频

跳频扩频 FH-SS (Frequency Hopping Spread Spectrum) 是扩频技术中常用的一种。它使用 2.4GHz 的 ISM 频段（即 2.4～2.4835GHz）。共有 79 个信道可供跳频使用。第一个信道的中心频率为 2.402GHz，以后每隔 1MHz 一个信道。因此每个信道可使用的带宽为 1MHz。当使用二元高斯移频键控 GFSK 调制时，基本接入速率为 1Mb/s。当使用 4 元高斯移频键控调制时，接入速率为 2Mb/s。

(3) 红外技术

红外技术 IR (InfraRed) 是指使用波长为 850～950nm 的红外线在室内传送数据。接入速率为 1Mb/s 或 2Mb/s。

4. 802.11 标准中的 MAC 层

无线局域网不能简单地搬用 CSMA/CD 协议。这里主要有两个原因：

1) CSMA/CD 协议要求一个站点在发送本站数据的同时还必须不间断地检测信道，以便发现是否有其他的站也在发送数据，这样才能实现“碰撞检测”的功能。但在无线局域网的设备中要实现这种功能花费就要过大。

2）更重要的是，即使能够实现碰撞检测的功能，并且当发送数据时检测到信道是空闲的，但在接收端仍然有可能发生碰撞。

IEEE 802.11 工作组考虑了两种 MAC 算法：一种是分布式访问控制协议，像 CSMA/CD 一样，利用载波监听机制；另一种是中央访问控制协议，由中央决策者进行访问的协调。分布式访问控制协议，适用于由地位等同的工作站组成的网络（ad hoc）以及具有猝发性通信的无线 LAN；而中央访问控制协议，则适用于由一些互联的无线站点和一个连接到骨干有线 LAN 的基站所组成的网络（基础结构模式无线网络）。中央访问控制协议对于那些具有时间敏感数据或者高优先权数据的网络特别有用。

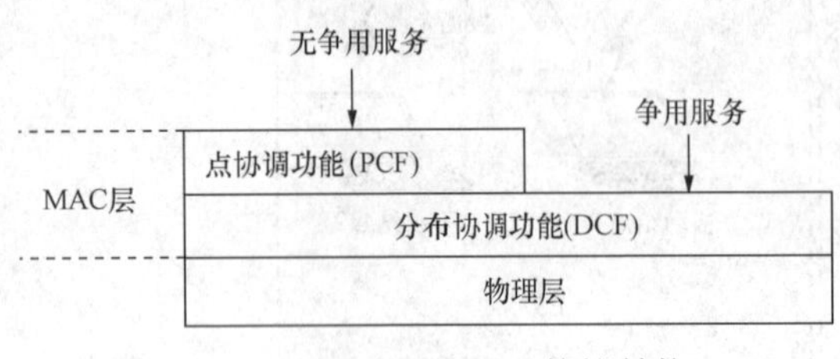

图 4-21 IEEE 802.11 协议结构

IEEE 802.11 最终形成的一个 MAC 算法称为分布式基础无线 MAC，它提供分布式访问控制机制，处于其上的是一个任选的中央访问控制协议，如图 4-21 所示。在 MAC 层中靠下面的是分布协调功能子层（Distribute Coordination Function，DCF），DCF 利用争用算法为所有的通信提供访问控制。一般，异步通信用 DCF。在 MAC 层中靠上面的是点协调功能（Point Coordination Function，PCF），PCF 用中央 MAC 算法，提供无争用服务。PCF 位于 DCF 的上面，并利用 DCF 的特性来保证用户的介质访问。

（1）分布协调功能

DCF 子层采用简单的 CSMA 算法。假若站点要发送 MAC 帧，它先监听介质。如果介质是空闲的，才发送这一帧，否则站点必须等待，直到正在进行的传输完成后才能发送，DCF 没有冲突检测功能，因为在无线网上进行冲突检测是不现实的。介质上信号的动态范围非常大，因而发送站不能有效地辨别出输入的微弱信号是噪声还是站点自己发送的结果。

为了保证上述 CSMA 算法的顺利和公平，DCF 采用了一系列的延迟，相当于一种优先权机制。首先考虑称为帧间空隙（Inter Frame Slot，IFS）的简单延迟。讨论时暂且不考虑不同的 IFS 值对这种机制的影响。利用 IFS 的 CSMA 访问控制的操作过程如下：

1）发送站监听介质。若介质空闲，站点再继续监听等于 IFS 的一段时间，如果在这段时间内介质仍然是空闲的，则站点可立即发送帧。

2）若介质忙（无论是发送站一开始就监听到介质忙，还是继续监听到介质忙），站点推迟发送并继续监听介质直到完成当前的传输。

3）一旦当前的传输已完成，站点要再监听一个 IFS。若在此期间介质仍然空闲，然后站点按照二进制指数退避算法退避一段时间后监听介质。如果介质仍然空闲，站点就可以发送帧。

在以太网中，利用二进制退避算法来处理重负载的情况。若发送站监听到介质忙，它就退避一段时间后再试。由介质忙引起的退避次数越多，那么退避的时间就会越长。

以上方法在 DCF 中经过了提炼，用三种不同的 IFS 值来提供基于优先权的介质访问控制：

- SIFS（短 IFS）：最短的 IFS，用于所有的立即响应活动。

● PIFS（点协调功能 IFS）：中等长度的 IFS，在 PCF 机制中的中央控制器发出查询时使用。

● DIFS（分布协调功能 IFS）：最长的 IFS，作为异步帧争用访问控制中最小的延时。

（2）点协调功能

PCF 是在 DCF 之上的一个任选访问方法，由点协调器进行访问查询。点协调器在其发出的查询帧中使用 PIFS。由于 PIFS 小于 DIFS，因而点协调器总是能获得对介质的访问并且当其在发送查询帧、接收响应时，把全部异步通信都锁住。

4.5 宽带无线接入网络

近年来，随着电信市场的开放和通信与信息产业技术的快速发展，各种高速率的宽带接入不断涌现，而宽带无线接入系统凭借其建设速度快、运营成本低、投资成本回收快等特点，受到了电信运营商的青睐。尤其对于新的电信运营商，在缺乏线缆资源、敷设光纤的成本较高、建设周期较长的情况下，如果要快速抢占市场，发展用户，无线接入则是最有效的手段。

1999 年，IEEE 成立了 IEEE 802.16 工作组来专门研究宽带固定无线接入技术规范，目标就是要建立一个全球统一的宽带无线接入标准。为了促进达成这一目的，几家世界知名企业还发起成立了 WiMAX 论坛，力争在全球范围推广这一标准。

WiMAX 论坛简介：2001 年 4 月，由业界领先的通信设备公司及器件公司共同成立了一个非营利组织——微波接入全球互操作性认证联盟 WiMAX（Worldwide Interoperability for Microwave Access）。该联盟旨在对基于 IEEE 802.16 标准和 ETSI HiperMAN 标准的宽带无线接入产品进行一致性和互操作性认证。通过 WiMAX 认证的产品会拥有“WiMAX® CERTIFIED”标识。

WiMAX 的目标是致力于帮助并解决那些阻碍标准被使用的问题，比如不同厂商的产品之间的互操作性和产品成本问题。WiMAX 将制定一套互操作性的测试规范，用这套规范对相关厂家的产品进行测试和认证，并对那些通过认证的产品发放 WiMAX 认证标志，从而鼓励所有的无线宽带接入相关产业的厂商遵循一个统一的规范，使各个产品之间具有良好的互操作性，并希望借此推动无线宽带接入产业的发展。

WiMAX 将使用与 Wi－Fi 联盟推动无线局域网行业发展的相同方法，定义和进行互操作性测试。Wi－Fi 模式已经影响了整个通信产业。IEEE 802.11 无线局域网的规模应用与 Wi－Fi 联盟的作用是分不开的。因此，WiMAX 希望通过它的努力，加快符合 IEEE 802.16 技术标准的宽带无线接入设备的上市速度，从而加速全球最后 1km 宽带的部署。

1. IEEE 802.16 的标准化

IEEE 针对特定市场需求和应用模式提出了一系列不同层次的互补性无线技术标准，其中已经得到广泛应用的标准系列包括应用于家庭互联的 IEEE 802.15 和应用于无线局域网的 IEEE 802.11。而 IEEE 802.16 的提出，弥补了 IEEE 在无线城域网标准上的空白。

IEEE 802.16 又称为 IEEE Wireless MAN 空中接口标准，是适用于 2～66GHz 的空中接口规范。由于它所规定的无线接入系统覆盖范围可达 50km，因此 802.16 系统主要应用于城域网，被视为可与 xDSL 竞争的“最后 1km”宽带接入解决方案。根据使用频段高低的不同，802.16 系统可分为应用于视距和非视距两种，其中使用 2～11GHz 频段的系统应用于非视距范围，而使用 10～66GHz 频段的系统应用于视距范围。根据是否支持移动特性，IEEE 802.16 标准系列又可分为固定宽带无线接入空中接口标准和移动宽带无线接入空中接口标准，其中的 802.16、802.16a、802.16d 属于固定无线接入空中接口标准，而 802.16e 属于移动宽带无线接入空中接口标准。

IEEE 802.16 标准系列到目前为止包括 802.16、802.16a、802.16c、802.16d、802.16e、802.16f 和 802.16g 七个标准，各标准相对应的技术领域如表 4-6 所示。

表 4-6　IEEE 802.16 标准系列

标准号	相对应的技术领域
802.16	10～66GHz 固定宽带无线接入系统空中接口
802.16a	2～11GHz 固定宽带接入系统空中接口
802.16c	10～66GHz 固定宽带接入系统的兼容性
802.16d	2～66GHz 固定宽带接入系统空中接口
802.16e	2～6GHz 固定和移动宽带无线接入系统空中接口管理信息库
802.16f	固定宽带无线接入系统空中接口管理信息库（MIB）要求
802.16g	固定和移动宽带无线接入系统空中接口管理平面流程和服务要求

2001 年 12 月颁布的 802.16 对使用 10～66GHz 频段的固定宽带无线接入系统的空中接口物理层和 MAC 层进行了规范，由于其使用的频段较高，这个频段对于像建筑物和树这样的障碍物无穿透能力，故要求基站和用户站是视距传播，从而限制了基站的覆盖范围。同时由于用户站天线的安装要求很高，并且系统受雨水影响较大，在一定程度上阻碍了市场的发展。

IEEE 802.16 工作组于 2003 年 4 月颁布了 IEEE 802.16a，该标准支持的工作频段为 2～11GHz，包括了需要发放牌照频段和免牌照的频段。与高频段相比，该频段能以更低的成本提供更大的用户覆盖，系统受雨水影响不大，系统可以在非视距传输环境下运行，大大降低了用户站安装的要求。另外，IEEE802.16a 的 MAC 层提供服务质量（QoS）保证机制，可支持语音和视频等实时性业务，增加了对网格拓扑结构网络的支持，能适应各种物理层环境。这些特点使得 IEEE 802.16a 与 IEEE 802.16 相比更具有市场应用价值，真正成为可用于城域网的无线接入手段。固定无线接入开放的频段主要是 3.5Hz、10.5GHz、26GHz、40GHz 等；目前主流的技术有低频段的 3.5GHz 固定无线接入和高频段的 26GHz LMDS 两种方式。3.5GHz 是 ITU 推荐的用于固定无线接入的频段，在世界范围内得到较好的应用。

2002 年正式发布的 802.16c 是对 802.16 的增补文件，是使用 10～66GHz 频段 802.16 系统的兼容性标准，它详细规定了 10～66GHz 频段 802.16 系统在实现上的一系列特性和功能。

802.16d 是 802.16 的一个修订版本，也是相对比较成熟并且最具实用性的一个标准版本。802.16d 对 2～66GHz 频段的空中接口物理层和 MAC 层做了详细规定，定义了支持多种业务类型的固定宽带无线接入系统的 MAC 层和相对应的多个物理层。该标准对前几个标准进行了整合和修订，但仍属于固定宽带无线接入规范。它保持了 802.16、802.16a 等标准中的所有模式和主要特性，增加或修改的内容用来提高系统性能和简化部署，或者用来更正错误、补充不明确或不完整的描述，包括对部分系统信息的增补和修订。同时，为了能够后向平滑过渡到802.16，802.16d增加了部分功能以支持用户的移动性。

802.16e是802.16的增强版本，该标准规定了可同时支持固定和移动宽带无线接入的系统，工作在2～6GHz适于移动性的许可频段，可支持用户站以车辆速度移动，同时802.16a规定的固定无线接入用户能力并不因此受到影响。该标准还规定了支持基站或扇区间高层切换的功能。

802.16e标准面向更宽范围的无线点到多点城域网系统，可提供核心共同接入。制定802.16e的目的，是提出一种既能提供高速数据业务又使用户具有移动性的宽带无线接入解决方案，该技术被业界视为目前唯一能与3G竞争的下一代宽带无线技术。但就目前最新发布的草案Draft3.0来看，802.16e仅提出了具有移动特性的系统框架结构，其中的很多具体技术细节尚未规定，要全部完成标准还有很大的工作量。

802.16f定义了802.16系统MAC层和物理层的管理信息库以及相关的管理流程。

制定802.16g的目的是为了规定标准的802.16系统管理流程和接口，从而能够实现802.16设备的互操作性和对网络资源、移动性和频谱的有效管理。

2. 协议参考模型

IEEE 802.16标准描述了一个点到多点的固定宽带无线接入系统的空中接口，包括MAC层和物理层两大部分。IEEE 802.16MAC层能支持多种物理层规范，以适合各种应用环境。IEEE 802.16协议模型如图4-22所示。

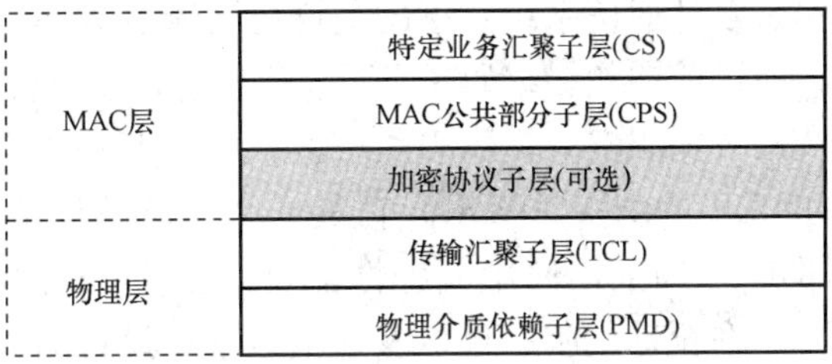

MAC层	特定业务汇聚子层(CS)
	MAC公共部分子层(CPS)
	加密协议子层(可选)
物理层	传输汇聚子层(TCL)
	物理介质依赖子层(PMD)

图4-22　IEEE 802.16协议模型

MAC层由特定业务汇聚子层（CS）、MAC公共部分子层（CPS）和加密协议子层3部分组成，其中加密协议子层是可选的。CS子层主要功能是负责将其业务接入点（SAP）收到的外部网络数据转换和映射到MAC业务数据单元（SDU），并传递到MAC层业务接入点（SAP），具体包括对外部网络数据SDU执行分类，并映射到适当的MAC业务流和连接标识符（CID）上，甚至可能包括净荷头抑制（PHS）等功能。协议提供多个CS规范作为与外部各种协议的接口。CPS是MAC的核心部分，主要功能包括系统接入、带宽分配、连接建立和连接维护等。它通过MAC的SAP接收来自各种CS层的数据并分类到特定的MAC连接，同时对物理层上传输和调度的数据实施服务质量（QoS）控制。加密协议子层的主要功能是提供认证、密钥交换和加解密处理。

物理层由传输汇聚子层（TCL）和物理介质依赖子层（PMD）组成，通常说的物理层主要是指PMD。物理层定义了两种双工方式：TDD和FDD，这两种方式都使用突发数据传输格式，这种传输机制支持自适应的突发业务数据，传输参数（调制方式、编码方式、发射功率等）可以动态调整，但是需要MAC层协助完成。

由于802.16并没有被广泛应用，本书不对其做深入介绍。

4.6 无线个人区域网

随着通信技术的迅速发展，人们提出了在人自身附近几米范围之内通信的需求，这样就出现了个人区域网络（Personal Area Network，PAN）和无线个人区域网络（Wireless Personal Area Network，WPAN）的概念。WPAN网络为近距离范围内的设备建立无线连接，把几米范围内的多个设备通过无线方式连接在一起，使它们可以相互通信甚至接入LAN或Internet。1998年3月，IEEE 802.15工作组成立。这个工作组致力于WPAN网络的物理层（PHY）和媒体访问层（MAC）的标准化工作，目标是为在个人操作空间（personal operating space，POS）内相互通信的无线通信设备提供通信标准。POS一般是指用户附近10m左右的空间范围，在这个范围内用户可以是固定的，也可以是移动的。IEEE 802.15工作组先后发布了4个标准。

IEEE 802.15x标准及其关键技术：

（1）IEEE 802.15.1

IEEE 802.15.1是IEEE提出的第一个取代有线连接的WPAN技术标准，以蓝牙技术为基础，但是传输的有效数据速率仅为500～700kb/s。蓝牙的网络拓扑基于自治（ad hoc）网络模式，提供了点对点或点对多点的连接，最多8个设备构成主从网络，在同一区域，重叠的多个主从网络可以构成分散网，同一蓝牙设备可以加入多个主从网络，从而实现多个主从网络的桥接。由于工作于多种通信系统共享的免许可证频段（ISM），蓝牙采用了快跳频、短分组抗干扰通信技术，通过前向纠错编码（FEC）和快速自动重传请求（ARQ）实现链路差错控制，可以支持语音和数据服务，提供多级安全机制。任一蓝牙设备，都可根据IEEE 802标准得到一个唯一的48位的BD_ADDR。它是一个公开的地址码，可以通过人工或自动进行查询。在BD_ADDR基础上，使用一些性能良好的算法可获得各种保密和安全码，从而保证设备识别码（ID）在全球的唯一性以及通信过程中设备的鉴权和通信的安全保密。

（2）IEEE 802.15.2

IEEE 802.15.2于1999年成立，主要目标是为IEEE 802.15无线个人网络发展推荐应用。它可与以开放的频率波段工作的其他无线设备（如IEEE 802.11设备）共存；为其他802.15标准提出修改意见，以提高与其他在开放频率波段工作的无线设备的共存性能。2003年8月批准的IEEE 802.15.2，就是解决WPAN与WLAN之间的共存的标准。

（3）IEEE 802.15.3

IEEE 802.15.3的目标在于得到更高的数据传输率，取得低成本和低电能消耗，同时还与蓝牙兼容。2003年8月批准的IEEE 802.15.3数据传输速率高达55Mb/s。高速WPAN适合于大量的多媒体文件、短时间内流视频和MP3等音频文件的传送。传送一幅图片，高速WPAN只需1s，而蓝牙约需1min。此外，TG3a工作组进行IEEE 802.15.3超高速WPAN物理层可选标准的制定工作，用以替代高速WPAN的物理层。超高速WPAN可支持110～480Mb/s的数据率。超宽带（UWB）技术目前为其主要考虑的技术。2002年，TG3a任务组公开征集可选技术方案。

（4）IEEE 802.15.4

IEEE 802.15.4于2000年12月成立。这个工作组集中于低电能消耗问题以使电池寿命达到几个月甚至几年。工作组研究定位于低数据传输率的应用设备，为个人区域网络应用提供综合的网络解决方案。2003 年 10 月批准的 IEEE 802.15.4，定义了一种供廉价的固定、便携或移动设备使用的极低复杂度、成本和功耗的低速率无线连接技术。TG4 工作组主要负责制定物理层及 MAC 层的协议，其余协议主要参照现有标准，高层应用、测试及市场推广等方面工作将由 ZigBee 联盟负责，因此相关应用网络被称为 Zigbee 网络。此外，SG4a 工作组于 2003 年 7 月成立，其目标目前为研究具有高精确度的定位功能，是可以方便地对传输速率、范围、功耗、成本进行折中的物理层方案。

4.6.1 蓝牙技术

蓝牙（Bluetooth）技术，实际上是一种短距离无线通信技术，利用蓝牙技术，能够有效地简化掌上电脑、笔记本电脑和移动电话手机等移动通信终端设备之间的通信，也能够成功地简化以上这些设备与 Internet 之间的通信，从而使这些现代通信设备与因特网之间的数据传输变得更加迅速高效，为无线通信拓宽道路。说得通俗一点，就是蓝牙技术使得现代一些轻易携带的移动通信设备和电脑设备，不必借助电缆就能联网，并且能够实现无线上因特网，其实际应用范围还可以拓展到各种家电产品、消费电子产品和汽车等信息家电，组成一个巨大的无线通信网络。

1. 蓝牙技术的由来

蓝牙（Bluetooth）的名称来源于古代丹麦国王 Harald Blatand，其中 Blatand 和 Bluetooth 的发音比较近似，为纪念 1000 年前统一北欧的 Harald Blatand，将这种在全球通用的无线传送技术命名为“蓝牙”，取其统一天下之意，由此得名。

蓝牙的创始人是瑞典爱立信公司（Ericsson），爱立信早在 1994 年就已进行研发。当时，爱立信移动通信公司成立了一个专项科研小组，对移动电话及其附件进行低能耗、低费用无线连接的可能性进行研究，他们的目的在于建立无线电话与 PC 卡、耳机及桌面设备等产品的连接。1997 年，爱立信与其他设备生产商联系，并激发了他们对该项技术的浓厚兴趣。1998 年 2 月，5 个跨国大公司，包括爱立信、诺基亚、IBM、东芝及 Intel 组成了一个特殊兴趣小组（SIG），他们共同的目标是建立一个全球性的小范围无线通信技术，即蓝牙。蓝牙是一项适用于小范围无线通信标准，它可以被应用于台式电脑、笔记本电脑、个人数字助理（PDAs）、手机、打印机、扫描仪、数码相机，甚至一些家用电器产品之间的互相通信。

1999 年下半年，著名的 IT 业界巨头微软（Microsoft）、摩托罗拉（Motorola）、3COM、朗讯（Lucent）与蓝牙特别小组（Bluetooth SIG）的五方共同发起成立了蓝牙技术推广组织，从而在全球范围内掀起了一股蓝牙热。蓝牙技术在短短的时间内，以迅雷不及掩耳之势席卷了世界各个角落。到 2004 年 12 月止，已有 2047 位会员加入蓝牙联盟。一项公开的技术规范得到工业界如此广泛的关注和支持是以往罕见的，美国权威杂志《网络计算》也将蓝牙技术评为“十年来十大热门新技术”。

2002 年 3 月 21 日，美国电气电子工程师学会（IEEE）批准了 IEEE 802.15.1 标准——蓝牙技术。

2. 蓝牙技术的特点

蓝牙技术工作在 2.4GHz ISM（工业、科学和医学）频段，提供低价的、强壮的、大容量的语音和数据网络。其实质内容是要建立通用的无线空中接口及其控制软件的公开标准，使通信和计算机进一步结合，使不同厂家生产的便携式设备在没有电线或电缆相互连接的情况下，能在近距离范围内具有互用、互操作的性能。其实严格地来说，该技术并不算一种WLAN技术，它面向的是移动设备间的小范围连接，因而本质上说它是一种代替线缆的技术，可以用来在较短距离内取代目前多种线缆连接方案，并且克服了红外技术的缺陷（可穿透墙壁等障碍物），通过统一的短距离无线链路，在各种数字设备之间实现灵活、安全、低成本、小功耗的话音和数据通信。

1）蓝牙作为一种短程无线通信技术，其指定范围是10m，在加入额外的功率放大器后，可以将距离扩展到100m。这样的工作范围使得蓝牙可以保证较高的数据传输速率，同时可以降低与其他电子产品和无线电系统的干扰，此外，还有利于安全性的保证。

2）提供低价、大容量的语音和数据网络。蓝牙支持64kb/s的实时语音传输和各种速率的数据传输，语音和数据可单独或同时传输，语音编码采用对数PCM或连续可变斜率增量调制（Continuous Variable Slope Delta Modulation，CVSD）。当仅传输语音时，蓝牙设备最多可同时支持3路全双工的话音通信，辅助的基带硬件可以支持4个或者更多的语音信道；当语音和数据同时传输或仅传输数据时，支持433.9kb/s的对称全双工通信或723.2kb/s、57.6kb/s的非对称双工通信，后者特别适合于无线访问Internet。

3）工作在2.45GHz频段，数据传输速率为1Mb/s，使用扩频和快速跳频（1600跳/s）技术。与其他工作在相同频段的系统相比，蓝牙跳频更快，数据包更短，这使蓝牙比其他系统都更稳定，即使在噪声环境中也可以正常无误地工作。

4）支持点到点和点到多点的连接，可采用无线方式将若干蓝牙设备连成一个主从网（Piconet），多个主从网又可互联成自治分散网（Ad hoc Scatternet），形成灵活的多重主从网的拓扑结构，从而实现各类设备之间的快速通信。

5）每个收发机配置了符合IEEE 802标准的48位地址，任一蓝牙设备都可根据IEEE 802标准得到一个唯一的48位的BD_ADDR。BD_ADDR是蓝牙设备的特定地址，类似于网卡的MAC地址。它是一个公开的地址码，可以进行人工或自动查询。在BD_ADDR基础上，使用一些性能良好的算法可获得各种保密和安全码，从而保证了设备识别码（ID）在全球的唯一性，以及通信过程中设备的鉴权和通信的安全保密。

6）TDM结构。采用TDM方案来实现全双工传输，蓝牙的一个基带帧包括两个分组，首先是发送分组，然后是接收分组。蓝牙系统既支持电路交换和分组交换，也支持实时的同步定向连接和非实时的异步不定向连接。实时的同步定向连接主要传送话音等实时性强的信息，在规定的时隙传输；非实时的异步不定向连接则以数据为主，可在任意时隙传输。

3. 蓝牙系统的组成

蓝牙系统由天线单元、链路控制（固件）单元、链路管理（软件）单元和蓝牙软件（协议栈）单元四个功能单元组成。

（1）天线单元

蓝牙要求其天线部分体积十分小巧、质量轻，因此，蓝牙天线属于微带天线。

（2）链路控制（固件）单元

目前，在蓝牙产品中，人们使用了3个IC分别作为连接控制器、基带处理器以及射频传输/接收器，此外还使用了30～50个单独调谐元件。随着集成度的提高，它也朝着单片化方向发展。

(3) 链路管理（软件）单元

链路管理（LM）软件模块携带了链路的数据设置、鉴权、链路硬件配置和其他一些协议。LM能够发现其他远端LM并通过键路管理协议与之通信。

(4) 软件（协议栈）单元

蓝牙的软件（协议栈）单元是一个独立的操作系统，不与任何操作系统捆绑。它必须符合已经制定好的蓝牙规范。蓝牙规范是为个人区域内的无线通信制定的协议。它包括两部分：第一部分为核心部分，用以规定诸如射频、基带、连接管理、业务搜寻、传输层以及与不同通信协议间的互用、互操作性等组件；第二部分为协议子集部分，用以规定不同蓝牙应用（也称使用模式）所需的协议和过程。

蓝牙规范的协议栈仍采用分层结构，802.15.1规定了OSI模型中的物理层和数据链路层下的四个子层标准如图4-23所示。

图4-23　蓝牙规范的协议栈

1）RF layer：该无线接口基于天线能力，范围在0～20dBm。蓝牙技术运行在2.4GHz波段并且传输链路范围在10cm～10m。

2）基带层（Baseband Layer）：在设备之间建立蓝牙物理链路，从而形成一个主从网络——通过蓝牙技术连接在一起的网络设备。

3）链路管理器（Link Manager）：在蓝牙设备间建立链路。链路管理器的其他功能还包括：安全、基带数据包大小协商、电源模式、蓝牙设备的周期性控制以及蓝牙设备在主从网络（Piconet）中的连接状态。

4）逻辑链路控制和适配协议（Logical Link Control and Adaptation Protocol，L^2CAP）：提供无连接和面向连接服务的上层协议。

4. 蓝牙设备的组网

蓝牙根据网路的概念提供点对点和点对多点的无线连接。在任意一个有效通信范围内，所有设备的地位都是平等的。首先提出通信要求的设备称为主设备（Master），被动进行通信的设备称为从设备（Slave）。

利用TDMA，一个Master最多可同时与7个Slave进行通信并和多个Slave（最多可超过200个）保持同步但不通信。一个Master和一个以上的Slave构成的网络称为蓝牙的主从网络（Piconet）。若两个以上的Piconet之间存在着设备间的通信，则构成了蓝牙的分散网络（Scatternet）。蓝牙的结构，即Piconet和Scatternet的示意图如图4-24所示。

基于TDMA原理和蓝牙设备的平等性，任一蓝牙设备在Piconet和Scatternet中，既可作Master，又可作Slave，还可同时既是Master又是Slave。因此，在蓝牙中没有基站的概念。另外，所有设备都是可移动的。

通过蓝牙技术连接在一起的所有设备被认为是一个Piconet，一个Piconet可以只是两台相连的设备，比如一台便携式电脑和一部移动电话，也可以是八台连在一起的设备。在一个Piconet中，所有设备都是级别相同的单元，具有相同的权限。但是在Piconet初建时，其中一个单元被定义为Master，其他单元被定义为Slave。

我国政府行业主管部门、科研部门和生产厂商十分关注蓝牙技术的进展，已成立中国蓝牙技术发展与应用论坛，科研与生产单位也在着手进行蓝牙产品的开发与应用。

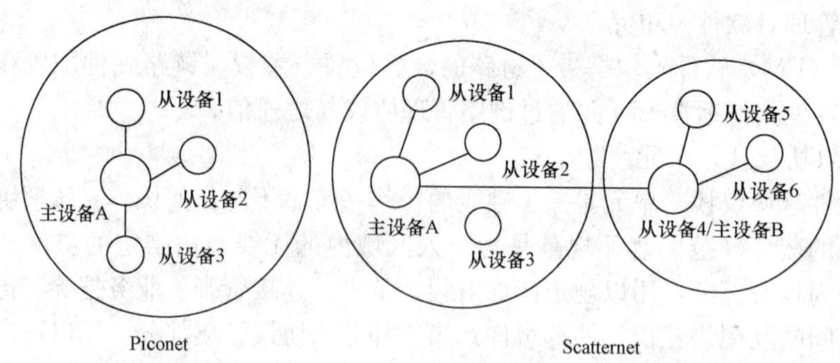

图 4-24 蓝牙的结构

4.6.2 无线 USB

从设备的角度，需要近距离相连的设备种类很多。一部电脑不仅要接键盘、鼠标，还要接打印机、数码相机、DV、移动硬盘、外置 DVD、手机、PDA、音响、摄像头、话筒、读卡器、MP3/MP4 播放器、高清数字电视、游戏控制器等。很多设备比如手机、数码相机、笔记本电脑等需要频繁移动。以有线方式相连很多电线缠绕在一起，不仅乱，而且过于复杂。因此，开发高性能 WPAN 就成了技术发展急待解决的问题。无线 USB 的技术的出现解决了上述问题，无线 USB 采用短距离超宽带无线频率（UWB），工作速度可达 480Mb/s。

2005 年 5 月 15 日，无线 USB 促进组织（WUPG）完成了无线 USB1.0 规范的制定，并将其管理权提交给 USB 论坛（USB—IF）。英特尔、杰尔系统、微软、NEC、飞利浦半导体、三星电子、惠普以及其他 100 多家公司均是 WUPG 的成员。

1. 无线 USB1.0 要点

到 2005 年底，全球配有 USB 的各类产品社会保有总量估计超过 5 亿，社会上还存有大量支持 USB 的软件，厂商会开发，用户会使用。因此，将 UWB 与 USB 结合构建新一代高性能 WPAN，就可以使现有的 USB 设备方便地升级为无线连接。无线 USB1.0 就是遵循了这样的设计思路。

按照 USB1.0 规范，现有 USB2.0 接口可通过两个 WireAdapter（WA，有线适配器）将有线的 USB 转换成无线 USB。一个 WA 通过 USB 2.0 接口接入计算机端，另一个通过 USB 2.0 接口连接打印机等外部设备，两个 WA 间通过 UWB 物理层实现无线连接。

按照 MBOA（MultiBand OFDM Alliance）的 UWB 规范，无线 USB1.0 的物理层的传输速率分 53.3、80、106.7、200、300、400Mb/s 和 480Mb/s 等七档。其中，53.3、106.7Mb/s 和 200Mb/s 是必备的速率，其余四项可选。无线 USB1.0 采用“轮辐”（一点对多点）式拓扑结构，一个无线 USB 1.0 系统最多可同时接入 127 个设备。在传输速率和接入设备数量和方式上，无线 USB 1.0 与 USB 2.0 完全匹配。

按无线 USB1.0 规范，当设备联入时，会在规定的时段向主机发出消息。然后主机与设备相互交换、识别彼此的 ID 并相互授给访问权限，接着主机给设备指定 USB 地址，并将设备状态通知上层软件。主机与设备通信时，数据通过 AES—128/CCM 机制加密。当主机或设备任一方按协议规定发出断接请求时，无线 USB 的连接就会被中止。在主机与设备间无法正常通信且发生超时的情况下，无线 USB 也会自动中止连接。

2. UWB 技术

目前一种新的无线通信技术引起了人们的广泛关注，这就是所谓的 UWB（Ultra Wide-

Band，超宽带无线技术）技术。正如其名称一样，UWB技术是一种使用1GHz以上带宽的最先进的无线通信技术，被认为是未来五年电信热门技术之一。但是UWB不是一个全新的技术，它实际上是整合了业界已经成熟的技术如无线USB、无线1394等连接技术。

UWB的历史渊源，可以追溯到100年前波波夫和马可尼发明越洋无线电报的时代。现代意义上的超宽带UWB数据传输技术，又称脉冲无线电（Impulse Radio，IR）技术，出现于20世纪60年代，当时主要研究受时域脉冲响应控制的微波网络的瞬态动作。通过Harmuth、Ross和Robbins等公司的研究，UWB技术在70年代获得了重要的发展，其中多数集中在雷达系统应用中，包括探地雷达系统。到80年代后期，该技术开始被称为无载波无线电或脉冲无线电。美国国防部在1989年首次使用了“超带宽”这一术语。为了研究UWB在民用领域使用的可行性，自1998年起，美国联邦通信委员会（FCC）对超宽带无线设备、对原有窄带无线通信系统的干扰及其相互共容的问题开始广泛征求业界意见，在有美国军方和航空界等众多不同意见的情况下，FCC仍开放了UWB技术在短距离无线通信领域的应用许可。

与传统通信技术不同的是，UWB是一种无载波通信技术，即它不采用载波，而是利用纳秒至皮秒级的非正弦波窄脉冲传输数据，因此其所占的频谱范围很宽。UWB是利用纳秒级窄脉冲发射无线信号的技术，适用于高速、近距离的无线个人通信。按照FCC的规定，从3.1GHz到10.6GHz之间的7.5GHz的带宽频率为UWB所使用的频率范围。

从频域来看，超宽带有别于传统的窄带和宽带，它的频带更宽。窄带是指相对带宽（信号带宽与中心频率之比）小于1%，相对带宽在1%～25%的被称为宽带，相对带宽大于25%，而且中心频率大于500MHz的被称为超宽带。

从时域上讲，超宽带系统有别于传统的通信系统。一般的通信系统是通过发送射频载波进行信号调制，而UWB是利用起、落点的时域脉冲（几十纳秒）直接实现调制，超宽带的传输把调制信息过程放在一个非常宽的频带上进行，而且以这一过程中所持续的时间，来决定带宽所占据的频率范围。由于UWB发射功率受限，进而限制了其传输距离，据资料表明，UWB信号的有效传输距离在10m以内，故而在民用方面，UWB普遍地定位于个人区域网范畴。

由于UWB与传统通信系统相比，工作原理迥异，因此UWB具有如下传统通信系统无法比拟的技术特点：

（1）系统结构的实现比较简单

当前的无线通信技术所使用的通信载波是连续的电波，载波的频率和功率在一定范围内变化，从而利用载波的状态变化来传输信息。而UWB则不使用载波，它通过发送纳秒级脉冲来传输数据信号。UWB发射器直接用脉冲小型激励天线，不需要传统收发器所需要的上变频，从而不需要功率放大器与混频器，因此，UWB允许采用非常低廉的宽带发射器。同时在接收端，UWB接收机也有别于传统的接收机，不需要中频处理，因此，UWB系统结构的实现比较简单。

（2）高速的数据传输

民用商品中，一般要求UWB信号的传输范围为10m以内，再根据经过修改的信道容量公式，其传输速率可达500Mb/s，是实现个人通信和无线局域网的一种理想调制技术。UWB以非常宽的频率带宽来换取高速的数据传输，并且不单独占用现在已经拥挤不堪的频率资源，而是共享其他无线技术使用的频带。在军事应用中，可以利用巨大的扩频增益来实现远距离、低截获率、低检测率、高安全性和高速的数据传输。

（3）功耗低

UWB系统使用间歇的脉冲来发送数据，脉冲持续时间很短，一般在0.20～1.5ns，有很低的占空因数，系统耗电可以做到很低，在高速通信时系统的耗电量仅为几百微瓦～几十毫瓦。民用的UWB设备功率一般是传统移动电话所需功率的1/100左右，是蓝牙设备所需功率的1/20左右。军用的UWB电台耗电也很低。因此，UWB设备在电池寿命和电磁辐射上，相对于传统无线设备有着很大的优越性。

（4）安全性高

作为通信系统的物理层技术具有天然的安全性能。由于UWB信号一般把信号能量弥散在极宽的频带范围内，对一般通信系统，UWB信号相当于白噪声信号，并且大多数情况下，UWB信号的频谱密度低于自然的电子噪声，从电子噪声中将脉冲信号检测出来是一件非常困难的事。采用编码对脉冲参数进行伪随机化后，脉冲的检测将更加困难。

（5）多径分辨能力强

由于常规无线通信的射频信号大多为连续信号或其持续时间远大于多径传播时间，多径传播效应限制了通信质量和数据传输速率。由于超宽带无线电发射的是持续时间极短的单周期脉冲且占空比极低，多径信号在时间上是可分离的。假如多径脉冲要在时间上发生交叠，其多径传输路径长度应小于脉冲宽度与传播速度的乘积。由于脉冲多径信号在时间上不重叠，很容易分离出多径分量以充分利用发射信号的能量。大量的实验表明，在常规无线电信号多径衰减深达10～30dB的多径环境，对超宽带无线电信号的衰减最多不到5dB。

（6）定位精确

冲击脉冲具有很高的定位精度，采用超宽带无线电通信，很容易将定位与通信合一，而常规无线电难以做到这一点。超宽带无线电具有极强的穿透能力，可在室内和地下进行精确定位，而GPS定位系统只能工作在GPS定位卫星的可视范围之内。与GPS提供绝对地理位置不同，超短脉冲定位器可以给出相对位置，其定位精度可达厘米级，此外，超宽带无线电定位器更为便宜。

（7）工程简单造价便宜

在工程实现上，UWB比其他无线技术要简单得多，可全数字化实现。它只需要以一种数字方式产生脉冲，并对脉冲产生调制，而这些电路都可以被集成到一个芯片上，设备的成本将很低。

3. IEEE 802.15.3a

2003年12月，在美国新墨西哥州的阿布克尔市举行IEEE有关UWB标准的大讨论。那时关于UWB技术有两种相互竞争的标准，一方是以Intel与德州仪器为首支持的MBOA标准，另一方是以摩托罗拉为首的DS-UWB（Direct Sequence UWB）标准。双方在这场讨论中各不相让，两者的分歧体现在UWB技术的实现方式上，前者采用多频带方式，后者为单频带方式。目前，这两个阵营均表示将单独推动各自的技术。虽然标准尘埃未定，但摩托罗拉已有了追随者，三星在今年国际消费电子展上展示了全球第一套可同时播放三个不同的HSDTV视频流的无线广播系统，就是采用了摩托罗拉公司的Xtreme Spectrum芯片，该芯片组是摩托罗拉的第二代产品，目前已有样片提供，其数据传输速度最高可达114Mb/s，而功耗不超过200mW。在另一阵营中，Intel公司近期在其开发商论坛上展示了该公司第一个采用90nm技术工艺处理的UWB芯片；同时，该公司还首次展示多家公司联合支持的、采用UWB芯片的、应用范围超过10M的480Mb/s无线USB技术。在2004年5月中旬，由IEEE 802.15.3a工作组主持召开的标准大讨论会议上对这种技术进行投票选举UWB标准，MBOA获得60%的支持，DS—UWB获取40%的支持，两者都没有达到成为标准必须达到75%选票的要求。因此标准之争还要持续下去。

UWB技术和当前流行的数据通信标准比较如表4-7所示。

表4-7 UWB技术和当前流行的数据通信标准比较

对比项目	WLAN			Bluetooth	WPAN	UWB	ZigBee
IEEE Standard	802.11a	802.11b	802.11g	802.15.1	802.15.3	802.15.3a	802.15.4
工作频率	5GHz	2.4GHz	2.4GHz	2.4GHz	2.4GHz	3.1—10.6GHz	2.4GHz
最大数据速率	54Mb/s	11Mb/s	54Mb/s	1Mb/s	55Mb/s	>100Mb/s	250Kb/s
最大应用范围	100m	100m	100m	10m	10m	10m	50m

一、选择题

1. 数据链路层中的数据块常被称作（　　）。

A）信息；　B）分组；　C）帧；　D）比特流。

2. 千兆以太网比快速以太网有________的数据传输率和________的碰撞域（　　）。

A）高、大；　B）高、小；　C）低、大；　D）低、小。

3. 100BASE-TX与100BASE-T4的区别是（　　）。

A）数据传输速率；　B）拓扑结构；　C）帧格式；　D）数据编码方法。

4. 以下哪个标准定义了无线局域网（　　）。

A）802.3；　B）802.4；　C）802.5；　D）802.11。

5. 以下哪个标准定义了蓝牙技术（　　）。

A）802.3；　B）802.4；　C）802.11；　D）802.15。

二、思考题

1. 局域网为什么要设置介质访问控制（MAC）子层？
2. 比较IEEE 802.3与Ethernet的不同点。
3. 列举10BASE的几种技术，并比较其特点。
4. 什么是虚拟局域网？实践中如何实现它？

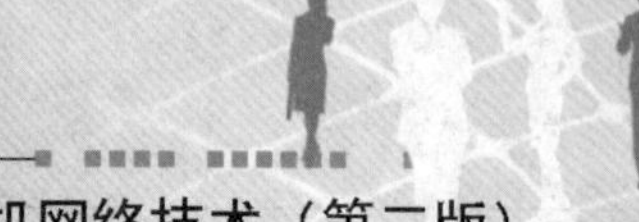

第5章 广 域 网

在前面的章节中，我们介绍的所有内容都局限于OSI模型中的低两层，即物理层和链路层，本章我们将把讨论的内容扩展到网络层。

链路层的通信技术一般被称为交换（Switching），而网络层的通信技术一般被称为路由（Routing），本章我们要讨论的重点就是各种路由算法。

另外，本章也要介绍一些常见的Internet接入技术，如ADSL等。

5.1 网络层的主要协议

我们已经全面学习了数据在LAN内如何从一台计算机发送到另一台计算机，当分组需要从一个LAN内的计算机传输到另一个距离较远的其他LAN内的计算机时，新的问题出现了，即分组应该沿着什么路径到达目的端，因为在源端和目的端之间可能存在多条路径，这正是网络层面临的最大问题。

网络层通常完成以下任务：路由器需要知道整个网络的拓扑结构以便选择适当的路径，这样的选择应当尽量避免固定不变，因为路径本身会发生变化，如负载过重、费用昂贵等；其次，当源计算机和目的计算机处于不同类型的LAN中的时候，需要对数据格式进行转变；最后，网络层必须决定是为高层提供面向连接的服务还是提供面向无连接的服务，是否要保证服务的质量，以及解决数据在路由过程中可能出现的意外情况。

5.1.1 存储—转发分组

在大多数情况下，一个分组需要经过很多的路由器才能被传送到目的端，这个过程可以简要地描述如下：分组先被与它直接连接的路由器（假设为R0）接收下来，R0对分组进行校验并从中读取目的地址，运行路由算法以便从与它直接相连的路由器中选择一个最佳的下一跳（假设为R1），R1的做法和R0相同，依次类推，分组最终被路由到目的网络，这个过程即为存储—转发机制。为保证路由器能够快速地处理分组，通常网络层会对分组的大小做出限制（如IP分组的大小被限制在64K以内）。

上述过程被高度简化了，实际上，路由器还有一些别的工作要做，如修改TTL（Time To Live）值，重新计算校验和，丢弃超时的分组并向源主机报告出错等。路由器要做这么多的工作以致它成了Internet的瓶颈，Ipv6的设计目标之一便是打破这个瓶颈。

在这个过程中，如何建立和维护路由表并做出最为恰当的路由选择是核心所在，相应的算法被称为路由算法（Routing Algorithm），这是本章内容的重点。

5.1.2 虚电路

上述路由过程说明这样一个事实，源主机在发送分组时并不知道分组是否能够到达目的端，因为源主机只是简单地将分组交给第一个路由器，剩下的工作全靠路由器来完成，如果路由过程出现差错，数据就丢失了，这说明，分组的传输在网络层变得不可靠了，服务质量得不到保证。要实现面向连接的服务，可以使用虚电路（Virtual Circuit，VC）。

虚电路的工作过程可以简要描述如下：在分组被传输出去之前先建立一条从源主机到目标主机的路径（路径的建立过程仍然是存储－转发机制的），这条路径被保存在经过它的中间路由器的内部表中，所有分组只需携带这个路径标示符就能到达目的端，这种工作方式与电话系统是完全一致的，分组传输完毕，虚电路也随之被释放。与存储—转发的工作方式相比，每一个分组不再需要单独进行路由，服务质量得到了保证。

虚电路的实现是以牺牲路由器的表空间为代价的，因为连接是建立在两个通信进程之间的，而一台主机可能运行很多的通信进程，在主机数量很大的情况下，路由器需要为每台主机的每一个通信进程保存一个虚电路，这种做法有时候会变得不能忍受。

在计算机网络的发展过程中，上述两种做法都有众多的支持者并都有很成功的实例，如 Internet（无连接的网络层服务）和 ATM（面向连接的网络层服务）。表 5-1 是存储—转发与虚电路两者之间的一个简单对比。

表 5-1　存储—转发与虚电路

对比项目	存储—转发	虚电路
建立路径	不需要	需要
地址信息	每个分组需要完整的源地址和目的地址	每个分组只需携带虚电路号
路由过程	每个分组单独路由	所有分组沿着同一条 VC 到达目的端
服务质量	很难实现	容易实现
路由器失效的影响	几乎不影响，路由算法可以选择新的路由器	影响很大，所有经过此路由器的虚电路都失效

5.2 路 由 算 法

网络层的主要功能是将分组从源端路由到目的端。对于数据报子网，路由器必须对每一个分组进行单独路由，两个有相同目的地址的分组可能沿着不同的路径被路由出去，因为最佳路径可能发生了变化。对于虚电路子网，一次传输的所有分组会沿着预先建立的路径一直向前传递，这种情况有时被称为会话路由（Session Routing）。

路由器实际上要完成两个工作，其一是对分组进行转发，其二是要建立和维护路由表，这正是路由算法需要解决的问题，一个好的路由算法至少应当具备如下特性：

完备性和正确性：路由算法应该将所有可能出现的目的网络都考虑进去，也就是说，对于任何一个分组都不应出现无法转发的情况。在实践中我们经常将多个目的网络合并成一个路由表项以减小路由表，因为这些目的网络有相同的输出线路（如无类域间路由、默认路由等）；路由算法做出的选择应当是正确的，这不用多加解释。

健壮性和稳定性：网络的拓扑结构可能发生变化，软件和硬件有可能损坏或是升级，路由算法应当能够适应这样的变化而不要求管理员重新配置路由器；一个重要的网络一旦投入使用可能运行多年，路由算法应该是稳定地趋于收敛和平衡的，而且保持平衡不变。

公平性和最优性：使所有的主机都能得到服务是必须要被考虑的，因为某台主机可能正发送大量分组从而完全阻断了其他主机的通信；最优性经常是某些因素的一个综合，比如使分组经过最少的跳（hop）数即到达目的地是一个可行的策略，但使分组以最短的时间到达目的地也是一种选择，还可以是使分组以最小的费用到达目的地等。

路由算法可以分成两大类：非自适应的算法（Nonadaptive Algorithm）和自适应的

算法。

非自适应的算法有时候也称为静态路由，这种算法总是按照预先设置好的路径进行路由，无论线路的质量、流量发生任何变化。这种算法通常运行在边缘路由器上，因为边缘路由器可能只有一条输出线路。

自适应的路由算法则能够根据多种参数（如距离、跳数、拥塞情况、费用等）进行动态的路由选择。距离矢量路由和链路状态路由是最常见的两种动态路由算法，现代计算机网络通常都采用动态路由算法。

5.2.1 最短路径路由

在介绍最短路径路由之前，我们先介绍一下最短路径问题。图 5-1 是一个有向图，各边的权值代表两个结点之间的距离，如何求得从结点 0 到其他结点的最短路径呢？Dijkstra 于 1959 年提出了一种解决此问题的一般算法，下面我们简要描述一下该算法的工作原理。

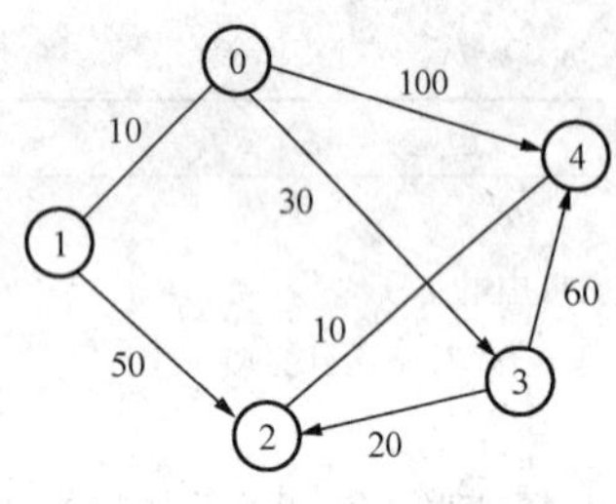

图 5-1 某个有向图

该算法中用到的一些变量：

V：所有结点的集合。

S：已经过计算过了的结点集合。

dis [k]：从 0 到 k 结点的当前最短距离。

R [k]：从 0 到 k 结点的当前最短路径所经过的结点集合。

edge [i，k]：从结点 i 到结点 k 的边的权值。

1）初始化变量：

V={0,1,2,3,4}；

S={0}；

dis[1]=10；dis[2]=MAX；dis[3]=30；dis[4]=100；

R[1]={1}；R[2]={2}；R[3]={3}；R[4]={4}；

2）从数组 dis 中找到一个不在 S 集合中数值最小的结点 k，计算 D=dis[k]+edge[k, i]（i 是与 k 相邻的，并且不在 S 集合中的一个结点），如果 D 小于 dis[i]，则 dis[i]=D,R[i]=R[k]+i，将 k 结点加入 S 集合中。结果如下：

S={0,1}； // k=1

dis[1]=10；dis[2]=60；dis[3]=30；dis[4]=100；

R[1]={1}；R[2]={1, 2}；R[3]={3}；R[4]={4}；

重复第二步，变量变化情况如下：

S={0, 1, 3}； // k=3

dis[1]=10；dis[2]=50；dis[3]=30；dis[4]=90；

R[1]={1}；R[2]={3, 2}；R[3]={3}；R[4]={3, 4}；

重复第二步，变量变化情况如下：

S={0, 1, 3, 2}； // k=2

dis[1]=10；dis[2]=50；dis[3]=30；dis[4]=60；

R[1]={1}；R[2]={3, 2}；R[3]={3}；R[4]={3, 2, 4}；

重复第二步，变量变化情况如下：

S={0, 1, 3, 2, 4}； // k=4

dis[1]=10；dis[2]=50；dis[3]=30；dis[4]=60；

R[1]={1}；R[2]={3，2}；R[3]={3}；R[4]={3，2，4}；

3）S=V，算法结束，从0到其他结点的最短路径以及最短路径所经过的结点集合分别存在数组 dis 和 R 中。

最短路径路由正是基于这样的思想：为所有的路由器找到一棵汇集树，如果边的权值表示距离，则该算法为分组找到一条到达目的端距离最短的路径；如果边的权值表示线路速率，则该算法为分组找到一条到达目的端时间最短的路径；该权值还可以表示线路的费用或者是各种分量经过计算后的一个值。该算法在正常情况下可以保证每个分组在有限的跳数之内被递交给目的主机，是一种静态的路由算法。

5.2.2 扩散路由

最短路径路由是一个很直观、理论上很好的算法，但其健壮性显然不够。在计算机网络中，边的权值无论代表什么参数都不是完美的，比如说距离，距离最小的路径不一定是最优的，因为该路径的带宽可能很大，那表示带宽又如何呢？如果总是把数据路由到带宽最大的路径上就一定合理吗？线路可能过于繁忙，而且带宽小的线路始终空闲。当然如果对这些问题都能得到解决，该算法还是很好的，后面要讲的链路状态路由实际上是对最短路径路由的一个改进。

另一种静态路由算法是扩散路由。在这个算法中，每一个进来的分组都被路由到除了它进来的那条线路之外的所有其他线路上。很显然，这种做法会产生大量重复的分组，随着跳数的增加，重复的分组将以指数级增长，但这些重复的分组最终都会从网络上消失，因为分组每经过一跳，计数器会被减1，当计数器减到零的时候，路由器会丢弃该分组。

作为扩散路由的一点改进，我们可以对扩散作出限制，即只在那些大概正确的线路上进行扩散，即使如此，扩散路由在实践中也很少被使用，但在有些特殊的场合中，它还是有用的，比如用于应付核战争的通信网络，即使大多数的路由器都被毁掉了，通信仍然能够继续；扩散路由还被广泛地应用于无线网络，一个站发送出去的分组被路由到所有位于该站无线电范围之内的所有其他站；最后，扩散路由找到的路径总是最短的，因为它并行地选择每一条可能的路径，因此，可以将它用于度量标准。

5.2.3 距离矢量路由

前面介绍的两种路由算法都是静态的路由算法，它不考虑网络的当前负载情况，也不考虑线路的质量及变化，在任何情况下都做出相同的路由选择。现代计算机网络通常使用动态的路由算法。现在有两种最为常见的动态路由算法，即距离矢量路由（Distance Vector Routing）和链路状态（Link State Routing）路由，这一节我们先介绍距离矢量路由，下一节我们会讨论链路状态路由。

距离矢量路由的工作原理可以简要描述如下：每个路由器维护一张表，这个表中列出了当前已知的到达其他目标的最佳距离和路径，相邻路由器之间互相交换自己的路由表信息，这个过程可能持续很长时间，路由表之间最终趋于稳定和收敛。

一个路由表项包含三部分：目标路由器、输出线路、距离。其中距离的度量单位可以是跳数、时间延迟、线路速率或其他类似的值。

在初始状态下，每一个路由器只知道它的相邻路由器以及到达该路由器的距离，如果距离是跳数的话，该值就是1；如果是延迟的话，路由器只需要给他的相邻路由器发送一个特殊的请求消息，加上时间戳，并在一定时间内等待回送消息即可。

假设距离为跳数，下面我们以一个简单例子来说明距离矢量路由的工作过程。图 5-2 所示为距离矢量路由。

在初始状态下，网络中的每一个路由器都含有和 A 类似的路由表（见表 5-2），然后相邻路由器之间开始互相交换信息，路由器 A 会从 C 那儿学习到新的路由信息，更新后的路由表可能如表 5-3 所示。

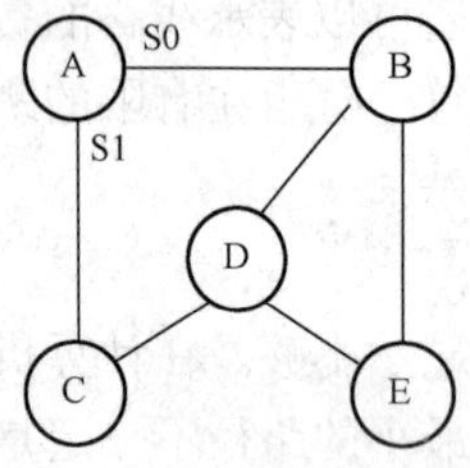

图 5-2 距离矢量路由

表 5-2 A 的路由表

目标路由器	线 路	距 离
B	S0	1
C	S1	1

这时候 A 从 B 那儿学习到新的路由信息，它发现通过 S0 线路到达 E 只需要 2 跳，于是 A 更新自己的路由表，更新后的路由表如表 5-4 所示。距离矢量路由在网络结点数目较少的情况下可以工作得很好，在 Internet 发展的初期（1979 年 5 月以前）阶段，人们一直采用这个路由协议（RIP 协议）。

表 5-3 更新后的 A 的路由表

目标路由器	线路	距离
B	S0	1
C	S1	1
D	S1	2
E	S1	3

表 5-4 再次更新后的 A 的路由表

目标路由器	线路	距离
B	S0	1
C	S1	1
D	S1	2
E	S0	2

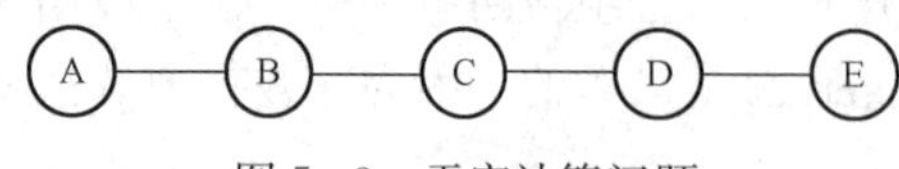

图 5-3 无穷计算问题

距离矢量路由在理论上可以工作，但是在实践中，它会遇到一个称为“无穷计算”的问题，见图 5-3。下面我们举个简单例子说明这个问题。

刚开始的时候，所有的路由器和链路都是良好的，B、C、D、E 到达 A 的距离分别为 1、2、3、4。突然 A 路由器出现故障了，或者是 A 和 B 之间的线路断了。B 知道了这个消息并试图寻找一条到达 A 的新的路径，幸好 C 通知 B 说它有一条到达 A 的距离为 2 跳的路径（请注意 B 并不知道 C 提供的路径是要经过自身的），于是 B 更新自己到达 A 的路由表项（距离为 3 跳）。在下一次交换信息的时候，C 注意到 B 和 D 都有一条到达 A 的距离为 3 跳的路径，由于 C 并不跟别的路由器相连，C 必须更新自己到达 A 的路由表项，距离为 4 跳。很显然，在下一次交换信息的时候，B 和 D 会更新自己到达 A 的路由表项，距离为 5 跳，逐渐地，所有的路由器都会趋于无穷大。

“无穷计算”问题的根源在于：当 X 告诉 Y 它有一条路径的时候，Y 并不知道这条路径是否要经过自己。尽管也有一些处理这个问题的算法，但都不能解决得很好。

5.2.4 链路状态路由

从 20 世纪 80 年代初期开始，Internet 上的路由协议由距离矢量路由被替换成了链路状态路由，这么做主要出于两方面考虑：①在 Internet 上出现了不同速率的线路（刚开始的时候，所有的线路都是 56kb/s 的），比如 230kb/s、1.544Mb/s 等。带宽成了路由选择时候的一个重要因素。②距离矢量路由存在“无穷计算问题”，并且很难有效地解决它。

链路（这儿的链路专指直接连接两台路由器的线路）状态路由的基本思想非常简单：路由器之间通过互相交换信息掌握网络中的所有结点（即路由器）和所有链路（延迟量）的情况，与距离矢量路由协议不同的是，每台路由器只发布与它相邻的链路和路由器的信息，然后每台路由器运行 Dijkstra 算法找到最短路径。下面简要描述一下该算法的工作过程。

（1）发现邻居结点

路由器只需要在每一条点对点的线路上发送请求报文，并等待应答报文告诉它对方是谁即可，请注意名字必须是全局唯一的。

（2）测量到邻居结点的延迟

路由器发送一个带时间戳的请求报文，并等待应答报文，通过计算出往返时间，再除以 2 即可（在这儿我们假设上行和下行的速率是一致的），请注意，在刚开始的时候，速率快的链路可能得到最小的延迟，因此大量数据可能被放到这条链路上，随着数据量的增多，该链路的延迟也会加大，一些速率低的链路也被利用了起来，从而使网络的负载达到均衡。

（3）创建和发布链路状态分组

路由器在获得以上信息后就创建包含这些信息的分组，然后利用扩散法来发布这些分组。链路状态路由算法最技巧的部分是如何可靠地发布这些分组，关于分组的格式和发布过程本书不做详细讲解，基本的思想是：

1）每个路由器只发布与自己直接相连的链路和路由器的信息，这些信息会被所有的路由器接收到。

2）每个分组被标上一个 32 位的序列号，从 0 开始，依次递增，这样当其他路由器收到同一个路由器送来的两个分组时，知道哪一个是最新的分组（32 位的序号使得序号发生回转的时间需要几百年时间，而几百年以后，Internet 可能已经完全变样了）。

3）为避免分组在网络上长期迂回生存，每个分组被加上了一个 age 域，分组每经过一个路由器 age 就减 1，一旦减到 0 便丢弃该分组。

（4）计算新的路由

一旦一个路由器获得了所有的结点和链路信息以后，它就可以在本地运行 Dijkstra 算法，并将结果放在路由表中。实际上，每条链路被表示了两次，这个值可以取平均值，也可以分开使用。请注意，如果从 A 到 C 的最短路径上经过了 B，那么 B 到 C 之间的路径也是最短的，这一特性非常重要，因为对于 A 来说，只需要将分组路由到下一站就可以了。

链路状态路由协议（如 OSPF）被广泛应用于各种网络中。

5.2.5 分级路由

随着网络的增长，总会出现这样的情况：一个路由器不可能再为其他每一个路由器维护一个表项，也不可能知道网络中的每一条链路。实际上，对于边缘路由器来说，由于它只有一条输出链路，所以根本就不需要了解其他的路由器，所有的分组只需将它路由到这条链路上就可以了。这说明，在所有的路由器上均采用上述路由算法是不够明智的。

对于中心路由器来说，上述问题依然存在，所以我们需要采用分级路由。

在分级路由中，路由器被分到了不同的区域，同一个区域内部的路由器仍然运行上述的路由算法，对于区域外部的目标地址，路由的目标不再是路由器本身，而是区域，这样就减小了路由表。

从图 5-4 可以看出，原先 C1 的路由表共 10 项，经过分级路由以后只有 5 项，假设网络有 100 台路由器，共分 10 个域，每个域 10 台路由器，那么原先的路由表需要 100 项，现在只需 19 项，其中 10 项是内部路由，其他 9 个域每个域一项。

对于更大型的网络，两层的分级可能是不够的，Kamoun 和 Kleinrock 在 1979 年已经证明：对于一个有 N 个路由器的子网，最优的级数是 lnN，每个路由器要求有 elnN 个表项。

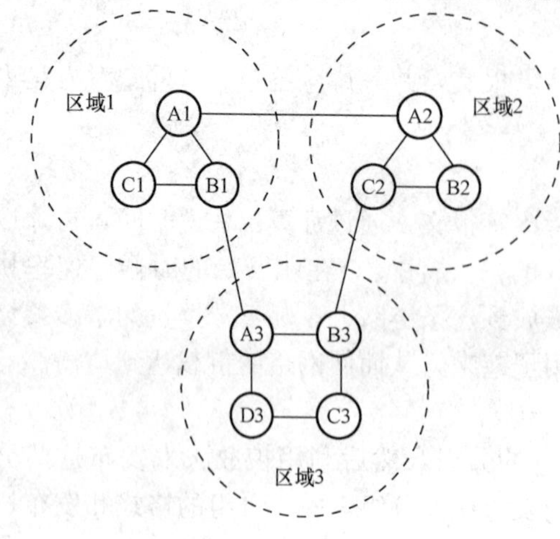

C1 的原始路由表

目标	线路
A1	A1
B1	B1
C1	—
A2	A1
B2	A1
C2	A1
A3	B1
B3	B1
C3	B1
D3	B1

C1 的分段路由表

目标	线路
A1	A1
B1	B1
C1	—
2	A1
3	B1

图 5-4　分级路由

5.2.6　ad hoc 网络中的路由

随着笔记本电脑的广泛应用，IEEE 802 委员会制定了无线 LAN 的标准，即 802.11。这个标准中介绍了两种工作模式：有基站的模式和无基站的模式。在有基站的模式中，所有的通信都经过基站（基站也经常称为访问点，Access Point）；在第二种模式中，移动计算机之间直接发送数据，这种模式有时候也称为 ad hoc 网络，即无线自组网。

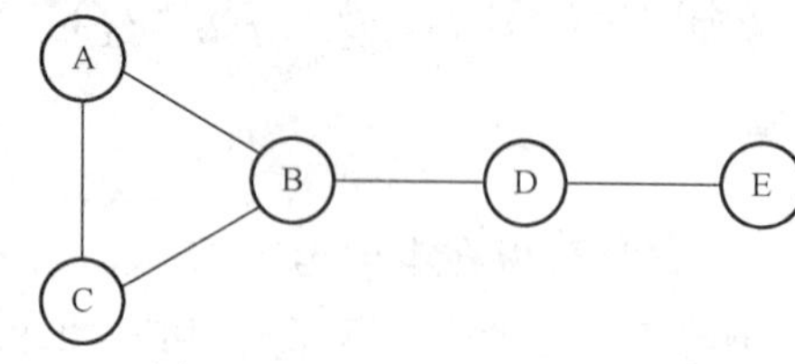

图 5-5　ad hoc 网络中的路由

在 ad hoc 网络中，没有固定的路由设备，每一台主机都兼任路由任务，由于所有的主机随时都可能会移动，网络的拓扑结构和链路以不可预知的方式随意地改变，前面我们所讲的路由技术在这儿都不适用了，下面简要描述 ad hoc 网络中的路由过程，如图 5-5 所示。

请注意：图 5-5 中的链路仅仅表示相应的两台计算机都在对方的无线电覆盖范围内，比如 A 和 B 之间有直接链路，这表示 A 的无线电可以到达 B，B 的无线电也可以到达 A，但是 A 的无线电不能到达 D，因此 A 与 D 之间没有直接链路。

假设 A 想给 E 发送数据，接下来的操作可以分成两个步骤：

（1）路径发现

A 构造一个特殊的请求分组，并且将它广播出去，该分组首先到达 B 和 C，该分组的格式如图5-6 所示。图中各部分的含义如下：

源地址	请求 ID	目标地址	源序列号	目标序列号	跳数

图 5-6　ad hoc 路由的广播包

源地址和目标地址：通常表示源和目标的 IP 地址。

请求 ID：是由源主机维护的一个本地计数器，每广播一个分组，该值加 1，源地址和请求 ID 合起来唯一地标示了一个请求分组。

源序列号：每一个转发该分组的站点都会将源序列号加 1，以区别该分组是新的路由还是老的路由。

目标序列号：是源主机最近看到过的目标主机的序列号值，如果源主机从来没有看到过目标主机，则该值为 0。

跳数：记录了该分组经过了多少跳，每一个转发该分组的站都会将跳数加 1。

由于 B 和 C 也不知道如何到达 E，所以 B 和 C 都再次广播该分组并在自己的逆向路由表中添加一个表项，请注意 B 发送的这个分组仍然会被 A 和 C 接收到，但 A 和 C 都丢弃该分组，但 D 会接收这个分组。D 收到这个分组后会广播一个回送分组，该分组的格式如图 5-7 所示。

源地址	目标地址	目标序列号	跳数	生存时间

图 5-7 ad hoc 路由的应答包

回送分组会被逆向路径上的结点接收到，它们都意外地得到了通向 E 的路径。

很显然，在一个大型 ad hoc 网络中，会有大量的广播分组，这也是影响 ad hoc 网络速度的一个原因。上述过程是高度简化了的，其中有很多的细节没有被提及，要想更加深入的了解这部分知识，请自学相关书籍。

（2）路径维护

ad hoc 网络的计算机随时可能关机，从而导致路由表失效，通常的做法是每个结点定期的广播一个 HELLO 消息，如果在期望的时间范围内没有收到邻居结点的应答消息，则认为邻居结点已经离开网络，所有通过这个邻居结点的路径必须被清除并重新建立新的路由表项。

5.3 服 务 质 量

在存储—转发型的计算机网络中，由于数据的发送方无法预知网络的当前负载，在数据传输的高峰期很容易出现丢失分组的情况，从而使网络的性能下降；随着多媒体网络连接需求的增长，我们迫切需要通过对网络和协议的重新设计来保证服务质量，在这一小节中，我们将简要的探讨这些问题。

5.3.1 拥塞控制与流量控制

当主机传送给网络的分组数量超过网络的容量范围时，路由器开始丢弃分组，增加路由器的内存有助于缓解这个问题，但无限制的增加内存很显然是不正确的做法，而且有可能会使网络的性能更加糟糕，因为队列中更多的分组可能因为超时而被丢弃。如何在有限的内存、CPU 时钟和线路容量上保证网络畅通的问题就是拥塞控制问题。

注意，尽管也出现了一些拥塞控制算法，但几乎没有一个可以很出色地完成任务。总的来说，所有的解决方法可以分成两大类：开环的（open loop）和闭环的（closed loop）。开环的解决方案试图采用精良的设计从而保证网络从根本上就不会发生拥塞的问题，而闭环的解决方案则是建立在信息反馈的基础上的，主要的手段是监视网络的当前性能、调整系统的运行、抑制分组、丢弃分组等。

流量控制是一个很容易和拥塞控制发生混淆的概念，它们之间最大的区别在于流量控制只与特定的发送方和接收方之间的流量有关，其任务是如何保证一个快速的发送方不会湮没一个低速的接收方，通常的做法是接收方向发送方提供某种反馈信息，告诉发送方以何种速度发送数据即可。而拥塞控制则是一个全局性的概念，涉及所有的主机、路由器和链路。

5.3.2 抖动控制

对于声音和视频这样的实时数据，我们期望它能在规定的时间内到达目的方，否则就会使声音和视频出现停顿、不连续的情况。分组实际到达的时间与它被期望的到达时间之间的偏差称为抖动（jitter）。

抖动控制不必是非常严格的，只要 99%的分组都在期望的时间内到达了，结果就可以被接受了。

抖动控制的基本思想是这样的：如果一个分组提前到达了，那么它先在缓存器里停留一段时间以便回到预先的时间点上。如果一个分组迟到了的话，那么路由器应尽快将它转发出去。当然，路由器必须要能够提供这种服务才行。抖动控制是目前最为活跃的研究领域之一。

5.3.3 什么是服务质量

从源主机到目的主机的一组分组称为一个流（flow），这些分组可以是面向无连接的数据报，也可以是面向连接的虚电路，我们可以从可靠性、延迟、抖动和带宽这四个方面来描述一个流要求被满足的条件，这四个条件合起来称为这个流所要求的服务质量（Quality of Services，QoS）。这四个参数的基本含义如下：

可靠性：目的计算机对于数据流中可能出现的错误的容忍程度。对于文件或数据，我们要求 100%正确，但对于声音或视频，细微的错误不影响我们正确地理解它。

延迟：分组从源计算机发出到它抵达目的计算机之间的时间差。除了现场直播之类的服务以外，其他的服务可以忍受较大的延迟。实际上，延迟有时候并不被我们察觉到。

抖动：分组到达的连续性。对于多媒体流，时快时慢是最糟糕的事情。

带宽：流对线路的要求。对于数据量很大的服务，人们总期望带宽越大越好。

不同的流对服务质量的要求不一样，表 5-5 列出了一些常见应用所要求的 QoS。

表 5-5 各种应用对服务质量的要求

应用	可靠性	延迟	抖动	带宽
E-mail	高	低	低	低
Web	高	低	低	中
ftp	高	低	低	中
media	低	低	高	高
Video meeting	低	高	高	高

5.3.4 质量控制策略

提供良好的服务质量并没有什么秘诀，如同拥塞控制一样，没有哪一种方法能够保证高效、稳定的服务质量，下面介绍几种常见的质量控制策略，在实践中，人们往往会将多种技术结合起来使用。

- 提供冗余资源：这是一种最简单、最直接的策略，只要提供足够的容量和线路保证分组顺利通过就行了。这种思想有很多人看好，也有很多人不屑一顾，他们认为在大型计算机网络上资源永远没有需求增长得快。

- 缓冲能力：缓冲不影响可靠性和带宽，但会增加延迟，也能消除抖动，在声音和视频服务中，这项技术被广泛使用。
- 预留资源和准入制度：要想为分组预留资源，路由器必须知道分组要经过哪些路径，在预留资源以后还要保证分组确实按预定的路径进行路由，所以只能用在面向连接的网络当中，ATM 网络采用了这样的带宽保证策略。如果没有足够的资源，则服务被拒绝。
- 区分服务：如果路由器能够识别分组的服务级别并对级别高的分组先进行路由，从一定程度上可以保证服务质量。

注意，现在有一个称为标签交换（Multiprotocol Label Switching，MPLS）的协议在提高路由速度上目前被人们普遍看好。传统的路由器根据目标地址进行路由选择，这非常耗时，MPLS 试图在 IP 分组中加上一个标签，并根据这个标签进行路由，这样路由就变得跟交换一样简单了。MPLS 最终在 IP 头的前面加上了一个 MPLS 的头部，这使得 MPLS 似乎工作在 2.5 层。

5.4 Internet 接入技术

接入网的位置，在传统电信网上被称为用户环路，接入方式以铜双绞线为主，这种方式只能解决电话或低速数据的接入，其特点是业务单一，用户到本地交换机点到点连接。从 20 世纪 90 年代以后，电信网由单一业务的电话网逐步演变为多业务综合网，因此电信网的接入部分必须相应地具备数字化、宽带化、综合化的特征，以适应电信业务的飞速发展和各种业务量迅速增加的现实。接入部分传统做法是每一种业务网都需要单独地接入设施，即电话业务需要双绞线等电话接入设施、数据业务需要五类线等接入设施、图像业务需要同轴电缆等入户线路，这样既增加了建设成本，又加大了维护难度。因此，必须设计一种独立于具体业务网的基础接入平台，对上层所有业务流都透明传送。这个基础接入平台称为接入网。

从电信全网协调发展的角度来看，骨干网上，由于 ATM 技术、宽带 IP 技术、SDH 技术和波分复用技术的成功引入，骨干网已具备了宽带化、综合化的能力。另一方面，用户侧 CPN(Customer Premises Network）用户本地网的速率也在突飞猛进，其 CPU 的性能每 18 个月就翻一番，千兆以太网将局域网的速率提高了一个数量级，万兆以太网也将问世。然而，面对核心网和用户侧带宽的快速增长，中间的接入网却仍停留在窄带和模拟的水平上，大多数用户还像 100 多年前那样通过普通双绞线接入电信网，而且仍是以支持电路交换为基本特征，这与核心网侧和用户侧的发展趋势很不协调。在当今核心网已逐步形成以光纤线路为基础的高速信道的情况下，国际权威专家把宽带综合信息接入网比做信息高速公路的“最后 1km”，并认为它是信息高速公路中难度最大、耗资最大的一部分，是信息基础建设的“瓶颈”。

最后从技术的角度来看，宽带铜线接入、光纤接入、无线接入等新技术这两年已逐渐成熟，设备成本大大下降，宽带接入网的建设成本和用户的接入成本已降到了一个合理的范围，用户对宽带业务的需求也显著增长，用合理的技术改造旧的用户环路，解决最后一千米的宽带接入问题的时机已经成熟。目前世界上主要电信运营商和电信设备制造商都已经意识到这一点，他们正在加大这方面的建设和研发投入。

在标准化方面，ITU-T 第 13 工作组于 1995 年 7 月通过了关于接入网框架结构等方面的建议 G. 902，以及其他一系列相关标准。在实际中，虽然有多种技术手段可以实现宽带接入，但是至今尚无一种接入技术可以满足所有应用的需要，接入技术的多元化是接入网的一个基本特征。

根据宽带接入网采用的传输媒介和传输技术的不同，接入网可分为有线接入网和无线接入网两大类。

（1）有线接入网

有线接入网技术主要包括：基于双绞线的 xDSL 技术、基于 HFC 网（光纤和同轴电缆混合网）的 Cable Modem 技术、光纤接入网技术等。

（2）无线接入网

无线接入网技术主要包括：3. 5GHz 固定无线接入、LMDS 等（见本书 4. 6 小节）。

其中，ADSL 和光纤两种接入方式占了 90%以上。

5. 4. 1 PSTN/ISDN 拨号接入

尽管技术发展迅速，但目前不少用户仍然使用传统的电话拨号接入 Internet，或使用“一线通”拨号接入 Internet，如图 5 - 8 所示。用户可通过调制解调器（Modem）接入 PSTN，也可通过基本接口 BRI 接入 ISDN 网。单位的局域网也可通过路由器后再通过 Modem 或 BRI 接入 PSTN/ISDN 网。PSTN/ISDN 则通过接入服务器接入 Internet。PSTN/ISDN 与接入服务器之间的信令方式可以是 NO. 1 信令和 NO. 7 信令。

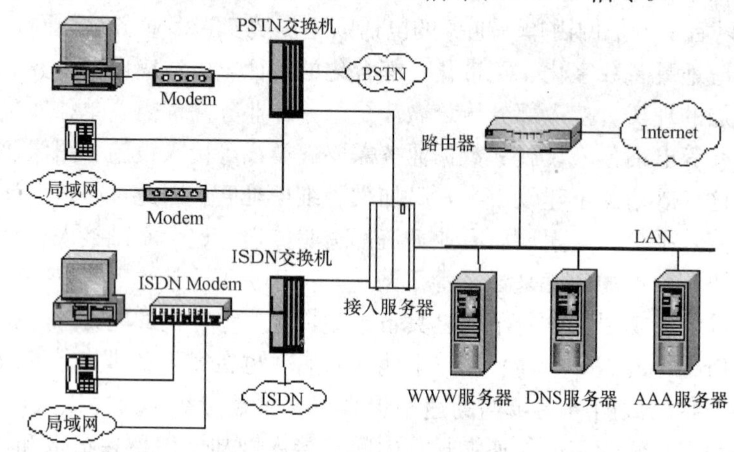

图 5 - 8 通过 PSTN/ISDN 拨号网接入因特网

1. Modem 接入

Internet 发展初期，用户的接入方式仅仅使用 Modem，用户端的速率仅为 9. 6kbps，当然这是远远不能满足因特网发展的需要的。

V90 是国际电信联盟（ITU）制定的 56kb/s 数据传输标准，它使 Modem 能够在标准公共电话网上以高达 56kb/s 的速率接收数据。V90 克服了传统模拟 Modem 的理论速度极限，通过使用如 V42 这样的压缩方案，V90 还能进一步提高数据吞吐能力。

电话网络中唯一的模拟部分是电话局连接到每家用户的电话线。V90 技术不需要改变现有的布线和设备，但原始波形与重建量化波形之间的量化噪声把通信信道限制在 35kb/s 以内。不过量化噪声只影响模/数转换，并不影响数/模转换。这正是 V90 技术的关键所在：

将连接使用的双向通道分为上行通道和下行通道。因为在数/模转换过程中没有任何信息的丢失，所以V90客户端Modem的下行（接收）通道可以达到更高的传输速度。而V90客户端Modem的上行（发送）通道必须要经过一个模/数转换，从而受限于V3（33.6kb/s）传输速度。

在握手序列中，V90 Modem对线路进行检测以确定上行通道中是否存在模/数转换。如果V90 Modem检测到存在模/数转换，它就以V34方式进行连接。当远端的Modem不支持V90协议时，V90模拟Modem也尝试建立一个V34连接。

2. ISDN接入

ISDN在我国也称为“一线通”，即利用一条用户线就可以实现电话、传真、可视图文及数据通信等多种功能，且具有高可靠的性和高质量的性能。N-ISDN有两种接口：BRI（Basic Rate Interface）和PRI（Primary Rate Interface）。基本接口BRI提供了两个B通道和一个D通道，统称2B+D。一个B通道的带宽是64kb/s，一个D通道的带宽是16kb/s。其中两个B通道是用户通道，用来传送语音、数据等用户信息，而D通道则用来处理两个B通道的所需的控制信号。由此可见，N-ISDN最高的信息速率是128kb/s。另外，用户也可以利用一个B通道接入因特网，利用另外一个B通道打电话。

3. 接入服务器

（1）接入服务器的结构

接入服务器是PSTN/ISDN与因特网之间的接口，它由电信网接口、调制/解调模块、信号处理平台和LAN接口4部分组成，其中信号处理平台是整个系统的核心，它完成各种协议信号的处理与转发和链路状态的维护等工作。

接入服务器与电信的接口为E1中继或ISDN的PRI中继；视系统规模的大小，通过1个或多个100Mb/s快速以太网接口（双绞线或光纤）与ISP的局域网交换机相连接，接入服务器的设置与监控通过控制台进行，也可以在网络中的其他站点上通过网管软件或仿真终端来进行。远程用户的认证集中在RADIUS服务器上进行。网络通过路由器与外部Internet相连接。

（2）接入服务器的基本功能

接入服务器具有以下基本功能：

1）通信协议的实现和转换功能。接入服务器位于公共电话与IP网之间，需要实现多种通信协议和转换，主要包括调制解调器通信协议（V系列建议）、AT命令集、PPP协议、以太网协议IEEE 802.3、TCP/IP和接入认证RADIUS等协议。

2）接入认证与授权功能。接入服务器对拨号用户上网时的合法性进行认证。接入服务器接收用户的身份信息，并作为认证请求的发起端，把这些信息传递给认证服务器。随后接收认证服务器的认证响应，根据此响应授予请求用户。

接入的权限。对于合法用户还要向认证服务器传递计费开始信息和计费结束信息。

3）计费功能。接入服务器对于认证通过的拨号用户记录计费开始时刻和计费结束时刻。从而计算接入时间，支持按时间计费方式。另外，接入服务器还可以记录每个用户访问网络的信息流量，支持流量计费。

4）网管功能。接入服务器接受IP网网管的管理，采用的网管协议为SNMP。接入服务器负责采集网管信息，上报给网管台，由网管台集中处理。

接入服务器除了具有上述功能以外，还具有中继合群、多链路捆绑功能、VPDN 功能和来电显示功能。

5.4.2 xDSL 接入

DSL（Digital Subscriber Line），意即数字用户线路，它是以双绞线铜缆即电话线为传输介质的点对点传输技术。DSL 技术包含几种不同的类型，它们通常称为 xDSL，其中 x 将用标识性字母代替。DSL 技术在传统的电话网络（POTS）的用户环路上支持对称和非对称传输模式，解决了经常发生在网络服务供应商和最终用户间的“最后 1km”的传输瓶颈问题。由于电话用户环路已经被大量铺设，如何充分利用现有的铜缆资源，通过铜质双绞线实现高速接入就成为业界的研究重点，因此 DSL 技术很快就得到了重视。xDSL 接入技术实际上是一系列数字用户线技术的总称，它包括 HDSL、ADSL 和 VDSL 等。

1. 概述

核心网络采用了光纤通信，其速率达到 2.5Gb/s 和 10Gb/s，但另一方面由于连接用户和交换局的用户线绝大多数仍是电话线，以现有的调制技术不能满足用户高速接入的需求。采用 xDSL 技术后，即可在双绞线上传送高达数 Mb/s 速率的数字信号。如果配置了分离音频频带和高频频带的分离器，则可同时提供电话和高速数据业务。其技术的优势与其他的宽带网络接入技术相比在于：

1）能够提供足够的带宽以满足人们对于多媒体网络应用的需求。

2）与 Cable Modem、无线接入等接入技术（后面介绍）相比，xDSL 的性能和可靠性更加优越。

3）xDSL 技术利用现有的接入线路，能够平滑地与人们现有的网络进行连接，是过渡阶段比较经济的接入方案之一。

4）xDSL 技术比现有的其他接入方式能够提供更快的接入速度。

5）网络服务提供者可以通过 xDSL 接入为用户提供增值服务，比如视频会议等。

6）网络服务提供者可以为用户提供 QoS 服务，也就是说，用户可以根据自己的需要选择不同的 xDSL 传输速度和传输方式（用户需要交纳的费用也会有所区别）。

7）xDSL 传输技术能够与网络服务提供商现有的网络（如帧中继、ATM 和 IP 网络）无缝地整合在一起。也就是说，网络服务提供商不需要重新架构新的网络。这为 xDSL 技术的推广应用创造了良好的条件。

总之，xDSL 技术利用现有的电信基础设施实现宽带接入的要求，可以最大限度地保护网络服务商现有的网络投资并且满足用户的需求，所以 xDSL 技术已经成为“下一代数字接入网络”的重要组成部分。

2. ADSL 接入

非对称数字用户线（Asymmetric Digital Subscriber Line，ADSL）的提出最初是为了支持基于 ATM 的 VOD 视频点播业务。20 世纪 80 年代末，电信界内认为 VOD 是未来宽带网上的主要应用之一，当时电信网入户的线路资源主要是双绞线，在这种条件下人们自然想到利用双绞线开发宽带接入技术。由于 VOD 信息流具有上下行不对称的特点，而普通电话双绞线的传输能力又毕竟有限，为了把这有限的传输能力尽可能地用于视频信号的传输，因此，这种服务于 VOD 的宽带接入技术，应具备上下行不对称的传输能力，即下行速率传输视频流远大于上行速率传输点播命令。自 20 世纪 80 年代末期 ADSL 技术出现后，曾经一度沉寂。

直到20世纪90年代中期，Internet应用由专业领域走向民用，并且戏剧性地飞速增长，彻底打乱了电信既定的发展方向，网上的信息量急剧膨胀使得传统的窄带接入难以满足大量信息传送的要求，ADSL作为一种宽带接入技术，其传输特点恰好与个人用户和小型企事业用户信息流的特征一致，即下行的带宽远高于上行。这样借助于Internet的发展，ADSL不但起死回生，而且从此大规模走向市场，成为目前一种主流的宽带接入技术。

（1）工作原理及接入参考模型

ADSL技术是一种以普通电话双绞线作为传输媒介，实现高速数据接入的一种技术。其最远传输距离可达4～5km，下行传输速率最高可达6～8Mb/s，上行16kb/s～1Mb/s，速度比传统的56kb/s模拟调制解调器快100多倍，这也是传输速率达128kb/s的窄带ISDN所无法比拟的。为实现普通双绞线上互不干扰地同时执行电话业务与高速数据传输，ADSL采用FDM（频分复用）和DMT（Discrete Multitone，离散多音调制）技术。

传统电话通信目前仅利用了双绞线20kHz以下的传输频带，20kHz以上频带的传输能力处于空闲状态。ADSL采用FDM技术，将双绞线上的可用频带划分为三部分。其中：上行信道频带为25～138kHz，主要用于发送数据和控制信息；下行信道频带为138～1104kHz；传统话音业务仍然占用20kHz以下的低频段。就是采用这种方式，利用双绞线的空闲频带，ADSL才实现了全双工数据通信。图5-9所示为ADSL频谱安排参考方案。

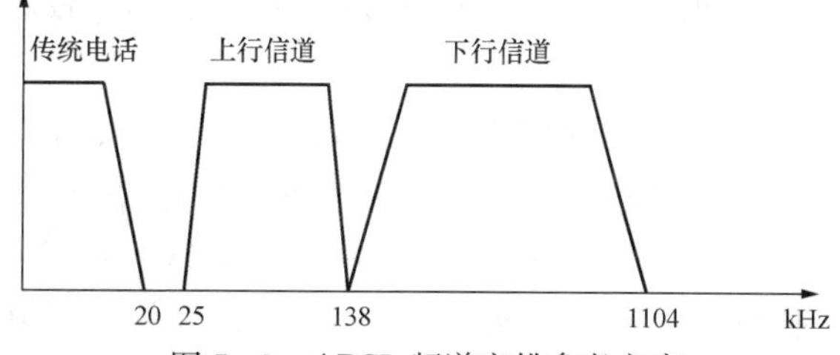

图5-9 ADSL频谱安排参考方案

另外为提高频带利用率，ADSL将这些可用频带又分为一个个子信道，每个子信道的频宽为4.315kHz。根据信道的性能，输入数据可以自适应地分配到每个子信道上。每个子信道上调制数据信号的效率由该子信道在双绞线中的传输效果决定，背景噪声低、串音小、消耗低，调制效率就越高，传输效果越好，传输的比特数也就越多。反之调制效率越低、传输的比特数也就越少。这就是DMT调制技术。如果某个子信道上背景干扰或串音信号太强，ADSL系统则可以关掉这个子信道，因此ADSL有较强的适应性，可根据传输环境的好坏而改变传输速率。ADSL下行传输速率最高6～8Mb/s，上行最高1Mb/s，这种最高传输速率只有在线路条件非常理想的情况下才能达到。在实际应用中，由于受到线路长度、背景噪声和串音的影响，一般ADSL很难达到这个速率。

ADSL系统接入参考模型如图5-10所示，基于ADSL技术的宽带接入网主要由局端设备和用户端设备组成：局端设备（DSL Access Multiplexer，DSLAM）、用户端设备、话音分离器、网管系统。局端设备与用户端设备完成ADSL频带的传输、调制解调，局端设备还

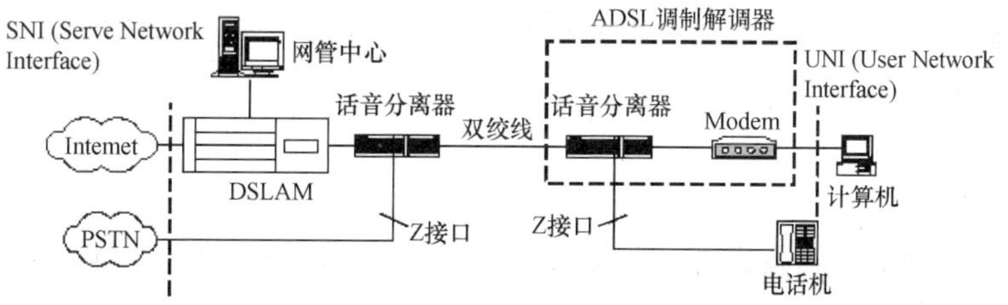

图5-10 ADSL系统接入参考模型

完成多路 ADSL 信号的复用，并与骨干网相连。话音分离器是无源器件，停电期间普通电话可照样工作，它由高通和低通滤波器组成，其作用是将 ADSL 频带信号与话音频带信号合路与分路。这样，ADSL 的高速数据业务与话音业务就可以互不干扰。

（2）应用领域及缺点

ADSL 技术一般应用在以下几个方面：

1）Internet 快速接入，直行速度达 7.1Mb/s，比普通电话线快 200 倍，更可以在公司局域网内集体使用。

2）视频点播 VOD（Video On Demand）、点播卡拉 OK、网上游戏、交互电视、网上购物等宽带多媒体服务。

3）远程 LAN 接入、远地办公室、在家工作等高速数据应用，还可以实现远程医疗、远程教学、远程可视会议、体育比赛现场传送等。

其主要的缺点是：较低的传输速率限制了高等级流媒体应用和 HDTV 等业务的开展。非对称特性不适于要求数据流收发对称的企事业和商业办公环境。由于 ADSL 设备是面向 ATM 体制的，因而 ADSL/ATM 设备成本仍较高。

3. HDSL 接入

高比特率数字用户线（High bitrate Digital Subscriber Line，HDSL）是一种对称的高速数字用户环路技术，其上行和下行速率相等，通过两对或三对双绞铜线提供全双工 2.048/1.544Mb/s（E1/T1）的数据信息传输能力。HDSL 技术最早由 Bellcore 提出，近年来国内外已有众多厂家推出了 HDSL 产品并得到应用。

在交换机侧和用户侧分别加装线路端接单元（LTU）和远端单元（RTU）即可提供 E1/T1 透明传送。HDSL 的无中继传输距离视线径（0.4～0.6mm）不等，为 4～7km。而 PCM 一次群数字链路大致每隔 0.8～1.5km 需设一个再生中继器，所以 HDSL 简化了安装维护，降低了运行成本，但不适用加感环路。

1998 年 10 月，在 ITU-T 第 15 研究组（SG15）全体会议上通过了关于 HDSL 的新建议 G.991.1，它对本地金属线路上的高速数字用户线系统做了详细规范，采用 2B1Q 或 CAP 两种线路编码方式，可以支持 784kb/s（三对双绞线）、1168kb/s（二对双绞线）和 2320kb/s三种线路传输速率。

2B1Q（2Binary1Quaternary）码是 ISDN 所使用的一种无冗余度的四电平脉冲幅度调制（PAM）基带线路码，即连续两个信息比特经编码后形成一个四进制模拟脉冲幅值，无载波幅度相位调制（Carrierless Amplitude/Phasemodulation，CAP）码与 QAM 一样，同相分量和相位正交分量分别有 8 个幅值，每个码元含 4bit 信息。其特点是：在两对双绞线上传输的上限频率为 180kHz，仅是 2B1Q 的一半；CAP 信号的功率谱无旁瓣，有利于减少码间干扰，近端串音小。每一对双绞线收发双向 1168kb/s 线路信号，使用两对双绞线即可形成与标准的 2.048Mb/s 速率兼容的帧信号。

常见的 HDSL 的应用有以下几种：

（1）企业的综合业务

企业需要综合的语音和数据业务。对于中小企业来说，HDSL 特别是 HDSL2，为它们提供了一个经济实用的解决方案。

（2）专用 T1 线路

它用来连接到企业所在地的视频会议线路或者帧中继/ATM线路。

(3) 视频会议系统

对于HDSL来说，能够进行高质量的视频会议数据传输。

(4) 局域网互联。HDSL的对称带宽可支持较远距离的企业局域网进行互联。

(5) 居家办公（Small Office Home Office，SOHO）。

对于居家办公来说，由于要经常上传一些文件，因此HDS就成为一种合适的选择。

4. VDSL接入

甚高数据速率数字用户线（Veryhighbitrate DSL，VDSL）是ADSL的发展方向，是目前最先进的数字用户线技术。VDSL通常采用DMT调制方式，在一对铜双绞线上实现双向不对称数字传输，其下行速率可达13～52Mb/s，上行速率可达1.5～7Mb/s，传输距离约为300m～1.3km。

(1) VDSL的技术特点

1) VDSL下行速率的大小取决于传输线的长度，目前最大下行速率为51～55Mb/s，长度不超过300m，13Mb/s以下的速率可传输距离为1.5km以上。这样的传输速率可扩大现有铜线传输容量达400倍以上。一般下行速率为13～55Mb/s，传输距离不超过1.5km。

2) VDSL的上、下行速率是不对称的，上行速率一般可以选择为1.6、2.3、19.2Mb/s或者等同于下行速率。由于技术等因素，估计最初的VDSL产品将采用较低的上行速率，较高的下行速率。对称的速率方式只适用非常短的线路，在换代产品中可以考虑。上、下行信道使用频分复用技术（FDM），并与POTS和ISDN信号分开，从而在现有网上的业务基础上再额外提供VDSL业务，如果需要更高速的上行或对称的数据速率，VDSL系统可以使用回波抵消技术。

3) VDSL必须能传输压缩的视频信号，由于该信号的实时性使它不适合采用在数据通信中普遍采用的连接或网络水平上的误差控制方案。为了使传输误码率与压缩的视频信号相适应，VDSL必须采用前向误码纠错方案（FEC），并采用交织技术以纠正由于脉冲噪声产生的误码，但交织会带来时延，这个时延估计为最大可纠错脉冲长度的40倍。

4) 考虑用户分布的随机性以及要求服务的多样性，VDSL系统最好能适用于不同数据速率的传输要求，并且能够自动识别新连接的用户和传输速率的变化。当一个新的VDSL终端单元进入网络时，无源网络接口界面必须具有热接入功能，以不影响正在进行的其他业务。

5) 价格始终是一个重要的问题。考虑到用户的承受能力，VDSL产品必须具有低廉的价格。

(2) VDSL的调制与解调

目前已提出了四种调制技术，即CAP、DMT、DWMT和SLC，均可用于VDSL。这里简单介绍一下后两种。

DWMT（离散子波多音频）是一种使用子波变换进行调制与解调的多载波系统。DWMT使用FDM复用上行数据，也可使用TDMA。

SLC（简单线路编码）是一种四电平的基带传输技术。SLC非常适合采用TDMA方式复用上行数据，当然，也有可能使用FDM。

(3) VDSL存在的一些问题

1）VDSL 最大可传输距离未知。在给定的传输速率下，不知道 VDSL 能可靠传输的最大距离。因为对于实际的线路特性，在 VDSL 所用的传输频带范围内，譬如线路桥接、室内支线如何安排等一些因素对普通电话、ISDN 或 ADSL 没有任何影响，而对 VDSL 可能就是致命性的影响。另外，VDSL 使用了业余电台的频率范围，VDSL 系统中的每一条电话线就是一个天线，辐射和吸收着能量。因而为防止辐射干扰，业余电台需要采用低的信号发射能量，为防止被业余电台干涉而又需要采用高的信号发射能量，如何折中可能是确定传输距离的一个决定性的因素。

2）VDSL 的服务环境尚不清楚。VDSL 可能使用 ATM 信元格式传递视频和对称速率的数据，虽然还没有最后确定最优的上、下行数据速率。目前的困难是：无法确定 VDSL 是否能以非 ATM 方式（譬如传统的 PDH 结构）传递信息，以及在高于 T1/E1 的宽带速率情形下是否需要使用对称信道；如何配置用户区网络结构；与电话网络如何接口等问题。

5.4.3 DDN 接入

1. 概述

数字数据网（digital data network，DDN）是利用数字信道传输数据信号的数据传输网，它的传输媒介主要是光缆，辅助于数字微波、卫星信道以及用户端可用的普通电缆和双绞线。在现有的电信网（电话网或分组交换网）中，都有模拟成分存在，需要许多模数转换及调制解调设备。而 DDN 则以全数字、高速率及灵活的交叉连接复用功能为用户提供永久性或半永久性的数字电路专线（出租）业务，为用户构建了一个大容量的数据通信平台。数字信道与传统的模拟信道相比，具有传输质量高、速度快、带宽利用率高等一系列优点。

X. 25 分组交换数据网可以为数据用户提供交换虚电路和永久虚电路数据业务。交换虚电路每次都要建立通信连接，永久虚电路则费用较大，且电路利用率较低。很多数据用户的业务需求是为了解决行业部门内的数据信息处理及管理，这些业务大多发生在相对固定的用户之间。如果这些业务都利用分组交换网来建立一次次的通信连接或永久连接，显然是不经济的，这时，介于永久性连接和交换式连接之间的半永久性连接方式的数字数据网作为数据通信应用技术的一个分支逐渐发展起来。

DDN 在发展过程中，把数据通信与数字通信、计算机、光纤通信、数字交叉连接等技术有机地结合起来，形成了一个新的技术整体，使其应用范围从最初单纯提供数据通信业务，逐渐拓宽为能提供多种业务和增值业务，已成为具有很大的吸引力和发展潜力的传输网络资源。

DDN 具有以下优点：

1）DDN 是同步数据传输网，传输质量高、误码率低（可达 10^{-10}）。

2）传输速率高，网络时延小。由于 DDN 采用了同步转移模式的数字时分复用技术，用户数据信息根据事先约定的协议，在固定的时隙以预先设定的通道带宽和速率顺序传输，这样只需按时隙识别通道就可以准确地将数据信息送到目的终端。由于信息是顺序到达目的终端的，免去了目的终端对信息的重组，因此减小了时延。

3）DDN 为全透明网。DDN 是任何规程都可以支持的、不受约束的全透明网，可支持网络层以及其上的任何协议，从而可满足数据、图像、声音等多种业务的需要。

4）网络运行管理简便。DDN 将检错和纠错等功能放到智能化程度较高的终端来完成，简化了网络运行管理和监控的内容，同时也为用户参与管理网络创造了条件。

2. DDN 网络组成结构

DDN 由本地传输系统、复用/交叉连接系统、局间传输系统、网同步系统和网络管理系统等五大部分组成，如图 5-11 所示。

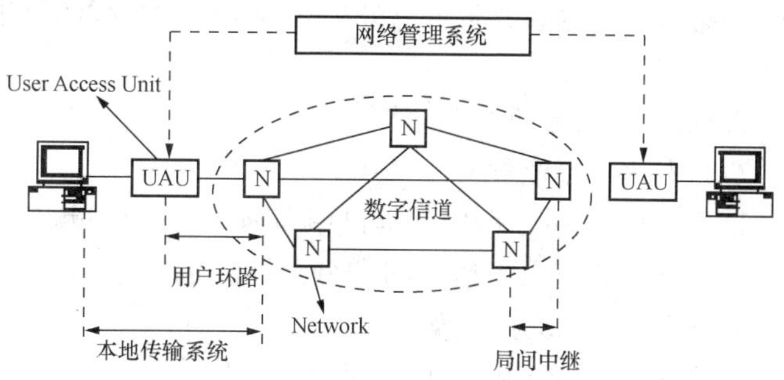

图 5-11 DDN 网络组成结构示意图

(1) 本地接入系统

本地接入系统由用户设备、用户线和用户接入单元 UAU 组成，其中把用户线和用户接入单元称为用户环路。

1) 用户设备：用户设备发出的信号是用户的原始信号，可以是脉冲形式的数据信号、音频形式的话音和传真信号、数字形式的数据信号等。它们的共同特点是适合于在用户设备中处理，而不适合在用户线上传输。常用的用户设备有数据终端设备（Data Terminal Equipment，DTE）、个人计算机、工作站、窄带话音和数据多路复用器、可视电话机等。

2) 用户线：一般的市话用户使用的电缆或光缆。

3) 用户接入单元：用于把用户端送入的原始信号转换成适合在用户线上传输的信号形式（如频带信号或基带信号等），并在可能的情况下，将几个用户设备的信号放在一对用户线上传输，以实现多路复用。然后由局端的相应设备或接口电路把它们还原成几个用户设备的信号或系统所要求的信号方式，再输入到节点进行下一步传输。网络接入单元可以是数据服务单元、信道服务单元和数据电路终端设备（Data Circuit Equipment，DCE，如频带或基带调制解调器）。

(2) 复用及交叉连接系统

复用就是把多路信号集合在一起，共同占用一个物理传输介质，典型的复用方式有频分复用（FDM）和时分复用（TDM）。

数字交叉连接系统（Digital Cross-connect System，DCS）用于通信线路的交叉、调度及管理。它由同步电路、交叉连接、微机处理三个单元组成。

(3) 局间传输系统

局间传输系统是指节点间的数字信道以及由各节点通过与数字信道的各种连接方式组成的网络拓扑。局间传输的数字信道通常是指数字传输系统中的基群（2.048Mb/s）信道。网络拓扑结构是根据网络中各节点的信息流量流向，并考虑了网络的安全而组建的。网络安全是指对网络中的任意节点来说，一旦与它相邻的节点相连接的一条数字信道发生故障或该相邻节点发生故障时，该节点会自动启用与另一节点相连的数字信道并进行迂回，以保证原通信的正常进行。

(4) 网同步系统

网同步系统的任务是提供全网络设备工作的同步时钟，确保 DDN 全网设备的同步工作。

网同步分为准同步、主从同步和互同步三种方式。DDN 通常采用主从同步方式。

(5) 网络管理系统

DDN的网络管理系统包括用户接入管理、网络资源的调度、路由选择、网络状态的监控、网络故障的诊断、告警与处理、网络运行数据的收集与统计，以及计费信息的收集与报告等。

3. DDN的业务功能

（1）专用电路业务

DDN为公用电信网内部提供中高速率、高质量点到点和点到多点的数字专用电路和租用电路业务。它应用于信令网和分组网上的数字通道，提供中高速数据业务、会议电视业务、高速Videotext业务等。

DDN提供的专用电路可以是永久性的，也可以是定时开放的。对要求高可靠性的用户，网上具有一定的备用电路，在网络故障时将优先自动切换到备用电路。

（2）虚拟专用网（virtual private network，VPN）业务

数据用户可以租用公用DDN网的部分网络资源构成自己的专用网，即虚拟专用网。用户能够使用自己的网管设备对租用的网络资源进行调度和管理。

（3）帧中继业务

帧中继业务将不同长度的用户数据封装在一个较大的帧内，加上寻址和校验信息，其传输速率可达2.048Mbps。

4. DDN的应用实例

DDN可为用户提供高速、优质的数据传输通道。它的应用范围如下：

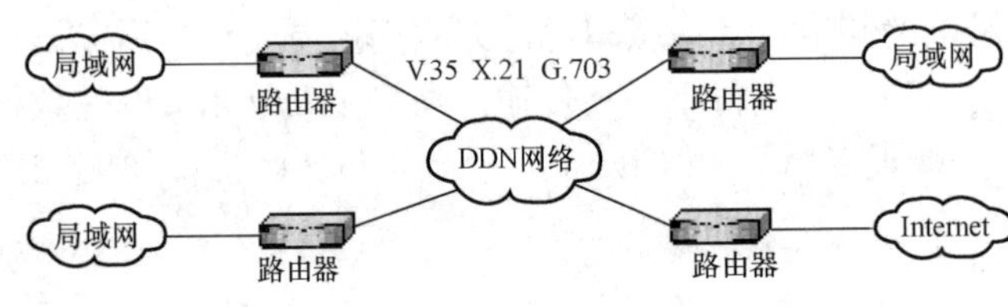

图5-12 利用DDN进行网络互联

1）用DDN进行网络的互联。由图5-12可见，局域网和Internet可通过网桥或路由器接入DDN，其互联接口采用ITU-TG.703、V.35或V.21标准。网桥的作用就是把局域网在链路层上进行协议的转换而使之互相连接起来。路由器具有互联网路由选择功能，通过路由选择转发不同子网的分组。通过路由器，DDN可实现多个局域网、Internet互联。

2）为公用数据交换网、各种专用网、无线寻呼系统、可视图文系统、高速数据传真、会议电视、ISDN（2B＋D信道或30B＋D信道）、邮政储汇计算机网络等提供中继或数据信道。

3）为帧中继、虚拟专用网、LAN，以及不同类型的网络互联提供网间连接。

4）利用DDN实现大用户（如银行）局域网连接，提供租用线。

5）由于DDN独立于电话网，可使用DDN作为集中维护的传输手段。

5.4.4 光纤接入

1. 背景

光纤接入网指采用光纤传输技术的接入网，一般指本地交换机与用户之间采用光纤或部分采用光纤通信的接入系统。按照用户端的光网络单元（ONU）放置的位置不同又划分为FTTC（fiber to the curb）光纤到路边、FTTB（building）光纤到楼、FTTH（home）光纤到户等。因此光纤接入网又称为FTTx接入网。

光纤接入网的产生，一方面是由于互联网的飞速发展促进了市场迫切的宽带需求，另一

方面得益于光纤技术的成熟和设备成本的下降，这些因素使得光纤技术的应用从广域网延伸到接入网成为可能，目前基于 FTTx 的接入网已成为宽带接入网络的研究、开发和标准化的重点，并将成为未来接入网的核心技术。

2. 光纤接入网的参考配置

光纤接入网一般由局端的光线路终端（OLT）、用户端的光网络单元（ONU）以及光配线网（ODN）和光纤组成，其结构如图 5-13 所示。

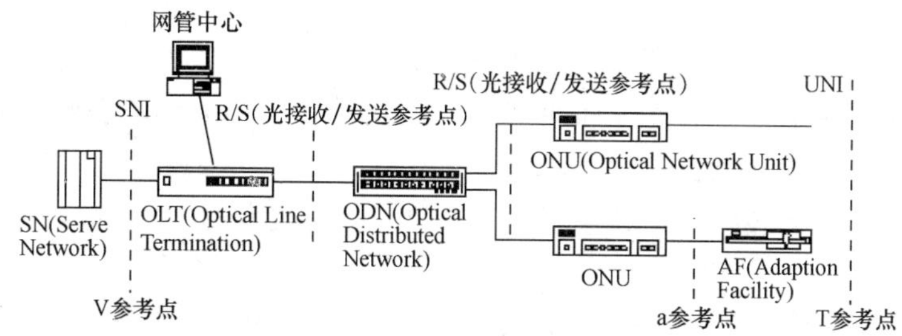

图 5-13 光纤接入网的参考配置

OLT：光线路终端（OLT）的功能是为 OAN 提供网络侧与本地交换机之间的接口，并经一个或多个 ODN 与用户侧的 ONU 进行通信。OLT 与 ONU 保持主从通信关系，即 OLT 可分离交换业务和非交换业务，管理来自 ONU 的信令和监控信息，为本身及 ONU 提供维护和指配功能。OLT 可以是独立的设备，也可集成在其他设备之内。

ONU：光网络单元（ONU）的功能是终接 ODN 接来的光纤，处理光信号并为用户提供接口。ONU 需要完成光电互换，并处理语音信号的模/数转换、复用、信令和实现维护管理。

ODN：光配线网的功能是为 OLT 与 ONU 间提供光传输，完成光信号功率的分配。ODN 是由无源光元件组成的光配线网，包括光缆、光连接器和光分路器等。其网络拓扑通常为树一分支结构。若将无源光分路器用复用器替代，形成有源双星型结构，则称其为有源光网（AON）。

AF：适配设施（AF）为 ONU 和用户设备提供适配功能，可嵌在 ONU 内，也可单设。

UNI：用户网络接口，分为单个 UNI 和共享 UNI。在单个 UNI 的情况下，逻辑用户端口功能和 UNI 的传输媒质层终端被看成是一组相容的功能组。这与能支持多个逻辑用户端口功能的共享 UNI 不同。从 SNI 的观点来看，共享 UNI 被想象为一个单个的 UNI，每一个逻辑用户端口功能都能通过指配与不同的 SNI 关联。

SNI：业务节点接口，它是接入网和业务节点之间的接口。如果接入网的 SNI 侧和业务节点的 SNI 侧不在同一地方，应通过透明传输通道实现接入网和业务节点的远端连接。

S：光发送参考点。

R：光接收参考点。

V：与业务节点间的参考点。

T：与用户终端间的参考点。

a：AF 与 ONU 间的参考点。

一般按照 ODN 采用的技术，光网络可分为两类：有源光网络（Active Optical Network，AON）和无源光网络（Passive Optical Network，PON）。

有源光网络（AON）：指光配线网 ODN 含有有源器件（电子器件、电子电源）的光网络，该技术主要用于长途骨干传送网。

无源光网络（PON）：指 ODN 不含有任何电子器件及电子电源，ODN 全部由光分路器（Splitter）等无源器件组成，不需要贵重的有源电子设备。但在光纤接入网中，OLT 及 ONU 仍是有源的。由于 PON 具有可避免电磁和雷电影响、设备投资和维护成本低的优点，在接入网中很受欢迎。

3. 光纤接入网的特点

光纤接入网具有容量大、损耗低、防电磁能力强等优点，随着技术的进步，其成本最终肯定也会低于铜线接入技术。但就目前而言，成本仍然是主要障碍，因此在光纤接入网实现中，ODN 设备主要采用无源光器件，网络结构主要采用点到多点方式，具体的实现技术主要有两种，即基于 ATM 技术的 APON 和基于 Ethernet 技术的 EPON。

4. APON

ATM 与 PON 技术相结合的 APON 最初由 FSAN 集团（Full Service Access Network Group）于 1995 年提出，它被认为是一个理想的解决方案，因为 PON 可以提供理论上无限的带宽，并降低了接入设备的复杂度和成本，而 ATM 技术当时是公认的提供综合业务的最佳方式，并保证 QoS。APON 的 ITU-T 的相关标准是 G. 983。

基于 APON 的光纤接入网，是指在 OLT 与 ONU 之间的 ODN 中采用 ATM PON 技术。APON 的主要设备包括局端的 OLT、用户端的 ONU、位于 ODN 的无源光分路器以及光纤。其结构上的主要特点是：

1）无源光分路器与 ONU 之间构成点对多点的结构（目前典型的是 1∶64），使得多个用户可以共享一根光纤的带宽，以降低接入成本和设备复杂度。

2）采用 ATM 传输技术，即 OLT 与 ONU 之间通过 VPI/VCI 直接将 53 字节的 ATM 信元转换成光信号传递。

3）与目前电信网流行的 ADSL 方式相比，APON 主要的优势在于接入带宽更高，目前可以提供对称方式 155Mbps 或不对称方式 622/155Mbps 接入速率（OLT 和 ONU 之间）。另外，采用光纤传输技术，用户的接入距离几乎没有限制。同时与 ADSL 一样，APON 也是一个业务独立的接入技术，因此被认为是未来替代 xDSL 的技术之一。

5. EPON

EPON 是 Ethernet PON 的简写，它是在 ITU-T G. 983 APON 标准的基础上提出的。近年来，由于 1000M Ethernet 技术的成熟，和将来 10G Ethernet 标准的推出，以及 Ethernet 对 IP 天然的适应性，使得原来传统的局域网交换技术逐渐扩展到广域网和城域网中。目前，越来越多的骨干网采用 1000M IP 路由交换机构建，Ethernet 在 CPN 中也占据了绝对的统治地位，将 ATM 延伸到 PC 桌面已肯定不可能了。在这种背景下，接入网中采用 APON，其技术复杂、成本高，而且由于要在 WAN/LAN 之间进行 ATM 与 IP 协议的转换，实现的效率也不高。在接入网中用 Ethernet 取代 ATM，符合未来骨干网 IP 化的发展趋势，最终形成从骨干网、城域网、接入网到局域网全部基于 IP、WDM、Ethernet 来实现综合业务宽带网。

6. 光接入网的应用类型

近几年，光通信发展迅速，接入网大量采用光缆作为传输媒体。以光纤传输到的地理位置来划分，光接入网的应用类型有光纤到路边（FTTC）、光纤到大楼（FTTB）、光纤到家（FTTH）等几种，如图 5-14 所示。

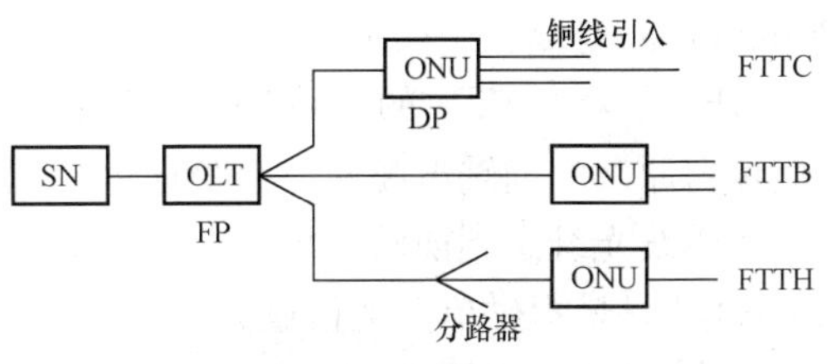

图 5-14 光接入网的应用类型

（1）光纤到家

光纤到家（FTTH）是一种全光网络结构，用户与 SN 节点间实现完全光缆传输，它是接入网的最终解决方案。FTTH 的带宽、传输质量和运行维护都十分理想。由于整个用户接入网完全透明，对传输制式、波长和传输技术没有严格限制，因而 FTTH 适合于各种交互宽带业务。另外，光纤直接到家不受外界干扰也无泄漏问题，室外设备可以做到无源，以避免雷击，供电成本较低。FTTH 的缺点是目前成本太高，尚不能大量推广应用。

（2）光纤到路边

光纤到路边（FTTC）用光纤代替主干馈线铜缆和局部配线铜缆，将光网络单元（ONU）设置在路边，然后通过双绞铜线或电缆接入用户。FTTC 适合于居住密度较高的住宅区。

（3）光纤到大楼

光纤到大楼（FTTB）用光纤将 ONU 接到大楼内，再用线缆延伸到各用户。FTTB 特别适用于给一些智能化办公大楼提供高速数据以及电子商务和视频会议等业务。将 FTTB 与目前已在许多办公大楼使用的以 5 类线为基础的大楼综合布线系统结合起来，能够较好地提供多媒体交互式宽带业务。FTTC/FTTB 成本比 FTTH 低，容易过渡到 FTTH，可提供宽的对称带宽，省掉了大部分铜缆，但它们的成本比一般铜缆高、传输模拟分配业务困难。

5.4.5 HFC 接入

1. 背景

光纤和同轴电缆混合网（HFC：Hybrid Fiber/Coax）是从传统的有线电视网络发展而来的，进入 20 世纪 90 年代后，随着光传输技术的成熟和设备价格的下降，光传输技术逐步进入有线电视分配网，形成 HFC 网络，但 HFC 网络只用于模拟电视信号的广播分配业务，浪费了大量的空闲带宽资源。

20 世纪 90 年代中期以后全球电信业务经营市场的开放，以及 HFC 本身巨大的带宽和相对经济性，基于 HFC 网的 Cable Modem 技术对有线电视网络公司很具吸引力。1993 年初，Bellcore 最先提出在 HFC 上采用 Cable Modem 技术，同时传输模拟电视信号、数字信息、普通电话信息，即实现一个基于 HFC+Cable Modem 全业务接入网。由于 CATV 在城市很普及，因此该技术是宽带接入技术中最先成熟和进入市场的。

所谓 Cable Modem（电缆调制解调器）就是通过有线电视 HFC 网络实现高速数据访问的接入设备，Cable Modem 的通信和普通 Modem 一样，是数据信号在模拟信道上交互传输的过程，但也存在差异，普通 Modem 的传输介质在用户与访问服务器之间是点到点的连接，即用户独享传输介质，而 Cable Modem 的传输介质是 HFC 网，将数据信号调制到某个传输带宽与有线电视信号共享介质；另外，Cable Modem 的结构较普通 Modem 复杂，它由调制解调器、调谐器、加/解密模块、桥接器、网络接口卡、以太网集线器等组成，它的优点是无需拨号上网，不占用电话线，可提供随时在线连接的全天候服务。目前 Cable

Modem 产品有欧、美两大标准体系，DOCSIS 是北美标准，DVB/DAVIC 是欧洲标准。

HFC 是对 CATV 的一种改造。在干线部分用光纤代替同轴电缆传输信号，配线网部分仍然保留原来的同轴电缆网，但是这部分同轴电缆网还负责收集用户的上传数据，并通过放大器和干线光纤送到前端。HFC 和 CATV 的一个根本区别就是：HFC 提供双向通信业务，而 CATV 只是提供单向通信业务。

一套完整的 HFC 系统的构成如图 5-15 所示。

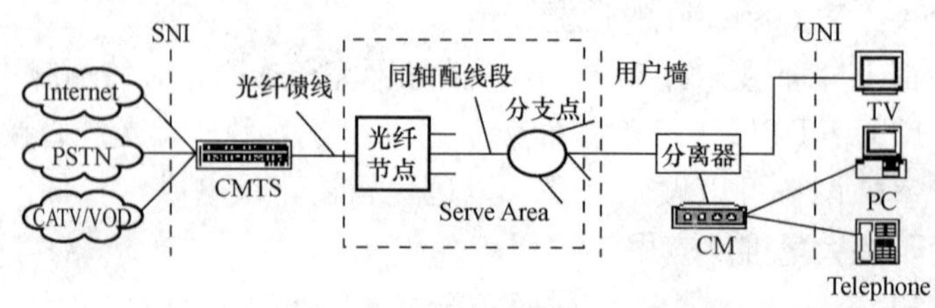

图 5-15 HFC 系统接入配置图

2. 接入参考模型

局端系统 CMTS：CMTS 一般在有线电视的前端或者在管理中心的机房，完成数据到射频 RF 转换，并与有线电视的视频信号混合，送入 HFC 网络中。除了与高速网络连接外，也可以作为业务接入设备，通过 Ethernet 网口挂接本地服务器提供本地业务。

作为前端路由器/交换集线器和 CATV 网络之间的连接设备，CMTS 维护的对象是两个接口，用来连接用户数据交换集线器的 10BaseT 双向接口和一个承载 SNMP（简单网络管理信息协议）信息的 10BaseT 接口。CMTS 也能支持 CATV 网络上的不同 CM 之间的双向通信。就下行来说，来自路由器的数据包在 CMTS 中被封装成 MPEG2-TS 帧的形式，经过 64QAM 调制后，下载给各 CM；在上行方向，CMTS 将接收到的经 QPSK 调制的数据进行解调，转换成以太网帧的形式传送给路由器。同时，CMTS 负责处理不同的 MAC 程序，这些程序包括下行时隙信息的传输、测距管理以及给各 CM 分配 TDMA 时隙。

CMTS 支持两种管理模式：①通过 RS-232 口，并利用基于专用 NMS 的 PC 进行本地管理；②利用基于 SNMP 的网管进行远程管理，完成此项功能是通过 CMTS 上增加一个 SNMP proxy 代理模块来进行的。

线缆调制解调器 CM：

CM（Cable Modem）是放在用户家中的终端设备，用于连接用户的 PC 机和 HFC 网络，提供用户数据的接入。HFC 数据通信系统的用户端设备 CM 是用户端 PC 和 HFC 网络的连接设备。它支持 HFC 网络中的 CMTS 和用户 PC 之间的通信，与 CMTS 组成完整的数据通信系统。

CM 接收从 CMTS 发送来的 QAM 调制信号并解调，然后转换成 MPEG2-TS 数据帧的形式，以重建传向 10BaseT Ethernet 接口的以太帧。在相反方向上，从 PC 机接收到的以太帧被封装在时隙中，经 QPSK 调制后，通过 HFC 网络的上行数据通路传送给 CMTS。CM 只是工作在物理层和数据链路层上。

（1）馈线网或分配网

HFC 的馈线网对应 CATV 网络中的干线部分，即前端至服务区（SA）的光纤节点之间的部分。与 CATV 不同的是，从前端到服务区的光纤节点是用一根单模光纤代替了传统的干线电缆和一连串的几十个有源干线放大器。从结构上说则相当于用星形结构代替了传统的树形—分支型结构。服务区又称光纤服务区，因此这种结构又称光纤到服务区（FSA）。目前，一个典型的服务区用户数为500，将来可进一步降至125户或更少。

（2）配线网

配线网是指服务区光纤节点与分支点之间的部分，大致相当于电话网中远端节点与分线盒之间的部分。在HFC网中，配线网部分还是采用与传统CATV网基本相同的同轴电缆网，而且很多情况常为简单的总线结构，但其覆盖范围已大大扩展，可达5～10km，因而仍需保留几个干线/桥接放大器。这一部分非常重要，其好坏往往决定了整个HFC网的业务量和业务类型。

在设计配线网时采用服务区的概念可以灵活构成与电话网类似的拓扑，从而提供低成本的双向通信业务。将一个大网分解为多个物理上独立的基本相同的子网，每个子网为相对较少的用户服务，可以简化及降低上行通道设备的成本。同时，各子网允许采用相同的频谱安排而互不影响，最大程度地利用了有限的频谱资源。服务区越小，各个用户可用的双向通信带宽越大，通信质量也越好，并可明显地减少故障率及维护工作量。

（3）用户引入线

用户引入线与传统的CATV网相同，都是指分支点到用户之间的部分。分支点上的分支器是配线网和用户引入线的分界点。分支器是信号分路器和方向耦合器结合的无源器件，功能是将配线的信号分配给每一个用户。每隔40～50m就有一个分支器。引入线负责将分支器的信号引入到用户，传输距离只有几十米。它使用的物理媒质是软电缆，这种电缆比较适合在用户的住宅处铺设，与配线网使用的同轴电缆不同。

3. HFC的频谱分配

HFC的频谱分配方案如图5-16所示。

图5-16　宽带有线电视HFC系统频谱分配方案

传统的CATV网保留低频端的5～30MHz（作为上行通道）以用于回传信号。这样分配是相当不合理的：CATV网络的所有用户只能利用25MHz的带宽上传数据，显然这是远远不够的。5～30MHz这一频段对无线设备和家用电器产生的干扰很敏感，而树形—分支形结构使各部分的干扰叠加在一起，使总的回传信道上的信噪比很低，通信质量很差。原来的这一方案是不可行的。HFC将网络分成多个服务区，每个服务区的用户减少到几百。虽然缓解了一点带宽的压力，但是25MHz的带宽是根本满足不了用户日益增长的业务需求的。为了抑制回传干扰，采用在用户接口处设置滤波器的方法来动态地统计屏蔽掉回传信道。近来，随着滤波器质量的改进和考虑点播电视的信令和监视信号及数据和电话等其他应用的需要，上行通道的频段倾向于扩展为5～42MHz，带宽为37MHz。

50～1000MHz频段用于下行通道，其中50～550MHz频段用来传输现有的模拟CATV信号，每一通路的带宽6～8MHz，因而总共可以传输各种不同制式的电视信号60～80路。550～750MHz频段允许用来传输附加的模拟CATV信号或数字CATV信号，或用于传输双向交互型通信业务（VOD业务）。如果采用64QAM调制方式和MPEG-2图像信号，则频谱效率可以达5b/s/Hz，从而能在一个6～8MHz的模拟通路内传输约30Mb/s速率的数字信号，若扣除必需的前向纠错等辅助比特数后，亦可大致相当于6～8路4Mb/s速率的MPEG-2图像信号。因此这200MHz带宽总共至少可传输约200路VOD信号，当然也可利用这部分频带传输数据或多媒体以及电话信号。

若采用QPSK调制方式，每3.5MHz带宽可传90路64kb/s速率的语音信号和128kb/s的信令和控制信息，适当选取6个3.5MHz子频带单位置入6～8MHz通路即可提供540路下行电话通路。通常这200MHz频段用来传输混合型业务信号。将来随着数字编解码技术的进一步成熟和芯片成本的大幅度下降，550～750MHz频带可以向下扩展至450MHz，乃至最终全部取代模拟频段。届时500MHz频段可能传输约500路数字广播电视信号。

高端的750～1000MHz频段已明确仅用于各种双向通信业务，其中2×50MHz频带用于个人通信业务，其他未分配的频段可用于各种应用以及应付未来可能出现的其他新业务。

Cable Modem技术的数据传输是非对称的，下行数据传输速率可达30～40Mb/s，上行数据传输速率可达10Mb/s。其中，下行通道占用6MHz带宽，上行通道占用带宽低于2MHz。下行信道工作频带为50～862MHz，上行信道工作频带为5～50MHz（或65MHz）。在50～862MHz频带内，每增加一个6MHz带宽就可增加一个下行数据信道。采用时分复用技术，可实现对上行通道的复用。Cable Modem技术特别适合于传送IP业务，例如用户高速访问Internet。

4. 应用领域及缺点

基于HFC的Cable Modem技术主要依托有线电视网，目前提供的主要业务有Internet访问、IP电话、视频会议、VOD、远程教育、网络游戏等。此外，电缆调制解调器没有ADSL技术的严格距离限制，采用Cable Modem在有线电视网上建立数据平台，已成为有线电视公司接入电信业务的首选。

Cable Modem速率虽快，但也存在一些问题，比如CMTS与CM的连接是一种总线方式。Cable Modem用户们是共享带宽的，当多个Cable Modem用户同时接入Internet时，数据带宽就由这些用户均分，从而速率会下降。另外由于共享总线式的接入方式，使得在进行交互式通信时必须要注意安全性和可靠性问题。

习　题

一、填空题

1. 网络层提供的服务包括存储—转发分组和________。
2. 常见的路由算法包括________、________、________、________等。
3. 服务质量经常使用________、________、________、________这四个参数来描述。
4. ADSL的全称是________________________________。

二、问答题

1. 简述距离矢量路由和链路状态路由的工作过程。
2. 拥塞控制和流量控制之间有什么区别？
3. 抖动控制是什么意思？
4. 试比较ADSL、VDSL、HDSL接入方案的优缺点。

第6章 TCP/IP 网 络

在20世纪50年代后期，全世界处于冷战状态。1957年10月，苏联发射了第一颗人造地球卫星，美国和前苏联在太空领域展开了激烈的竞争，当时的美国总统艾森豪威尔决定建立一个专门的国防研究组织ARPA（Advanced Research Project Agency），在该组织成立的最初几年里，ARPA并不清楚自己应该干什么。直到1967年，ARPA将注意力转移到了网络技术上。1969年12月，一个包含4个节点的实验性网络可以运行了，他们之间通过56kb/s的线路连接起来，使用分组交换技术，并首次提出了通信子网和资源子网的概念，这便是Internet的雏形。在这之后的三年里，ARPA以很快的速度不断壮大，许多不同类型的网络被连接到ARPA中来，人们很快发现，必须尽快发明一个用于不同网络互联的协议，这导致了TCP/IP模型和协议的诞生。

ARP是由美国国防部控制的，任何一个单位如果想接入ARPA，都必须要与美国国防部有研究合同，这无形中限制了ARPA的发展。20世纪70年代后期，NSF（U.S. National Science Foundation，美国国家科学基金会）意识到这个问题并决定设计一个ARPA的后继网络，于是NSFNET诞生了，与ARPANET不同的是，NSFNET从一开始就采用了TCP/IP协议。

NSFNET很快获得了成功，并且一直超负荷运转，到1990年的时候，骨干网的速度从原先的56kb/s升级到了1.5Mb/s。随后，ANS（Advanced Networks and Services，一个非营利性的企业）接管了NSFNET并将链路升级到了45Mb/s，构成ANSNET。5年后，ANSNET被出售给了America Online（美国在线），ANSNET从此迈向了商业化的道路。

从1983年1月1日起，TCP/IP成了ARPANET上唯一的正式协议，随着ARPANET和NSFNET的互联，接入网络的计算机飞速的增长，在20世纪80年代中期，人们开始把网络的集合看作一个互联网，后来又被看作Internet，即因特网。Internet的发展速度远远超过了它的设计者们的事先估计，是什么使得她如此成功呢？本章我们将分析促使Internet蓬勃发展的一些原因并将讨论的重点放在TCP/IP协议上。

6.1 Internet 上的网络层

Internet上的网络层实际上没有任何实际的结构，只是一些大型的骨干网络，这些骨干网络连接了很多的子网络或者自治系统（Autonomous Systems，AS），保证各个子网络之间能够互联的软件协议正是TCP/IP协议。TCP/IP的成功并不是偶然的，一些简单有效的设计思想从背后起到了很大的推动作用，比如保证协议正确的工作、尽可能使协议简单明确、尽可能的模块化、尽可能使用好的设计而忽略一些怪异的特例、要考虑性能和代价等。

TCP/IP参考模型将网络分成了四层，其中网络层的主要协议是IP协议，正是它将整个Internet黏合在一起了。正确地理解IP协议作用的思想应该是这样的：IP为传输层提供了一种“尽力投递”的服务。也就是说，它不管分组从哪儿来，也不管分组到哪儿去，只是负责将分组从一个结点路由到最为正确的下一个结点上，并不保证数据传输成功，如果需要可靠的服务，请使用传输层的功能。

Internet 中的通信过程可以描述如下：传输层从应用程序接收数据流，并且将数据流分装到一个个的 IP 分组中，IP 分组理论上最大支持 64KB 字节，但实际上，分组通常都不超过 1500 字节（以便分组可以直接放入一个以太网帧中）。网络层接收这些分组并在 Internet 进行路由，当分组到达目的计算机时，网络层又将分组递交给传输层，传输层将它放入接收进程的输入流中，完成通信。

IP 分组在路由过程中有可能被进一步的分段（也可以叫分片），这是因为某些网络的 MTU（Maximum Transfer Unit，最大传输单元）可能小于分组（对于大多数 LAN 来说都是这样的），所有的分片在到达目的计算机的时候又被网络层重新组装起来，恢复成原来的分组，这个过程称为段的重组。请注意重组只在目的计算机上进行。

6.1.1 TCP/IP 网络中的数据封装和解封装

数据总是在计算机的对等层之间进行传输的，但不管是哪一层发起的传输，数据最终都要依靠物理层的实际链路才能最终到达目的计算机。在发送方，数据需要经过逐层的向下封装直到物理层，到达接收方后又逐层地向上解封装然后得到数据。在 TCP/IP 网络中数据封装过程如图 6-1 所示。图中假设数据是从应用层发起的，在数据进入物理链路之前，TCP/UDP 头、IP 头、帧头、帧检验这些信息会被逐层封装进来，经过物理链路的传输最终到达目的计算机，然后执行解封装，解封装实际上就是上述过程的逆过程。

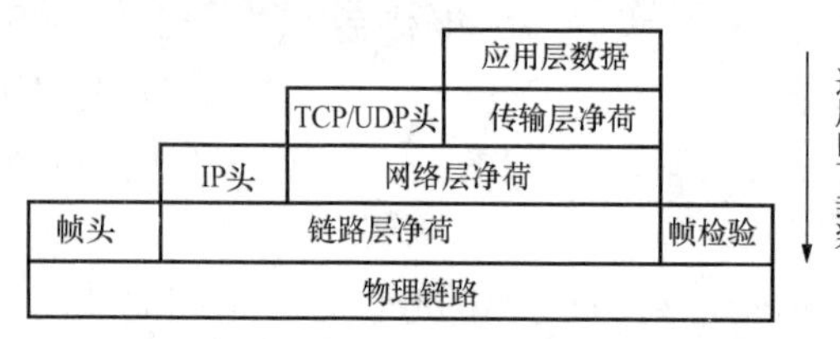

图 6-1 TCP/IP 网络中的数据封装过程

特别要注意的是封装和解封装并不仅仅发生在源计算机和目的计算机上，在从源到目的的路径上经过的所有路由器上也会执行这个过程。图 6-2 说明了路由器上的封装和解封装过程。

最后说明两点：

第一，在路由过程中，IP 头和 TCP/UDP 头是保持不变的（除 IP 头中的 TTL 和检验字段外），它们始终表示着源计算机和目的计算机之间的一个通信进程。但帧头却是经常变化的，因为它通常指示的是本站以及与本站直接相连的下一站的物理地址，一个 IP 分组一般要经过很多跳才能到达目的计算机，相应的，帧头也会改变很多次。我们会在 6.1.10 小节中学习如何将 IP 地址映射成物理地址的问题。

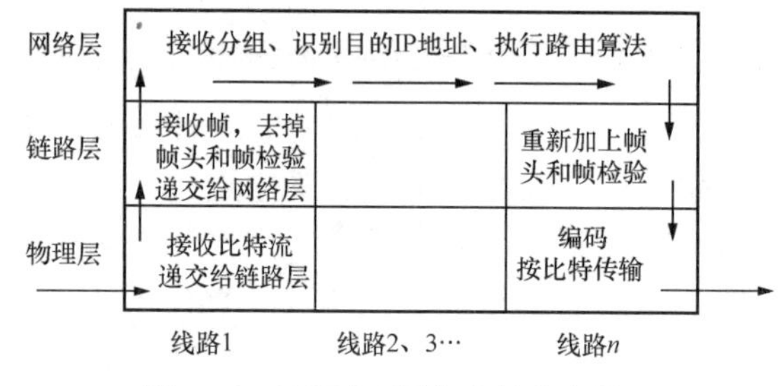

图 6-2 TCP/IP 网络中的路由器上的封装和解封装过程

第二，上述 TCP/IP 协议的封装和解封装过程是最原始和最基本的过程，为解决 Internet 在发展过程中出现的新问题，封装可能会进行更多的次数。例如：为了解决 Web 安全问题，一个被称为安全套接字层（Secure Sockets Layer，SSL）的头被加到了 HTTP 头和 TCP 头之间，相应的 HTTP 协议被称为 HTTPS（Secure HTTP），我们将在第 7 章学习它；为了解决 IP 通信安全的问题，一个用于加强安全性的 IPSec（IP Security）头被加到了 IP 头和 TCP 头之间，我们也将在第 7 章学习它；为了提高 IP 路由的速度，一个称为 MPLS 的标签头被加到了帧头和 IP 头之间，我们在 5.3.4 小节中已经提到过。

6.1.2 IP 协议

目前我们广泛使用的 IP 协议的版本是 4（简称 IPv4，以后除特别说明外，IP 专指 IPv4)，IPv4 面临许多新问题（主要是 IP 地址紧缺），下一代 Internet 协议即 IPv6 的标准已经制定完毕，但它不可能在短期内完全代替 IPv4，因为现行的很多软件和硬件都是基于 IPv4 实现的，而且他们工作得很好，我们将在 6.1.12 小节中学习 IPv6。这里说明一点 IPv5 是一个实验性的实时流协议，它一直没有被广泛应用。

图 6-3 所示为 IPv4 报头格式。

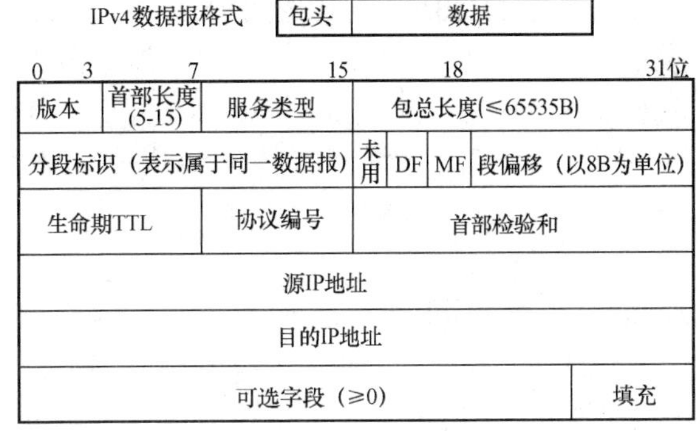

图 6-3 IPv4 报头格式

版本（4 位）：标识当前分组是哪一个版本的，两个典型的值是 0100 和 0110，分别表示 IPv4 和 IPv6。

首部长度（4 位）：以 4 字节为单位指明 IP 头的总长度，该域的最小值是 0101（5），指明 IP 头的最小值为 20 字节；最大值为 1111（15），指明 IP 头的最大值为 60 字节。IPv4 的这一特征说明 IP 头的长度是可变的（但必须是 4 字节的整数倍），这加重了路由的任务，但 40 字节的可选字段往往什么也做不了，IPv6 对此做了改进，它采用了固定长度的头部。

服务类型（8 位）：IP 协议的最初设计者们希望以这个域指明一个 IP 分组的类型，并希望路由器在进行路由的时候将它作为一个因素加以考虑（比如优先级高的分组先被路由出去等）。而在实践中，几乎所有的路由器都忽略这个字段。

包总长度（16 位）：该域指明了当前这个 IP 分组的总长度是多少，包括 IP 头和数据两部分，2 字节的宽度表明 IP 数据报的总长度不能超过 65535（$2^{16}-1$）字节，即 64KB。64KB 的数据块远远大于以太网的帧（1518 字节）和 ATM 网的信元（53 字节），这使得 IP 分组在进入局域网的时候经常需要被分段。包总长度减去包头长度即为数据长度。

分段标识（16 位）：IP 分组在被分段时，各个分段被赋予一个相同的标识，以便当所有的分段到达目的计算机的时候可以重新组合。很显然，该标识相同的两个分段属于同一个分组。

DF（1 位，Don't Fragment)：如果该值为 1 表示该 IP 分组不能被分段，这是针对路由器的一个命令，它指示路由器不要对这个分组进行分段，因为目标计算机可能没有重组的能力。如果路由器必须要分段否则就无法递交这个分组怎么办呢？路由器会向源主机报告一个错误消息，这个任务由 ICMP 协议来完成，我们将在 6.1.8 小节中学习 ICMP 协议。实际上，我们可以利用 DF 位来测试一条路径上的 MTU。

MF（1 位，More Fragments)：如果该值为 1 表示后面还有分段，最后一个分段的 MF 位为 0。特别要注意的是，当目的计算机收到一个 MF=0 的分段时，并不能说明整个分组的所有分段都已经到达，由于不同的分段走的路径可能不一样，后出发的分段可能提前抵达。那么重组过程是怎么完成的呢？请继续向下阅读。

段偏移（13 位）：以 8 字节为单位指明当前的分段在分组的数据区中的位置（即偏移量是从数据区开始算起的，并不是从 IP 头部开始计算的），所有的分段必须是 8 字节的整数倍（除最后一个分段外），由于段偏移是以 8 字节为单位的，所以 13 位的宽度足以表示 64KB 长度的偏移量（还有富余，因为 IP 头并不计算在偏移量中）。图 6-4 说明了一个 IP 分组在一个 MTU 为 420 字节的网络中的分段情况。

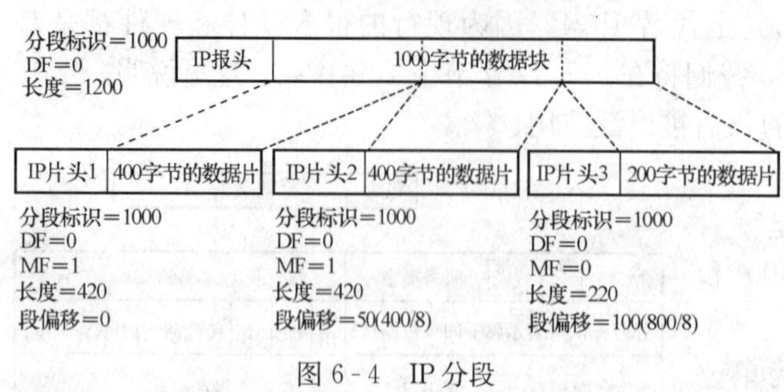

图 6-4　IP 分段

目的计算机是如何重组这些分段的呢？当目的主机收到 MF=1 的分段时，首先将其缓存；当收到 MF=0 的分段时，首先计算原始 IP 分组的长度。其计算公式是原始 IP 分组长度=本分段的偏移量×8+本分段的长度（如图 6-4 中 100×8+220=1200，正好是原先 IP 分组的长度）；根据这个计算值检查是否收到全部分段。若是，则按照各段的偏移值重新组装成 IP 分组，提交给高层软件；否则，继续等待，直到收到该数据报的全部分段。

为了防止目的主机无限地等待分段（分段可能丢失），在接收端设置重组计时器；当接收到数据报的第一段时启动该计时器，如果在指定的时间内未能收到全部分段，则放弃本次重组，已经接收到了的分段也被丢弃。

生命期 TTL（Time to live）（8 位）：它指明一个 IP 分组在网络中的生存时间，这是容易让人误解的一个名称，在实践中，该值并不是以秒计的，而是以跳数计的，即 IP 分组每经过一个路由器 TTL 就会被减 1，一旦 TTL 减为 0，路由器会将它当作超时的分组而丢弃掉。在 IPv6 中，该域的名称被改回了它原本的含义，即跳数限制。8 位的宽度使得每一个 IP 分组的最大跳数为 255，IETF（Internet Engineering Task Force，Internet 工程任务组）建议的 TTL 值是 64。

协议编号（8 位）：当所有的分段被重新组合成一个分组后，IP 协议必须知道如何处理该分组，协议编号字段告诉 IP 协议如何处理该分组，Internet 上的每一个协议都有一个唯一的编号，表 6-1 列出了常见协议的编号，更多的编号可以从 www.iana.org/assignments/protocol-numbers 中查到（IANA 的全称是 Internet Assigned Numbers Authority，它是一个非营利组织，负责管理 TCP/IP 协议集中的所有已知的代码及其含义）。

表 6-1　常见协议编号

协　议	编　号	协　议	编　号
保留	0	TCP（传输控制协议）	6
ICMP（Internet 控制消息协议）	1	EGP（外部网关协议）	8
IGMP（Internet 组播协议）	2	IGP（内部网关协议）	9
GGP（网关到网关协议）	3	UDP（用户数据报协议）	17
IPv4	4	IPv6	41

首部校验和（16 位）：该域只对 IP 头进行校验，不包含数据区。检验的算法是这样的：IP 头部以 16 位为单位逐个累加起来，然后取结果的补码。由于任一个数和其补码的和都为 0，路由器只要检查 IP 报头的校验和（以 16 位为单位）是否为 0 即可。如果不为 0 表示数据有错误。请注意由于路由器会修改 IP 报头中的 TTL 值，校验和字段也必须被重新计算，实践证明，这个操作消耗了路由器大部分的开销，在 IPv6 中，校验和被去掉了。

源 IP 地址和目的 IP 地址（32 位）：分别表示发送方和接收方的 IP 地址，我们将在下一节学习 IP 的编址方法。

可选字段（4×N 字节，N=0～10）：这是 IP 协议的最初设计者们为将来可能出现的新情况做出的预留空间，现在这个域经常用于表示的内容，即报头的可选字段，见表 6-2。

表 6-2　　IP 报头的可选字段

可选字段	含义
安全性	指明当前 IP 分组的安全等级
严格路由	给出分组要经过的所有路由器
松散路由	给出分组必须要经过的路由器（不一定是所有的路由器）
路由保存	每台路由器将自己的 IP 写入报头
时间戳	每台路由器在写入自己的 IP 地址的同时还要写入时间（可用于调试路由）

6.1.3　IP 编值方法

Internet 上的每一台主机和路由器都至少有一个 IP 地址，并且他们是唯一的。所有的 IP 地址都是 32 位的，他们由两部分组成，分别是网络号和主机号，网络号究竟占多少位，这取决于它属于哪一类 IP 地址（传统的 IP 地址）。

需要特别说明的是，IP 地址实际上表示的是 IP 网络的一个接口，并不表示主机，如果一个主机连接了多个网络，那它就会有多个 IP 地址；如果主机换了一个网络，那它必须更换 IP 地址；即使主机只连接一个网络（即只有一个接口），我们也可以为它分配多个 IP 地址。而像路由器这样的设备，含有多个 IP 地址甚至是必须的，否则路由就无从谈起了。

在 20 世纪 90 年代以前，IP 地址被分成了五大类，相应的分配方案被称为分类的编值方案(Classful Addressing)，各类 IP 地址的基本情况如图 6-5 所示。尽管这种分配方案会造成一些 IP 地址的浪费，但在当时，这样的设计仍然是非常前卫和有足够冗余的，它工作了 20 年左右，现在很多的文献还在引用这种方案。我们将在下一节学习一种新的分配方案。

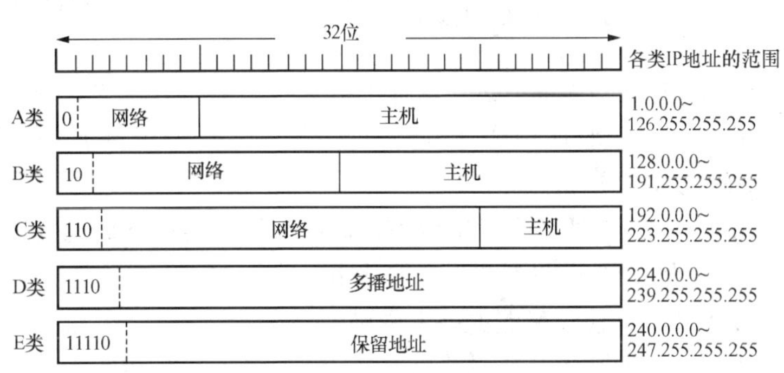

图 6-5　各类 IP 地址

在这五类 IP 地址中，只有 A、B、C 三类可用做主机地址，表 6-3 列出了它们的一些特征及适用场合。

表 6-3　　各类 IP 地址的特征及适用场合

类　别	特　征	网　络　数	每个网络的主机数	适用场合
A	以 0 开头	2^7-2	$2^{24}-2$	大型网络
B	以 10 开头	2^{14}	$2^{16}-2$	中等网络
C	以 110 开头	2^{21}	2^8-2	小型网络

这儿要特别说明一点，无论是网络号还是主机号，它们都不能是全 0 和全 1（因为它们有特殊的含义），B 类和 C 类的网络数之所以不用减 2 是因为它们以 10 和 110 开头，不会出现全 0 和全 1 的情况。对于 A 类的网络，00000000 和 01111111（127）分别由于全 0 和用于回环而不能被使用，这就是 A 类网络数要减 2 的原因。

在 TCP/IP 网络中，网络号是不能出现重复的，这好比在一个国家里面不能有两个名字相同的城市。如果某个机构申请了一个 A 类的网络，那么这个网络号就不能再分配给别的机构了，而这个机构可能只有 100 台主机，这意味着会有大量的 IP 地址（$2^{24}-2-100=16777114$ 个）被浪费掉了，这也是造成 IP 地址紧缺的一个重要原因。当然，现在的 Internet 不会再出现这种情况。

我们经常用点分十进制的方法来表示一个 IP 地址，做法是这样的：将 32 位的二进制数平均分成 4 等份，每份 8 位，然后将它们转换成十进制数，中间用一个点来分开。IP 地址的有效范围从 0.0.0.0 到 255.255.255.255。

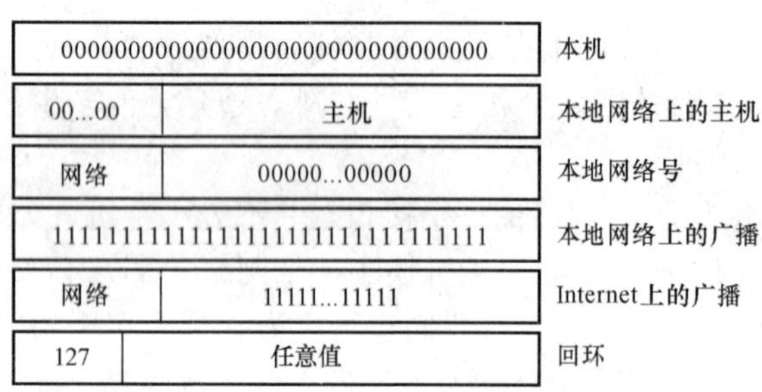

图 6-6　几类特殊的 IP 地址

有几类 IP 地址有特殊的含义，如图 6-6 所示。

特别需要注意的是：当某个 IP 地址的网络号指向一个合法的网络，而主机号全为 1 时，那么，通过这样的 IP 地址可以向 Internet 上的每一台主机发送广播分组（不过几乎所有的主机和路由器都丢弃这样的分组）。

形如 127.X.Y.Z 这样的 IP 地址通常用于 IP 协议的内部测试，这样的数据报不会进入网络，它刚被送出，立刻就被取回了。

D 类的 IP 地址用于 Internet 多播（也称为组播），我们将在 6.1.9 节中学习关于 Internet 多播的知识。

E 类的 IP 地址至今尚未启用，估计它们不会有被启用的可能了，因为 IPv6 目前正在逐步取代 IPv4。

6.1.4　IP 协议配置的基本原则

Internet 实际上是通过路由器将很多的 LAN 互相连接起来了，网络的拓扑结构是一个无规则的网状模型，网中的每一个结点都是一个路由器。路由器除了要连接本地的网络（通过 LAN 口）以外，还要和别的路由器连接（通过 WAN 口）。在配置路由器的 WAN 口的 IP 地址时有一些基本的原则要被遵循，如图6-7所示。

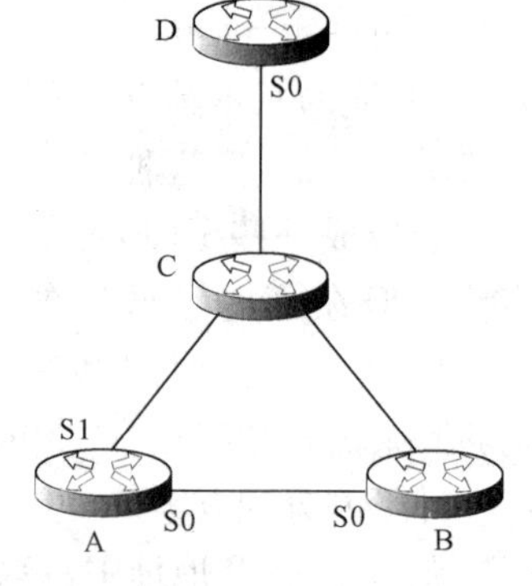

图 6-7　IP 协议配置原则

以下是一些基本的配置要求：

- 同一个路由器的不同端口的IP地址必须在不同的子网上，如A路由器的S0端口和S1端口，它们的IP地址必须是不同子网的。
- 相邻路由器的相邻端口的IP地址必须在同一个子网上，如A路由器的S0端口和B路由器的S0端口，它们的IP地址必须是同一个子网的。
- 任何两个非相邻路由器端口的IP地址必须在不同的子网上，如A路由器的S0端口和D路由器的S0端口，它们的IP地址必须是不同子网的。

6.1.5 子网的划分

根据分类的IP编值方案，一个网络中的所有主机必须有相同的网络号，而对于像大学这样的单位来说，他们经常会有多个网络（经常也被称作子网，Subnet），通过一台路由器连接到学校的主路由器上，想为每一个子网单独申请一个网络号已经非常困难了，必须要有新的解决方案，它允许将一个网络分成多个子网供内部使用，但对于外界来说它仍然像单个网络一样，这就是子网的划分技术。

举例来说，假设某个企业申请了一个C类的网络，网络号为200.200.200.0，根据C类地址的规定，最后的8位组应该全用于表示主机，主机的最大数目是254（2^8-2）。假设该企业有2个部门，每个部门有60台计算机，那么我们可以从最后的8位组中抽出2位用于表示子网，剩余6位表示主机，这样的划分正好满足需求（子网数$=2^2-2=2$，每个子网的主机数$=2^6-2=62$，请注意子网号也不能为全0或全1）。当然，如果我们抽出3位来表示子网，那么子网的数量可以达到6个，每个子网的主机数为30台。

由于加入了子网，一个IP地址就由三部分来组成了，它们是网络号、子网号和主机号，如图6-8所示。

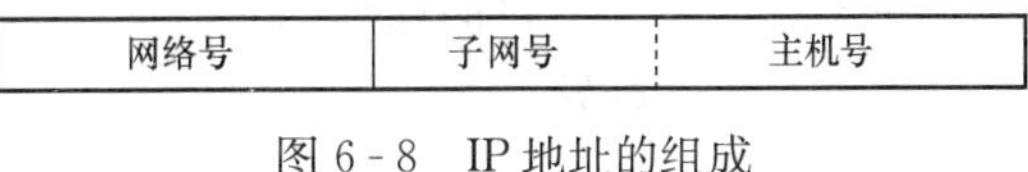

图6-8 IP地址的组成

路由器如何知道我们究竟抽出了几位用于表示子网呢，我们需要1个子网掩码（subnetmask），它也有32位，也采用点分十进制表示方法。子网掩码必须和某个IP地址放到一起才有意义，子网掩码中的1表示对应的IP地址的那一位表示网络号或子网号，0表示对应的IP地址的那一位表示主机号。图6-9说明了子网掩码的作用。

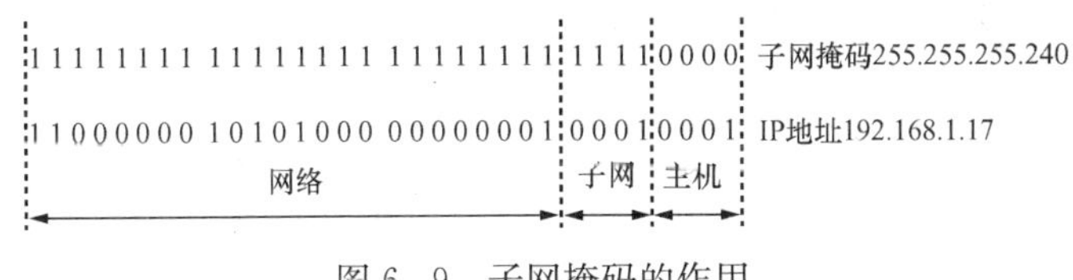

图6-9 子网掩码的作用

子网掩码究竟如何选取，这是网络管理员必须认真考虑的事情，表6-4列出了C类IP地址的不同的子网位数所产生的子网数以及每个子网的主机数。

表6-4 可用的子网掩码

子网位数	子网掩码值	产生的子网数	每个子网的主机数
2（11000000）	192	2	62
3（11100000）	224	6	30
4（11110000）	240	14	14
5（11111000）	248	30	6
6（11111100）	252	62	2

特别要注意的是，在选择子网掩码时，不能仅拿出 1 位（128）或者拿出 7 位（254）用于子网，分别用 1 位表示子网号或者用 1 位表示主机号，这都是不允许的（子网号和主机号要么是全 0，要么是全 1）。

路由器的 WAN 口的子网掩码通常被配置为 255.255.255.252，这是因为这样的子网掩码正好使得子网的 IP 地址个数为两个，它们可以分别被分配给两个相邻路由器的相邻端口。

IP 地址和子网掩码通过相“与”的运算即可求得网络号，比如 IP 地址 192.168.1.17 如果被配上 255.255.255.240 这个子网掩码，“与”运算的结果是：192.168.1.16，这就是子网的网络号。

子网掩码还有另一种常见的表示方法，就是在一个“/”后面紧跟网络＋子网的位数，比如子网掩码 255.255.255.240 可以这样表示“/28”。子网掩码的这种表示方法经常直接写在 IP 地址的后面，比如“192.168.1.17/28”。

6.1.6 无类域间路由

前面我们曾提到过，分类的 IP 编值方法会产生大量的 IP 地址浪费，比如某个企业需要申请 500 个 IP 地址，一个 C 类的网络不能满足他的需要（C 类网络最多支持 253 台主机），同时申请两个 C 类网络会加大路由表空间，这种做法一般不被允许，于是该企业只能申请一个 B 类的网络，然而一个 B 类的网络支持 65533 台主机，这意味着有 65033 个 IP 地址被浪费掉了。

无类域间路由（Classless InterDomain Routing，CIDR）正是在这样的背景下诞生的，它的基本思想是：将剩余的 IP 地址以可变大小块的方式进行分配，而不管他们是属于哪一类的。对于上述例子，我们如果给它分配 512 个 IP 地址（9 位主机号），则 IP 地址浪费的现象可以得到大大的好转。

这一思想固然很好，但它与传统的路由过程不匹配，因为传统的路由器可以根据 IP 地址本身（类别）来确定它的网络号，从而实现转发。CIDR 的引入改变了这一情况，路由器无法仅仅从目标 IP 中得到网络号了，必须对路由表项进行扩充，即加上子网掩码一列。这样，路由表项就是一个三元组（网络号、子网掩码、下一跳）。

当一个分组到来的时候，路由器从分组中取出目标 IP 地址，然后和路由表中的每一行的子网掩码进行“与”运算，如果运算结果和该表项的网络号匹配，则将该分组输出到该表项所对应的下一跳去。在这个逐行匹配的过程中，有可能找到多个匹配的表项，此时应按照子网掩码较长的表项进行路由，比如有一个“/28”和一个“/24”的表项同时匹配了，则应该按照“/28”对应的表项进行路由。对于 Internet 上的大多数主机来说，由于他们只连接一个网络，因而在路由表中往往会有“默认路由”一项，“默认路由”对于任何 IP 分组来说都是匹配的，然而并不是所有的分组都会沿着“默认路由”输出，因为它采用了全 0 的子网掩码（0.0.0.0），关于“默认路由”，我们会在 6.2.1 小节中学习。

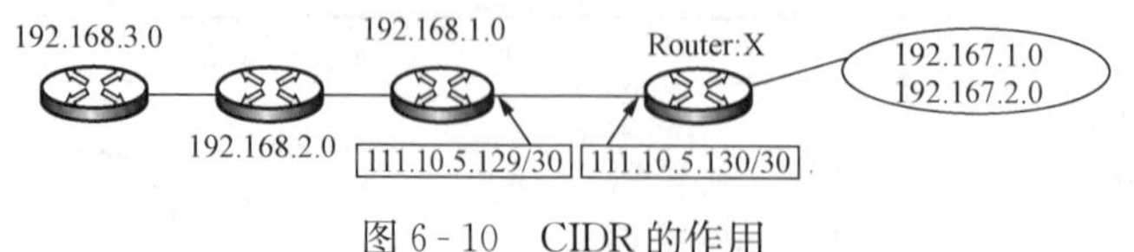

图 6-10 CIDR 的作用

利用 CIDR，我们可以极大地减少路由表的表空间，图 6-10 示出了 CIDR 的作用。

对于路由器 X 来说，如果采用传统的路由，路由表将如表 6-5所示，如果采用 CIDR 路由，路由将简化成如表 6-6 所示的路由。这是因为路由器 X 左边的三个子网他们的前16位是完全相同的（192.168），这三个表项可以合并到同一个聚集表项当中。在 Internet 上，聚集表项是一项被广泛使用的技术。

表6-5 传 统 的 路 由

网络	子网掩码	下一跳
192.168.1.0	255.255.255.0	111.10.5.129
192.168.2.0	255.255.255.0	111.10.5.129
192.168.3.0	255.255.255.0	111.10.5.129

表6-6 简 化 的 路 由

网络	子网掩码	下一跳
192.168.0.0	255.255.0.0	111.10.5.129

6.1.7 网络地址转换

CIDR 技术的应用只是减慢了 IP 地址耗尽的速度，实际上，可用的 IP 地址已经远远满足不了 Internet 上越来越多的主机的需求了，必须要有其他的办法解决这个问题。网络地址转换 NAT（Network Address Translation）就是解决这个问题的方法之一。

NAT 的基本思想是这样的：它仅为企业分配一个合法的 IP 地址而不管企业内部究竟有多少台主机，对于 Internet 来说，所有的这些主机都使用了这一个合法的 IP 地址。企业内部的主机也会被分配一个唯一的 IP 地址，但仅限于企业内部使用，如果要与外界通信，这个内部的 IP 地址必须被替换成那个合法的 IP 地址。

请考虑这个问题：当一个应答分组从 Internet 上回来的时候，应该把这个分组提交给企业内部的哪一台主机呢？因为所有内部主机流向外部的分组的源 IP 地址都被替换成了那个合法的 IP 地址。

在 IP 报头中并没有其他的域可以用来存放企业内部主机的真实 IP 地址，改变 IP 报头格式的做法显然是不可取的。实际上，每一个分组中还会携带通信双方的端口号（这属于传输层的知识，我们将在6.3小节中学习），NAT 除了要替换分组的源 IP 地址外，还要替换源端口号，NAT 会用一个索引值替换掉分组中的源端口号，并将这种对应关系保存到一张表中，它是一个三元组，即索引值、源 IP 地址、源端口号。返回的分组应该携带这个索引值，NAT 取出这个索引值，查表即可得到源 IP 地址和源端口号，NAT 然后重新将它们替换回去以便将分组递交给企业内部的某台主机，图6-11说明了 NAT 的工作原理。

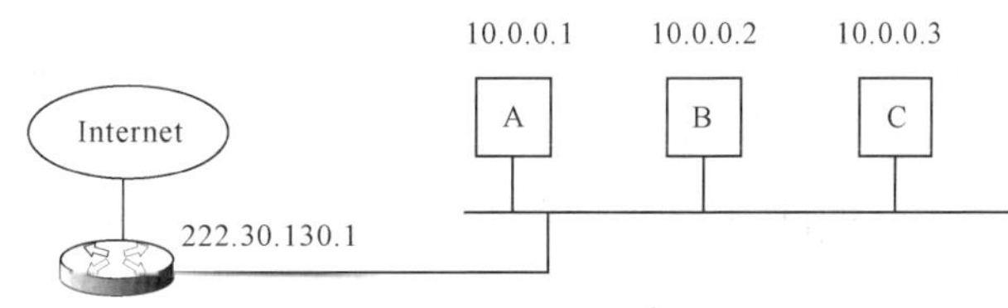

索引表

索引	源IP地址	源端口号
1025	10.0.0.1	2000
1026	10.0.0.2	2001
1027	10.0.0.3	2002

NAT工作过程

主机	原始分组	经过NAT后
A	10.0.0.1:2000	222.30.130.1:1025
B	10.0.0.2:2001	222.30.130.1:1026
C	10.0.0.3:2002	222.30.130.1:1027

图6-11 NAT 的工作原理

NAT 并不关心分组要到哪里去，它不对目的 IP 地址和目的端口号做任何变动（也不能改动，否则分组就不能到达目的主机了），NAT 之所以能够随意替换源 IP 地址和源端口号是因为分组在路由过程中只用到了目的 IP 地址，换句话说，这样的修改并不影响分组正确地抵达目的主机。注意，NAT 在修改源 IP 地址和源端口号的同时，IP 头部校验和字段必须被重新计算。在实践中，NAT 经常在路由器上被实现。

NAT 利用一个索引值来替代源端口号，但这个索引值必须在端口号的有效范围内，端口号是 16 位的，因而最多有 65536 台主机可以被映射到同一个 IP 地址上（实际上会更少，因为有些端口号被保留用于特殊用途），如果企业有更多的主机，那么可以申请多个有效的 IP 地址。术语“NAT 地址池”用于表示这些有效的 IP 地址。

尽管企业可以选择任何 IP 地址作为自己的内部地址，IETF 还是对此做出了声明，表 6－7 列出的 IP 地址被用于企业的私有 IP 地址，它们不会出现在 Internet 上，企业应尽量选择这些 IP 地址作为自己的私有 IP 地址。

表 6－7 私有 IP 地址

类别	网络号	网络掩码
A	10.0.0.0	255.0.0.0
B	172.16.0.0	255.240.0.0
C	192.168.0.0	255.255.0.0

企业可以根据需要进行子网的划分，如 C 类私有 IP 地址可以采用 255.255.255.0 作为子网掩码以产生 253 个子网，每个子网可以有 253 台主机。

NAT 极大地缓解了 IP 地址紧缺的问题，但它只能是一种临时的对策，因为 NAT 并没有增加实际可用的 IP 地址，它只是减慢了 IP 耗尽的速度，而且 NAT 违反了网络设计的基本原则，即层的独立性。我们很难说清楚 NAT 工作在哪一层，它就像一根绳索两头紧紧的拴住了网络层和传输层的协议，这对于网络的发展是不利的。

6.1.8 Internet 控制消息协议

如前所说，IP 是一个无连接的不可靠的协议，它本身不具备差错控制的能力，如果分组在传送过程中出现了错误（如超时），那么报告错误的任务由 Internet 控制消息协议 ICMP（Internet Control Message Protocol）来完成，它可能运行在一台路由器或者一台主机上。

ICMP 报文的封装格式如图 6－12 所示。

IP 报头	ICMP 报头	ICMP 消息

（a）

类型（8）	代码（8）	校验和（16）
参数与信息（可变长）		

（b）

图 6－12 ICMP 报文封装格式

（a）ICMP 报文被封装在 IP 数据报的数据区；（b）ICMP 报头格式

一个 IP 分组是否携带 ICMP 消息，这取决于 IP 报头中的协议字段，如果该值为 1，那么它就是一个 ICMP 消息。ICMP 报头中最重要的域是类型，表 6－8 列出了常见的 ICMP 消息类型值及其含义。

表 6－8 ICMP 消息类型及其含义

类型值	含 义	类型值	含 义
0	回声应答（echo replay）	12	参数不可理解
3	目的地不可达	13	带时间戳的回声请求
4	告诉主机不要发送分组了	14	带时间戳的回声应答
5	告诉主机重新选择路由	15	信息请求
8	回声请求（echo）	16	信息应答
9	路由器将路由表通知主机	17	子网掩码请求
10	主机向路由器宣告自己（启动时）	18	子网掩码应答
11	分组超时（TTL 减为 0）		

更多的类型值请参考 www.iana.org / assignments / icmp-parameters，并查找。

引发某一种错误（一个类型值）的原因可能有很多，ICMP 报头中的代码字段用于表示引发这种可能的各种原因，比如引起“目的地不可达”（类型 3）的原因很多，其中部分原因的代码值如表 6-9 所示。

表 6-9 ICMP 代 码 值

代 码	含 义	代 码	含 义
0	网络不可达	5	源路由失败
1	主机不可达	6	未知的目的网络
2	协议不可达	7	未知的目的主机
3	端口不可达	8	源主机离开网络
4	需要分组，但 DF=1		

每一个类型值的所有代码可以从 www.iana.org/assignments/icmp-parameters 上查到，关于 ICMP 协议还要注意以下两点：

1）ICMP 信息的传输仍然依赖于 IP 协议，如果 ICMP 报文在传输过程中仍然出错，则路由器只是简单地丢弃该报文，这么做的理由非常简单，我们不希望路由器忙于处理 Internet 错误消息。

2）ICMP 协议只是一个差错报告协议，它不能增加 IP 的可靠性，如果需要可靠的连接，请使用传输层提供的服务。

ICMP 协议的初衷是报告 IP 协议的工作状态，但现在它也经常用于一些其他用途，下面简单地介绍几种应用：

- 测试网络的延迟：由源主机发送一个带时间戳的请求报文，并在一定的时间内等待应答报文，根据这个时间差可以计算出当前网络的延迟，我们经常使用的 Ping 工具实际上利用的就是 ICMP 的这个功能。
- 分析从源主机到目的主机之间的路径：源主机发送一个 TTL=1 的分组，第一个路由器将 TTL 减 1 后会向源主机发送一个超时报文，在超时报文里面含有第一个路由器的 IP 地址；源主机然后发送一个 TTL=2 的分组，这样可以得到第二个路由器的 IP 地址，……，依次类推，逐步得到路径上的所有路由器。请注意，实践中可能没有这么理想，因为第 N 个分组和第 N+1 个分组可能走不同的路径。
- 发现某条路径上的 MTU：源主机首先发送一个很大的分组并且将 IP 头的 DF 位设置为 1（不允许分段），如果收到“目的地不可达”消息，那么逐步减小分组，直到不再收到“目的地不可达”信息，此时分组的大小即为这条路径的 MTU。

6.1.9 Internet 多播与 IGMP 协议

前面我们所描述的通信都是在两台主机之间进行的，但有时候，我们需要将数据一次性地传输给某些特定的计算机，如数据备份、数字会议等。IP 协议通过 D 类 IP 地址实现这个功能，这项服务被称为 Internet 多播（有些教材也称它为组播）。要注意的是，多播和广播是不同的，广播是将数据送给子网内的所有计算机，所以，对这些数据并不感兴趣的计算机也会收到这些数据；而多播则是针对一组特定的计算机的，一台主机要想收到多播的数据，它必须成为这个组的成员。

所有以 1110 开头的 IP 地址（D 类）都用于多播，每一个这样的 IP 地址用于标示一个多播组，所以总共有 2^{28} 个多播组，这些组被分成两大类：永久组地址和临时组地址，表 6－10 示出的是一些永久性组播地址。

表 6－10　永久性组播地址

地　址	含　义
224.0.0.1	LAN 上的一个公用的组地址
224.0.0.2	LAN 上的一个支持组播的路由器
224.0.0.5	LAN 上的一个支持组播的 OSPF 路由器
224.0.0.6	LAN 上的一个支持组播的 OSPF 指派路由器

一台主机加入一个多播组的过程是这样的：它首先发布一个目的地址为 224.0.0.1 的报文，里面说明了它希望成为某个组的成员，这个报文被本地的多播路由器（224.0.0.2）接收到，以后，该多播路由器就会将那个组的数据递交给这台主机。多播路由器还会周期性地（大概每分钟一次）询问主机是否继续停留在这个组中，如果没有得到答复就认为主机退出了该组。

这些查询和应答消息是通过一个称为 IGMP（Internet Group Management Protocol）的协议来完成的，IGMP 报文的格式如图 6－13 所示。

类型（8）	代码（8）	检验和（8）	组地址（32）

图 6－13　IGMP 报文格式

IGMP 一些常见的消息类型及其相关代码值如表 6－11 所示。

表 6－11　IGMP 消息类型及其相关代码

类　型	类型名称	相关代码值及含义
0x11	IGMP 组成员查询	0：IGMP Version 1 1～255：IGMP Version 2 or above
0x12	IGMPv1 组成员应答	无
0x13	DVMRP（说明：DVMRP 是一个距离矢量路由协议，但它只路由 Internet 多播消息，并且只在一个 AS 内部有效）	1：Probe 2：Route Report 3：Old Ask Neighbors 4：Old Neighbors Reply 5：Ask Neighbors 6：Neighbors Reply 7：Prune 8：Graft 9：Graft Ack
0x16	IGMPv2 组成员应答	无
0x17	IGMPv3 退出组	无
0x22	IGMPv3 组成员应答	无

更多类型及代码值请参考 www.iana.org/assignments/igmp-type-numbers，IGMP 协议的工作过程与 ICMP 协议很相似，IGMP 报文也被放在了 IP 分组的数据区中。IGMP 并不保证组的成员一定能够收到该组的数据，它所提供的服务是“尽力投递”。

6.1.10　地址解析

IP 地址是纯软件的，它被存储在了计算机的硬盘上，用户可以随意更改，前面我们已经提到过了，IP 地址并不能用于表示一台主机，而且像网卡这样的链路层设备也不能够识别 IP 地址，必须要有一种方法能够将某台计算机的 IP 地址映射成物理地址（MAC 地址），通信才能进行，完成这项任务的协议就是地址解析 ARP（Address Resolution Protocol）协议。

ARP 采用简单的查询—应答来完成从 IP 地址到 MAC 地址的映射，Internet 上的每一台主机都在运行 ARP 协议。它的工作过程是这样的：假设主机 A（IP-A）想给主机 B（IP—B）发送数据，A 首先广播一个请求帧（比如 MAC 地址 FF-FF-FF-FF-FF-FF 专用于以太网内广播），其基本意思是"谁拥有 IP-B 这个 IP 地址?"，这个广播帧会被 LAN 内的每一台主机接收到（但不能跨越路由器），除了 B 以外的其他计算机都对此毫不理睬，B 会做出应答"是我，我的 MAC 地址是 XX"。B 发出的应答帧会直接发送给 A 而不再是广播了，因为在 A 发出的请求帧中包含了 A 的 MAC 地址。A 于是得到了 B 的 MAC 地址，为了便于将来继续使用，A 会把这种对应关系存储到自己的 ARP 表中，如表 6-12 所示。图 6-14 说明了 ARP 的工作过程：

表 6-12　A 的 ARP 表

IP 地址	MAC 地址
IP-C	MAC-C
IP-D	MAC-D
IP-B	MAC-B

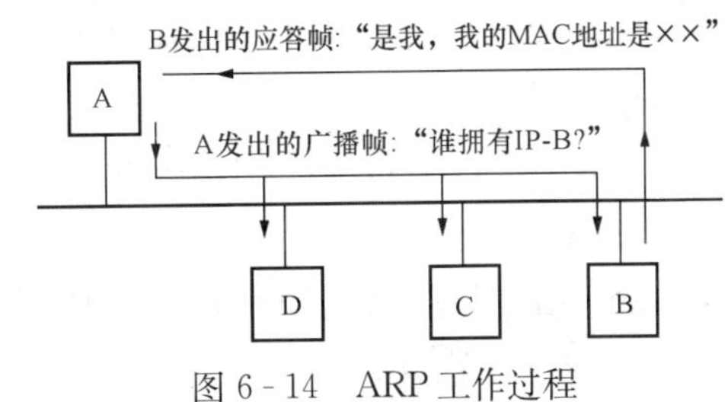

图 6-14　ARP 工作过程

ARP 消息是被封装在链路层的帧中传输的（如以太网帧），因为它必须要能被网卡识别。如何识别一帧是否携带 ARP 消息呢？如果以太网帧的类型字段被设置为 0x0806，这表示当前帧是一个 ARP 帧，ARP 帧中各域的含义如表 6-13 所示。

表 6-13　ARP 帧中各域的含义

ARP 帧头各域	含　义
链路层帧头	由具体的 LAN 决定，比如以太网帧头
硬件类型（16）	硬件接口类型，如 Ethernet，IEEE 802 网络
协议编号（16）	大多数情况下为 IP 协议
硬件地址长度（16）	指明物理地址的字节数，通常为 6（MAC 地址，48bit）
协议地址长度（16）	指明协议地址的字节数，通常为 4（IP 地址，32bit）
操作码（16）	指明 ARP 消息的类型，通常为 1（请求）或 2（应答）
发送方硬件地址	通常为发送方的 MAC 地址
发送方协议地址	通常为发送方的 IP 地址
接收方硬件地址	通常为接收方的 MAC 地址
接收方协议地址	通常为接收方的 IP 地址

更多类型及代码值请参考 www.iana.org / assignments / arp-parameters。

对于一个请求帧，发送方硬件地址、发送方协议地址、接收方协议地址都已经被填写好了，接收方硬件地址暂时全填 0（这正是发送方需要的东西）。对于一个应答帧，目的计算机只需要将自己的硬件地址填入并且将这两个地址的位置做一下调换就可以了。

从上述过程可以看出，一台主机要想给 LAN 内的其他主机发送数据需要经过三个步骤：第一，它发送一个广播帧；第二，它接收一个应答帧；第三，发送数据。实际上，数据的传输过程并不都这么麻烦，ARP 已经经过了仔细的优化。从上面的例子可以看出，A 发送出去的请求帧会被 C 和 D 接收到，尽管 C 和 D 对此并没有兴趣，但他们却可以从中取出 A 的 IP 地址和 MAC 地址来，这样他们意外地获得了 IP-A 和 MAC-A 的对应关系，B 当然也会这么做。ARP 还规定，一台主机启动时要主动广播自己的 IP 地址和 MAC 地址，以便让网络当中的其他计算机掌握这个信息。

一台主机可能更换自己的 IP 地址从而导致其他计算机上错误的 IP 地址和 MAC 地址之间的对应关系，因此 ARP 表中的内容应该在一定时间内失效或者定时刷新一遍。

ARP 协议还经常用于检查网络中是否有 IP 地址冲突的情况存在。其做法是这样的：一台主机广播一个请求帧，这个请求帧的目的协议地址被设置为自己的 IP 地址，按理说，这样的请求帧不应该收到应答消息，但如果收到了应答帧表明网络中有某台计算机使用了和它一样的 IP 地址。

6.1.11 RARP、BOOTP、DHCP 协议

ARP 所做的工作是将一个 IP 地址映射成一个 MAC 地址，有时候我们会遇到相反的问题，即如何将一个 MAC 地址映射成一个 IP 地址，典型的情况是当一台无盘工作站启动的时候它有自己的 MAC 地址却没有 IP 地址。完成这一任务的协议是 RARP（Reverse Address Resolution Protocol，逆向地址解析协议），见表 6-14。

RARP 的工作过程与 ARP 很相似，图 6-15 说明了它的工作原理。

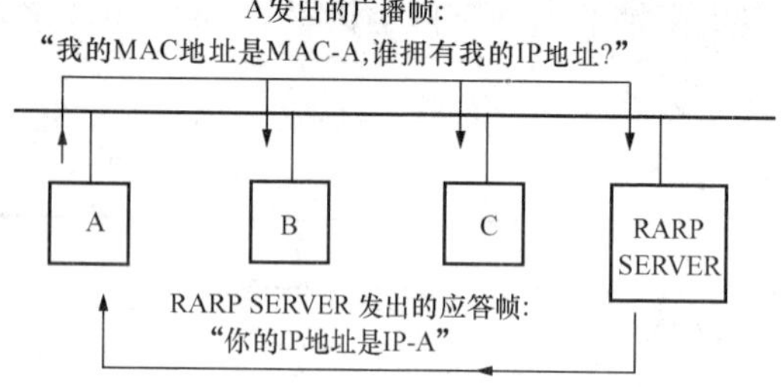

图 6-15　RARP 工作原理

表 6-14　RARP SERVER

IP 地址	MAC 地址
IP-B	MAC-B
IP-C	MAC-C
IP-A	MAC-A

RARP 报文在以太网帧中的类型字段被设置为 0x8035（ARP 为 0x0806），报文的格式和 ARP 协议完全相同，只是操作码的含义有点变化（3：请求；4：应答）。

RARP 消息使用全 1（FF-FF-FF-FF-FF-FF）的广播 MAC 地址在链路层以帧的方式与 RARP 服务器通信，这使得 RARP 协议不能跨越路由器，如果有多个 LAN 就需要多个 RARP 服务器，为解决这个问题，人们又发明了 BOOTP（Bootstrap Protocol）协议。

与 RARP 协议不同，BOOTP 消息被封装在了 IP 分组中进行传输（RARP 消息是以帧来发布信息的），它在传输层采用了 UDP 协议，并使用全 1（255.255.255.255）的目的 IP 地址来广播消息，因此可以被路由器接收到。通过 BOOTP 中继代理，请求消息可以被路由器转发，从而实现跨网段工作。BOOTP 协议最糟糕的问题在于：他要求手工配置一张 IP 地址和 MAC 地址的映射关系表，这对于管理员来说，有时候是不能忍受的。于是人们又对

BOOTP 协议进行了扩展并由此产生了一个新的协议 DHCP（DynamicHost Configuration Protocol，动态主机配置协议）。

DHCP 协议的工作原理和 BOOTP 基本相同，通过中继代理程序，DHCP 可以跨越路由器，它支持自动分配 IP 地址，也支持手工分配 IP 地址。为防止 IP 地址被客户端无限期的占有，DHCP 中用到了“租期”的概念，即到期的 IP 地址将被 DHCP 服务器收回，以便可以继续为其他主机使用。现在 DHCP 服务基本上已经完全取代了 RARP 和 BOOTP。关于 DHCP 以及中继代理的问题，我们会在 6.4.4 小节中详细介绍，有关 BOOTP 和 DHCP 协议更为详细的参数请参考 www.iana.org/assignments/bootp-dhcp-parameters。

6.1.12 IPv6

在结束讨论 Internet 的网络层以前，我们应该来简要地描述一下 IPv6。IPv4 已经存在很长时间了（1983 年 1 月 1 日起，TCP/IP 成为 Internet 上唯一正式的协议），很难有一个协议像 IPv4 这样经过这么长时间还有很强的生命力。尽管如此，它仍然面临一些问题，目前最为突出的问题是 IP 地址紧缺，CIDR 和 NAT 缓解了这个压力，然而这不能从根本上解决问题。

1990 年，IETF 开始设计 IP 的新版本，它在 RFC1550 中发表了一份寻求提案的声明，新版本的 IP 协议应该具有如下特性：

- 应该有更长的地址空间。
- 应该降低路由器的负担，以加快路由速度。
- 提供更好的安全性。
- 支持服务类型，尤其是对实时流的媒体服务。
- 支持移动主机。
- 可以和 IPv4 共存多年。

IETF 收到了很多份提案，内容千差万别，经过多次讨论、修改和论证，最终有两份协议被选中，后来他们被合起来又被做了修改，这就是 IPv6，下面我们对 IPv6 做简要描述。

1. IPv6 的地址

IPv6 的地址有 16 字节（128 位），总共有 2^{128} 个 IP 地址，这个数字大得惊人，想搞清楚它究竟有多大似乎并没有什么意义，总之，它应该可以使地球表面（包括陆地和海洋）每一个分子的位置上都有一个 IP 地址了，在可以预见的未来，这些 IP 地址不太可能被用完。

在 IPv6 地址的表示方法上，这 16 个字节的地址被分成 8 组，每组用 16 进制数字来表示，各组之间用一个冒号来分开，如：

A000：0000：0000：0000：0123：4567：8EFS：8ADC

这样的表示方法仍然不够简练，而且很多 IPv6 地址的内部含有很多个 0，因此，IPv6 还规定：如果某一组或连续的多个组全是 0，那么可以用一对冒号来表示它；一个组的内部前导的 0 可以省略。因此，上面的 IP 地址可以简写成：

A000::123：4567：8EFS：8ADC

对于 IPv4 的地址，可以用一对冒号加上老式的点分十进制表示方法，如：

::192.168.0.1

2. IPv6 头格式

IPv6 头格式如图 6-16 所示。图中：

版本（4 位）：始终为 6（0110）。

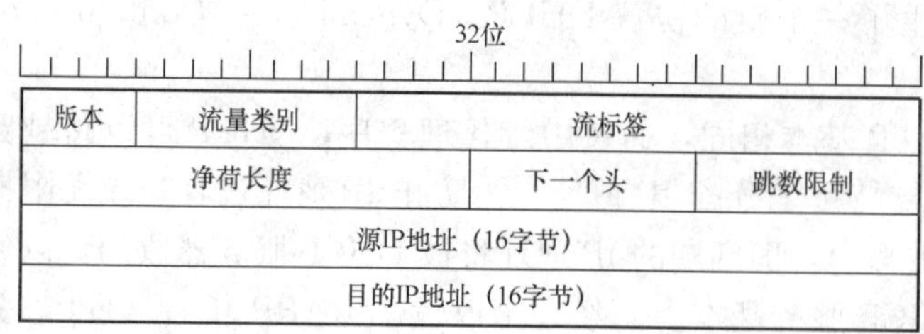

图 6-16 IPv6 头格式

流量类别（8 位）：主要是利用该域对分组的类别进行区分，比如实时流、数据流等，这么做的目的是让路由器对不同的分组采用不同的路由策略，比如，实时流应该先进行路由。

流标签（16 位）：该域是实验性质的，一个流通过源地址、目标地址和流标签来唯一指定，流标签可以看作一个特殊的伪连接，它使得路由器可以通过维护流标签来为流预留带宽，从某种程度上说，它就像虚电路一样保证了服务质量。

净荷长度（16 位）：它指明了跟在这个 40 字节头部的后面还有多少字节数，请注意 IPv4 中的头长度是指分组的总长度（即包含了 IPv4 头）。

下一个头（8 位）：这是 IPv6 的一个关键特性，它指明了在当前头部之后的扩展头的类型。如果没有扩展头（实际上净荷区的开始部分应该是 TCP 头或 UDP 头），那么它指明了协议类型，如 TCP 或 UDP。IPv6 头比 IPv4 头省略了很多内容，这可以加快路由器的处理速度，但这些被省略了的域并不是一点用处也没有，对于这些有用的部分，IPv6 在扩展头中实现它。在下一部分，我们会讲解一些常见的扩展头。

跳数限制（8 位）：它指明一个分组可以在网络中跨越多少路由器，在 IPv4 头中有 TTL 域，它理论上应该是生存时间（以秒计），可通常路由器只是将它减 1，IPv6 将名字改了过来以反映它真实的用途。

源地址和目的地址（128 位）：指明分组从哪儿来，到哪儿去。选定 16 字节的 IPv6 地址长度是很多热心于 IPv6 的专家们经过激烈争辩的结果。

3. 扩展头

一些被省略掉了的 IPv4 头中的域，以及一些被新加进去的功能可以在扩展头中实现，所有这些扩展头都是可选的，当前已经定义了的 IPv6 扩展头有 6 种，如表 6-15 所示。

表 6-15 IPv6 扩展头类型

扩展头	含义
逐跳头	针对路由器的一条命令
目标选项	针对目的主机的一个命令
路由	指明了分组在通往目标途中必须要访问的一台或多台路由器
分段	处理分段事宜，与 IPv4 很类似
认证	让分组接收方确定分组发送方的身份
加密	有关加密的信息

请注意：在一个 IPv6 分组中，可以出现多个扩展头，但应尽量按表 6-14 的顺序出现，通常，一个扩展头的第一部分会指明下一个头的类型，所有扩展头都有如图 6-17 所示的格式。

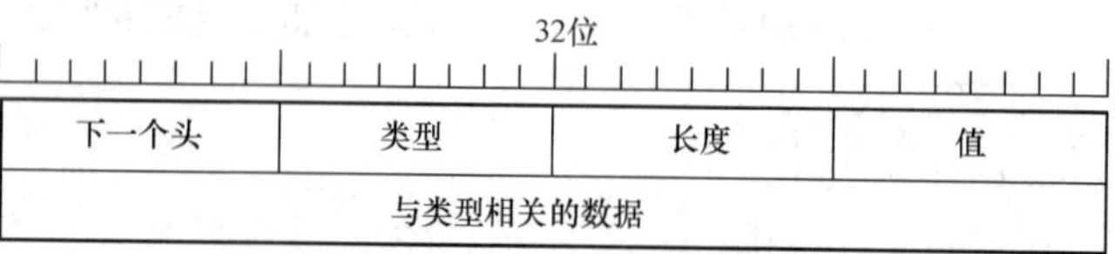

图 6-17 IPv6 扩展头格式

逐跳头：通常它用于表示该分组是最大的（即 65535 字节），

如果一个分组包含这种扩展头，那么路径中的第一台路由器会检查分组长度，如果小于65535字节就丢弃该分组，并且送回一个ICMP错误消息。包含逐跳头的数据报被称为超大数据报，由于它的长度是固定的，所以在IPv6头中的“净荷长度”域被设置为0，超大数据报对于千兆网络来说有非常重要的用途。逐跳头的类型、长度和值域的内容都是固定的，它们是0、194和4。

目标选项：这是一个只对目标主机有效的扩展头，目前这个头仍然没有定义，设计这个头的目的在于将来的目的主机可能需要用到它。

路由：它指明了分组在通往目标途中必须要访问的一台或多台路由器，非常类似与IPv4中的松散路由，凡是被列出来的路由器，必须严格按顺序被访问到。

分段：该扩展头中保存了分组的段标示符、段偏移、是否有更多分段等信息，其分段方法与IPv4非常类似。但需要特别注意的是：在IPv6中，分段的任务被安排给了源主机，路由器如果收到一个处理不了的大分组，它只是向源主机送回一个ICMP错误消息。IPv6的这一做法极大地提高了路由器的效率，使得路由器只专注于如何快速地转发分组。

认证：提供了一种“让分组接收方确定分组发送方的身份”的机制。

加密：使得只有正确的目的主机才能读取分组的净荷。

最后，我们对IPv6做几点总结：

- IPv6提供了128位的地址长度。
- IPv6简化了头部，减轻了路由器的负担，主要包括路由器不再进行分段操作、去掉了检验和、去掉可选字段改为扩展头。
- IPv6加强了IP协议的安全性（通过认证和加密扩展头）。
- IPv6与TCP/IP协议族中的大多数协议是兼容的，如TCP、UDP、ICMP、OSPF等，需要改动的地方只是IP地址的长度。
- IPv6期望的对移动主机的支持并没有如期实现。
- 从IPv4过渡到IPv6可能需要很长时间（比如说10多年），因为在IPv4上部署的硬件和软件的投资很大。

6.2 Internet 上的路由

我们已经在第五章中学习了一些常见的路由算法，在6.1小节中我们还学习了IP协议的大部分知识，现在我们需要来学习在Internet上路由都是如何实现的。本节内容不再详细描述各种路由协议的内部工作过程，而是侧重于在实践中如何实现他们。在讨论具体的协议之前，先介绍几个术语：

网关到网关协议GGP（Gateway to Gateway Protocol）：提供核心网关间的路由信息。

外部网关协议BGP（Border Gateway Protocol）：提供AS之间的路由信息。

内部网关协议IGP（Interior Gateway Protocol）：一个AS内部的路由选择信息。

之所以要对路由协议做以上的区分是基于这样的考虑：在一个AS内部，我们完全可以按照理论上最佳的路径进行路由，而在AS之间的路由则要考虑一些政治、安全方面的因素，比如：发起于美国五角大楼的任何流量都不要经过伊拉克、所有去往IBM公司的流量都不要经过Microsoft等。下面我们将要学习的RIP、IGRP、OSPF协议都属于IGP的范畴。

6.2.1 静态路由

图 6 - 18 是某个 AS 的简化示意图，在学习 RIP、IGRP、OSPF 协议的时候，我们仍然会利用这个示意图。

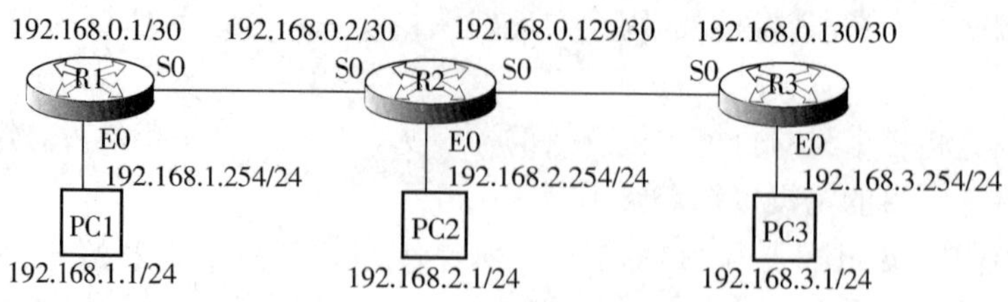

图 6 - 18 某个 AS 的简化示意图

所谓静态路由就是路由表是由人工来维护的，而不是由路由器自己生成的，路由表中的表项可以分成两种：直接目的端和间接目的端。所谓直接目的端是指与本地路由器直接相连的网络，这样的表项路由器可以自动维护，不需要手工添加；反之，不与本地路由器直接连接的网络就称为间接目的端，这些表项的添加必须由手工来完成，表 6 - 16～表 6 - 18 分别列出了 R1、R2、R3 三个路由器的路由表。

表 6 - 16 **R1 的静态路由表**

目的网络	子网掩码	下一跳
192.168.2.0	255.255.255.0	192.168.0.2
192.168.3.0	255.255.255.0	192.168.0.2
192.168.0.128	255.255.255.252	192.168.0.2

表 6 - 17 **R2 的静态路由表**

目的网络	子网掩码	下一跳
192.168.1.0	255.255.255.0	192.168.0.1
192.168.3.0	255.255.255.0	192.168.0.130

表 6 - 18 **R3 的静态路由表**

目的网络	子网掩码	下一跳
192.168.1.0	255.255.255.0	192.168.0.129
192.168.2.0	255.255.255.0	192.168.0.129
192.168.0.0	255.255.255.252	192.168.0.129

这样的路由表实际上隐含了这个意思：路由器必须要将所有的目的网络都包含进去，对于一些大型的企业来说，这种做法可能不够聪明。实际上，任何一个 AS 都会有很多的边缘路由器（所谓边缘路由器是指它只与一个其他路由器直接连接），对于这样的路由器，我们经常可以采用“默认路由”表项，例如 R1 和 R3 路由器的默认路由也可分别用表 6 - 19、表 6 - 20 表示。

表 6 - 19 **R1 的默认路由表**

目的网络	子网掩码	下一跳
0.0.0.0	0.0.0.0	192.168.0.2

表 6-20　R3 的默认路由表

目的网络	子网掩码	下一跳
0.0.0.0	0.0.0.0	192.168.0.129

对于任何一个目的地址，“默认路由”总是匹配的，因为任何数和 0 相“与”，结果都为 0，但并不意味着所有的分组都会沿着“默认路由”被转发出去，因为如果有掩码更长的表项匹配这个目的地址，它会沿着那条路径被转发出去，这一点我们已经在 6.1.6 小节中学习过。

6.2.2　RIP 协议

RIP（Routing Information Protocol，路由信息协议）是一种距离矢量路由协议，Internet 在 1979 年 5 月份以前一直都用这个路由协议，随后由于 Internet 的不断膨胀和链路速率的快慢不一以及距离矢量路由的“无穷计算问题”等因素而被一个链路状态路由协议代替了。

RIP 通过广播 UDP 报文来交换路由信息，每 30s 发送一次路由信息更新。RIP 提供跳跃计数（Hop Count）作为尺度来衡量路由距离，跳跃计数是一个分组到达目的网络所必须经过的路由器的数目。如果到一个目标网络有两条路径，速率不同或者距离不同，但跳跃计数相同，则 RIP 认为这两条路径是等距离的（Internet 在初期所有的线路都是 56kb/s 的）。RIP 最多支持的跳数为 15，即从源主机到目的主机间所要经过的最多路由器的数目为 15，跳数 16 表示不可达。

由于 RIP 是一个距离矢量路由协议，其工作过程我们已经在 5.2.3 小节中学习过，这里再简单总结几点：

- 每台路由器每隔 30s 广播一次自己的路由表（通过 UDP 报文），对于一个很大的 AS，路由表收敛的速度会比较慢（需要好几分钟）。
- 每台路由器会定期询问自己的邻居路由器（1 跳）以判断它是否继续工作着。
- 当一台路由器收到一个广播报文时，检查自己的路由表，如果有更好的路径（跳数更少）就更新自己的路由表。
- RIP 协议也存在“无穷计算”问题，当跳数超过 15 时，路由器认为目的网络不可达，RIP-2 通过一项被称为“水平分裂”的技术解决“无穷计算”问题。

目前 RIP 协议有两个版本，RIP-1 和 RIP-2，这两个版本的 RIP 报文格式略有不同，分别如表 6-21 和表 6-22 所示。

表 6-21　RIP-1 报文格式

<table>
<tr><td>命令（8）</td><td>版本（8）</td><td>全零（16）</td></tr>
<tr><td colspan="2">地址类型（16）</td><td>全零（16）</td></tr>
<tr><td colspan="3">IP 地址（32）</td></tr>
<tr><td colspan="3">全零（32）</td></tr>
<tr><td colspan="3">全零（32）</td></tr>
<tr><td colspan="3">跳数值（32）</td></tr>
</table>

表 6-22　RIP-2 报文格式

<table>
<tr><td>命令（8）</td><td>版本（8）</td><td>RIP 标示符（16）</td></tr>
<tr><td colspan="2">地址类型（16）</td><td>路径标签（16）</td></tr>
<tr><td colspan="3">IP 地址（32）</td></tr>
<tr><td colspan="3">子网掩码（32）</td></tr>
<tr><td colspan="3">下一个站点的 IP 地址（32）</td></tr>
<tr><td colspan="3">跳数值（32）</td></tr>
</table>

其中几个重要字段的含义如下：

命令：报文的类型，1 表示请求报文，2 表示响应报文。

地址类型：该字段值通常为 2，表示 IP 地址。

RIP 标示符：用于区别多个 RIP 的进程，这样一台路由器可以运行多个 RIP。

路径标签：为 BGP 路由提供支持，通常是一个 AS 号。

下一个站点的 IP 地址：指明 RIP 报文应当被发送到哪一台路由器（RIP—1 仅支持广播）。

RIP 路由属于动态路由协议，它可以自动生成路由表，但运行 RIP 协议的路由器仍然需要用户事先告知它都直接连接了哪些网络，对于图 6 - 18 而言：

R1 直接连接了两个网络，他们是：192.168.1.0、192.168.0.0；

R2 直接连接了三个网络，他们是：192.168.2.0、192.168.0.0、192.168.0.128；

R3 直接连接了两个网络，他们是：192.168.3.0、192.168.0.128；

"Network" 这条命令经常被用于告知路由器都连接了哪些网络，相应的命令如表 6 - 23 所示。

表 6 - 23　RIP 路由配置

R1	R2	R3
Network 192.168.1.0	Network 192.168.2.0	Network 192.168.3.0
Network 192.168.0.0	Network 192.168.0.0	Network 192.168.0.128
	Network 192.168.0.128	

6.2.3 IGRP 协议

另一种常见的距离矢量路由协议是 IGRP（Interior Gateway Routing Protocol），它是在 20 世纪 80 年代中期由 CISCO（思科）公司设计的一种路由协议，现在很多小型 AS 的内部仍然在使用这个协议。与 RIP 协议不同，IGRP 的距离度量值不是简单的跳数，而是一个数学公式，这个公式将链路的一些特性考虑进去了。这些特性包括带宽、延迟、负荷和可靠性，在默认情况下，IGRP 只考虑带宽和延迟，这个数学公式是

权值＝[K1×带宽＋(K2×带宽)/(256－负荷)＋K3×延迟]×[K5/(可靠性＋K4)]

在默认情况下，K1＝K3＝1；K2＝K4＝K5＝0，而且 IGRP 规定，如果 K5＝0，那么 [K5/(可靠性＋K4)] 这一部分不参与计算，这样一来，权值＝带宽＋延迟(权值越小代表线路越优)。

在这个公式中，带宽的单位取 kb/s，延迟的单位取 10μs。

在缺省情况下，IGRP 每 90s 发送一次路由更新广播，在 3 个更新周期内（270s）如果没有从路由中的第一个路由器接收到更新，则宣布路由不可访问。在 7 个更新周期即 630s 后，Cisco IOS 软件从路由表中清除路由。

每一台运行 IGRP 协议的路由器都被赋予一个标示号（一个任意的整数），只有标示号相同的路由器之间才能互相交换路由信息，命令 "route igrp id" 用于给一台运行 IGRP 协议的路由器指定这个标示号。

IGRP 协议还有一个增强版本，即 EIGRP（Enhanced Interior Gateway Routing Protocol），EIGRP 与 IGRP 之间主要区别包括：支持变长子网掩码（Subnet Mask）、局部更新和多网络层协议。执行 EIGRP 的路由器存储了其所有相邻路由器的路由表，以便于它能快速

利用各种选择路径。如果没有合适路径，EIGRP 查询其邻居以获取所需路径，直到找到合适路径为止。

6.2.4 OSPF 协议

Internet 上的路由协议在 1979 年 5 月份以后被一个链路状态路由协议所取代（现在已经不用），1988 年，IETF（Internet Engineer Task Force，Internet 工程任务组）开始开发它的后继协议，此后该协议就被称为 OSPF（Open Shortest Path First，开放式最短路径优先）协议，它是一个链路状态路由协议，该协议于 1990 年成为标准。OSPF 中“O”的含义是路由算法必须被公开发表，而不是某一个公司的私有方案，这有利于推动网络发展，现在几乎所有的路由器都支持 OSPF 协议，并且已经成为事实上的 Internet 内部网关协议。

OSPF 将一个 AS 逻辑地划分成多个区域（area），每个区域是一个子网或者一组临近的子网，区域不能相互重叠，一个子网也不能同时属于多个区域。在这所有的区域中有一个骨干区域（即 0 号区域），所有其他的区域必须和骨干区域直接连接并且通过它来学习路由信息。这样一来，一个区域内部的主机总是可以通过骨干区域连接到其他区域内的主机。OSPF 的这种做法使得各个区域组成了一个星型的结构，其中骨干区域为中心结点。

在一个区域内部的所有路由器都有着同样的链路状态数据库，并且运行着同样的最短路径算法（如 Dijkstra 算法）。图 6-19 显示了一个 AS 内部的区域划分情况。

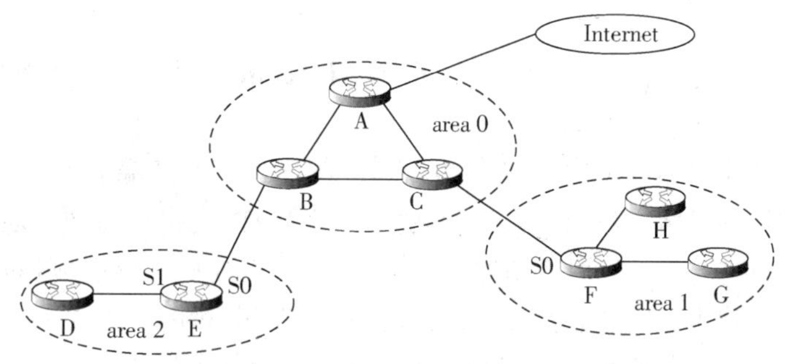

图 6-19 OSPF 将一个 AS 内部区域划分情况

OSPF 区分 4 种路由器：

1）区域内部路由器：它完全在一个区域的内部，如 D、G、H。

2）区域边界路由器：它在一个区域的边界并且连接到其他路由器，如 E、F。

3）骨干路由器：骨干区域内的所有路由器和连接到骨干区域的路由器，如 A、B、C、E、F。

4）AS 边界路由器：AS 与 Internet 连接的路由器，如 A。

需要特别说明的是，区域的划分是以子网为单位的，而不是以路由器为单位的，如路由器 E 的 S0 接口和 F 路由器的 S0 接口也属于骨干区域（area 0），但路由器 E 的 S1 接口属于 2 号区域。由于 E 连接到了两个区域，它需要维护两个独立的链路状态数据库，并且独立地运行最短路径算法。

由于 OSPF 协议是一个链路状态路由协议，因此，一个路由器必须定期地广播与自己直接连接的链路和路由器的信息，但让一个路由器与一个区域内的所有路由器都进行通话会使得网络的效率很低。因此，OSPF 要求从一个区域中选出一台路由器作为指派路由器，它必须与该区域中的其他路由器直接连接，如 area 1 中的 F 路由器。这样，一个路由器只需要跟指派路由器进行信息交换就可以了，而不必再跟别的路由器通信，如 F 和 H 之间、F 和 G 之间会有信息交换，但 H 和 G 之间没有信息交换。

命令 network net-id wildcard-mask area area-id 用于给一台路由器指定其连接到的网络

和区域，其中 net-id 是网络号，wildcard-mask 是子网掩码的反码（如 0.0.0.255），area-id 是该子网所属的区域。

6.2.5 BGP 协议

BGP 是外部网关协议，在这小节开头的地方我们曾经提到过，外部网关协议经常需要考虑到政治和安全的因素，通常它们毫无规律，这些路由策略只能以手工的方式被配置到每台 BGP 的路由器当中，这些内容并不是协议的一部分，而且正是由于这些不可预知的因素的干扰，BGP 协议一直没有被广泛利用起来。

Internet 从 1989 年开始使用 BGP 协议，由于并不被广泛关注，我们仅对它做简要的描述：BGP 也是一个距离矢量路由协议，但与一般的距离矢量路由协议有显著的不同，运行 BGP 协议的路由器不仅仅维护它到每个目标的距离，而且还要记录下到达那个目标所经过的路径，在进行路由信息交换的时候，这条路径也被打包进去了。正是由于这样的做法，在 BGP 协议中不会出现“无穷计算问题”。

另外，BGP 使用了面向连接的 TCP 协议来进行信息交换，因此运行 BGP 协议的路由器不必担心收到的路由信息是否有错误。

6.3 Internet 上的传输层

IP 协议提供的是“尽力投递”的服务，在正常情况下，它可以保证分组被路由到正确的目的网络，然后由具体的网络递交给目的主机。然而，通信的本质其实是在两个进程之间进行的，而一台计算机往往会运行很多的进程，分组应该被递交给目的主机的哪一个进程呢？通常它由传输层的地址来决定，在 Internet 中，两个最常见的传输层协议是 TCP 和 UDP，它们都使用端口号（port）来区分各个进程。一个 IP 地址和一个端口号的组合被称为一个套接字（socket），由此可以看出，通信其实是在两个套接字之间进行的。需要注意的是，一个套接字有可能被多个连接共享。

端口号是一个 16 位的整数（0-65535），其中，0～1024 端口被保留用于一些标准的服务，表 6-24 列出了一些常见的标准服务和它们所占用的端口号：

表 6-24 常用端口号

端口	应用层协议	传输层协议	用途
21	FTP	TCP	文件传输
23	TELNET	TCP	远程登录
25	SMTP	TCP	发送电子邮件
53	DNS	UDP	域名服务器
80	HTTP	TCP	Web 服务（World Wide Web）
110	POP-3	TCP	接收电子邮件
161	SNMP	UDP	简单网络管理

IP 是一个不可靠的、无连接的协议，可靠的服务必须要由传输层来提供，TCP 就是专门为了在不可靠的 IP 协议之上实现可靠通信而设计的，它现在是 Internet 上任务最为繁重

的一个协议，提供面向连接的服务。然而，并不是所有的服务都需要建立连接，对于一些查询—应答类型的通信，无连接的服务可能更好（省去了建立连接的开销），UDP 就是这样的一个协议，它提供了简单、高效的通信模型，如 DNS 查询就是利用 UDP 协议实现的。

传输层还需要提供流量控制、差错控制、拥塞控制等一系列复杂的工作，我们将在 TCP 和 UDP 协议中学习这些知识。

6.3.1 TCP 协议

TCP（Transmission Control Protocol）是一个面向连接的协议，即 TCP 发送的每一个报文都需要接收端的确认信息。一个 TCP 连接被通信两端的两个套接字（Socket）唯一确定，TCP 提供全双工的、面向数据流的传输服务。

1. TCP 报文的格式

TCP 头和 IP 头一样都有固定的 20 字节，如果在 TCP 头和 IP 头中已经没有可选项的话，那么数据部分最多可以有 65535－20－20＝65495 个字节（因为 IP 分组的最大长度为 65535 字节），在 TCP 报文中，数据部分可以完全为空，通常这表示确认和控制消息。TCP 报文格式见图 6-20。

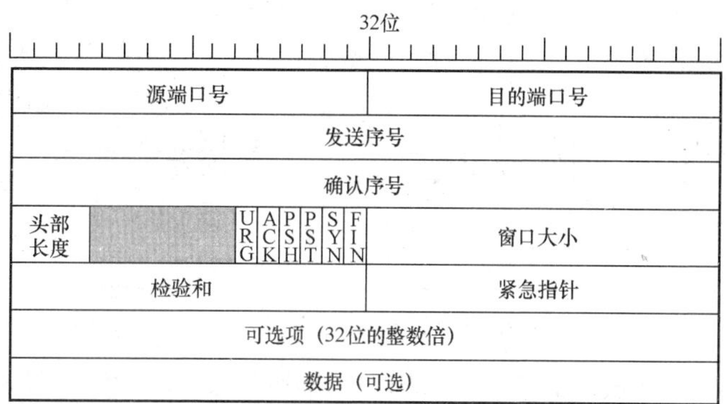

图 6-20 TCP 报文格式

源端口号（32 位）：发送端的端口号。

目的端口号（32 位）：接收端的端口号，在一个 IP 分组中，包含源 IP 地址、源端口号、目的 IP 地址和目的端口号，它们唯一地表示了一个 TCP 连接。

发送序号（32 位）：表示发送端所发送的数据的第一个字节在整个 TCP 数据流中的序号，请注意 TCP 流中的每一个字节都已经编号了，32 位的序号说明一个 TCP 流的大小不能超过 4G（2^{32}），通常它只在发送报文中有效，在确认报文中该字段为全 0。

确认序号（32 位）：表示接收端期望接收到的下一个报文的第一个字节在整个 TCP 流中的序号，通常它只在确认报文中有效，在发送报文中，该字段为全 0。

头部长度（4 位）：以 4 字节（32 位）为单位指明 TCP 头部的长度，在没有可选项时，该字段的值为 0101（5），即 20 字节。紧跟在头部长度之后的 6 位没有定义，它们至今仍然未被使用。

URG（1 位）：紧急位，如果该位被置 1 表示当前数据为紧急数据，通常 URG 要配合紧急指针使用，紧急指针表示从当前发送序号开始到紧急数据结束的偏移量。

ACK（1 位）：确认位，如果该位被置 1 表示确认序号有效（当前报文为确认报文）。

PSH（1 位）：PUSH 位，如果该位被置 1 表示接收方在收到数据后应尽快递交给应用程序，而不是先将它缓存起来，这一位可能被用于特殊场合，比如实时的数据广播。

RST（1 位）：重置位，如果该位被置 1 表示发生了严重的错误，TCP 连接必须重新建立。它也可以用于拒绝接收无效的数据，或者拒绝一个连接请求。通常一台计算机如果收到 RST 信息，这表示它可能有了问题。

SYN（1位）：同步位，用于TCP连接的建立，通常它需要配合ACK位使用，如果SYN＝1，ACK＝0，这表示源端发起连接请求；SYN＝1，ACK＝1这表示目的端同意建立连接。

FIN（1位）：结束位，如果该位被置1表示发送端已经发送完了所有的数据，要求释放连接，但此后的一段时间里，它仍然可能接收到数据，直到它也收到一个FIN＝1的报文为止。

窗口大小（16位）：用于表示接收端缓冲区的大小，该域经常会在一个确认报文中被设置，它用来告诉发送端要发送的下一个报文不得超过这个值。如果该值为0表示发送方应该暂停发送数据，此后，接收端会再发送一个非0的报文告诉发送方可以发送数据了。TCP就是利用窗口大小来进行流量控制的。

校验和（16位）：校验的范围包括TCP头部、数据以及一个伪头部（IP头中的校验仅仅包含IP头部），校验算法和IP头中的校验和字段是相同的，即将所有的数据以16位为单位逐个累加起来，然后取结果的补码。TCP伪头部的格式如图6-21所示。

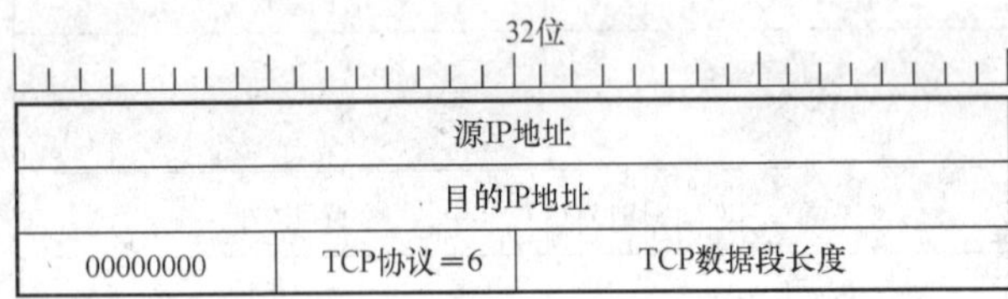

图6-21　TCP伪头部的格式

这里要说明一点，TCP伪头并不是一个真正意义上的头部，它不参与数据的封装过程，只是在计算校验的时候加上了这一部分内容，其目的仍然是为了提供额外的可靠性。UDP协议在计算校验和时也会加上这个伪头部，只是协议字段换成了UDP协议（＝17）。由于UDP本身是无连接和不可靠的，UDP伪头的使用或多或少地检查了数据是否到达了正确的目的主机，这也为UDP稍微增加了一点可靠性。

与IP协议相比，TCP的校验和是完备的，它检查了TCP报文当中的每一个字节，而且还额外地加上了TCP伪头，然而也有很多人认为在计算校验和时加入TCP伪头的做法实际上并不是一种好的设计，因为像IP地址这样的东西它应该由网络层来处理，换句话说，传输层不应该处理网络层的数据，TCP只需要做好自己的工作就行了。

关于选项字段，它通常提供以下两个最重要的用途：

1）通知对方自己可以接受的最大TCP净荷：TCP净荷越大，传输的效率也就越高，因为TCP头就可以分摊到更少的分组当中，Internet当中的任何一台主机都被要求至少可以接受536字节的数据净荷，即556（536＋20）字节的TCP报文。

2）允许通信双方协商窗口的大小：很显然，窗口越大，发送方就可以越快地发送数据，但在TCP头中，窗口大小却被限制为16位。为提高窗口尺度，RFC1323中提出在选项域中再拿出14位用于表示窗口大小，TCP头中的窗口大小左移14位，这样一来，窗口的大小就有30位，可以表示2^{30}（1G）个字节了，这样的做法对于高速的骨干网来说意义重大。

2. TCP连接的建立和拆除

TCP连接的建立采用“三次握手”机制。

通常情况下，连接发起端会向目的端发送一个CONNECT原语（SYN＝1，ACK＝0），当这个请求消息到达目的计算机的时候，目的计算机判断在请求的这个端口上是否执行了LISTEN原语，如果没有执行，那么返回一个RST位的应答以拒绝该连接请求。

如果该端口正在监听，那么监听进程可以决定是否接受这个连接请求（ACCEPT 原语），如果接受请求，那么它返回一个确认消息（SYN=1，ACK=1）。

请注意，一个 TCP 连接进程的初始序列号并不是 0，而是一个随时间而变化的随机数。一个 TCP 的连接一旦被建立起来，它就是全双工的，即在两个方向上可以同时发送数据和接收数据。TCP 连接的建立，如图 6-22 所示。

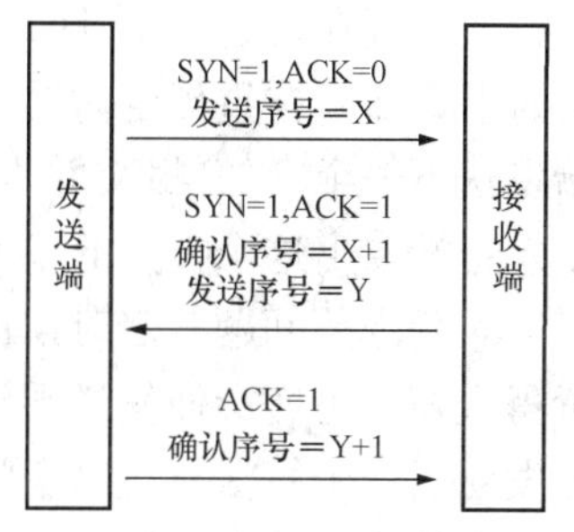

图 6-22 TCP 连接的建立

TCP 连接的拆除可以看作是两个单工连接的单独释放，通常它要有 4 个 TCP 的数据段，即源端发送一个 FIN 报文、等待一个 ACK 报文，此时源端到目的端的连接被释放，源端不会再发送数据，但它仍然可能会接收到数据。如果目的端也想释放连接，那么目的端也要发送 FIN 报文并等待一个 ACK 报文。然而，在大多数情况下，两个方向上的连接是被同时释放的，这样一来，释放一个 TCP 连接可以只用三个报文，即在目的端给源端的 ACK 报文中夹带着 FIN 信息，TCP 连接的拆除过程如图 6-23 所示。

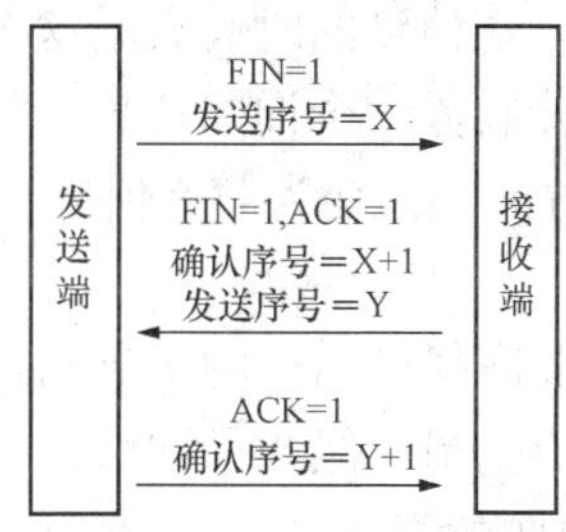

图 6-23 TCP 连接的拆除过程

无论是 TCP 连接的建立还是释放，他们都需要得到确认消息，然而对于建立连接，如果发送方没有收到确认信息，那么连接就无法建立。

对于连接的释放，如果发送方在定时器超时后仍然没有收到确认信息，那么发送方将强行地释放该连接。对方最终会检查到发送方好像已经对自己不做出任何响应了，因而也会超时，于是连接被释放。这个做法显然不够完美，但 TCP 也只能做到这样了，在实践中，出现这种情况的几率非常小。

3. TCP 中的流量控制

TCP 通过滑动窗口来进行流量控制，以防止一个快速的发送方淹没一个慢速的接收方，图 6-24 说明了滑动窗口的一般工作原理。

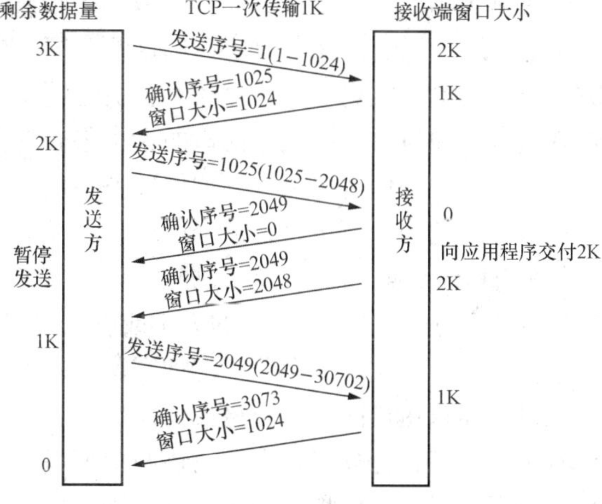

图 6-24 TCP 流量控制

在图 6-24 中，我们注意到，当接收方窗口大小为 0 时，发送方就不会继续发送数据了，但有两种特殊情况：

1）紧急数据仍然可以发送，通常接收方必须以牺牲别的进程为代价来接收这些数据。

2）为避免发送方无限期地等待接收方宣告一个新的窗口信息（接收方有可能出现了问题），发送方可以发送一个 1 字节的数据段通知接收方宣告一个新的窗口信息，以避免出现死锁的情况（双方都在等待对方的下一个动作）。

4. TCP 的可靠性机制

为保证数据传输的可靠性，TCP 中采用了确认和超时重传机制。

发送端在发送一个 TCP 报文之前，首先为这个报文保存一个备份，同时启动一个重传定时器，如果在重传定时器过期之前收到了来自接收端的确认消息，那么定时器被停止，开始发送下一个 TCP 报文并重新启动这个定时器；如果定时器到期仍然没有收到确认消息，则发送端取出这个报文的备份并将它重新传输一遍。定时器究竟应该等待多长时间，这是一个很难确定的问题，定时期被设置得太长，可能会使得发送端对于网络故障的反映迟钝；设置得太短，可能会使发送端没有机会接收确认消息，从而引起重发操作。Jacobson 在 1988 年发明了一个算法解决这个问题，它的基本思想仍是基于对往返时间的估计并根据通信的情况不断地修改这个估计值。

在 TCP 中还有另外一种定时器称为持续定时器，请考虑这种情况：接收方给发送方发送一个窗口为 0 的确认消息，让发送方先暂停发送。后来，接收方更新了窗口，但这个更新消息没有到达发送方，此时，发送方和接收方都在等待对方的下一个动作。为避免出现这种情况，发送方还维护一个持续定时器，当它收到一个窗口为 0 的确认消息的时候启动这个定时器，如果过期没有收到接收端更新的窗口消息，那么发送方给接收方一个询问消息，如果询问的结果仍然是 0，那么持续定时器重新开始工作，直至接收方的窗口变为非 0 值。

5. TCP 的拥塞控制

TCP 的任务是提供可靠的端到端传输，然而当 TCP 发送的数据超过网络的负载时，拥塞就会发生，TCP 的报文可能会被丢弃。尽管 TCP 有超时重传的机制，但如果网络的负载没有得到有效的控制，重传的报文仍然可能被丢弃，解决拥塞问题的根本办法是减少 TCP 发送的数据量，那么 TCP 应该发送多少数据才使得网络的带宽得到充分利用并且又不会引起拥塞呢？

每个 TCP 的进程都维护着两个窗口（可以理解为一个变量），他们是：

- 接收方窗口：这表示接收方可以接受的字节数（缓冲区大小）。
- 拥塞窗口：这表示发送的字节数如果达到这个值，网络就会发生拥塞。

发送方可以发送的字节数应该取这两个窗口中最小的那个，这么做的意思是既要保证接收方可以接受这些数据，而且它还不会引起网络拥塞。通常，拥塞窗口会比接收方窗口小。

在这两个窗口中，接收方窗口的大小很容易得到（接收方会在确认报文中告诉发送方），拥塞窗口的大小如何选择呢？它如何反映当前网络的拥塞状况？

拥塞窗口的初始值被设置为当前连接上使用过的最大数据长度（比如 1KB），以后，如果网络一直不发生拥塞，那么拥塞窗口将以指数方式不断增加（2KB、4KB、8KB、16KB…），直到达到接收方窗口的大小或者网络发生拥塞了（发生了超时现象）。

这样的设计存在两个问题：①拥塞窗口指数级的增长可能太快了，中间缺少过渡。②发生拥塞以后拥塞窗口的大小应该如何改变呢？

实际上，每台计算机除维护上述两个窗口外，还维护着第三个参数，即阀值（有些教材也称它为门限窗口，如果是这样，那么每台计算机就维护了三个窗口）。初始时，阀值＝64KB，当超时发生的时候，阀值被设置为当前拥塞窗口的一半，而拥塞窗口减为它的初始值（如 1KB），这么做的含义是将发送的数据量减少一半网络可能是可以接受的，以后拥塞窗口仍按指数级增长，但当它达到阀值的时候就按线性增长了，直到再次发生超时或者拥塞窗口已经达到接收方窗口的大小了，通常 TCP 的这种拥塞控制算法被人们称之为慢启动和加速递减。

图 6-25 说明了 TCP 的这种拥塞控制算法。

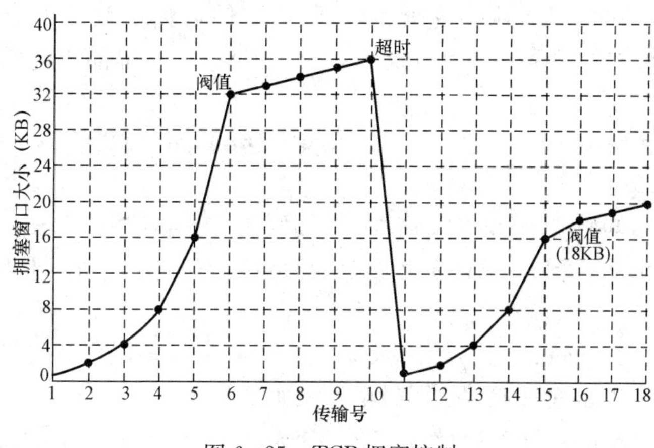

图 6-25 TCP 拥塞控制

最后，我们对 TCP 协议简要地做几点总结：

- TCP 协议的内部非常复杂，它通常提供可靠的、面向连接的、全双工的、面向数据流的服务。
- 一个 TCP 连接由两个套接字唯一确定，TCP 通信是点对点的，不支持广播。
- TCP 连接的建立和拆除采用“三次握手”机制。
- TCP 采用滑动窗口（缓冲区大小）来进行流量控制。
- TCP 采用确认、超时重传、持续定时机制保证传输的可靠性。
- 每个 TCP 进程通过维护接收方窗口、拥塞窗口、阈值来进行拥塞控制。

6.3.2 UDP 协议

TCP 是一个可靠的保证传输质量的协议，但其控制复杂，消耗系统资源很多。实际上并不是所有的 Internet 传输都需要这样的服务，比如对于一些“查询一应答”类型的服务，如果报文丢失了，只需再发送一次查询就可以了，即使得不到有效的应答可能也没有关系，Internet 上的传输层也提供了这样的服务，它就是 UDP（User Datagram Protocol，用户数据报协议）协议，与 TCP 相比，UDP 不提供可靠性、不进行流量控制和拥塞控制、不进行差错控制，因此它要简单得多，图 6-26 是 UDP 报文的格式。

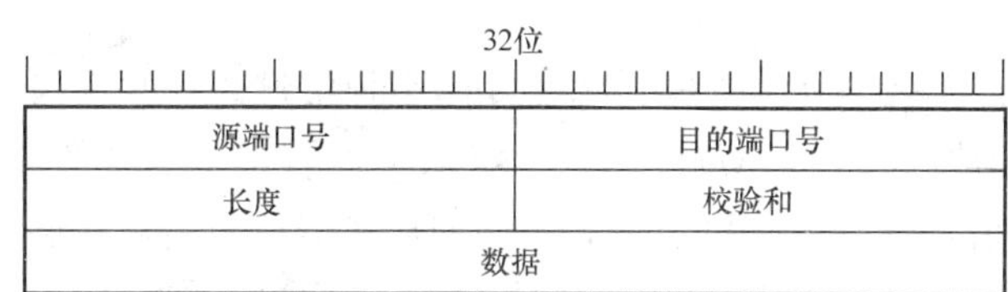

图 6-26 UDP 报文格式

源端口号和目的端口号：分别标示了源和目的应用进程端口号。

长度：标示了 UDP 报文的总长度（包括头部和数据），该字段的最小值为 8 个字节，这表示 UDP 报文中不包含数据，只有 8 个字节的头部。

检验和：检验的范围包括 UDP 报头、数据以及 UDP 伪报头，检验的算法和 TCP 是相同的。UDP 伪报头的格式和 TCP 伪报头相同，只是协议字段换成了 17（UDP 协议号）。UDP 伪报头实际上为 UDP 协议提供了一种简易的差错控制技术，它可用于判断 UDP 数据报是否到达了正确的目的主机。

由于 UDP 协议十分简单，没有更多需要解释的东西，通常它用于低档次的服务，图 6-27 说明了 UDP 协议在一台主机上的应用，它经常被人们称为“UDP 多路复用”。

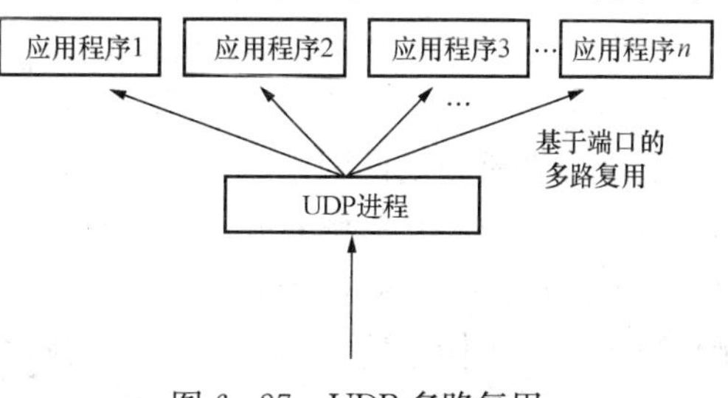

图 6-27 UDP 多路复用

作为UDP协议的实例，平凡文件传输协议TFTP、域名查询DNS、远程过程调用RPC、简单网络管理协议SNMP、PING命令等都使用了UDP协议。

6.4 Internet 上的应用层

我们已经学习完了所有的预备知识，现在该来讨论一些具体的应用了，前面所学习的内容实际上并不为用户做任何事情，它只是一个传输系统。应用层通常是用户需要传输的具体数据，然而为了完成任务，应用层也会有自己的协议以便让应用程序更好地理解和操纵这些数据。

Internet上的应用很多，而且会越来越多，本章我们主要介绍DNS、WEB、FTP以及DHCP的实现原理，同时也介绍如何在Windows server 2003操作系统下实现它们。

6.4.1 DNS系统及其在Windows server 2003下的实现

在ARPANET早期，由于联网的计算机数量较少，人们将哪个主机使用了哪个IP地址这种对应关系存在了一个称为Hosts.txt的文本文件中，每天晚上，ARPANET上所有的主机都要到维护这个文件的计算机上取出这个文件。后来，联网的计算机越来越多，人们意识到使用这种集中式的人工的管理办法已经很难再完成这个映射任务了，为解决这个问题，20世纪80年代，人们发明了DNS（Domain Name System，域名系统）。

DNS的主要作用是将主机名映射成IP地址，这个任务是由一系列的DNS名称服务器来完成的，Internet上的主机数量庞大，它们并不是被集中存储在一台名称服务器上，而是通过一个分布式的数据库存储在全球很多的名称服务器中，通常一个名称服务器负责一个区域（zone）。一个DNS查询往往会经过很多名称服务器的递归查询才能完成。

1. DNS名字空间

Internet采用域（domain）的概念来命名主机，全球共有200多个顶级域，这些顶级域被分成两大类，国家域（如CN）和通用域（如COM），每个顶级域下面有很多的二级域，二级域下面还可以有三级域，从理论上说，这种级别可以一直不断向后扩展，但通常它们都不会超过三级。每个域除包含自己的子域外，还可以包含很多主机。DNS的这种结构可以用一棵树来表示。

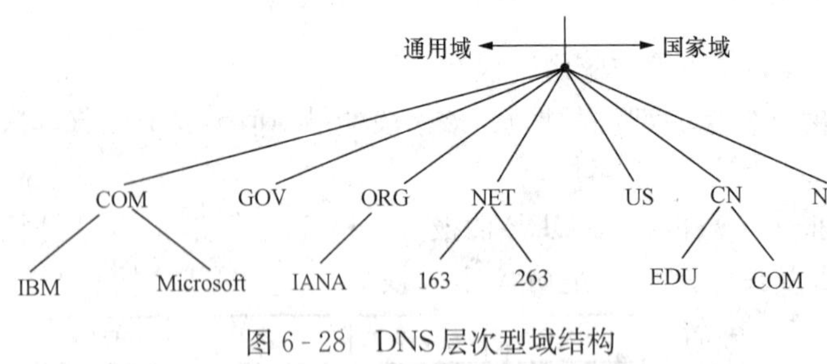

图6-28 DNS层次型域结构

请注意，图6-28只是画出了DNS的域结构，每个域下面还有很多主机，他们并没有被画在图中。如Microsoft.com是Internet上的一个域，在这个域下面有一台主机www（图中没有标记），那么这台主机在Internet上的名字就是www.Microsoft.com。

子域的创建必须得到它的父域的许可，比如清华大学想创建一个域Tsinghua.edu.cn，那么创建者必须向其父域edu.cn提出申请并获得批准才行，如果申请成功，那么它将负责解析Tsinghua.edu.cn这个域下面的所有资源记录，它可以在这个域下面任意地创建主机而无须再向上级机构申请，DNS的这种结构可以避免DNS名字之间发生冲突。

2. DNS资源记录

DNS的基本功能是将域名映射到资源记录上，在所有的资源记录中，主机记录（即A记录）是最常见的一种记录，它通常表示一台主机的IP地址，但还有一些其他类型的资源记录。表6-25示出的是DNS资源记录。

表6-25 DNS 资 源 记 录

资源记录类型	含 义	值
SOA	授权开始	本区域的参数，如序列号、管理员的电子邮件等
A	主机的IP地址	一个域名的IP地址
AAAA	主机的IPv6地址	一个域名的IPv6地址
MX	邮件交换	接收该域电子邮件的服务器的完整域名
NS	名称服务器	负责解析该域的服务器的完整域名和IP地址
CNAME	别名	一个域的别名
PTR	指针	一个IP地址的域名（和A记录相反）
TXT	文本	任意文本

由于Internet上的域名并不是集中存储在一台名称服务器下面（前面已经提到过），因此对于一台名称服务器来说，肯定会遇到不能解析的域名，此时，它可以向别的名称服务器提出解析请求，可是问题在于，它应该向哪一个名称服务器提出这个请求呢？让一台名称服务器了解全世界所有的名称服务器显然是不现实的，但让它掌握所有的根名称服务器却是行的通的，到目前为止，Internet上共部署了13台根名称服务器，它们是完全公开的，通常DNS在启动的时候会通过一个配置文件加载这些根名称服务器，这个配置文件一般随同DNS的安装程序一同发行（如在Windows server 2003的安装包中）。这样一来，当一台名称服务器遇到不能解析的域名时，它就会向根名称服务器提出请求。请特别注意一点，尽管父域知道自己的每一个子域（子域必须向父域提出申请并获得批准才能开通），但子域却不知道自己的父域是谁，即对于子域不能解析的域名它无法向其父域提出解析请求。

3. DNS解析过程

通常DNS的名字空间被划分为一系列互不重叠的区域（zones），一个区域可以只包含一个域（如Microsoft. com），也可以包含多个域（如sirt. edu. cn，jwc. sirt. edu. cn等）。一般情况下，一个区域由一台主名称服务器和若干辅助名称服务器来负责，它将对本区域内的所有域名解析请求做出权威的应答（即肯定是正确的）。

一台名称服务器如果收到远程的域名解析请求（即请求的域不在它管辖的范围内），那么它将通过递归查询的方法来解析这个域名。DNS解析过程，如图6-29所示。

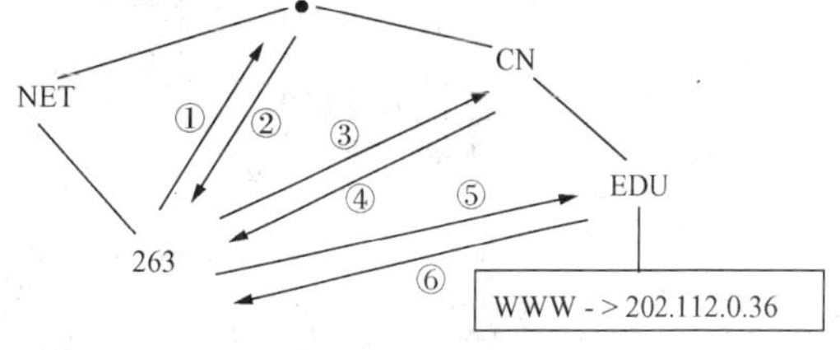

图6-29 DNS解析过程

假设名称服务器263. net收到一个要求解析www. edu. cn的请求（第一次），由于这个域名它解析不了，于是它将这个请求发往根名称服务器（图中第①步），根名称服务器经过查询发现它属于子域CN管辖的范围，于是根名称服务器将子域CN的名称服务器返回给263. net（图中第②步）；263. net接下来向 CN 提出请求（图中第③步）并得到名称服务器 edu. cn 的 IP 地址（图中第④步）；263. net 向 edu. cn 提出请求（图中第⑤步），由于 WWW 是 edu. cn 的一个主机，它便将 IP 地址 202.112.0.36 返回给 263. net（图中第⑥步）。

263. net 在收到应答后，除了将结果告诉请求的主机外，还会将域名 www. edu. cn 和 IP 地址 202.112.0.36 的这种对应关系保存到自己的缓存中，以便将来可以继续使用。

DNS 的缓存可以极大地提高域名解析的效率，一台 DNS 服务器如果启动时间很长了，那么一些常见的域名都会被它保存在缓存中，从而可以直接对请求做出响应而不需要再执行上述过程了。DNS 缓存也会带来一些问题，比如 edu. cn 修改了主机 www 的 IP 地址，但 263. net 缓存中的内容仍然是旧的，这会导致错误的应答。解决这个问题的办法是给每一条 DNS 资源记录（包括缓存记录）加上生存时间（TTL），一些相对稳定的记录可以将 TTL 设置得大些，比如一天，而一些不稳定的记录可以将 TTL 设置得小些，比如 1h。

4. DNS 在 Windows server 2003 下的实现

启动 DNS 控制台（在管理工具中），如图 6-30 所示。

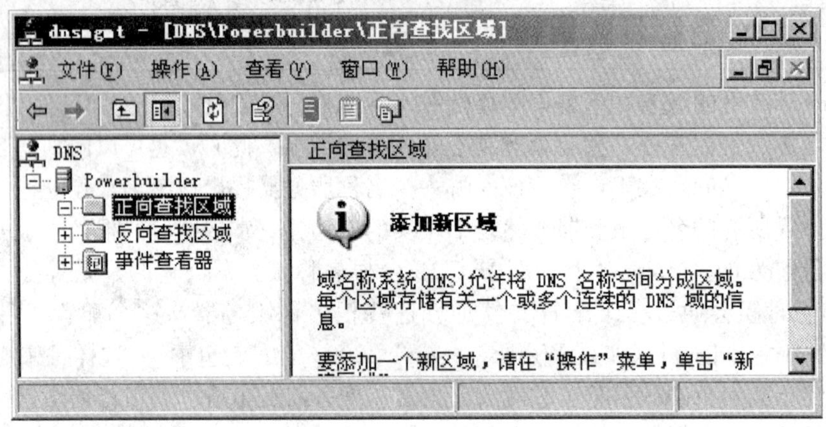

图 6-30　DNS 控制台

在"正向查找区域"中点右健，选择"新建区域（Z）"，在接下来的操作中依次选择"下一步"、"主要区域"→"下一步"、输入区域的名称如 ok. com、"下一步"，"完成"。DNS 中新建区域如图 6-31 所示。

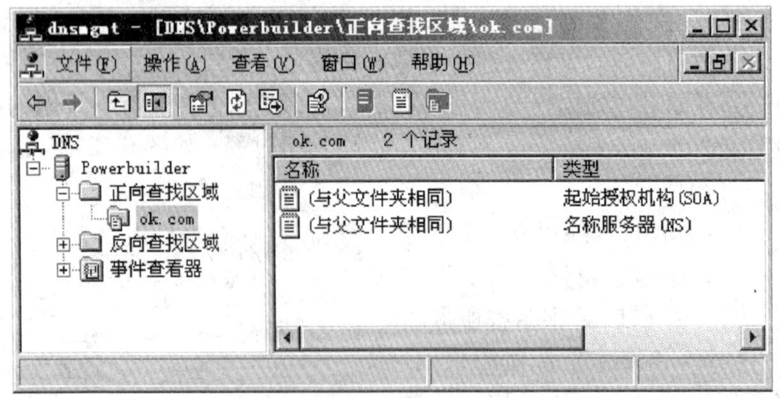

图 6-31　DNS 中新建区域

在 ok. com 域下面建立下面这些主机（A）记录，如表 6-26 所示。

表 6-26　ok. com 域下面的 A 记录

名 字	IP 地址	名 字	IP 地址
Ns	192. 168. 6. 5	User1	192. 168. 6. 5
Zone1	192. 168. 2. 1	User2	192. 168. 6. 5
www	192. 168. 6. 5		

注 User1 和 User2 记录是为以后学习虚拟主机而专门建立的。

在域 ok. com 上点鼠标右键，选择“属性”，将该域的名称服务器改为 ns. ok. com，修改完以后的属性窗口，如图 6-32 所示。

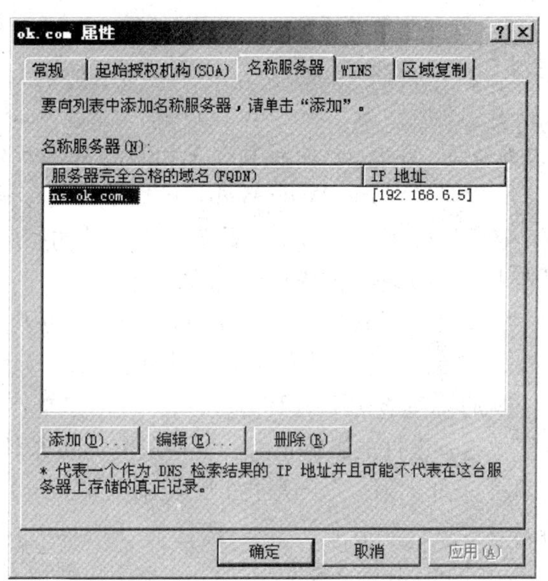

图 6-32　名称服务器配置

正如前面所讲的，名称服务器（192. 168. 6. 5）将对该域（ok. com）的资源记录进行管理，并对该域的请求做出权威的应答。

www 记录是一条普通 A 记录，通常它会用于发布一个网站（www. ok. com）。

在 Windows server2003 的 DNS 服务中，请特别注意“子域”和“委派域”的区别，如图 6-33 所示，图中 subarea. ok. com 是 ok. com 的一个子域，这个子域和 ok. com 同属一个区域，他们有相同的名称服务器，比如对于域名 www. subarea. ok. com 的解析请求仍然由 ns. ok. com（192. 168. 6. 5）来应答。在 subarea. ok. com 子域中，我们可以和在域 ok. com 中一样任意的建立主机或者其他记录。

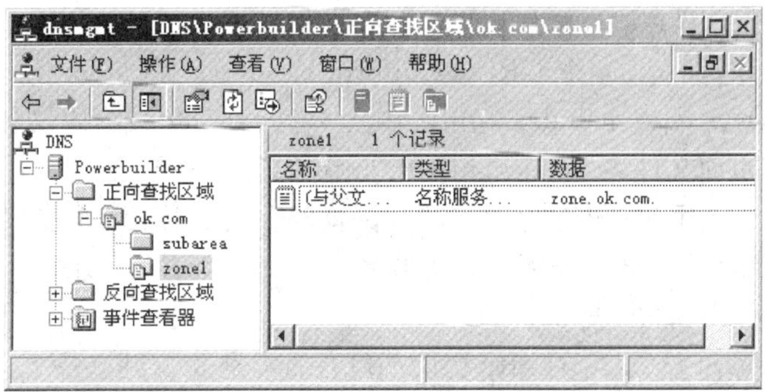

图 6-33　子域和委派域

而 zone1. ok. com 则是 ok. com 下面的一个委派域，zone1. ok. com 有着自己的名称服务器 zone1. ok. com（192. 168. 2. 1），zone1. ok. com 和 ok. com 不再属于同一个区域，对于域名 www. zone1. ok. com 的解析请求将由 zone1. ok. com 来做出应答而不是 ns. ok. com，在

zone1. ok. com 下面也不能建立任何资源记录，因为它不由本地 DNS 负责。

作为域 ok. com 的管理员，当有下级机构需要申请下一级的域名时，应该使用“委派域”的概念，通常，下级机构需要提供一个合法的 IP 地址用做这个下一级域名的名称服务器。

关于 DNS 在 Windows server 2003 下的实现，最后再说明几点：

1）本例中的所有数据（如 ok. com）都是示范性质的，他们只能用于局域网内部而不能用于 Internet。

2）想测试 DNS 是否正常工作，可以在 LAN 内的一台计算机上，将 IP 属性中的 DNS 改为 192. 168. 6. 5，然后利用 Ping 工具就可以了。

3）单击菜单“查看”→“高级”，可以查看 DNS 的缓存记录；单击菜单“操作”→“属性”，可以查看 Internet 上所有的根 DNS。在执行这两个操作之前，请保证当前计算机的名字（本例中为 Powerbuilder）处于选中状态。

6. 4. 2 Web server 及其在 Windows server 2003 下的实现

WWW（World Wide Web）已经不再是年轻人的专利，也不仅仅是科学家们的一种工具，它就像电视一样的深入了普通老百姓的家庭，在说明 Web server 的实现原理之前，我们先来简单回顾一下 WWW 的发展历史。

1989 年，欧洲原子能研究中心 CERN 为了让分布在很多国家的研究员通过一个平台来交换一些经常发生变化的报告、计划、图片等信息而提出了 WEB 的构想蓝图。同年 3 月，CREN 的物理学家 Tim Berners-Lee 提出了链接文档的概念，这个建议在 1 年半以后变成了事实。这一事件的影响很大，一些研究人员很快注意到它将给 Internet 带来革命性的变化。1993 年 2 月，第一个图形化的浏览器（Mosaic）发布并且很受人们欢迎。1 年以后，Mosaic 的编写者离开学校创办了一家公司 Netscape，该公司的主要产品就是浏览器 Navigator。1995 年 Netscape 公司公开发行股票，并创记录地获得了 15 亿美元的股票。此后三年里，Navigator 和微软的 Internet Explorer 陷入了持久的官司纠纷。1998 年，美国在线以 42 亿美元收购了 Netscape 公司，从而结束了这场持续了三年浏览器大战。

现在关于 WWW 的一些协议、标准都可以在 www. w3. org 上查到，它是万维网联盟（World Wide Web Consortium，W3C）的主页。

1. http 协议工作过程

通常，一个 WEB 页面由一个 URL（Uniform Resource Locator，统一资源定位器）来命名，如 http://www. edu. cn/index. htm，它至少有三部分组成：协议名（http）、DNS 名（www. edu. cn）和页面文件名（index. htm）。http 的意思是超文本传输协议（HyperText Transfer Protocol），当用户点击这个链接时，浏览器会执行以下几个步骤。

1）浏览器向 DNS 服务器发出要求解析域名 www. edu. cn 的请求。

2）浏览器得到 DNS 的回复 202. 112. 0. 36。

3）浏览器与 202. 112. 0. 36 的 http 协议端口（通常是 80）建立一个 TCP 连接。

4）浏览器发送一个请求，希望得到文件 index. htm。

5）202. 112. 0. 36 将文件 index. htm 返回给客户端。

6）TCP 连接被释放。

7）浏览器显示 index. htm 中的所有文本。

8）如果 index. htm 文件中包含了图片，那么浏览器还需要通过 TCP 连接取回这些图片文件并在浏览器的相应位置显示这些图片。

从以上过程我们可以看出，尽管我们平时上网的时候都是通过输入一个域名来登录一个网站的，可实际上，如果我们直接输入这个网站的 IP 地址，登录的过程会更快些（省去了 DNS 解析的过程）；另外，由于大多数的网站都采用了默认端口 80 来发布其网页，所以我们平时上网从来不用输入端口号，然而对于一些特殊的网站，我们有时候需要主动输入它的端口号，如 www. sirt. edu. cn：8080。

浏览器所做的工作相对比较简单，它基本上可以看成是一个 HTML（HyperText Markup Language，超文本标记语言）解释器，当然，现代浏览器一般也支持按钮、脚本语言、插件、ActiveX 等，下面我们将讨论的重点放在服务器端。

一个 WEB 服务器通常需要执行以下操作：

1）它必须在一个基本稳定的 Socket 上接受客户的连接。

2）它必须要能够从硬盘上取出用户需要的文件并将它交给客户。

3）WEB 服务器还需要进行安全、日志、缓存管理等其他工作。

从这个过程可以看出，一个 WEB 站点至少要有以下属性必须被设置：IP 地址、端口号（通常为 80）、发布目录（如 D:\\www_Root）、默认文档（如 Index. htm）。设置默认文档的原因是用户可能省略掉 URL 中的文件名，如 http://www. edu. cn，在这种情况下 WEB 服务器会将默认文档返回给用户，通常情况下，默认文档被用于一个网站的首页。

2. Web server 在 Windows server 2003 下的实现

启动 Internet 信息服务管理器（IIS，在管理工具中），主界面如图 6 - 34 所示。

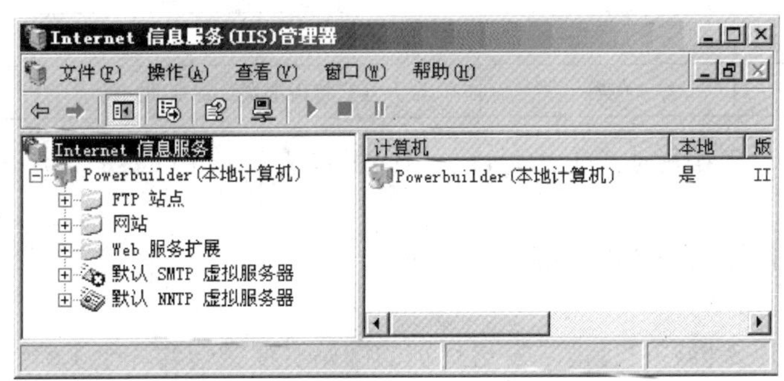

图 6 - 34　IIS 控制台

选中“网站”目录，然后单击菜单“操作”，选择“新建”→“网站”，然后根据向导依次输入该网站的描述、IP 地址、路径，单击“下一步”，就完成了一个网站的基本配置。在默认情况下，IIS 将使用 Default. htm 或者 Default. asp 或者 Default. aspx 作为该网站的默认文档，用户可以根据需要随意修改默认文档。注意在执行上述步骤以前，请保证网站所需的各种网页都已经被制作好了，并且都已经将他们放到了发布路径下面。

现在，越来越多的企业希望自己能在 Internet 上发布信息，可是 IP 地址却严重缺乏（发布一个网站需要一个合法的 IP 地址），如何在一个 IP 地址上发布多个网站呢？我们可以通过改变 WEB 的端口号来实现，这样一来，一个 IP 地址可以支持多达 6 万多个的 WEB 站点。然而问题在于，任何一个企业也不希望用户在进入它们的网站时还需要在域名的后面额外地加上一个端口号，这有损于企业的外在形象，而且，端口号这样的东西应该只被计算机所用，不应该让用户去认识和了解它，它也不便于记忆。

为解决这个问题，人们发明了另一种业务，即虚拟主机，它允许管理员在不改变端口号（即所有网站都使用80端口）的情况下，利用一个IP地址来发布多个主页。

3. 虚拟主机及其在Windows server 2003下的实现

在说明虚拟主机以前，我们有必要对HTTP协议做一个简单的解释。在客户与WEB服务器之间传送的数据中会往往包含一些很重要的关于服务器和客户机的信息（HTTP头），一些常见的HTTP头值如表6-27所示。

表6-27　　HTTP 头 值

头	类 型	内 容
User-Agent	请求	关于浏览器和操作系统的信息
Accept-Charset	请求	客户可以接受的字符集
Accept-Encoding	请求	客户可以处理的页面编码
Accept-Language	请求	客户可以处理的自然语言
Host	请求	服务器的DNS名称
Date	双向	消息发送的日期和时间
Content-Encoding	应答	消息是如何被编码的
Content-Language	应答	页面使用的自然语言
Content-Length	应答	以字节计算的页面长度
Last-Modified	应答	页面被最后修改的日期和时间
Location	应答	告诉客户将请求发送到别的网站

每一个应答消息中还包括一个状态行，里面包含了一个3位数字的状态码，通常它们的含义如下：

1XX：服务器同意处理客户的请求；

2XX：请求成功；

3XX：重定向，告诉客户将请求发送到别的网站（通常包含一个Location头）；

4XX：客户错误，如请求了不存在的页面或者权限不够等；

5XX：服务器错误。

在HTTP头中，我们注意到Host这个头通常指明请求的DNS名字，对于利用一个IP地址和一个端口号来发布的多个WEB站点，它们的DNS应该是不同的，即不同的企业不会有相同的域名，我们正好可以利用这点区别来实现虚拟主机。

在Windows server 2003中，这个Host头被称为"主机头值"，当WEB服务器接收到一个WEB请求时，它从HTTP头中取出Host头（即请求的域名），然后在所有的虚拟主机站点中查找这个域名，如果有匹配的站点，那么它将相应的请求文件返回给用户。

图6-35显示的是一个虚拟主机站点，它使用了192.168.6.5＋80＋a.ok.com这样的组合来唯一标示，另一个虚拟主机站点可能使用了192.168.6.5＋80＋b.ok.com来唯一标示。在实践中a或b通常也表示申请虚拟主机业务的客户名，这样便于管理，也易于通过程序来进行自动控制，很显然，使用虚拟主机的Web站点必须通过输入DNS名称的方法来登录，

而不能输入IP地址，因为服务器不能分清请求的是哪一个Web站点。虚拟主机是目前Internet上很流行的一项业务。

4. 性能问题

对于一些大型网站来说，使用一台Web服务器可能是满足不了大量客户的请求的，使用缓存可以缓解这个问题，但应用最广泛的技术是将一个网站的内容复制到多个分布广泛的其他Web服务器上，这种技术也被称为镜像（Mirroring）。

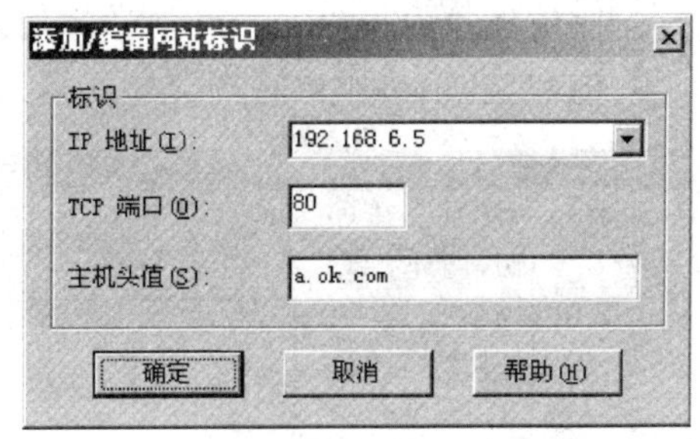

图6-35 一个WEB站点的标示

镜像的基本原理是，当一台Web服务器收到请求后，如果目前服务器的负荷太大，那么它返回给客户一个状态码为301的应答消息，在这个应答消息中包含一个Location头，用于指示客户向一个其他的Web服务器提出请求，客户浏览器然后按照相同的方法向那台Web服务器提出请求。镜像是一种纯服务器端的技术，对用户通明，也就是说，用户会像登录一个普通网站一样来登录镜像网站而感觉不到镜像的存在。

6.4.3 FTP server及其在Windows server 2003下的实现

Internet上最原始的应用就是文件传输，即人们通过网络将一个文件从一台远程的计算机上拷贝到本地计算机上来，在TCP/IP协议集中，FTP（File Transfer Protocol）专用于文件传输。

1. FTP基本工作原理

FTP是一种非常典型的客户/服务器模型，特别需要注意的是，在FTP客户与FTP服务器之间有两个TCP的连接，一个用于传输控制信息，一个用于传输数据（文件）。端口号21专用于服务器端控制进程，端口号20专用于服务器端数据传输进程。

并没有一个公认的端口号被专用于客户端的FTP控制进程和数据传输进程，通常的做法是客户机任意选择一个当前空闲的端口号和服务器建立连接。一次FTP传输的具体实现过程如下：

1）客户端建立控制进程并向FTP主服务器发出建立控制连接的请求，这个过程通常要求用户输入合法的用户名和密码。

2）FTP主服务器派生出一个子进程与客户建立FTP控制连接，之所以要用一个派生的子进程是因为FTP主服务器还需响应其他客户的连接请求。

3）客户控制进程向服务器控制进程发出FTP命令（有数据需要传输）。

4）服务器控制进程收到FTP命令后，派生出数据传输进程，该进程向客户端控制进程提出TCP连接请求。

5）客户端控制进程派生出数据传输进程与该请求建立TCP连接，此时，数据传输连接被建立起来，双方开始进行数据传输，传输完毕，该连接也被释放。

在大多数情况下，一次FTP会话包含一个TCP控制连接和若干TCP数据传输连接，控制连接在整个FTP会话中一直保持，而数据传输连接在文件传输完成后就被释放，如果需要传输新的文件，那么一个新的TCP数据连接必须被建立起来，使用TCP协议是为了保证文件在传输过程中的可靠性。

2. FTP 在 Windows server2003 下的实现

在 Internet 信息服务管理器中，展开本地计算机，右键单击“FTP 站点”文件夹，指向“新建”，然后单击“FTP 站点”，单击“下一步”，在“FTP 站点描述”和“IP 地址和端口设置”对话框中提供所需的信息，然后单击“下一步”，在“FTP 用户隔离”对话框中，单击“不隔离用户”，然后单击“下一步”，完成向导的其余步骤，一个简单的 FTP 站点就配置完成了。图 6-36 所示为 FTP 控制台。

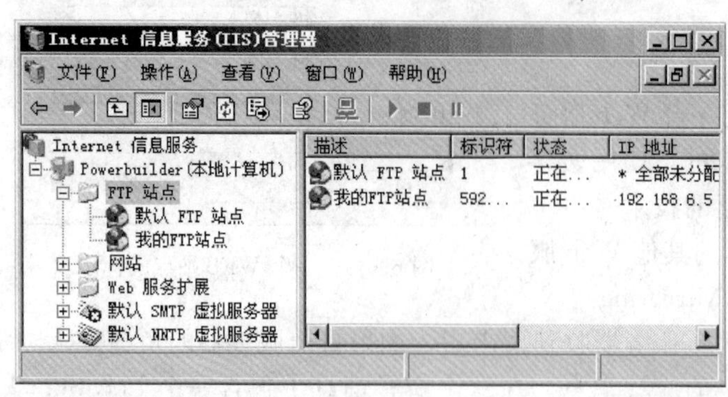

图 6-36 FTP 控制台

如果网络具有 DNS，那么访问者可以在其浏览器地址栏中键入 ftp：//，后面是 FTP 站点的域名，这样就能访问该 FTP 站点了。如果网络没有 DNS，那么访问者必须键入 ftp：//，后面是 FTP 站点的 IP 地址。

该模式没有启用“FTP 用户隔离”，即任何一个登录该 FTP 站点的用户可以浏览整个 FTP 站点，通常，这种模式适合于只提供共享内容下载功能的站点或不需要在用户间进行数据访问保护的站点。

在有些 FTP 站点中，我们希望用户登录后只能访问自己的主目录而不能访问其他用户的主目录，从而起到数据保护的作用，IIS6.0 中提供的“FTP 用户隔离”正是基于这样的考虑，与普通 FTP 站点不同，“FTP 用户隔离”对 FTP 目录树的结构有一定要求，通常在 FTP 根目录下要为每个用户建立一个子目录（和用户名相同），任意一个用户登录 FTP 后只能访问属于自己的那个主目录。这些子目录的具体建立规则如下：

1）如果允许匿名访问，请在 FTP 站点主目录下创建 Local User 和 Local User \ Public 子目录，匿名用户只能访问 Local User \ Public 下面的文件或目录列表。

2）如果本地计算机用户使用他们的账户用户名登录，请在 FTP 站点根目录下创建 LocalUser 和 Local User \ username 子目录，以允许该用户连接该 FTP 站点。

3）如果域用户使用他们的账户用户名登录，请在该 FTP 站点根目录下为每个域都创建一个子目录（使用域名）。在每个域目录下，为每个用户创建一个目录。例如，要支持用户 cpt _ dm \ user1 访问，请创建 cpt _ dm 和 cpt _ dm \ user1 目录，其中 cpt _ dm 是域的名称，图 6-37 显示了一个带有用户隔离功能的 FTP 目录树。

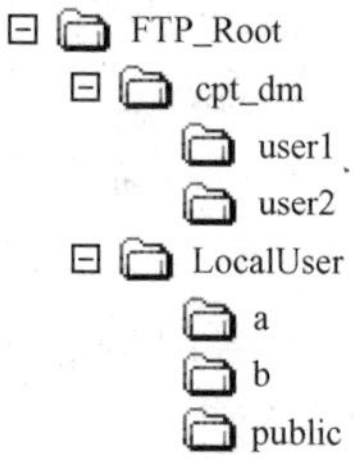

```
⊟ FTP_Root
   ⊟ cpt_dm
        user1
        user2
   ⊟ LocalUser
        a
        b
        public
```

图 6-37 FTP 目录树

图中 FTP _ Root 是 FTP 站点的根目录，User1 和 User2 是域 cpt _ dm 中的两个用户，a 和 b 是两个本地用户，public 专用于匿名登录。

请注意，登录 FTP 站点的用户必须具备“在本地登录”的权限，在 Windows server 2003 中，这一设置在“管理工具”→“本地安全策略”→“用户权限分配”→“允许在本地登录”中进行。当然，在默认情况下，新建的用户属于 Users 组，而 Users 组在默认情况下已经被加入了这一安全策略中，所以，除非有意修改安全策略，新建的用户应该是具备“在本地登录”的权限的。

最后，FTP站点在默认情况下是禁止“写入”属性的，如果需要提供上传服务，请选中FTP站点属性中的“写入”属性。

6.4.4 DHC Pserver及其在Windows server 2003下的实现

我们在6.1.11小节中曾提到过DHCP协议，它是由RARP协议、BOOTP协议逐渐发展而来的，三者最基本的功能都是允许客户端通过RARP服务器（或者BOOTP服务器或者DHCP服务器）来获取一个IP地址，从而加入TCP/IP网络当中。我们先对这三个协议进行一下简单的比较，见表6-28。

表6-28 RARP、BOOTP、DHCP的比较

RARP	BOOTP	DHCP
逆向地址解析协议，通常用于无盘工作站的启动，RARP消息以链路层帧的方式在网上传输，不能跨越路由器	启动协议，通常用于无盘工作站的启动，BOOTP消息以UDP数据报的方式在网上传输，通过中继代理，可以越过路由器	动态主机配置协议，通常用于移动主机的动态配置，DHCP消息以UDP数据报的方式在网上传输，通过中继代理，可以越过路由器

1. BOOTP与DHCP

RARP协议已经过时，BOOTP和DHCP协议目前都还在使用，由于DHCP是在BOOTP的基础上演变而来的，两者有很多相似之处，有些路由器甚至不对他们加以区分。当然，他们之间也还是有一些细微的差别的，下面我们将从相同点和不同点两方面对它们做一个比较。

相同点：

1）两者使用几乎相同的请求消息（由客户端发送）和回复消息（由服务器发送），它们都使用576个字节的UDP数据报来封装每个消息，消息格式如表6-29所示。

表6-29 BOOTP/DHCP 消 息 格 式

<table>
<tr><td>操作（8）</td><td>硬件类型（8）</td><td>硬件长度（8）</td><td>站点（8）</td><td>交易标示符（32）</td><td>计时（8）</td></tr>
<tr><td colspan="2">客户IP地址（32）</td><td>请求方IP地址（32）</td><td>服务器IP地址（32）</td><td colspan="2">网关IP地址（32）</td></tr>
<tr><td colspan="2">客户硬件地址（48）</td><td>服务器名字</td><td>启动文件名</td><td colspan="2">选项</td></tr>
</table>

其中操作=1表示请求消息，操作=2表示应答消息。

2）两者使用相同的保留端口在服务器和客户端之间发送和接收消息，服务器端均使用UDP端口67来监听和接收客户端请求消息，客户端一般保留UDP端口68用于接受来自服务器的回复消息。正是由于DHCP和BOOTP消息使用几乎相同的消息结构，并且使用众所周知的相同服务端口，因此BOOTP和DHCP中继代理程序通常将BOOTP和DHCP消息视为相同的消息类型而不做区分。

BOOTP与DHCP的比较，如表6-30所示。

需要特别注意的是，BOOTP和DHCP都试图利用一个IP数据报来获取一个IP地址，这种方法看起来似乎是在循环论证，但无论是请求消息还是应答消息，他们都使用一个全1（255.255.255.255）的受限广播地址作为目的地址。消息本身是不能跨越路由器的，在实践中，每个子网内都会配置一个中继代理程序（通常在路由器上实现）以便让 BOOTP 和 DHCP 可以跨越路由器工作。

表 6-30 **BOOTP 与 DHCP 的比较**

比较项目	BOOTP	DHCP
适用场合	无引导能力的无盘工作站	有引导能力的移动主机
IP 分配方法	为每个客户静态分配一个 IP 地址	为客户动态分配 IP 地址
默认租期	30 天	8 天
续订方法	客户需要重新启动计算机	后台续订，不需要重新启动

利用 DHCP 服务为客户自动分配 IP 地址通常会带来以下好处：

1）避免了网络上 IP 地址的冲突和手动配置 IP 协议时可能引起的键入错误。

2）对 IP 地址采用租约的机制可以有效防止 IP 地址的浪费现象。

3）减少了管理的工作量。

2. DHCP 中继代理

中继代理是在不同子网上的客户端和服务器之间中转 DHCP/BOOTP 消息的小程序，它唯一需要的信息是 DHCP 服务器的 IP 地址。DHCP/BOOTP 中继代理是 DHCP 和 BOOTP 标准和功能的一部分，通常中继代理程序会在路由器上实现，因而路由器必须能识别 BOOTP 和 DHCP 协议消息并对消息进行相应处理（中转）。大多数情况下，路由器支持 DHCP/BOOTP 中继代理，正如前面提及的，路由器通常不对 DHCP 消息和 BOOTP 消息加以区分。在路由器上实现 DHCP 中继代理如图 6-38 所示。

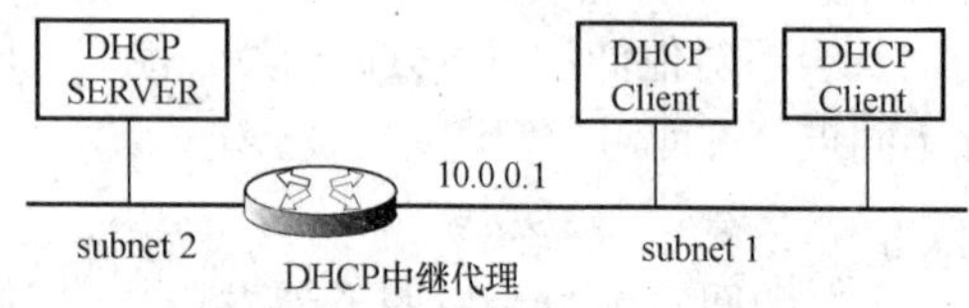

图 6-38 在路由器上实现 DHCP 中继代理

如果路由器确实不支持 DHCP/BOOTP 中继代理，那么在一台服务器安装上相应的 DHCP/BOOTP 中继代理软件也是可行的，Windows server 2003 通过“路由及远程访问”对 DHCP/BOOTP 中继代理进行管理，详细的配置步骤请参阅相应的帮助文档。图 6-39 所示为在 Windows server 2003 中实现 DHCP 中继代理。

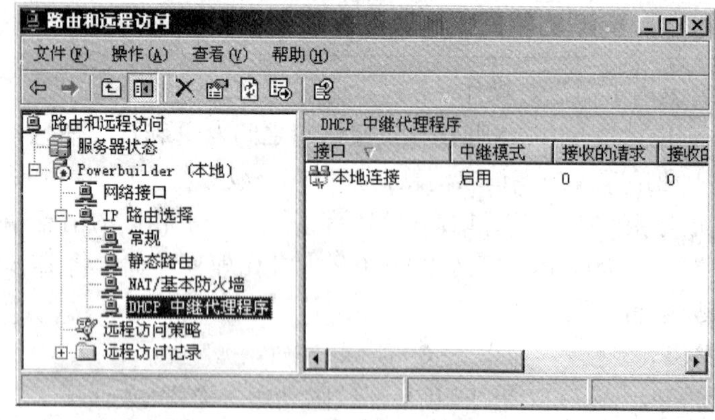

图 6-39 在 Windows server 2003 中实现 DHCP 中继代理

中继代理程序的工作过程如下：DHCP 客户通过一个全 1（255.255.255.255）的受限广播地址发出一个请求消息（DHCPDISCOVER），中继代理会获取这个消息，并检测 DHCP 消息头中的网关 IP 地址字段，如果该字段有 IP 地址 0.0.0.0，那么中继代理程序会在其中填入路由器的对应接口的 IP 地址（10.0.0.1），然后将消息转发到 DHCP 服务器所在的子网 2 上，中继代理之所以要这么做的原因是它必须保证 DHCP 服务器分配给客户的 IP 地址必须和 10.0.0.1 是同一个子网的，否则客户就不能正常的运行在子网当中了。

子网 2 上的 DHCP 服务器收到此消息后，它会检查 DHCP 作用域中是否有可用于该子网的 IP 地址，如果存在匹配的作用域，则 DHCP 服务器从匹配的作用域中选择一个可用的 IP 地址以便对客户端的 IP 地址租约提供响应。

DHCP 服务器然后将地址租约（DHCPOFFER）转交给中继代理程序。请注意此时客户端的 IP 地址仍然是不知道的，所以中继代理程序还要通过广播的方式将地址租约转发给客户端。

3. DHCP 在 Windows Server 2003 下的实现

启动“管理工具”中的 DHCP，其控制台如图 6-40 所示。

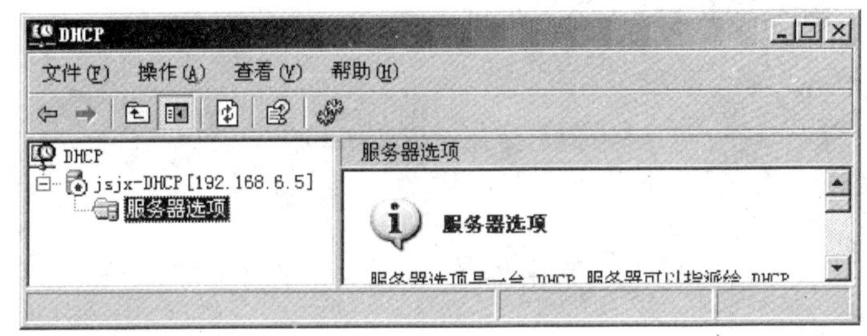

图 6-40　DHCP 控制台

选中“jsjx-DHCP”，单击菜单“操作”→“新建作用域”，输入作用域的名称，起始 IP 地址（如 192.168.6.100）、结束 IP 地址（如 192.168.6.200）、子网掩码长度（如 24），在下一步中输入需要排除的 IP 地址范围（这些 IP 地址可能有了固定分配），输入租约期限（默认为 8 天），配置该作用域选项，输入客户端使用的路由器的 IP 地址（即 IP 网关，如 192.168.6.254），输入客户端使用的 DNS 服务器（如 222.30.160.1），输入网络中 WINS 服务器的 IP 地址（注：WINS 服务器可以将计算机的名字转换成 IP 地址，这项服务现在已经很少使用了），最后，激活该作用域，配置完成后的 DHCP 服务器界面如图 6-41 所示。

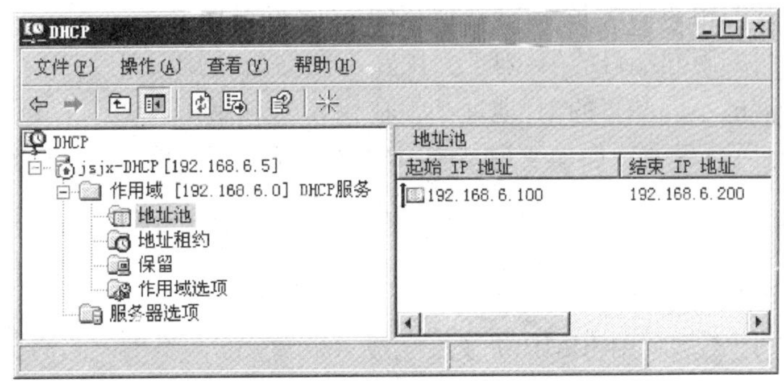

图 6-41　DHCP 服务器的界面

其中“作用域［192.168.6.0］”表示该作用域为客户分配的IP地址是属于子网192.168.6.0的；“地址池”表示作用域中目前可用于为客户分配的那些IP地址；“地址租约”表示目前已经分配给客户的IP地址；“保留”通常用于为一些特定的客户分配静态的IP地址，这个特定的客户以MAC地址来标示，如图6-42所示。

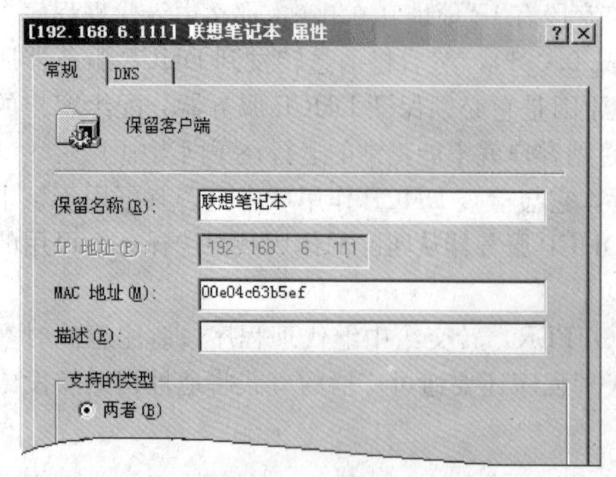

图6-42 DHCP保留客户

最后再说明两点：

1）如果一台主机被配置为“自动获取IP地址”，那么在它启动的时候会广播DHCPDISCOVER消息，网络中的DHCP服务器会对这个消息作出回应。

2）如果这台DHCP服务器需要跨子网工作，请为这台DHCP服务器在每个子网上都建立一个作用域，以便它可以为各个子网的DHCPCLIENT提供服务。

习 题

一、选择题

1. 一般情况下，路由器的WAN口的子网掩码被配置为（　　），以避免IP地址的浪费。

A）255.255.255.192；　　B）255.255.255.224；

C）255.255.255.252；　　D）255.255.255.254。

2. RARP协议的作用是（　　）。

A）寻找目的域名的IP地址；　　B）将IP地址映射为MAC地址；

C）将IP地址映射为主机地址；　　D）将MAC地址映射为IP地址。

3. 以下关于IP协议配置的说法中，错误的是（　　）。

A）路由器的物理网络端口通常要有一个IP地址；

B）相邻路由器的相邻端口IP地址必须在同一IP网络段上；

C）同一路由器的不同端口的IP地址必须在不同的IP网段上；

D）同一路由器的不同端口的IP地址必须在相同的IP网段上。

4. 路由器在路由过程中，如果发现某个IP数据报的TTL值为0，则路由器会向源主机发送（　　）报文。

A）源抑制；　　B）超时；

C）目的地不可达；　　D）重定向。

5. 下列哪种应用不能利用ICMP协议来完成（　　）。

A）探测目的地是否可以到达；　　B）跟踪IP路由；

C）发现路径MTU；　　D）从服务器取得IP地址。

6. FTP服务运行的默认端口号为（　　）。

A) 80；
B) 40；
C) 21；
D) 90。

7. 下列关于 TCP 和 UDP 的描述正确的是（ ）。
A) TCP 和 UDP 都是无连接的；
B) TCP 是无连接的，UDP 是面向连接的；
C) TCP 可靠性较差，UDP 可靠性较高；
D) TCP 可靠性较高，UDP 可靠性较差。

8. A 类 IP 地址用几位二进制表示网络地址（ ）。
A) 7 ；
B) 14；
C) 21；
D) 以上都不对。

9. TCP 使用何种机制来进行流量控制（ ）。
A) 三次握手；
B) 二次握手；
C) Windows 窗口；
D) 滑动窗口。

10. 下列子网掩码中，不合法的是（ ）。
A) 255.255.255.192；
B) 255.255.255.224；
C) 255.255.255.252；
D) 255.255.255.254。

11. 子网掩码是 255.255.255.248 的一个子网中最多有（ ）个主机。
A) 6；
B) 14；
C) 30；
D) 62。

12. 如果 IP 地址为：192.168.1.205，子网掩码为 255.255.255.248，则主机号是（ ）。
A) 5；
B) 205；
C) 200；
D) 255。

13. 如果 IP 地址为：192.168.1.205，子网掩码为 255.255.255.248，则广播地址是（ ）。
A) 192.168.1.127；
B) 192.168.1.207；
C) 192.168.1.255；
D) 192.168.1.5。

二、思考题

1. IPv6 对 IPv4 进行了哪些改动？为什么要进行这样的改动？

2. 简述 ARP 协议的工作工程。

3. 简述 NAT 的工作原理。

4. TCP 采用何种机制来进行拥塞控制？接收方窗口、拥塞窗口、阀值三者之间有什么关系？

5. 假设你是某企业的网络管理员，你们企业需要连接 Internet 并发布主页，你需要做些什么工作？

第7章 网 络 安 全

随着通信技术和网络技术的不断发展，网络在政治、军事、金融、商业、交通、电信和文教等方面的影响日益扩大，社会对网络的依赖也越来越强，计算机技术和通信技术相结合所形成的信息基础设施建设，已经成为信息社会最重要的特征。特别是随着 Internet 的出现，各种新网络业务不断兴起，如电子商务、数字货币、网络银行等，使得网络对社会的影响也越来越大，计算机网络的安全也随之成为人们所关注的焦点。

网络安全，就其本质来讲是指网络上的信息安全，其涉及的领域非常广泛，几乎涵盖了计算机网络系统的所有研究领域和方向。从广义上来看，凡是牵扯到网络信息的保密性、完整性、可用性、真实性方面的技术和理论，都在网络安全的范畴之内。

7.1 网 络 安 全 概 述

1983 年 10 月 24 日，著名的计算机安全专家、美国 AT&T 贝尔实验室的计算机技术研究员 Rober Morris 在美国众议院的运输、航空、材料科学技术专业委员会上作了讨论计算机安全重要性的报告，从此计算机安全成了国际上研究的热点问题。随着网络技术的发展，这个问题在不断延伸，计算机网络安全已经成为新的安全研究热点。

关于网络安全，目前并没有一个确切的定义，通常我们认为：网络安全是指网络系统的硬件、软件及其系统中的数据处于安全状态，不会由于偶然或者恶意的原因而遭到破坏、更改或者泄漏，系统能够连续稳定地提供网络服务。

但是网络的发展日新月异，网络技术更新速度惊人，针对网络漏洞的攻击和威胁花样翻新层出不穷，网络入侵的方式和手段也越来越多，因此网络安全所包含的内容也在不断发展变化。再加上不同时期、不同身份的网络使用者所关注安全问题也有所不同，网络安全在不同的环境和应用中就产生了不同的解释。

1. 网络运行系统安全

保障用户用来进行信息处理和数据传输的系统处于安全状态的主要内容包括：保护存放计算机硬件系统的机房稳定牢固，保障计算机的软、硬件体系结构不被破坏；保障硬件系统的可靠安全运行，维护计算机操作系统和应用软件的完整；保证数据库系统的安全，同时控制各种电磁辐射防止信息泄露等。

系统安全侧重于研究如何保证系统正常地运行，怎样避免因为系统的崩溃和损坏而对系统存储、处理和传输的信息造成破坏。尽量避免由于系统工作时产生的电磁波而导致信息泄漏，以保护系统的合法操作和正常运行。

2. 网络信息系统安全

网络信息系统安全的主要内容包括用户身份鉴别、用户的文件访问权限控制、数据读写权限控制、网络行为控制、安全审计、安全问题跟踪、计算机病毒防治和身份认证等。

3. 信息传输安全

信息传输安全主要侧重于研究如何建立安全的信息传输路径、怎样保证传输过程中的数据不被窃取或监听；同时，考虑如何加入信息过滤功能，防止和控制非法、有害的信息的传播，避免公用通信网络上大量自由传输的信息失控。

4. 信息内容安全

信息内容安全，即狭义的“信息安全”，本质上就是通过加密、重编码等手段保护用户数据。其主要侧重于研究如何保证信息的机密性、真实性和完整性。其目标是：即使攻击者利用系统的安全漏洞通过窃取、监听、诈骗等手段获得了信息，也无法破解其中的内容并加以利用。

由此可见，不同领域中所强调的网络安全与该领域中所看重的信息对象有很重要的关系。可以说，网络安全的本质就是在信息的安全期内保证数据在网络上传输时或者静态存储时不被未经授权用户非法访问和修改。从传统意义上讲，网络安全就是研究如何保证网络上存储和传输的信息的安全性。

当然，除了上面提到的几个大方向之外，网络安全所涉及到的其他方面还有很多，如身份认证技术、防火墙技术、虚拟专用网 VPN 技术、网络病毒防治、以及各种反黑客和漏洞检测技术等，这些技术分属在不同的安全研究领域，后面的章节将一一加以介绍。

7.2 系 统 安 全

在互联网的规划、建设过程中，网络的建设机构没有办法确切了解将来网络的使用对象会是哪些人，自然也无法掌握用户的具体需求。因此，在网络建设时，运营机构一般会优先考虑网络接入的方便性和网络的开放性。这种做法使得用户在接入方式和网络操作平台方面有了很多选择。但是也同样因为过于开放的体系结构，使得整个网络在安全方面显得比较脆弱，信息传输过程中也缺少安全保障，如果网络的使用者缺乏防范，就很可能会遭到黑客攻击。这些黑客往往会通过一些特殊技术手段，或利用工具来扫描网络用户的系统漏洞，然后针对这些漏洞发起攻击。这会对有漏洞的系统造成极大的危害，并有可能导致用户数据的损失和泄露。

7.2.1 操作系统安全

操作系统是管理整个计算机硬件与软件资源的程序，操作系统是网络系统的基础，是保证整个互联网实现信息资源传递和共享的关键，操作系统的安全性在网络安全中举足轻重。随着网络技术的飞速发展，信息资源的共享程度进一步加强，特别是因特网的大规模应用以及金融、移动通信等重要网络的接入，越来越多的系统遭到入侵攻击的威胁。而一个安全的操作系统能够保障计算资源使用的保密性、完整性和可用性，可以提供对数据库、应用软件、网络系统等提供全方位的保护。因此，安全的操作系统是整个信息系统安全的基础。

随着计算机安全问题逐渐为人们所重视，如何评价系统的安全性，即建立一套完整、客观的安全评价准则就成了业界的焦点。1993 年，美国政府同加拿大及欧共体共同起草单一的通用准则并将其推到国际标准。制定该标准的目的是建立一个各国都能接受的通用的信息安全产品和系统的安全性评估准则。在美国的 TCSEC、欧洲的 ITSEC、加拿大的 CTCPEC、美国的 FC 等信息安全准则的基础上，由 6 个国家 7 方（美国国家安全局和国家技术标准研究所、加拿大、英国、法国、德国、荷兰）共同提出了“信息技术安全评价通用准则（The Common Criteria for Information Technology security Evaluation，CC）”，简称CC标准，它综合了已有的信息安全的准则和标准，形成了一个更全面的框架。1998年美国、英国、加拿大、法国和德国共同签署了书面认可协议，即CC2.0。CC2.0于1999年成为国际标准ISO/IEC 15408。目前已经有17个国家签署了互认协议，某一IT产品在本国取得CC认证后，可在其他国家直接使用该认证，不需要再次评估。我国于2001年等同采用了CC2标准，编号为GB/T18336，但是目前我国还未加入互认协议。

CC将评估过程划分为功能和保证两部分，评估等级分为EAL1、EAL2、EAL3、EAL4、EAL5、EAL6和EAL7共七个等级。每一级均需评估7个功能类，分别是配置管理、分发和操作、开发过程、指导文献、生命期的技术支持、测试和脆弱性评估。等级越高，表示通过认证需要满足的安全保证要求越多，系统的安全特性越可靠。

EAL不衡量系统本身的安全性，只表示测试的严格程度。实现特定的EAL等级，产品或系统需要满足特定的安全保证要求。大多数要求包括设计文档、设计分析、功能测试、穿透测试。等级越高，需要越详细的文档、分析和测试。一般实现更高的EAL认证，需要耗费更多的时间和金钱。通过特定级别的EAL认证，表示产品或系统满足该级别的所有安全保证要求。

EAL1：功能测试级。适用在对正确运行要求有一定信心的场合，此场合下认为安全威胁并不严重。个人信息保护就是其中一例。

EAL2：结构测试级。在交付设计信息和测试结果时，需要开发人员的合作。但在超出良好的商业运作的一致性方面，不要花费过多的精力。

EAL3：系统测试和检查级。在不大量更改已有合理才开发实现的前提下，允许一位尽责的开发人员在设计阶段从正确的安全工程中获得最大限度的保证。

EAL4：系统设计，测试和复查级。它使开发人员从正确的安全工程中获得最大限度的保证，这种安全工程基于良好的商业开发实践，这种实践很严格，但并不需要大量专业知识，技巧和其他资源。在经济合理的条件下，对一个已经存在的生产线进行翻新时，EAL4是所能达到的最高级别。2002年，Windows 2000成为第一种获得EAL4认证的操作系统，这表明它已经达到了民用产品应该具有的评价保证级别。

EAL5：半形式化设计和测试级。开发者能从安全工程中获得最大限度的安全保证，该安全工程是基于严格的商业开发实践，靠适度应用专业安全工程技术来支持的。EAL5以上的级别是军用信息设备，用于公开密钥基础设施的信息设备应达到的标准。

EAL6：半形式化验证设计和测试级。开发者通过安全工程技术的应用和严格的开发环境获得高度的认证，保护高价值的资产能够对抗重大风险。

EAL7：形式化验证设计和测试级。适用于风险非常高或有高价值资产值得更高开销的地方。

CC标准对于评估和提高系统安全性很有帮助，但是该标准重点关注人为的威胁，对于其他威胁源并没有考虑，尤其是那些与IT安全措施没有直接关联的、属于行政性管理安全威胁。此外，该标准中也没有关于组织、人员、环境、设备、网络等方面的具体的安全措施评估方案。因此CC标准的等级只代表系统的安全能力，如果没有其他配套安全方案，系统的安全性依旧得不到保证。

7.2.2 身份认证技术

访问控制是指对进入系统的用户进行控制，其主要作用是对需要访问系统的人进行识别，验证其身份是否合法，并对其访问权限加以限制。用来实现访问控制的技术有很多，除了传统的用户名、密码验证手段之外，还可以使用各种辅助设备和手段实现一些特殊的认证方式。如现在常见的访问控制卡、访问控制钥匙等，另外还有基于生物统计学而建立起来的一些对于人体特征的识别，以上这些技术和手段被统称为身份认证技术。

身份认证又叫身份识别，它是网络通信和数据库系统正确识别通信用户或终端身份的重要途径。身份认证是安全系统中的第一道关卡，用户在访问安全系统之前，首先要经过身份识别系统认证身份，然后由访问监控器根据用户的身份和授权数据库决定用户是否能够访问某个资源。

身份认证一般会涉及两方面的内容，即用户识别和身份认证。

用户识别，就是要明确访问者是谁，这就要求系统对不同的合法用户具有区分能力。要保证用户识别的有效性，必须保证系统的所有合法用户都具有独一无二的身份识别符；身份认证是指在访问者表明自己的身份后，系统必须对访问者声称的身份进行验证，检查当前使用者是否为授权用户本人，以防止冒名顶替。用户识别符可以是非秘密的，而身份认证信息必须是秘密的。

身份认证的一般要求是：访问者具有一些信息，除认证方和访问者自己外，任何第三方不会知晓，也不能伪造；身份认证过程中，访问者需要将那些信息出示给认证方，使认证方相信他确实是授权访问者，则他的身份就得到了认证。

一般而言，用户与主机间的身份认证有三种方式，系统可以选择其中的一种，也可以多种混合使用。

1. What you know?

鉴别用户身份最简单的方法就是口令核对法：系统为每一个合法用户建立一个用户名/口令组合，当用户登录系统或使用某项功能时，提示用户输入自己的用户名和口令，系统通过核对用户输入的用户名、口令与系统内已有的合法用户的用户名/口令组合是否匹配，如匹配，则该用户的身份得到了认证。图7-1所示为口令核对法。

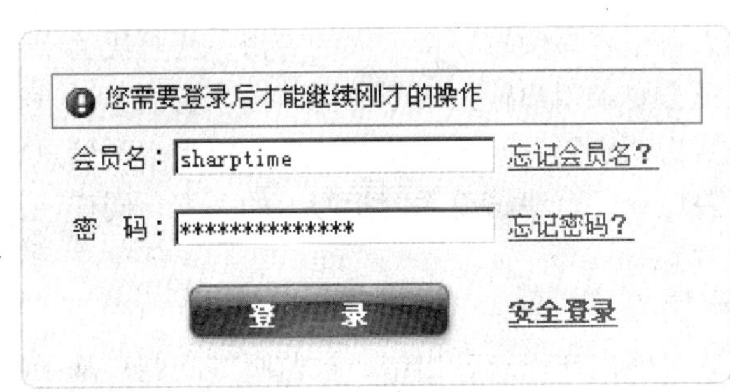

图7-1 口令核对法

常用的身份认证技术是依靠静态口令字来鉴别用户身份的合法性。这种机制虽然能够为系统提供一定的安全保护，但也存在一些缺陷：

- 为了便于记忆，大多数网络用户选择常用词汇或数字作口令，很容易被攻击者猜到。
- 用户可能会将一个口令在不同的场合多次使用，容易造成泄露和被黑客监听到。

另外在网络环境中，明文传输的口令使这种身份认证方案变得极不安全。虽然能够通过一些辅助的网络协议，如 SSL，将口令加密传输，能够在一定程度上弥补明文传输的缺陷，但是这些协议并没有办法限制用户名的连续登录次数，攻击者仍可以采用穷举的方式对口令实施暴力破解。

目前，比较有效的解决手段是采用动态口令机制，在网络中配置认证服务器，通过认证服务器发放动态口令卡，由于在认证服务器上拥有每一个口令卡的口令变化初始值，这样发放到口令卡上的数字将和认证服务器上的初始值基于相同的算法进行同步变化。每个授权用户均配置一个动态口令卡，口令卡每过一段时间随机变换一次口令。当用户被系统询问口令时，只需输入口令卡所显示的信息即可，当输入的信息与认证服务器上的口令相同则通过认证，否则认证失败。由于口令不断变换，前后两次输入的密码几乎不可能相同，避免了他人的盗窃或者猜测。

2. What you have?

前面提到的身份认证方法在形式上有很多不同，但他们有一个共同的特点，就是依赖于用户知道的某个秘密的信息。与此对照，另一类身份认证方案是依赖于用户持有的物品。常见的物品识别方式包括特别身份证、带磁条或光学条码的智能卡等。

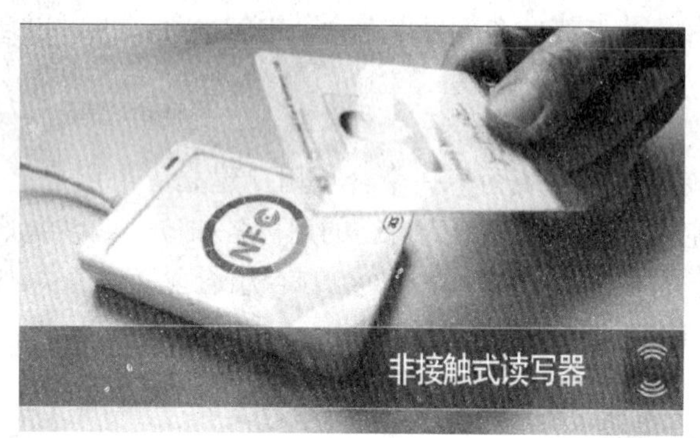

图 7-2　智能卡验证

基于智能卡的身份认证机制在认证时认证方要求一个硬件——智能卡。智能卡具有硬件加密功能，不可复制，具有较高的安全性。每个用户持有一张智能卡，智能卡存储用户信息，同时在验证服务器中也存放该信息，只有信息相同或符合，持卡人才能被认证。图 7-2 所示为智能卡验证。

同样，基于物品的身份认证技术存在一个严重的缺陷：智能卡可能丢失，拾到或窃得智能卡的人将很容易假冒原持卡人的身份。为解决丢卡的问题，可以综合前面提到的两类方法，即认证方要求用户输入口令的同时出示智能卡。进行认证时，用户输入身份识别码，智能卡认证身份识别码，匹配成功则读出智能卡中的信息，进而利用该信息与主机进行认证。这样，只要口令没有泄露就无需担心卡的丢失；同样，只要卡没有丢就无需担心口令泄露。

3. Who you are?

基于口令的识别，可能出现遗忘、出错、被监听等问题；基于物品的识别，可能出现借用、遗失、损坏等问题。在安全性较高的场合，利用人类自身的某些生物特征进行识别会更为有效。利用指纹、掌形、虹膜、视网膜、面容、语音、签名等，来识别个人身份，其优越性是明显的，生物特征的先天性、唯一性、固定性，使认证系统更安全、更准确、更便利，用户使用时无需记忆，更不会被借用、盗用和遗失。

人的生物特征是唯一的，生物测定技术的基本工作就是对这些可测量或可自动识别和验证的生理特征进行统计分析。所有的工作大多进行了这样四个步骤：抓图、抽取特征、比较和匹配。

生物识别系统捕捉到生物特征的样品，唯一的特征将会被提取并且被转化成数字化的特殊符号，接着，这些符号被存成使用者的个人特征模板，该模板可能会保存在识别系统中，也可能在各种各样的存储器中，如计算机的数据库、智能卡或条码卡中。进行认证时，使用者向识别系统提交个人生物特征样品，以验证匹配或不匹配。生物识别技术是现今最安全的认证技术，但也是最复杂的认证技术，受到种种因素影响，其识别代价昂贵，识别成功率也不是很高，所以目前尚不能大规模使用。图7-3所示为指纹验证系统。

图7-3　指纹验证系统

上面三种认证技术都有其局限，同时客户的偏好和选择也是多样化的，因此，一套行之有效的认证系统应该兼容所有认证技术，并可以在认证因素之间进行任意组合。组合认证将是身份认证技术的发展方向。

7.2.3　防火墙技术

随着网络技术的发展，网络信息的安全性也越来越受到人们的重视，各种各样的网络安全防范措施也应运而生。防火墙技术是目前发展最快、应用最广、技术较为规范的网络信息安全防护手段。

当企业内部网络连接到Internet上时，如何防止非法入侵，确保企业内部网络的安全就显得至关重要。特别是企业单位建立了自己的Intranet，并接入Internet以后，内部用户在访问Internet，使用其提供的WWW、E-Mail、Telnet和FTP等服务的同时也可能会把自己Intranet的部分资源暴露给外部网络，这就使得Intranet很容易遭到网上黑客的攻击。因此，企业需要采取必要的安全手段防止信息非法向外传递。即使内部网络没有接入Internet，也有必要建立内部安全策略来管理用户对某些机密或敏感数据的访问。实现网络之间的安全访问控制，确保企业内部网络的安全，最有效的防范措施是在企业内部网络和外部网络之间设置一个防火墙。

在古代，人们总是在相邻的木质结构房屋之间堆砌一道砖墙，当火灾发生时可以有效防止火势蔓延，从而达到防火的目的，这道墙就被称为防火墙。这种概念也可以被应用到网络安全中，如果一个内部网络接入了Internet，用户就可以同外部网络进行通信，通过同样的途径，来自外部网络的入侵者也可能会进入内部网络进行信息窃取和破坏。出于安全考虑，网络管理人员一般会在内部网络和Internet之间放入一个中介系统，竖起一道安全屏障，阻止外部的非法访问和侵入，使所有的外流和内流信息都通过这道屏障的审核。这种中介审核系统就是网络防火墙。

1. 防火墙的组成

防火墙是一种综合性的防御设施，涉及计算机网络技术、密码技术、安全技术、软件技术、安全协议、网络标准化组织的安全规范以及安全操作系统等多方面。防火墙通过一个或一组设置在两个网络间的计算机系统或路由器等网络设备，实现安全网络访问控制，以保护其中一个网络不受来自另一个网络攻击的安全技术。

防火墙是一种非常有效的网络安全控制设施。在 Internet 应用中，可以通过防火墙来隔离有危险的区域（Internet 或不太安全的内部网络）与安全区域（局域网，Intranet），而且防火墙不会妨碍内部网络对危险区域的正常访问。防火墙可以监控进出网络的通信数据，从而完成仅让拥有安全授权的信息进出、同时又抵制对网络构成威胁的数据流入的任务。防火墙技术为网络的信息安全提供了可靠的解决方案，据 2005 年 12 来自 CERT/CC（世界计算机网络应急技术处理协调中心）的统计显示，全世界接入 Internet 的计算机中有超过 70% 处在各种防火墙的保护之下，许多大型企业的内部企业网络中还采用了非常专业的防火墙系统。图 7 - 4 所示为网络防火墙。

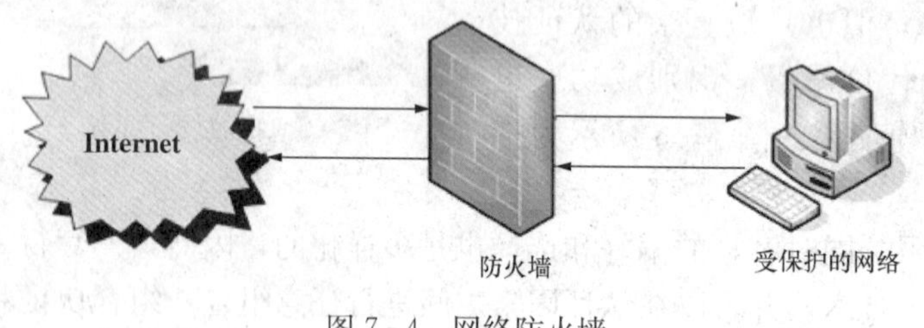

图 7 - 4　网络防火墙

防火墙是指在两个网络之间，用来执行访问控制策略的一个或一组系统。特别要注意的是，防火墙不仅仅包括路由器、代理服务器系统等网络硬件设备，用户设定的安全策略集也是防火墙的一个重要组成部分，甚至可以说安全策略集就是整个防火墙的灵魂，它设定了防火墙的全方位安全体系结构。其内容主要包括：允许和禁止用户使用的网络服务类型、访问方式，本地或远程用户身份认证，传输数据包的加密及病毒防范措施等，基本上涵盖了网络中所有易受攻击的地方，并进行了预先的安全性防范。

2. 防火墙的功能

理论上，完美的防火墙体系应当具备以下功能：

- 所有进出网络的通信流都必须经过防火墙。
- 所有穿过防火墙的通信流都必须经过安全策略的认可，并获得确认和授权。
- 无论从内部还是外部，防火墙都无法被破坏和穿透。

防火墙可以很好地控制网络的安全性，Internet 和内部网络之间的相互访问必须经过防火墙这唯一通道，它可以防止非法用户、蓄意破坏者和网上黑客访问内部网络，并抵抗来自各种外部路线的进攻。

防火墙可以简化网络的安全性管理，当内部网络的所有计算机都直接同 Internet 相连接时，所有内部主机都有可能受到来自 Internet 的攻击，一台安全性差的主机被攻破将导致所有内部主机完全暴露，内部网络的安全性基本上就等同于网络中安全性能最弱的主机。采用防火墙以后，整个内部网络的安全性将建立在防火墙基础之上，而不再是分布在内部所有主机上。

利用防火墙可以很方便地控制网络的安全运行情况，它采用监听和过滤等手段来审查通过本地网络的全部信息，如果出现异常则会及时地以警报形式发送给网络管理员，以便采取必要措施。

防火墙也可以作为企业在 Internet/ Intranet 上发布信息的地方，高端防火墙甚至可以充当 WWW 服务器和 FTP 服务器。通过对防火墙的配置，可以允许 Internet 用户访问特定的内部服务器，同时保护内部网络上的敏感信息和其他内部系统的安全。

随着 Internet 规模的不断扩大，其可用 IP 地址也越来越少。利用防火墙可以配置网络地址转换器（Network Address Translator，NAT），产生逻辑 IP 地址供内部网络用户应用，在一定程度上缓解了 IP 地址空间不足的问题。

3. 防火墙的类型

防火墙按类型和工作原理主要可分为三类：包过滤型防火墙、代理服务型防火墙和应用网关型防火墙。

(1) 包过滤型防火墙

包过滤型防火墙通过设定用户访问规则判断允许或拒绝 IP 数据报的通过，它的作用相当于一个过滤网关，如图 7-5 所示。用户访问规则也称过滤规则，是一系列基于 IP 数据报头制定的访问许可策略，其中包括对 IP 源地址、IP 目的地址、封装协议（TCP、UDP、ICMP 或 IGMP 等）、TCP/UDP 源/目的端口、ICMP 消息类型、包输入/输出接口等多个部分的检测和许可设置。当有信息通过时，包过滤路由器首先检查要通过的 IP 数据报是否符合其设定的某条过滤规则。如果规则允许该数据报通过，而且报文的源/目的端口和规则相匹配，则该数据报通过，并根据路由表中的信息进行转发。如果规则拒绝该数据报，即使源/目的端口和规则相匹配，该数据报也会被丢弃。如果没有匹配规则，则包过滤路由器根据用户配置的缺省参数来决定是转发还是丢弃该数据报。

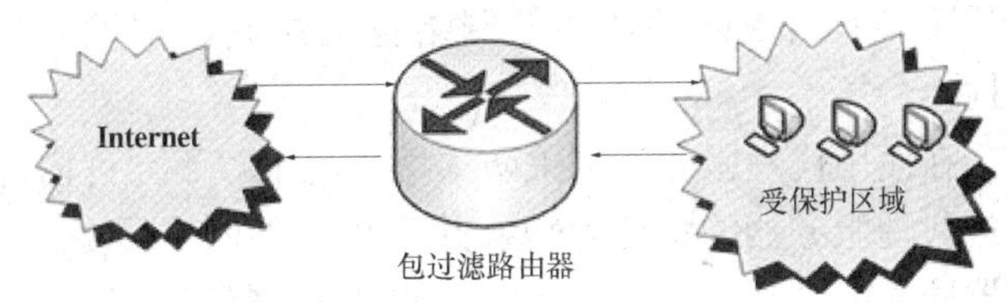

图 7-5　包过滤型防火墙

包过滤器型防火墙也可能遇到如下常见的攻击方式：

1）源 IP 地址欺骗（Source IP Address Spoofing Attacks）。这种类型的攻击特点是从外部发送给一个数据报，该数据报中的 IP 地址却为某内部网络用户的 IP 地址，伪装成为来自内部受信主机的数据包。如果防火墙在内部网络中对某些主机采取了完全信任规则，而仅仅对外部主机或其他内部主机的数据包采取限制，那么这个源 IP 地址经过伪装的数据报就有可能骗过防火墙，进入内部网络。防止这种攻击的方法很简单，只需丢弃所有来自包过滤路由器外部端口且使用内部源 IP 地址的数据包即可。

2）源路由攻击（Source Routing Attacks）。这种攻击的特点是：攻击者指定数据报在 Internet 中的传输路线，即指定路由，从而有可能绕过一系列的安全检查。对付这种攻击，只需丢弃那些包含有源路由选项的数据报即可。

3）微小碎片攻击（Tiny Fragment Attacks）。这类攻击的特点是攻击者使用了 IP 数据报分段属性，通过创建极小的分段，强行将 TCP 头信息分成多个数据段，使包过滤路由器只检测第一个碎片，而其他碎片则乘虚而入。对付这种攻击，只需把协议类型为 TCP，且 IP 碎片偏移量（Fragment offset）等于 1 的数据包丢弃即可。

包过滤型防火墙的信息处理速度快，资源占用小，对于用户来讲是完全透明的；但是包过滤型防火墙的维护比较困难，尤其是策略的编辑修改，需要用户对 TCP/IP 协议和网络服务非常熟悉；同时包过滤防火墙的安全性能比较差，对于 IP 欺骗类的攻击毫无防范能力，无法处理网络层以上的信息，不能对网络上流动的信息提供全面的控制。

(2) 代理服务型防火墙

代理服务型防火墙的客户端使用客户程序同特定的中间点相连（该中间点一般是代理服务器），然后由中间点再与客户请求的网络服务器进行实际连接，如图 7-6 所示。这样，在客户使用外部服务器提供的服务同时，外部网络与内部网络不会进行直接的连接。因此，即使代理服务器防火墙出现问题，外部网络也无法同内部网络连接，从而保证了内部网络资源的安全性。

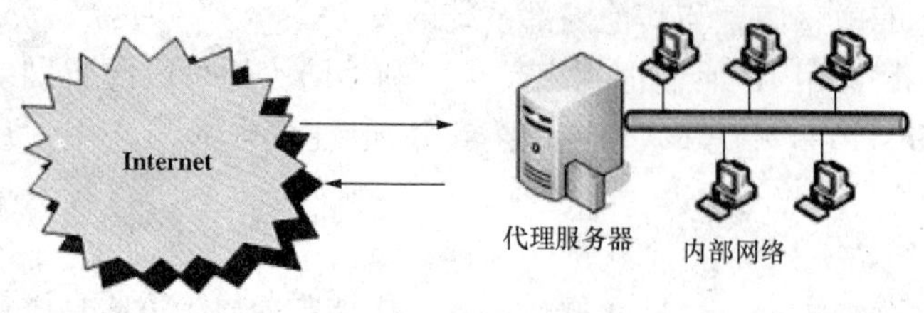

图 7-6 代理型防火墙

在使用代理服务器网关防火墙情况下，不允许内部客户程序直接访问网络服务器，必须通过代理服务器的验证中转，并且每一种网络服务（如 Telnet、FTP 等）都需要在代理服务器防火墙中独立设置，此外还可以限制代理客户使用的命令集和可供访问的网络服务器类型。

代理服务可提供详细的日志（Log）和审计记录，提高了网络的安全性和管理性，但代理服务器防火墙一般不能处理高负荷通信量，且对用户的透明性不好。

(3) 应用网关型防火墙

应用网关型防火墙可以实现比包过滤型防火墙更严格的安全策略。应用网关型防火墙不使用包过滤工具来限制 Internet 服务，而是采用为每种所需服务建立专用策略的方式来进行访问控制管理。每当用户要添加一种需保护的新服务时，必须首先为该服务编制相应的策略代码，否则该服务就无法被安全系统认可也不能通过防火墙进行转发。

使用应用网关型防火墙时，必须为每一个服务编制专用策略代码，过程比较复杂；另外，应用网关型防火墙的价格也比较高，包括购买硬件、编制专用策略、后期维护等；同时，由于应用网关型防火墙透明性差，限制严格，可能给用户的使用带来不便，但这类防火墙的安全性较高。

4. 防火墙的缺陷

防火墙也并非完美的安全防护手段，单纯依靠防火墙并不能保证网络系统的安全。比如防火墙无法防范不经过防火墙的外部攻击。假设有一个 Intranet 用户通过其他渠道，如利用手机或无线网络接入等方式访问 Internet，绕过了经过精心部署的防火墙系统，就会使自己的主机甚至整个企业内部网络暴露在 Internet 中，为系统安全留下了严重的隐患。解决这一问题的通常方法是，加强对网络用户的管理、制定严格详细的系统安全策略、并对公司员工进行相应的教育和培训。

另外，防火墙系统对通过网络传播的计算机病毒和间谍软件并没有防御作用。虽然防火墙是通过扫描数据报内容来决定是否允许它进入内部网络，但是这种扫描只是针对源地址、目标地址和源端口、目标端口的，对于其中包含的数据信息并没有识别能力。再加上病毒种类繁多，又利用了种种先进的加壳伪装手段，即使是最先进的扫描技术也无法排查全部的病毒，因此防火墙虽然是安全防护系统必不可少的组成部分，但并不是依靠防火墙就能够解决全部的安全问题，解决这一问题最好在每一个内部网络主机上安装实时病毒监测程序。

当然防火墙也不可能防止来自内部用户的蓄意破坏或工业间谍对公司敏感数据的拷贝，

以及伪装成合法用户盗窃网络口令并获取网络资源访问权的那些破坏者。另外，对于数据驱动型的攻击，防火墙系统也显得无能为力。最后还要考虑防火墙的安全策略、用途、费用等因素，现阶段的防火墙系统还是比较脆弱的。

7.3 传 输 安 全

网络协议是计算机在网络中实现通信时必须遵守的约定，主要是对信息传输的速率、传输代码、代码结构、传输控制步骤、出错控制等做出规定并制定出的标准。只有使用相同网络协议的计算机才能直接进行信息的沟通与交流，换句话说，网络协议就是计算机之间用来沟通的语言。因此，通用协议的安全性，将会直接影响到整个网络的通信安全。目前，由于网络中各种接入设备种类繁多、功能复杂，这就需要通用的网络协议具有很强的开放性和兼容性，也正因为如此，导致了目前的通用协议 TCP/IP 容易受到攻击，而且无法保证传输过程中数据安全的特点。

7.3.1 协议漏洞与 IPSec

TCP/IP 是一组协议的统称，除了常用的 TCP 和 IP 协议以外，还包括其他各层协议。应用层向用户提供 Internet 访问服务的一些高层协议，如 TELNET、FTP、SMTP、DNS、RPC 等；传输层有传输控制协议 TCP 和用户数据报协议 UDP，用于提供应用程序端到端的通信服务，TCP 提供高可靠性的面向连接的数据传送服务，UDP 提供无连接的高效率的数据传送服务；网络层主要有 IP 和 ICMP 协议，用于负责相邻主机之间的通信；TCP/IP 协议的底层有 LANS、X. 25 和 APPA 等协议，主要负责接收 IP 数据报，通过网络向外发送或者从网络上接收物理帧，抽出 IP 数据报向上层传送等。

IP 可以说是 TCP/IP 协议族中最为核心的协议，它提供无连接的数据报传输机制，所有的 TCP、UDP、ICMP 及 IGMP 数据都以 IP 数据报格式传送。传输层的协议（如 TCP）负责把数据分成若干个数据报（datagram），IP 协议则在每个数据报的报头加上接收端主机地址。然后数据报在网络中传输，并在网关中进行路由选择，穿越一个个物理网络从源主机到达目标主机。

由于传输过程中所使用到的物理网络标准可能不同，在传输过程中数据报可能被分成若干小段，以满足物理网络中最大传输单元（MTU）长度的要求，每一小段都当作一个独立的数据报被传输，当接收方收到所有分片后再对报文进行重组。假设 IP 报头长 20 个字节，要传输数据区长为 100 个字节的 IP 数据报，在最大传输单元为 84 个字节的物理网络的正常分段如图 7 - 7 所示。

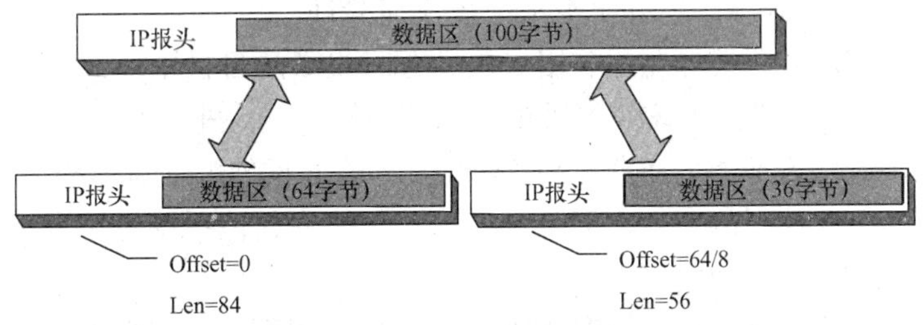

图 7 - 7 正常分段

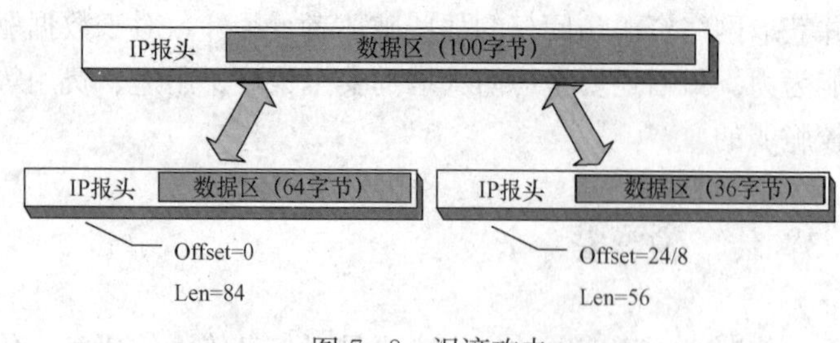

图 7-8　泪滴攻击

IP 报头中的 Offset 表示本分段的第一个字节相对于原数据报第一字节的位置，Offset 以 8 字节为单位，是进行分段重组时的重要数据。如果攻击者通过修改网卡驱动等手段，强制更改了上面第二个分段的 Offset 值，使这个值小于第一个分段中的数据长度，那么接收方在进行分段重组时就会因为重叠偏移而产生畸形的 IP 数据报，导致系统缓冲区溢出引起系统死机，这就是著名的 Teardrop（泪滴）攻击，如图 7-8 所示。该攻击直接针对协议的设置进行破坏，对于早期的各种系统都有效果，只有升级之后增加了数据报检测机制的操作平台才能幸免。

ICMP 是在网络层同 IP 一起使用的协议。如果一个网关无法为 IP 分组选择路由、不能递交 IP 分组或者出现某种不正常状态，如网络拥挤等，ICMP 协议就可以来通知源端主机采取措施，避免或纠正这类问题。ICMP 被认为是 IP 协议不可缺少的组成部分，是 IP 协议的有力辅助工具。但是攻击者可利用 ICMP 中的 Redirect 重定向消息来欺骗主机和网络路由，使数据包绕过合法系统而直接通向攻击者系统，从而使攻击者达到访问系统资源的目的。

TCP 协议使用三次握手的方式来建立连接，其一般过程如下：

- 客户机向服务器发送 SYN 包。
- 服务器向客户机发送 SYN/ACK 包，表明它应答第一个 SYN 包同时继续握手过程。
- 客户机向服务器发送第三个报文作为应答，表示为 ACK 包，连接建立完成。

若 C 为客户端，S 为服务器端，重定向攻击过程如下：

- 攻击者监听 S 发出的 SYN/ACK 报文，并寻找其中 ACK 数据的变化规律。
- 攻击者向 S 发送 RST 包，接着发送 SYN 包，假冒 C 请求新的连接。
- S 响应新连接，并发送连接响应报文 SYN/ACK。
- 攻击者再假冒 C 对 S 方发送 ACK 包，连接建立完成。

这样，取得服务器信任后，攻击者便达到破坏连接的目的，若攻击者再趁机插入有害数据包，则后果更严重。

除了上面举出两种协议之外，TCP/IP 协议中还包括很多具有安全隐患的应用层协议，这些协议也为一些蓄意破坏者提供了可乘之机。如 FTP 协议中的匿名登录问题，Internet 中提供匿名访问的 FTP 服务器可以使用户不经任何验证、授权，即可读取系统中的某些文件。如果设置不当，还可能使那些匿名用户在具有写权限的目录中放入“特洛伊木马”，很容易地截获合法用户的口令，并取得文件的完全控制权利。另外，TFTP 也是一个很不安全的文件传输协议，该协议不做任何登录和身份验证，来自网络的任意连接都可以使用 TFTP 工具读取系统中具有读权限的文件。另外 TCP/IP 协议的其他一些应用层服务，如 Finger、telnet、NFS 等也有其安全方面的问题。

由于 TCP/IP 协议本身先天上的安全缺陷，如果想在网络中实现安全的数据传输，就必须要添加新的协议形式来弥补 TCP/IP 协议的不足。但是这些以增强网络安全为目的的协议往往都是通过牺牲网络传输效率为代价来实现的，其他少数效率较高的安全协议又对网络硬件设备有比较苛刻的限制和要求。因此，到目前为止还没有一种能够彻底解决安全问题的网络协议出现，通常在网络中使用的安全协议如 IPSec、SSL 等大多只是为了解决某些方面的应用而存在。

IPSec 协议是一系列保护 IP 通信的规则集合，IPSec 被 Internet 工程任务组织（Internet Engineering Task Force，IETF）选中，作为 IPv4 的可选协议以及 IPv6 的标准安全协议。其中制定了通过公共网络传输私有加密信息的途径和方式，主要用于增强基于网络层的信息安全。IPSec 提供的安全服务包括对数据加密，保证私有性；通过数字签名对发送者的身份进行验证，保证信息真实性；通过重新打包封装，防止数据在传输过程中被篡改；防止未经授权的数据重新发送等。

IPSec 位于 TCP/IP 网络模型的传输层和网络层之间，如图 7-9 所示，主要对网络层进行安全管理。IPSec 对于应用层和传输层的应用协议来讲是完全透明的。即使在终端系统中选择执行 IPSec 安全策略作为上层应用的软件系统也不会受到影响。

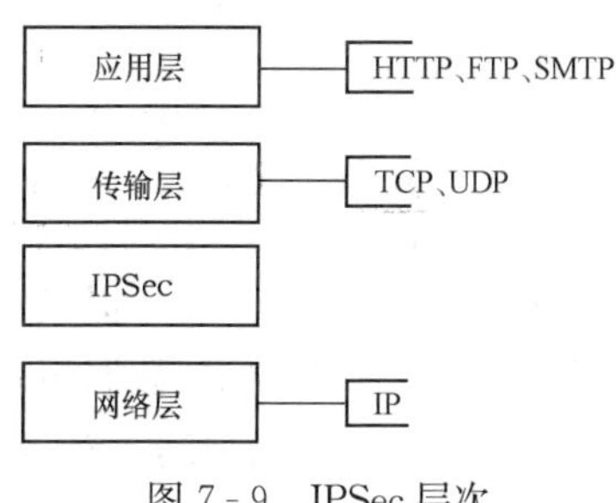

图 7-9　IPSec 层次

IPSec 协议从结构来说可分为三个部分：

1. 密钥协商和交换协议 ISAKMP/Oakley

作为 IPSec 的密钥管理协议，互联网密钥交换 IKE 协议（Internet Key Exchange）综合了 ISAKMP（Internet Security Association and Key Management Protocol）协议和另外一个密钥分配协议 Oakley，定义了一系列的方法和步骤来产生用来加密和解密的密钥，并定义了双方通信的公用语言和标识。Oakley 通常用于描述密钥交换方法，而 ISAKMP 则主要用于描述安全协商 SA（Security Associations）。

SA 包含有通信双方在建立和维护一个安全信息交换所需要的信息，是发送者和接收者根据通信安全性的需求而预先建立的约定，包括密钥长度、密钥算法、认证协议和密钥的更新周期等重要信息。ISAKMP 定义了产生、修改和删除 SA 的过程。

需要注意的是，在通信过程中，通信的每一个方向上都需要建立一个 SA。从发送者 A 到接收者 B，从发送者 B 到接收者 A 各需要建立一个。另外，认证和加密过程中也都需要各自独立的 SA。因此，一个需要认证和加密的双向通信来说，需要有四个 SA。

2. 认证头 AH

AH（Authentication Header）通过对整个数据包内容作摘要运算来保证 IP 数据包的认证性和完整性，并可以防止重传。因为没有进行加密数据，所以不能保证数据的机密性，数据有可能被监听或被第三方读取，但是任何对数据的修改都会被发现。AH 使用 HMAC 算法来签署数据包，比较著名的有 MD5 和 SHA-1。MD5 使用最高到 128 位的密钥，而 SHA-1 使用最高到 160 位的密钥来提供更强的保护。

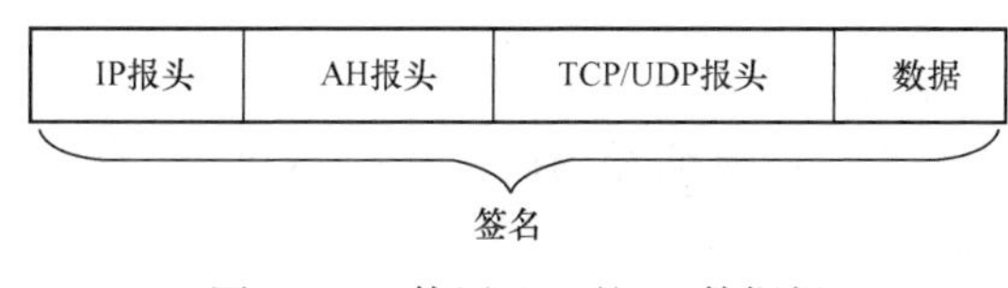

图 7-10　使用 AH 的 IP 数据报

完整性和身份验证通过在 IP 报头和传输协议报头（TCP 或 UDP）之间放置 AH 报头来提供，如图 7-10 所示。

3. 安全加载封装 ESP

安全加载封装 ESP（Encapsulating Security Payload）通过对数据包的全部数据进行加密来保证传输信息的机密性，可以防止非法用户阅读数据包的内容，保证只有拥有相应密钥的合法用户才能打开数据包。ESP 也能为数据提供认证性和完整性保护，此外还可以提供防重传功能。由于 ESP 实际上要对所有的数据进行重新编码和封装，因而它比 AH 需要更多的处理时间，也因此而导致传输性能下降。

通过在 IP 报头和传输协议报头（TCP 或 UDP）之间放置 ESP 报头来提供相应的安全性，如图 7-11 所示。

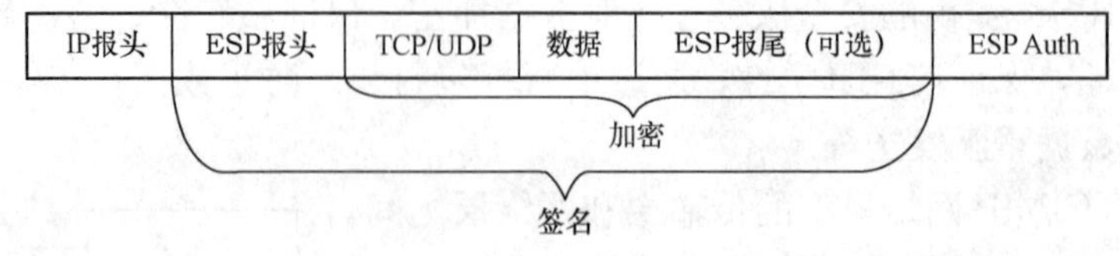

图 7-11　使用 ESP 的 IP 数据报

IPSec 有两种工作模式。一是种传输模式（transport mode），为源到目的之间已存在的 IP 数据报（IP datagram）提供安全性；另外一种是隧道模式（tunnel mode），它把一个 IP 数据报放到一个新的 IP 数据报中，并以 IPSec 的封装格式发往目标地址。这两种模式下都可以通过对安全加载封装 ESP 和认证头 AH 进行组合使用而产生，同时 ESP 也独立支持这两种模式。

IPSec 传输模式被用于在端到端的两个通信实体之间提供 IP 传输的安全性，如为 TCP 连接或 UDP 数据报连接提供安全性。传输模式也保护了 IP 数据报的内容，特别是用于两个主机之间的端对端通信（例如，客户与服务器，或是两台工作站）。传输模式中的 ESP 会加密数据报内容，有时也会认证数据报内容，但不认证 IP 报头。传输模式中，IPSec 对上层应用和 TCP/UDP 进行了加密封装，但还是采用原来数据报中的 IP 报头。

IPSec 隧道模式，在这种模式下，IP 数据报在添加了 ESP 字段后，整个数据报以及安全字段被认为是新的 IP 数据报外层内容，附有新的 IP 外层报头。原来的数据报通过“隧道”从一个 IP 网络起点传输到另一个 IP 网点，中途的路由器可以检查 IP 的外层报头，并根据外层报头的地址发送到目的端点。因为原来的数据报已被重新封装，新的数据报在传输过程中可能会有不同的源地址及目的地址。

隧道模式被用在两端或是一端是安全网关的架构中，例如装有 IPSec 的路由器或防火墙。使用了隧道模式，防火墙内很多主机不需要安装 IPSec 也能安全地通信。这些主机所生成的未加保护的数据报，会经过安全网关传输到 Internet。

7.3.2　虚拟专用网 VPN 技术

随着网络技术和 Internet 的发展，以电子商务为表现形式的网络交易也逐步得到了推广和普及，由于其低成本、方便性和快捷性等特点，成为消费者、企业、商家以及其他组织机构青睐的对象，而 Internet 也成为这些交易的首选载体。如何通过 Internet 建立一条安全的信息传输通道，以保证所传输信息的机密性和完整性，并设置用户对特定资源的访问权限，这些都是企业网络设计者和使用者最关心的问题之一，虚拟专用网 VPN（Virtual Private Networks）技术则是解决这一问题的重要手段之一。

VPN 是一项保证网络安全的技术，它是指在公共网络中建立一个虚拟的专用网络，数据通过建立好的虚拟安全通道在公共网络中传播。企业只需要租用本地的数据专线，连接上本地的公众信息网，就可以和各地的分支机构实现信息的安全交互；同时，企业还可以利用公众信息网的各种基础接入设备，让自己的客户连接到公众信息网上，利用建立好的虚拟专用通道就可以连接进入企业内部网中。

使用VPN能够有效节约网络成本、提供安全的远程访问、扩展性强、便于管理并且容易实现全面控制，是今后企业网络发展的趋势。同时VPN也可以用于手机、无线网络等小型设备的移动Internet接入，实现安全连接。此外VPN也可以作为企业网站之间实现安全通信的虚拟专用线路，企业级的VPN解决方案使得商业沟通更加易于管理，更加经济。

然而选择一个恰当的VPN解决方案或产品对一个管理人员来说是困难的，因为每一种解决方案都可提供不同程度的安全性、可用性，并且各有优缺点。但是不管怎样，VPN至少能够提供如下功能：

- 加密数据，以保证通过公网传输的信息即使被他人截获也不会泄露。
- 信息认证和身份认证，保证信息的完整性、合法性，并能鉴别用户的身份。
- 提供访问控制，不同的用户有不同的访问权限。

同传统的专线式网络连接或通过Internet的不安全连接相比，VPN提供了下列主要的优点：

- 降低网络成本。VPN无论是在设备的使用量，还是广域网络的带宽使用上，都比专线式的架构消耗要少，能够有效降低企业网络的总成本。根据分析，在LAN-to-LAN连接时，用VPN较使用专线的成本节省20%～40%左右；而就远程访问而言，用VPN更能比直接拨接至企业内部网络节省60%～80%的成本。
- VPN网络结构灵活比专线式的架构更加富有弹性。当有必要将网络进行扩充或是需要变更网络架构时，虚拟的网络更改起来要比实体网络方便得多。只需调整软件设置，就可以轻易地达到目的；相对而言，传统的专线式架构便需大费脑筋了。
- 方便网络管理。建立VPN只需要较少的网络设备及物理线路，为数不多的网络设备使网络的管理较为轻松；即便分公司或是远程访问用户数量再多，也只需通过互联网的路径就可以进入企业内部网络。

VPN利用隧道协议在网络之间建立一个虚拟通道，已完成数据信息的安全传输。经过几年的发展，已经出现了多种用于安全传输的VPN协议。VPN的具体实现是采用隧道技术，将企业网的数据封装在隧道协议中进行传输。隧道协议可分为第二层隧道协议PPTP、L2F、L2TP和第三层隧道协议GRE、IPSec。它们的本质区别在于用户的数据包是被封装在哪种数据包中传输的。

无论哪种隧道协议都是由传输的载体、不同的封装格式以及数据包组成的。传输协议被用来传送封装协议，其中IP是一种常见的传输协议，这是因为IP具有强大的路由选择能力、可运行于不同介质上并且应用最为广泛。此外，帧中继、ATM网络也是非常合适的传输方式。比如用户想通过Internet将其分公司网络连接起来，但他的网络环境是IPX，这时用户就可以使用IP作为传输协议，在Internet网上传递IPX数据。

隧道协议主要包括以下几种：

互联网安全协议IPSec（Internet Protocol Security）。它位于第三层，是一个与互联网密钥交换IKE（Internet Key Exchange）有关的框架协议，有IETF RFC 2401-2409定义，

主要用于基于防火墙的VPN系统。下面将会对IPSec做一简单介绍。

第二层转发协议L2F（Layer 2 Forwarding）。它由Cisco系统公司提出，可以在多种媒介，如ATM、帧中继、IP网上建立多协议的安全VPN通信方式。

第二层隧道协议L2TP（Layer 2 Tunneling Protocol）。它综合了PPTP和L2F的优点，并提交IETF进行标准化操作。

点对点隧道协议PPTP（Point-to-Point Tunneling Protocol）。它由3Com、Access、Ascend、Microsoft和ECI Telematics公司共同制定，用于PPTP客户机和PPTP服务器之间的安全通信。

通用路由封装GRE（Generic Routing Encapsulation）。GRE在RFC1701/RFC1702中定义，它规定了怎样用一种网络层协议去封装另一种网络层协议的方法，GRE的隧道由其两端的源IP地址和目的IP地址来定义。它允许用户使用IP封装IP、IPX、AppleTalk并支持全部的路由协议如RIP、OSPF、IGRP和EIGRP。

使用VPN，网络的运营部门和服务供应商可通过互联网或其他IP主干网为企业提供远程访问和分支机构连接服务。对企业而言，其优点是显著降低成本、减少管理工作和对终端用户的技术支持、增加经营策略的灵活性。对服务供应商而言，其优点是通过提供各种增值服务给事业的发展带来机遇、扩大客户基数和服务地域，提高资产回报率。

7.3.3 安全Socket层通信协议SSL

随着Internet的飞速发展，特别是Web的广泛应用，如何保护通过开放性网络传输的敏感信息的安全性成为人们关注的焦点。Netscape公司在推出Web浏览器首版的同时，提出了关于安全Socket层通信协议SSL（Secure Socket Layer）的一些概念。

SSL能使客户/服务器应用之间的通信不被攻击者窃听，并且始终保持对服务器的认证，还可选择对客户进行认证。SSL协议要求建立在可靠的传输层协议（如TCP）之上，并与应用层协议独立。高层的应用层协议（如HTTP，FTP，TELNET等）能透明的建立于SSL协议之上。SSL协议在应用层协议通信之前就已经完成加密算法、通信密钥的协商以及服务器认证工作。在此之后，应用层协议所传送的数据都会被加密，从而保证通信的私密性。

现在SSL有2.0和3.0两个可用版本，2.0已经成为网上Web HTTP安全传输事实上的工业标准，但SSL2.0在安全性和功能上的局限性限制了其进一步的推广使用。SSL3.0在2.0基础上做了很大改进，可保证两个应用间通信的保密性和可靠性，可在服务器和客户机两端同时实现支持，它提供了一种针对客户机和服务器的、基于会话的、面向连接的安全机制。SSL采用公开密钥技术，且现行Web浏览器普遍将HTTP和SSL相结合，从而实现安全通信。

通过SSL2.0建立的安全通道可提供以下方面的安全性：

- 秘密性。在握手协议完成以后，所有传递的消息都是加密的。
- 认证性。SSL要求对服务器端始终保持认证，而对客户端的认证是可选的。
- 完整性。SSL采用消息认证码（MAC）来保证所传递消息的完整性。

SSL协议的实现属于SOCKET层，处于应用层和传输层之间，由SSL记录协议（SSL RECORD PROTOCOL）和SSL握手协议（SSL HAND-SHAKE PROTOCOL）组成的。

SSL协议可以分为两层，一是握手层，二是记录层。SSL握手协议描述建立安全连接的过程，在客户机和服务器传送应用层数据之前，完成诸如加密算法和会话密钥的确定、通信双方的身份验证等功能；SSL 记录协议则定义了数据传送的格式，上层数据包括 SSL 握手协议建立安全连接时所需传送的数据，都通过 SSL 记录协议再往下层传送。这样，应用层通过 SSL 协议把数据传给传输层时，已是被加密后的数据，此时 TCP/IP 协议只需负责将其可靠地传送到目的地，弥补了 TCP/IP 协议安全性较差的弱点。

Netscape 公司已经向公众推出了 SSL 的参考实现（称为 SSLref）。另一免费的 SSL 实现叫做 SSLeay。SSLref 和 SSLeay 均可给任何 TCP/IP 应用提供 SSL 功能，并且提供部分或全部源代码。Internet 号码分配当局（IANA）已经为具备 SSL 功能的应用分配了固定端口号，例如，带 SSL 的 HTTP（https）被分配以端口号 443、带 SSL 的 SMTP（ssmtp）被分配以端口号 465、带 SSL 的 NNTP（snntp）被分配以端口号 563。

微软推出了 SSL 版本的改进版本，称为 PCT（私人通信技术）。SSL 和 PCT 非常类似。它们的主要差别是它们在版本号字段的最显著位（The Most Significant Bit）上的取值有所不同：SSL 该位取 0，PCT 该位取 1。这样区分之后，就可以对这两个协议都给予支持。

1996 年 4 月，IETF 授权一个传输层安全（TLS）工作组着手制订一个传输层安全协议（TLSP），以便作为标准提案向 IESG 正式提交。TLSP 将会在许多地方酷似 SSL。

7.4 信 息 安 全

随着计算机技术、通信技术和网络技术的飞速发展，人类正在逐步进入一个高度信息化的社会，信息化成为人类社会未来发展的必然趋势。社会的信息化程度越高，信息交流就越频繁，内容也就更广泛，人们对信息的依赖程度也就越大。所以，如何保证信息的正确传输已成为很多人关注的焦点。到了 20 世纪 70 年代，随着信息量的爆炸性增长，对信息保密的需求也从军事、政治和外交等领域迅速扩展到民用和商用领域，从而导致了密码学知识的广泛应用和传播。另外，计算机技术和微电子技术的发展也为密码学理论的研究和实现提供了强有力的手段和工具。进入 80 年代以后，对密码学理论和应用的研究更是呈爆炸性增长趋势。密码学除在雷达、导航、遥控、遥测等领域占有重要地位以外，还逐步渗透到电信、邮政、计算机、金融系统、各种管理信息系统甚至家庭等各部门和各领域。保密的内涵也在不断发生着变化，不仅是简单的信息保密，还包括认证、鉴别和数字签名等新的功能。特别是随着 Internet 的飞速发展，基于开放式网络的应用也越来越普及（如电子商务和电子政务等），对信息的安全性要求也就越来越高。

7.4.1 密码学与信息安全

密码学是一门对存储和传送的信息加以隐藏和保护的技术。密码学的目标是使得授权阅读人员以外的人无法读取信息。也就是说，密码学是按照数学理论对正常的信息进行处理，使非授权者无法阅读和使用，而授权者经过处理以后可以阅读和使用经密码学处理的信息。

密码学有很长的历史，人类最早的密码应用可以追溯到 4000 年前的古希腊，从一定程度上来讲，早期密码学的发展一直是为军事、外交和政府部门服务的。20 世纪 60 年代，计算机和通信技术得到了巨大的发展，开始提出了对数字信息安全性的服务需求；到了 70 年代中期，IBM 的 Feistel 提出了最为著名的 Horst Feistel 加密结构，并于 1977 年发展成为被美国联邦信息处理标准 FIPS（Federal Information Processing Standard）认可的数据加密标准DES（Data Encryption Standard），即著名的DES算法，并一直沿用至今，在电子商务和银行机构中得到了广泛应用。

密码系统给通过网络交换的信息提供高度的机密性，保证信息的完整性、认证性和不可否认性，特别是对于通过公共网络（如Internet）而言，密码系统更是不可或缺的环节。

1. 机密性

机密性是保证信息安全的最基本和最直接的需求。广义上来讲机密性是指对信息进行加密，只有获得相关授权的人才能阅读和使用这些信息。在实际应用中，有多种保证信息机密性的方法和机制，从纯硬件的物理防护一直到纯软件的数学算法加密，都可以让非授权人无法接触数据、不可阅读信息。

2. 完整性

完整性在安全通信，特别是电子商务交易中特别有用。虽然网络中常用的校验机制，奇偶校验或循环冗余码（CRC）可以在一定程度上保证数据的完整性，但这些方法一般用于偶发的传输错误，无法控制人为的数据修改。因此实用的信息完整性是指：保证数据在传输和存储过程中不会被非法修改，同时防止伪装的信息的出现，非法修改可能包括内容替换、删除和文件覆盖等操作。在实际应用系统中，一般采用密码学中的消息认证码MAC或HASH函数来实现对信息完整性的检查。

3. 认证性

认证性是与身份识别相关联的一项服务，用于确认用户或者主机的身份及其访问权限。认证一般分为两种：实体身份认证和数据来源认证。实体身份识别可以确定通信双方的真实身份，并产生一个双方通信所需的会话密钥，对双方的通信内容进行加密和解密，建立一个安全的通信环境。数据来源认证用于确认数据是否来自于他所声称的某个主机，而不是由其他人假冒或伪造的。

4. 不可否认性

不可否认性主要用于阻止使用者对其以前的行为或动作进行反悔和否认。如在电子商务交易中，一个用户可能对其所签署的数字合同或订购的货物进行否认，以达到欺诈的目的。在密码学中，一般采用数字签名和可信的第三方认证的方式来提供不可否认服务。

在信息系统安全中，还有一个很重要的分支就是密码分析，它是指试图通过分析已经获得的少量信息，发现明文或密钥的过程，是和加密分析相对应的学科。密码分析的难易程度和分析所需要的时间长短同加密所采用的方案算法以及分析者获得的信息量有关。

几乎现在所有已知加密算法的安全性都基于其生成密钥的安全，而不是基于算法本身的安全性。这就意味着算法可以公开，也可以被分析，可以大量生产使用算法的产品。所以，对一个成熟的算法而言，即使密码分析者完全了解了该密码算法，但如果不知道具体的密钥，就不可能对该算法所加密的信息进行破解。

对一个密码系统来讲，截获密文进行分析的攻击的方式称为被动攻击（passive attack），它一般只威胁到数据的机密性；另外，密码系统还可能遭受的另一类攻击，非法入侵者主动向干扰系统运行，采用删除、更改、增添、伪造文件等方法向系统中散布错误信息，这种攻击称为主动攻击（active attack），它不但威胁数据的机密性，还威胁数据的认证性和完整性。

由于现在网络中所使用的加密算法大多已经公开，大部分情况下，密码分析者能够详细了解加密所采用的算法结构和解密过程。因此在有些环境和应用中，密码分析者可能会采用穷举的方式来攻击系统，即尝试所有可能的密钥组合，直到发现正确的密钥为止。如果密钥的可能数量特别大的时候，这种方法实现时间过长，基本认为是不可行的。另外，在有些情况下，如果密码分析者了解被加密的信息的类型和数据结构，如已知该密文还原后是文本文件、可执行程序、或数据库文件等，则由于这些文件类型有固定的格式，在一定程度上会增加密码分析成功的可能性。下面给出几种常用的密码分析和攻击形式。

- 已知密文。密码分析者有密文和算法，试图通过这些内容分析出明文，在这种情况下，关键就是密钥的破解，如果没有大量的信息支持，一般认为解密成功的可能性不大。
- 已知明文、密文。密码分析者有明文信息和算法并拥有少量密文，试图破解加密密钥或者分析加密算法的漏洞。在这种情况下，密码分析者所面对的是加密算法中的数学难题，如果能够发现该难题的通用解，则可破解所有使用该算法的文件信息。

其中已知密文的密码分析是最困难的，它可用的信息量最少，但是，在很多实际网络应用中，密码分析者可能获得一些额外的信息。比如，对于一些特殊类型的文件，可能会有一些标准的数据结构或固定的文件头或标题，密码分析的难度也就大大降低了。

密码分析的难度很大，但是在一定信息量的支持下，投入时间足够时，分析的成功率很高。由于密码分析本身的特点，我们很难对破译某一次密文分析的工作量进行有效估计，但是，如果算法本身没有内在的缺陷，我们就可以对破译所需的平均时间和平均成本进行合理的估计。

如果有一个加密方案，无论分析者获得的密文有多少，这些密文中包含的信息都不足以确定对应的明文，则该加密方案即为无条件安全加密方案。目前人类已知的各种加密算法中，还没有能够用来实现无条件安全方案的，除了一次一密的系统外，通常我们认为无条件安全只能在理论中实现。

一般情况下，如果一个加密方案满足如下两个条件中的一个，该加密方案可称为计算安全或者相对安全：

- 破译某一密文的成本已经超过加密信息本身的价值。
- 破译某一密文所需要的时间已经超过了信息本身的有效期。

7.4.2 对称密钥加密系统

对称密码算法又称为传统密码算法，它所使用的加密密钥可以很容易从解密密钥中推导出来，反过来也成立。在大多数对称算法中，加密密钥和解密密钥是相同的。有时候也把这些算法称为秘密密钥算法或单密钥算法。

使用这种加密系统时，要求发送者和接收者在安全通信之前，必须首先协商一个密钥。对称算法的安全性依赖于密钥，密钥泄漏就意味着任何人都能对消息进行加、解密。所以，在实际应用系统中，如果传递的信息需要保密，密钥就必须保密。

对称密码算法的加密和解密可用数学表达式概括为

$$Ee(m)=c \tag{7-1}$$

$$Dd(c)=m \tag{7-2}$$

其中 c 为密文，m 为明文，e 为加密密钥，d 为解密密钥，$Ee(m)$表示使用加密算法和密钥 e 对 m 进行加密，$Dd(c)$ 表示使用解密算法和密钥 d 对 c 进行解密。其中 d 和 e 相同或很容易相互导出。图 7－12 所示为对称密钥加密。

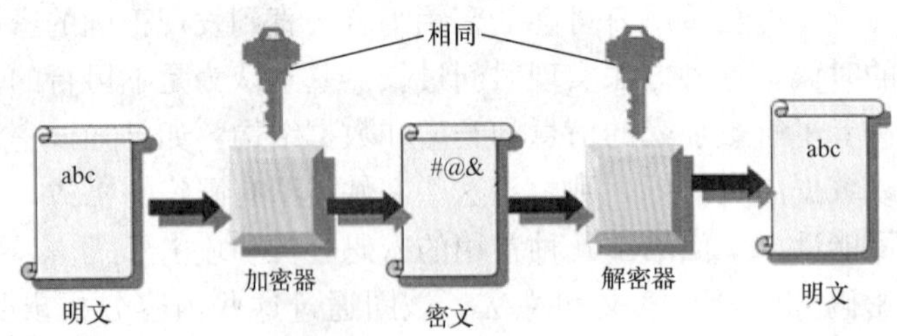

图 7－12　对称密钥加密

对称算法又可分为两类：一种算法一次只对明文中的单个比特（有时对字节）进行加/解密运算，这样的算法称为序列算法或序列密码（stream cipher）；另一种算法是对明文进行分组，每一分组包含若干个比特或字符，这些比特组称为分组，然后逐组进行加解密，相应的算法称为分组算法或分组密码（block cipher）。现代密码算法的典型分组长度为 64bit，该长度既可以大到足以防止分析破译，又小到足以方便使用，是一个合理的折中取法。

一个完整的信息的安全处理流程如下：

1）发送方 A 首先利用随机数发生器等应用产生加密密钥 e，并通过安全通道发送给接收方 B。

2）发送方 A 利用加密算法和产生的密钥对要发送的明文信息进行加密，并把密文 c 通过公共通道发送给接收方 B。

3）接收方 B 利用接收到的密钥 e（或推导出的相关密钥）对接收到的密文进行解密，产生原始明文。

图 7－13 所示为对称密钥加密系统通信过程。

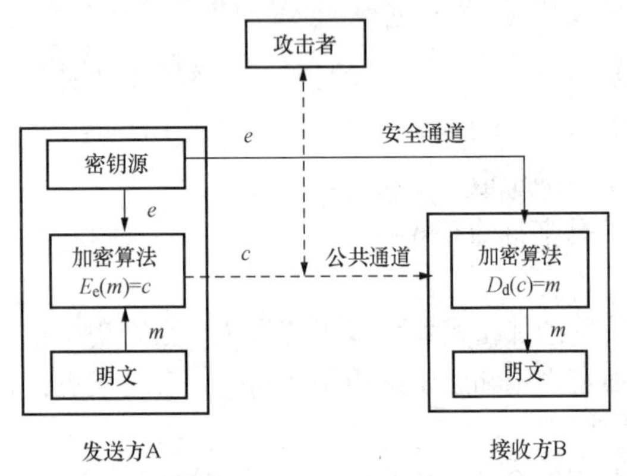

图 7－13　对称密钥加密系统通信过程

对称密钥加密技术的最大优势是加/解密速度快，适合于对大数据量进行加密，但密钥管理困难。对称密钥加密技术要求通信双方事先交换密钥，当系统用户增多时，例如，在网上购物的环境中，商户需要与成千上万的购物者进行交易，若采用简单的对称密钥加密技术，商户需要管理成千上万的密钥与不同的对象通信，除了存储开销以外，密钥管理是一个几乎不可能解决的问题；另外，双方如何交换密钥？通过传统手段？通过因特网？无论何者都会遇到密钥传送的安全性问题。另外，实际应用环境中，密钥通常会经常更换，更为极端的是，每次传送都使用不同的密钥。对称密钥加密技术中的密钥管理和发布都是远远无法满足实际应用要求的。

随着密码技术的发展，以及网络安全威胁性的不断高涨，安全系统要求的密钥长度也在不断增长。比如，在几年前，40 位对称密钥长度足以保证信息的保密性，但从目前的技术水平看，40 位密钥加密的数据可以在很短的时间内就可以破译。目前国际上公认的对称密码系统的密钥长度应达到 128 位。遗憾的是，由于出口限制，目前国外进口到我国的产品中的加密系统采用的密钥长度均不超过56位，如WEB浏览器和服务器等，远远不能满足安全需求。所以发展我国自己独立的密钥算法和密码产品，对国民经济发展和国家安全至关重要。常用的对称密钥算法包括DES、IDEA和AES等。

7.4.3 非对称密钥加密系统

1976年，Diffie和Hellman发表了名为《密码学新方向》的论文，提出了公钥密码学的基本思想，并提供了一种基于离散对数难题的、全新的、灵活的密钥交换方法，标志着密码学的理论和技术的划时代的革命性变革。在当时，虽然作者没有给出公钥加密的具体实现方案，但提出了灵活的思想和全新的研究方向。

1978年，Rivest、Shamir和Adleman发明了第一个实用的公钥加密和签名方案，即现在著名的RSA公钥加密算法，它基于大素数分解的数学难题。1985年，ElGamal也发明了一种基于离散对数数学难题的实用公钥算法。

公开密钥加密技术的出现是密码学方面的一个巨大进步，它需要使用一对密钥来分别完成加密和解密操作。这对密钥中的一个公开发布，称为公开密钥（Public-Key），另一个由用户自己安全保存，称为私有密钥（Private-Key）。信息发送者首先用公开密钥去加密信息，而信息接收者则用相应的私有密钥去解密。通过数学的手段保证加密过程是一个不可逆过程，即用公钥加密的信息只能用与该公钥配对的私有密钥才能解密。非对称密钥技术解决了密钥的发布和管理问题，商户可以公开其公开密钥，而保留私有密钥。发送方可以用人人皆知的接收方公开密钥对发送的信息进行加密，安全地传送给该接收方，然后由接收方用自己的私有密钥进行解密。

用公开密钥PUK加密可表示为

$$E_{\mathrm{PUK}}(m)=c \quad (7-3)$$

公开密钥和私有密钥是不同的，用相应的私有密钥PRK解密可表示为

$$D_{\mathrm{PRK}}(c)=m \quad (7-4)$$

图7-14所示为公开密钥加密技术。

在数字签名中，为了提供消息的认证性，可以对消息用私人密钥加密而用公开密钥解密。这样，用户利用自己的私有密钥签名（加密）的消息就只能被相应的公钥验证（解密），从而可以确信消息来自特定的用户，因为只有该用户才拥有该私钥的使用权。

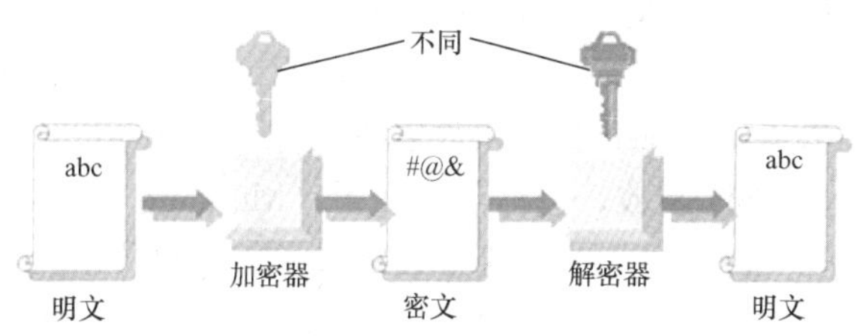

图7-14 公开密钥加密技术

在两方通信过程中，使用公钥技术进行信息加密和解密的流程如下：

1）发送方A首先通过公共通道获取接收方B的加密公钥，该密钥是公共的，应对外公开。

2）发送方A利用接收方B的公钥对要传递的明文信息进行加密，并把密文信息 c 通过公共通道发送给接收方B。

3）接收方B利用与加密公钥相对应的私钥解密密文，以获取原始的明文信息。

图7-15所示为公开密钥加密系统通信过程。

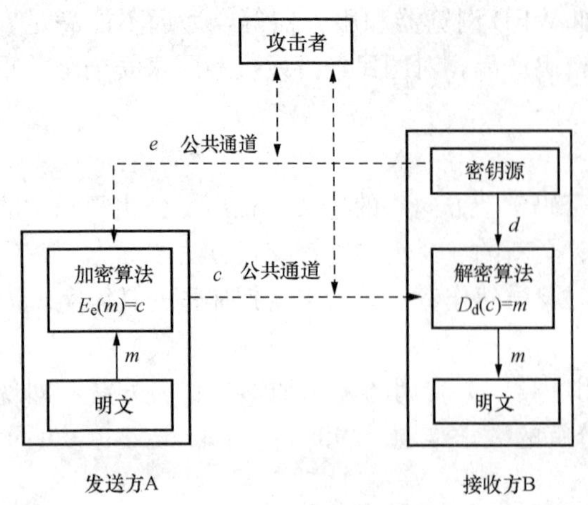

图 7-15 公开密钥加密系统通信过程

虽然公钥体制从根本上取消了对称密码算法中的密钥分配问题，但并没有提供一个完整的解决方案，仍然有很多的缺点。如果用户同时向三个人发送同样的信息时，使用公钥体制，就必须进行三次加密处理；公钥算法相对对称算法来讲，其计算速度非常慢；另外，公钥算法也要求一种使公钥能广为发布的方法和体制。

下面简单介绍一下 RSA 算法的工作原理：

1）选择两个很大的素数 p、q（素数：最大公约数为 1）。

2）计算 $n=p\times q$ 和 $z=(p-1)\times(q-1)$。

3）选择一个 d（与 z 互为质数，即最大公约数为 1）。

4）找到一个 e，使满足 $d\times e\mathrm{mod}z=1$（mod 为取余数）。

5）（e、n）为私有密钥，（d、n）为公开密钥。

6）加密过程：$c=p\hat{}e\mathrm{mod}n$；解密过程：$P=c\hat{}d\mathrm{mod}n$。

举例来说，取 $p=3$，$q=5$，则 $n=15$，$z=8$，取 $d=3$，则 e 的取值可以是 3，11，…。为便于计算，取 $e=3$，则（3，15）为私有密钥，（3，15）为公开密钥。

令 $p=2$，加密后 $c=2\hat{}3\mathrm{mod}15=8$；解密后 $p=8\hat{}3\mathrm{mod}15=2$（$8\hat{}3=512$，$512/15=34$，…，2）。

对于黑客来说，要想解密密文，必须先取得 e 的值，d 是公开的，d 和 e 之间满足 $d\times e\mathrm{mod}z=1$，因此必须取得 z 的值，而 $z=(p-1)\times(q-1)$，因此必须取得 p 和 q 的值，由于 $n=p\times q$，而且 n 是公开的，因此问题归结为如何对 n 进行分解。

7.4.4 Hash 算法和数字签名

HASH 函数，也称消息摘要（Message Digest）、哈希函数或杂凑函数。数学表达式为 $h=H(x)$，输入为一可变长输入 x，返回一个固定长度串 h，该串 h 被称为输入信息 x 的消息摘要（Hash 值）。所有的散列算法都是单向的，也就是说不能从散列值来获取原始消息，即使是原始消息的很少一部分信息都不可能获得。所以，有时候对一个数据的散列也叫做该数据的摘要，它可以作为一个消息的唯一标识，来保护消息的完整性。发送者发送数据的同时，也把该数据的散列值发送过去。接收者接收到消息以后，首先根据接收到的数据计算其散列值，然后和发送过来的散列值进行比较，就可以判断数据是否在发送过程中遭到修改。

Hash 函数 H（）一般满足以下几个基本要求：

- 固定性，输入信息 x 可以为任意长度，输出数据串长度基本固定。
- 易计算，给定任何 x，很容易算出 $H(x)$。
- 单向函数，即给出一个 Hash 值 h，很难反向计算出 x，使 $h=H(x)$。
- 唯一性，任意两条消息 x、y，只要 x 和 y 不相等，则 $H(x)$ 和 $H(y)$ 也不相等，

如果 $x=y$，则 H（x）和 H（y）一定相等。

虽然大部分情况下，HASH 函数是不需要密钥的，但根据应用不同，可以给 HASH 函数加上密钥，用于保护 HASH 结果的完整性。

假设发送者利用不带密钥的 HASH 函数对发送的文件产生了一个摘要或数字指纹（digital finger），然后把该文件和摘要一同发送给接收者。这样就给攻击者留下了可乘之机，使其可以对信息进行假冒。黑客首先对网络进行监听，截获发送来的文件，然后对文件进行修改，并利用同样的 HASH 函数对修改后的文件进行处理，产生假冒的 HASH 结果。然后，黑客把修改后的文件和假冒的 HASH 值发送给原始的接收者。接收者根据发送来的文件检查 HASH，错误地认为文件是完整的。

如果发送者使用带密钥的 HASH 函数来产生 HASH 值的话，由于黑客不知道密钥（发送文件的时候一般不会把密钥附带在文件上），所以，即使黑客产生了假冒的 HASH 结果，接收者利用密钥进行验证的时候，同样会发现文件遭到了修改，从而保证了传输文件的完整性。利用上述方法产生的 HASH 结果就成为消息校验码 MAC（Message Authentication Codes）。常用的 HASH 算法有 SHA1 和 MD5 等。

日常生活中，通常通过对某一文档进行手写签名来保证文档的真实有效性，可以对签字方进行约束，防止其抵赖行为，并把文档与签名同时发送以作为日后查证的依据。在网络环境中，可以用电子数字签名来模拟手写签名，从而为电子商务提供不可否认服务。

把 HASH 函数和公钥算法结合起来，可以在提供数据完整性的同时来保证数据的真实性。完整性保证传输的数据没有被修改，而真实性则保证是由确定的合法者产生的 HASH，而不是由其他人假冒，把这两种机制结合起来就可以产生所谓的数字签名（Digital Signature）。

将报文按双方约定的 HASH 算法计算得到一个固定位数的报文摘要（Message Digest）值。在数学上保证：只要改动报文的任何一位，重新计算出的报文摘要就会与原先值不符，这样就保证了报文的不可更改。然后把该报文的摘要值用发送者的私人密钥加密，并将该密文同原报文一起发送给接收者，所产生的报文即为数字签名。

接收方收到数字签名后，用同样的 HASH 算法对报文计算摘要值，然后与用发送者的公开密钥进行解密解开的报文摘要值相比较。如相等则说明报文确实来自发送者，因为只有用发送者的签名私钥加密的信息才能用发送者的公钥解开，从而保证了数据的真实性。

数字签名相对于手写签名在安全性方面具有如下好处：数字签名不仅与签名者的私有密钥有关，而且与报文的内容有关，因此不能将签名者对一份报文的签名复制到另一份报文上，同时也能防止篡改报文的内容。

从一个消息中创建一个数字签名包括两个步骤。首先就是创建一个消息的散列值（也叫消息摘要），然后就是签名，即利用签名者的私钥对该散列值进行加密。

为了验证一个数字签名，必须同时获得原始消息和数字签名。首先，利用同签名相同的方法计算消息的散列值，然后利用签名者公钥解密签名获取原散列值，如果两个散列值相同，则可以验证发送者的数字签名。图 7－16 所示为签名和验证。

7.4.5 CA 认证与数字证书

公钥算法的一种重要应用就是数字签名。1991 年，第一个用于数字签名的国际标准（ISO/IEC）被采纳，它基于 RSA 公钥体制。1994 年，美国政府接收了基于 ElGamal 公钥

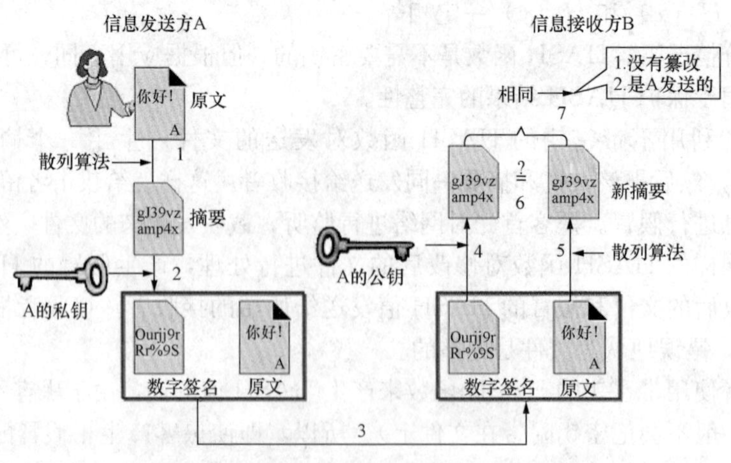

图 7-16 签名和验证

算法的一种机制作为数字签名标准 DSS（Digital Signature Standard）。随着应用的不断深入，各种关于公钥技术的理论研究也不断取得进展，很多新技术也在逐步应用到相关的产品中。

证书机构 CA（Certification Authority）用于创建和发布证书，它通常为一个称为安全域（security domain）的有限群体发放证书。创建证书的时候，CA 系统首先获取用户的请求信息，其中包括用户公钥（公钥一般由用户端产生，如电子邮件程序或浏览器等）等。CA 将根据用户的请求信息产生证书，并用自己的私钥对证书进行签名。其他用户、应用程序或实体将使用 CA 的公钥对证书进行验证。如果一个 CA 系统是可信的，则验证证书的用户可以确信，他所验证的证书中的公钥属于证书所代表的那个实体。

CA 还负责维护和发布证书废除列表 CRL（Certificate Revocation Lists，又称为证书黑名单）。当一个证书，特别是其中的公钥因为其他原因无效时（不是因为到期），CRL 提供了一种通知用户和其他应用的中心管理方式。CA 系统生成 CRL 以后，要么是放到 LDAP 服务器中供用户查询或下载，要么是放置在 Web 服务器的合适位置，以页面超级链接的方式供用户直接查询或下载。

一个典型的 CA 系统包括安全服务器、登记中心 RA 服务器、CA 服务器、LDAP 目录服务器和数据库服务器等。

安全服务器。安全服务器面向普通用户，用于提供证书申请、浏览、证书撤消列表以及证书下载等安全服务。安全服务器与用户的通信采取安全信道方式（如 SSL 的方式，不需要对用户进行身份认证）。用户首先得到安全服务器的证书（该证书由 CA 颁发），然后用户与服务器之间的所有通信，包括用户填写的申请信息以及浏览器生成的公钥均用安全服务器的密钥进行加密传输，只有安全服务器利用自己的私钥解密才能得到明文，这样可以防止其他人通过窃听得到明文。从而保证了证书申请和传输过程中的信息安全性。

CA 服务器。CA 服务器是整个证书机构的核心，负责证书的签发。CA 首先产生自身的私钥和公钥（密钥长度至少为 1024 位），然后生成数字证书，并且将数字证书传输给安全服务器。CA 还负责为操作员、安全服务器以及注册机构服务器生成数字证书。安全服务器的数字证书和私钥也需要传输给安全服务器。CA 服务器是整个结构中最为重要的部分，存有

CA 的私钥以及发行证书的脚本文件。出于安全的考虑，应将 CA 服务器与其他服务器隔离，所有通信采用人工干预的方式，确保认证中心的安全。

登记中心 RA。登记中心服务器面向登记中心操作员，在 CA 体系结构中起承上启下的作用，一方面向 CA 转发安全服务器传输过来的证书申请请求，另一方面向 LDAP 服务器和安全服务器转发 CA 颁发的数字证书和证书撤消列表。

LDAP 服务器。LDAP 服务器提供目录浏览服务，负责将注册机构服务器传输过来的用户信息以及数字证书加入到服务器上。这样其他用户通过访问 LDAP 服务器就能够得到其他用户的数字证书。图 7-17 所示为数字证书。

数据库服务器。数据库服务器是认证机构中的核心部分，用于认证机构数据（如密钥和用户信息等）、日志和统计信息的存储和管理。实际的数据库系统应采用多种措施，如磁盘阵列、双机备份和多处理器等方式，以维护数据库系统的安全性、稳定性、可伸缩性和高性能。

证书机构 CA 是一个可信的第三方实体，其主要职责是保证用户的真实性。本质上，CA 的作用同政府机关的护照颁发机构类似，用于证实公民是否是其所宣称的那样（正确身份），而信任这个国家政府机关护照颁发机构的其他国家，则信任该公民，认为其护照是可信的，

这也是第三方信任的一个很好实例。

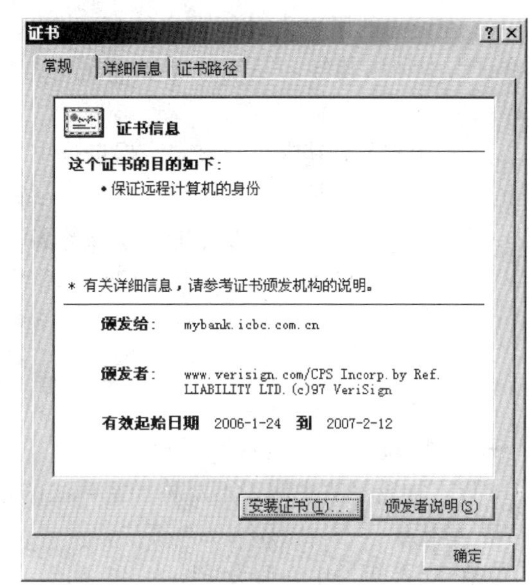

图 7-17　数字证书

同护照类似，网络用户的电子身份（Electronic Identity）是由 CA 来发布的，也就是说他是被 CA 所信任的，该电子身份就成为数字证书。因此，所有信任 CA 的其他用户同样也信任该用户。

护照颁发机构和证书机构 CA 都是由策略和物理元素构成。在护照颁发机构，有一套由政府确定的政策来判定哪些人可信任为公民，以及护照的颁发过程。一个 CA 系统也可以看成由许多人组成的一个组织，它用于指定网络安全策略，并决定组织中的哪些人可以发给一个在网络上使用的电子身份。

交叉认证（Cross-certification）是证书机构中常用的一个概念，它是两个 CA 需要在其之间安全交换关键信息时相互信任的一个过程。交叉认证仅仅是第三方信任模型的一个扩展，如果两个 CA 进行了交叉认证，则两个 CA 用户之间则隐含地具有了相互信任关系。

从技术角度来看，交叉认证需要在两个 CA 之间创建交叉证书（cross-certificates）。当 CAX 和 CAY 需要交叉认证时，则 CAX 创建并数字签署一个包含 CAY 公钥的证书（反之亦然）。因此，在任何两个 CA 域中的用户都可以确信每一个 CA 都相互信任。通过第三方信任模型，在一个 CA 域中的用户可以信任另外一个域中的用户。

数字证书（Digital Certificate）是解决公钥与身份绑定的有效方法之一。它通常是一个签名文档，用于标记特定对象的公开密钥。数字证书由一个认证中心（CA）签发，认证中心类似于现实生活中公证人的角色，它具有权威性，是一个可信赖的第三方。当通信双方都信任同一个CA时，两者就可以得到对方的公开密钥，从而能进行安全通信、数据签名和验证等。

数字证书是将证书持有人的公开密钥与持有人的身份进行关联的证明，能够让通信各方确认持证人的合法身份。证书除了用来向其他实体证明自己的身份外，还同时起着公钥分发的作用，每份证书中都携带着持有人的公钥。签名证书携带的是签名公钥，信息加密证书携带的是信息加密公钥，有的证书中的公钥同时具有加密和签名双重功能。所有实体的证书由CA机构负责分发并签名。

为了在证书的用户公钥和用户信息（如名字、地址等）绑定之间建立一个可信机制，CA在证书中利用其签名私钥数字签署证书信息。CA为其产生的证书提供了安全与信任保障：

证书利用CA对其内容的签名来保证证书的完整性。

因为只有CA才是唯一可以使用其签名私钥的实体，所以，任何验证证书上面CA签名的用户都可以确信，只有CA才能产生该签名。

只有CA才能使用其签名私钥，CA不能否认对证书的签名。

一、选择题

1. 以下加密算法中属于不对称加密算法的是（　　）。

A）替代法；　B）RSA算法；　C）矩阵法；　D）DES系统。

2. 在RSA算法中，假设PK为（3，15），明文为2，则密文是（　　）。

A）6；　B）7；　C）8；　D）9。

3. 在通信条件下，为解决发送者事后否认曾经发送过这份文件和接收者伪造一份文件并宣称它来自发送方这类的问题，可采用的方法是（　　）。

A）加密机制；　B）数字签名机制；　C）访问控制机制；D）数据完整性机制。

4. 网络安全（　　）。

A）只和应用层、表示层有关；　B）和所有层次都有关；

C）和应用层、表示层、会话层有关；　D）和所有层次都无关。

5. 一般而言，Internet防火墙建立在一个网络的（　　）。

A）内部子网之间传送信息的中枢；

B）每个子网的内部；

C）内部网络与外部网络的交叉点；

D）部分内部网络与外部网络的结合处。

6. 公开密钥加密体制的密钥（公钥和私钥）是（　　）。

A）一次性制造出来所有的密钥；

B）在一次制造中形成的一对密钥；

C）公钥是在公共媒体上得到的，而私钥是自己制造的；

D）公钥用于加密公有信息，而私钥用于加密私人的信息。

二、填空题

1. 防火墙是具有某些特性的计算机________或________。

2. 防火墙有三类：________、________、________。

3. 在网络应用中一般采取两种加密形式：________和________。

三、思考题

1. 网络安全的含义是什么？

2. 什么是防火墙？防火墙能防病毒吗？

3. 企业根 CA 和独立根 CA 有什么不同？

第8章　网　络　管　理

随着计算机网络的快速普及，越来越多的企业开始依赖计算机网络进行工作和管理，因此，如何管理计算机网络使之更加可靠、稳定、安全地为企业服务的问题也就被提了出来，本章我们就来学习这一部分知识。

8.1　网络管理的目的和基本功能

自从有了网络，对于网络进行有效的管理就成为网络建设者孜孜不倦的追求。但网络发展至今，用户在对网络的管理上却仍然存在着管理什么、如何管理等疑惑。

网络管理是指监督、控制网络资源的使用和网络的各种活动，从而使网络的性能达到最稳定的过程，也就是通过对计算机网络的配置、调整网络运行状态等操作来对网络进行维护。简单地说，网络管理实际上就是通过合适的方法和手段，使网络综合性能达到最佳状态。

8.1.1　网络管理的目的

通过正确而又适合自身的网络管理，不但可以提高网络可靠性，还可以提高网络效率。网络管理的最终目的在于最大限度地增加网络可利用的时间，通过合理组织和调控网络资源，提供安全、可靠的服务，保证网络正常和安全地运行。换句话说，网络管理的目标就是通过对网络资源进行合理分配和控制，尽可能满足用户的需求，同时使网络的资源得到最大利用，使整个网络更加稳定、更加经济地运行。

网络管理是计算机网络发展的必然产物，它随着计算机网络的发展而发展。早期的计算机网络主要是局域网，在一定范围内连接数百台计算机。最早的局域网管理主要保证在局域网内的所有计算机能够顺利传递和共享文件，早期的局域网管理系统功能简单，对操作系统依赖性强。Internet的出现打破了网络的地域限制，跨地域的广域网飞速发展，这时的网络管理不再局限于保证文件的传输，而且还要保障网络中的所有对象（路由器、交换机、线路等）能够正常运转，同时监测网络的运行状态、优化网络的拓扑结构。网络管理系统也因此越来越独立，越来越复杂，功能也越来越完备，现在网络管理已经发展成为计算机网络中的一个重要分支，国际上各种网络管理的标准也相继制定，网络管理逐步变得规范化、制度化。

网络管理是一个不断发展的过程，经历了早期的人工管理、分散式管理，到现在的集中管理和分布式管理，管理的方法和手段都在不断变化。目前，网络中采用的先进技术越来越多，网络的规模也日渐庞大，网络管理和维护的工作也就越来越复杂，早期的管理方式和手段已经不能够满足现代网络的需求。最初的网络管理往往是通过实时监控网络，一旦发现出现不良条件，如网络拥塞、过载时，通过手工配置的方法改变网络状态，使网络能够保持稳定运行。但由于在管理过程中需要不断监视网络状态，调控也无法实现全自动化，因此随着网络的发展，这种管理方式已经被更先进的手段所取代。现在的网络管理范围已经扩大到了对网络中通信活动的管理，以及对网络的规划、运营和维护相关的几乎所有过程的管理。

网络管理并不是什么新概念，然而用户在实际的网络管理中还存在相当大的偏差。受限于网管人员的技术水平和对网管软件的资金投入等众多因素，很多用户仅仅只对网络设备、网络线路及用户进行了管理，而没有在现有网络管理的基础上建立综合网管系统，以实现包括全网故障分析和故障定位、全网性能综合分析等功能的全网的综合管理。

虽然已经有越来越多的用户开始注意到网络管理的重要性，但是由于网络管理的意识还很淡薄、资金投入太少、自身技术人员知识掌握程度不够、重硬轻软、先期没有完整的规划等因素，造成当前网络建设者存在较大误区。另外对于网络管理，在管理什么和如何管理方面是仁者见仁，智者见智。目前的网络管理基本上涵盖了对网络进行规划、设计、配置、检测、协调、分析、测试、评估、扩展等多个方面的内容。

8.1.2 网络管理的基本功能

在实际网络管理过程中，完整的网络管理系统具备的功能非常广泛，包括了很多方面，其中有些特殊的管理方法还需要有特定的网络环境才能实现。除了特殊功能之外，在 ISO 制定的网络管理标准中定义了网络管理的五大基本功能：故障管理（Fault)、配置管理（Configuration)、计费管理（Accoutting)、性能管理（Performance）和安全管理（Security)，简称 FCAPS。这些功能是一个网络管理系统需要具备的最基本的项目。事实上，网络管理的基本功能还应该包括其他一些方面，比如网络规划、网络操作人员的管理等。不过这些其他的网络管理功能实现都与具体的网络实际条件和人员有关，因此我们只需要关注 ISO 网络管理标准中的五大功能即可。

1. 故障管理

故障管理的基本功能是：过滤、归并网络事件，有效地发现、定位网络故障，给出排错建议与修复方案，形成整套的故障发现、告警与处理机制。故障管理的详细功能如下：

- 性能监控：由用户定义被管对象及其属性。被管对象主要是指包括线路和路由器；被管对象的属性包括流量、延迟、丢包率、CPU 占用率、温度、内存空间。对于每个被管对象，定时采集性能数据，自动生成性能报告。
- 域值控制：可对每一个被管对象的每一条属性设置域值，对于特定被管对象的特定属性，可以针对不同的时间段和性能指标进行域值设置。可通过设置阈值检查开关控制域值检测和报警，提供相应的域值检测管理和溢出告警机制。
- 性能分析：对历史数据进行分析、统计和整理，计算性能指标，对性能状况做出判断，为网络规划提供参考。
- 可视化的性能报告：对数据进行扫描和处理，生成性能趋势曲线，以直观的图形反映性能分析的结果。
- 实时性能监控：通过采集一系列实时数据和提供可视化分析工具，对流量、负载、丢包、温度、内存、延迟等网络设备和线路的性能指标进行实时检测，并可根据网络状况的任意长短设置数据采集间隔。
- 网络对象性能查询：可通过列表或按关键字检索被管网络对象及其属性的性能记录。

2. 配置管理

配置管理的基本功能是：通过自动检索获取网络的拓扑结构，构造和维护网络系统的配置；监测网络中被管理对象的运行状态，完成网络关键设备配置的语法检查，配置自动生成和自动配置备份系统，对于配置的一致性进行严格的检验。配置管理的详细功能如下：

- 配置信息的自动获取：在一个大型网络中，需要管理的设备非常多，如果每个设备的配置信息都完全依靠管理人的手工输入，其工作量相当大，而且还存在出错的可能。对于不熟悉网络结构的人员来说，这项工作甚至无法完成。因此，一个先进的网络管理系统应该具有配置信息自动获取功能，即使在管理人员不是很熟悉网络结构和配置状况的情况下，也能通过有关的技术手段来完成对网络的配置和管理。在网络设备的配置信息中，根据获取手段大致可以分为三类。一是在网络管理协议标准的 MIB 中定义的配置信息（包括 SNMP 和 CMIP 协议）；二是不在网络管理协议标准中定义，但是对设备运行比较重要的配置信息；三是用于管理的一些辅助信息。
- 自动配置、自动备份及相关技术：配置信息自动获取功能相当于从网络设备中“读”信息和在相应网络管理应用中大量“写”信息的需求。同样，根据设置手段对网络配置信息进行分类：一是可以通过网络管理协议标准中定义的方法（如 SNMP 中的 set 服务）进行设置的配置信息；二是可以通过自动登录的设备进行配置的信息；三是需要修改的管理性配置信息。
- 配置一致性检查：在一个大型网络中，网络设备众多，而由于管理的原因，这些设备很可能不是由同一个管理人员进行管理和配置的。实际上即使是同一个管理员对设备进行的配置，也会由于各种原因导致配置不一致的问题。因此，对整个网络的配置情况进行一致性检查是必需的。在网络的配置中，对网络正常运行影响最大的主要是路由器端口配置和路由信息配置，因此，要进行一致性检查的也主要是这两类信息。
- 用户操作记录功能：配置系统的安全性是整个网络管理系统安全的核心，因此，必须对用户进行的每一配置操作进行记录。在配置管理中，需要对用户的网络访问进行记录，并保存下来。管理人员可以随时查看特定用户在特定时间内进行的特定配置操作。

3. 计费管理

对网际互联设备按 IP 地址的双向流量统计，生成多种信息统计报告及流量对比数据，并提供网络计费工具，以便网络管理人员根据自定义的要求实施网络计费。计费管理主要通过下面的方式实现。

- 计费数据采集：计费数据采集是整个计费系统的基础，但计费数据采集往往受到采集设备硬件与软件的制约，而且也与进行计费的网络资源分配有关。
- 数据管理与数据维护：计费管理人工交互性很强，虽然有很多数据维护系统自动完成，但仍然需要人为管理，包括交纳费用的输入、联网单位信息维护，以及账单样式决定等。
- 计费政策制定：由于计费政策经常灵活变化，因此实现用户自由制定输入计费政策尤其重要。这样需要一个制定计费政策的友好人机界面和完善的实现计费政策的数据模型。
- 政策比较与决策支持：计费管理应该提供多套计费政策的数据比较，为政策制订提供决策依据。
- 数据分析与费用计算：利用采集的网络资源使用数据，联网用户的详细信息以及计费政策计算网络用户资源的使用情况，并计算出应交纳的费用。

- 数据查询：提供给每个网络用户关于自身使用网络资源情况的详细信息，网络用户根据这些信息可以计算、核对自己的收费情况。

4. 性能管理

性能管理的基本功能是：采集、分析网络对象的性能数据，监测网络对象的性能，对网络线路质量进行分析。同时，统计网络运行状态信息，对网络的使用发展做出评测、估计，为网络进一步规划与调整提供依据。性能管理的详细功能如下：

- 故障监测：主动探测或被动接收网络上的各种事件信息，并识别出其中与网络和系统故障相关的内容，对其中的关键部分保持跟踪，生成网络故障事件记录。
- 故障报警：接收故障监测模块传来的报警信息，根据报警策略驱动不同的报警程序，以本地报警窗口通知当前网络管理人员或采用电子邮件通知远程决策管理人员，同时发出网络故障警报。
- 故障信息管理：依靠对事件记录的分析，定义网络故障并生成故障日志，记录排除故障的步骤和与故障相关的值班员日志，构造排错行动记录，将事件—故障—日志综合构成逻辑上相互关联的整体，以反映故障产生、变化、解除的整个过程的各个方面。
- 排错支持工具：向管理人员提供一系列的实时检测工具，对被管设备的状况进行测试并记录下测试结果以供技术人员分析和排错；根据已有的排错经验和管理人员对故障状态的描述给出对排错行动的提示。
- 检索、分析故障信息：浏览并且以关键字检索查询故障管理系统中所有的数据库记录，定期收集故障记录数据，在此基础上给出被管网络系统、被管线路设备的可靠性参数。

5. 安全管理

安全管理主要有两层含义：一方面，安全管理系统必须保证网络用户和网络资源不会被非法访问和入侵；另一方面，也要确保网络安全系统本身不会被非法修改或删除。安全管理系统需要结合用户认证、访问控制、数据传输、存储的保密与完整性校验机制，以保障网络管理系统本身的安全，同时生成系统日志，使系统的使用和网络对象的修改有据可查，控制对网络资源的访问。

安全管理的功能分为两部分，首先是网络管理系统本身的安全，其次是被管网络对象的安全。网络管理过程中，存储和传输的管理和控制信息对网络的运行和控制至关重要，一旦泄密、被非法篡改或者伪造，将给网络造成灾难性的破坏。

网络安全管理系统应该包括授权机制、访问机制、加密和密钥管理机制，此外还需要有维护和检查安全日志以及安全警告等功能。管理系统安全本身的安全由以下机制来保证：

- 管理员身份认证，采用基于公开密钥加密系统的证书认证机制；为提高系统效率，对于可信的域内（如局域网）的用户，可以使用简单的口令认证。
- 管理信息存储和传输的加密与完整性，Web 浏览器和网络管理服务器之间采用安全套接字（SSL）传输协议，对管理信息加密传输并保证其完整性；内部存储的机密信息，如登录口令等，也是经过加密的。
- 网络管理用户分组管理与访问控制，网络管理系统的用户（即网络管理员）按任务的不同分成若干用户组，不同的用户组中有不同的权限范围，对用户的操作由访问控制检查，保证用户不能越权使用网络管理系统。

- 系统日志分析，记录用户所有的操作，使系统的操作和对网络对象的修改有据可查，同时也有助于故障的跟踪与恢复。

网络对象的安全管理有以下功能：

- 网络资源的访问控制，通过管理路由器的访问控制链表，完成防火墙的管理功能，即从网络层（IP）和传输层（TCP）控制对网络资源的访问，保护网络内部的设备和应用服务，防止外来的攻击。
- 告警事件分析，接收网络对象所发出的告警事件，分析与安全相关的信息（如路由器登录信息、SNMP认证失败信息），及时地向管理员报警，并提供历史安全日志的检索与分析功能，实时监控本地运行状况，以发现正在进行的攻击或可疑的攻击迹象。
- 主机系统的安全漏洞检测，实时监测主机系统的重要服务（如WWW，DNS等）的状态，提供安全监测工具，以搜索系统可能存在的安全漏洞或安全隐患，并给出弥补的措施。

网络管理通过网关（边界路由器）控制外来用户对网络资源的访问，以防止外来的攻击；通过告警事件的分析处理，以发现正在进行的可能的攻击；通过安全漏洞检测发现存在的安全隐患，以防患于未然。

8.1.3 网络管理系统的构成

一个具体的网络管理系统不一定要完全包含上述的五大管理功能，不同的系统可以选取其中的几个功能加以组合，但几乎所有的网络管理系统都会包括故障管理功能。

现代计算机网络的管理系统模型主要由以下几部分组成：

- 多个被管代理，也称管理代理（Agent）。
- 至少一个网络管理器，也称管理服务器（Manager）。
- 一个通用的网络管理协议。
- 一个或多个管理信息库（Management Information Base，MIB）。

它们之间的关系如图8-1所示。

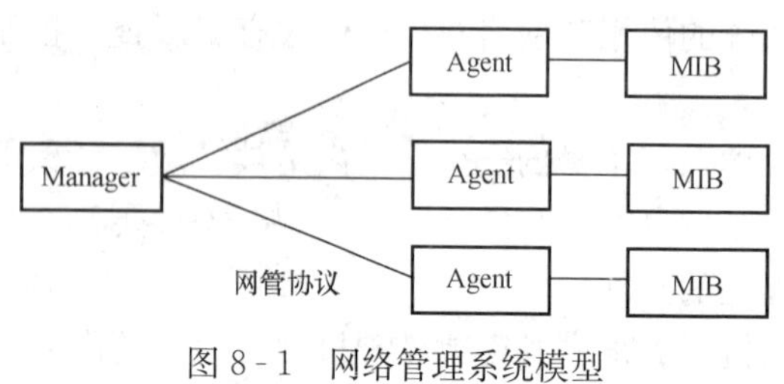

图8-1 网络管理系统模型

所有被管理的网络设备，包括用户站点和网络互联设备等，统称为被管对象（Managed Objects）。驻留在这些被管对象上配合网络管理的处理实体（软件）称为被管代理，驻留在管理工作站上实施管理的处理实体（软件）称为管理器。管理器和被管代理通过交换管理信息进行工作，这种信息交换通过系统选定网络管理协议来实现，信息分别驻留在被管对象和管理工作站上的管理信息库（MIB）中。

任何一种可被管理的被管对象，如主机、服务器、数据服务器、打印服务器、终端服务器、路由器、网桥或中继器等，都有一个被管代理。被管代理时刻监听和响应来自网络管理器的查询或命令。

任何一个网络管理域中至少应该有一个网络管理服务器，驻留在网络管理服务器上的网络管理系统负责执行网络管理的全部监视和控制工作。网络管理器通过与被管代理的信息交互（发送请求/接受响应）来完成管理工作的细节。被管代理与网络管理器之间的信息交互的动作规则和格式等，则由网络管理协议来规定。

网络管理协议与管理信息库一起协调工作，简化了网络管理的复杂过程。因为管理信息库中的管理信息描述了所有被管对象及其属性值，因此网络管理的全部工作实际上就是对这些对象及属性值变量的读取（Get，对应于监视）或设置（Set，对应于控制）。

8.2 网络管理协议

随着计算机网络的发展，规模的增大，复杂性的增加，简单的网络管理技术已不能适应网络迅速发展的要求。以往的网络管理系统往往是厂商在自己的网络系统中开发的专用系统，其兼容性很差，基本上不可能实现对其他厂商的网络系统、通信设备软件等进行管理，这种状况很不适应网络异构互联的发展趋势。单纯依靠一些网络专业人员进行网络管理已经不可能了，必须有一种通行的网络管理标准以及相应的管理工具使普通人也能够管理网络。Internet 的出现和发展使人们进一步意识到了这一点。网络技术的研究开发者们迅速展开了对网络管理系统的分析和设计，并提出了多种网络管理协议，其中比较著名的有 SGMP、SNMP、CMIS、LMMP 等。

网络管理协议是网络管理系统中最重要的部分，它定义了网络管理器与被管代理间的通信方法。接下来让我们回顾一下网络管理协议的发展历史，并简单介绍几种网络管理协议。

8.2.1 相关历史

在网络管理协议产生以前的相当长的时间里，管理者要学习各种从不同网络设备获取数据的方法。因为各个生产厂家使用专用的方法收集数据，相同功能的设备，不同的生产厂商提供的数据采集方法可能大相径庭。在这种情况下，制定一个行业标准的紧迫性越来越明显。

首先开始研究网络管理通信标准问题的是国际上最著名的国际标准化组织 ISO，他们对网络管理的标准化工作始于 1979 年，主要针对 OSI（开放系统互联）七层协议的传输环境而设计。ISO 的成果是 CMIS（公共管理信息服务）和 CMIP（公共管理信息协议）。CMIS 支持管理进程和管理代理之间的通信要求，CMIP 则是提供管理信息传输服务的应用层协议，二者规定了 OSI 系统的网络管理标准。基于 OSI 标准的产品有 AT&T 的 Accumaster 和 DEC 公司的 EMA 等，HP 的 Open View 最初也是按 OSI 标准设计的。

后来，互联网工程任务组（Internet Engineering Task Force，IETF）为了管理以几何级数增长的 Internet，决定采用基于 OSI 的 CMIP 协议作为 Internet 的管理协议，并对它作了修改，修改后的协议被称作 CMOT（Common Management Over TCP/IP）。但由于技术原因，修改后的 CMOT 迟迟未能出台。为了解决眼前的危机，IETF 决定把已有的 SGMP（简单网关监控协议）进一步修改后，作为临时的应急方案。

SGMP 是最早出现的相关的协议，是在 NYSERNET 和 SURANET 上开发应用的网络管理工具。它提供了一种直接监视网关（OSI 第三层路由器）的方法，该方法能够很有效地实现对通信线路的管理，也因此成为最早的通用的网络管理工具。SGMP 的兼容性比以往的管理工具要好很多，能够适用于大部分网络环境，但是距离完全相容还有一定差距。

1988 年，IAB（Internet Activities Board，互联网活动委员会）建议所有 IP 和 TCP 的运行都应该是可网络管理的（network manageable）。提出了采用两个步骤开发基于 TCP/IP

互联网的网络管理协议：近期内采用 SGMP，远期采用 OSI 网络管理体系。同时产生了与 SGMP 和 OSI 网络管理体系都兼容的管理信息结构（SMI）和管理信息库（MIB）。由于当时的 SGMP 和 OSI 网络管理体系的要求不同，SMI/MIB 与两者的兼容性无法满足。IAB 让 IETF 在网络管理领域建立两个工作组：一个组负责定义基于 TCP/IP 的互联网的 MIB，另一个组负责修改 SGMP。

1990 年，MIB 工作组产生了两个文件：基于 TCP/IP 的互联网的管理信息结构和标识 SMI（RFC1155）和基于 TCP/IP 的互联网的管理信息库 MIB（RFC1156）；另一个工作组产生了也完成了 SGMP 的修改，这个在 SGMP 基础上开发的解决方案就是著名的 SNMP 简单网络管理协议（RFC1157），也称 SNMPv1。

IAB 推荐 SNMP 作为基于 TCP/IP 的互联网网络管理的标准协议。SNMPv1 最大的特点是简单性，容易实现且成本低。此外，它的特点还有：

- 可伸缩性，SNMP 可管理绝大部分符合 Internet 标准的设备。
- 扩展性，通过定义新的“被管理对象”，可以非常方便地扩展管理能力。
- 鲁棒性（Robust），即使在被管理设备发生严重错误时，也不会影响管理者的正常工作。

这个协议相当成功，在很短的时间内被众多网络设备制造商所使用。但是如同 TCP/IP 协议簇的其他协议一样，开始的 SNMP 没有考虑安全问题，为此许多用户和厂商提出了修改 SNMPv1，增加安全模块的要求。于是，在 1992 年 IETF 雄心勃勃地开始了 SNMPv2 的开发工作。当时宣布计划中的第二版将在提高安全性和更有效地传递管理信息方面加以改进，具体包括提供验证、加密和时间同步机制以及 GETBULK 操作提供一次取回大量数据的能力等。

IETF 为 SNMP 的第二版做了大量的工作，其中大多数是为了寻找加强 SNMP 安全性的方法。然而不幸的是，设计的方向和实用化的要求依然无法取得一致，从而只形成了现在的 SNMPv2 草案标准。

1997 年 4 月，IETF 成立了 SNMPv3 工作组。SNMPv3 的重点是安全、可管理的体系结构和远程配置。目前，SNMPv3 已经是 IETF 提议的标准，并得到了供应商们的强有力支持。

近年来，SNMP 发展很快，已经超越传统的 TCP/IP 环境，受到更为广泛的支持，成为网络管理方面事实上的标准，支持 SNMP 的产品中最流行的是 IBM 公司的 Net View、Cabletron 公司的 Spectrum 和 HP 公司的 Open View。除此之外，许多其他生产网络通信设备的厂家，如 Cisco、Crosscomm、Proteon、Hughes 等公司也都提供基于 SNMP 的实现方法。相对于 OSI 标准，SNMP 简单而实用。现在，TCP/IP 互联网上的各种设备均支持 SNMP 协议，设备中都配置了 SNMP 管理代理和管理信息库 MIB，这为开发专用或通用的基于 SNMP 的网络管理系统提供了极大的方便。

8.2.2 协议简介

1. 简单网络管理协议 SNMP

简单网络管理协议（SNMP）是最早提出的网络管理协议之一，刚刚推出就得到了广泛的应用和支持，特别是很快得到了数百家厂商的支持，其中包括 IBM、HP、SUN 等大公司和厂商。目前，SNMP 已成为网络管理领域中事实上的工业标准，并被广泛支持和应用，大多数网络管理系统和平台都是基于 SNMP 的。简单网络管理协议 SNMP 已经成为事实上的标准网络管理协议。

SNMP 是在 SGMP 基础上修改形成的，最早是 IETF 的研究小组为了解决在 Internet 上的路由器管理问题提出的，因此许多人认为 SNMP 只能建立在 TCP/IP 的 IP 层上，运行的基础是 TCP/IP 协议，但实际上，SNMP 是一种与协议无关的管理协议，所以它可以在所有传输协议上使用，无论是 IP、IPX、AppleTalk，还是 OSI，只要能够实现稳定传输的网络就可以使用 SNMP 协议进行管理。

SNMP 的结构为 SNMP 管理者（SNMP Manager）和 SNMP 代理（SNMP Agents）。

最初，SNMP 是作为一种可提供最小网络管理功能的临时方法开发的，它具有以下两个优点：与 SNMP 相关的管理信息结构（SMI）以及管理信息库（MIB）非常简单，从而能够迅速、简便地实现；SNMP 是建立在 SGMP 基础上的，而对于 SGMP 人们积累了大量的操作经验。

SNMP 的体系结构是围绕着以下四个概念和目标进行设计的：

- 保持管理代理的软件成本尽可能低。
- 最大限度地保持远程管理的功能，以便充分利用 Internet 的网络资源。
- 体系结构必须有扩充的余地。
- 保持 SNMP 的独立性，不依赖于具体的计算机、网关和网络传输协议。

SNMP 经历了两次版本升级，现在的最新版本是 SNMPv3。在前两个版本的 SNMP 功能都得到了极大的增强，而在最新的版本中，SNMP 在安全性方面有了很大的改善，SNMP 缺乏安全性的弱点正逐渐得到克服。

改进后的 SNMP 有以下特点：PDU 在改进后的 SNMP 中增加了两种新的数据原语。改进后的 SNMP 支持 SNMP 中的集中式网络管理机制，用一台管理器进行全网管理，或者将网络分割成若干小单元，每个单元中使用一台管理器进行管理。同时，在改进后的 SNMP 中还支持分布式管理策略。通过加密和鉴别技术，改进后的 SNMP 提供了更强的安全能力。

SNMP 中提供了四类管理操作：

- get 操作：由管理者发出，用来提取特定的网络管理信息。
- get—next 操作：由管理者发出，通过遍历顺序获取管理信息。
- set 操作：由管理者发出，用来对管理信息进行控制（修改、设置）。
- trap 操作：由代理发出，用来报告重要的事件。

SNMP 定义了管理进程（manager）和管理代理（agent）之间的关系，这个关系称为共同体（community）。描述共同体的语义是非常复杂的，但其句法却很简单。位于网络管理工作站（运行管理进程）上和各网络元素上利用 SNMP 相互通信对网络进行管理的软件统统称为 SNMP 应用实体。若干个应用实体和 SNMP 组合起来形成一个共同体，不同的共同体之间用名字来区分，共同体的名字则必须符合 Internet 的层次结构命名规则，由无保留意义的字符串组成。此外，一个 SNMP 应用实体可以加入多个共同体。

SNMP 的应用实体对 Internet 管理信息库中的管理对象进行操作。一个 SNMP 应用实体可操作的管理对象子集称为 SNMPMIB 授权范围。SNMP 应用实体对授权范围内管理对象的访问仍然还有进一步的访问控制限制，比如只读、可读写等。SNMP 体系结构中要求对每个共同体都规定其授权范围及其对每个对象的访问方式。记录这些定义的文件称为“共同体定义文件”。

SNMP的报文总是源自每个应用实体，报文中包括该应用实体所在的共同体的名字。这种报文在SNMP中称为“有身份标志的报文”，共同体名字是在管理进程和管理代理之间交换管理信息报文时使用的。管理信息报文中包括以下两部分内容：

- 共同体名，加上发送方的一些标识信息（附加信息），用以验证发送方确实是共同体中的成员，共同体实际上就是用于身份鉴别的。
- 数据，这是两个管理应用实体之间真正需要交换的信息。

在第三版本前的SNMP中只是实现了简单的身份鉴别，接收方仅凭共同体名来判定收发双方是否在同一个共同体中，而前面提到的附加信息尚未应用。接收方在验明发送报文的管理代理或管理进程的身份后要对其访问权限进行检查。访问权限检查涉及以下因素：

- 一个共同体内各成员可以对哪些对象进行读写等管理操作，这些可读写对象称为该共同体的“授权对象”（在授权范围内）。
- 共同体成员对授权范围内每个对象定义了访问模式，即只读或可读写。
- 规定授权范围内每个管理对象（类）可进行的操作（包括get，get-next，set和trap）。
- 管理信息库（MIB）对每个对象的访问方式限制（如MIB中可以规定哪些对象只能读而不能写等）。

管理代理通过上述预先定义的访问模式和权限来决定共同体中其他成员要求的管理对象访问（操作）是否允许。共同体概念同样适用于转换代理（Proxy agent），只不过转换代理中包含的对象主要是其他设备的内容。

SNMP实现方式为了提供遍历管理信息库的手段，SNMP在其MIB中采用了树状命名方法对每个管理对象实例命名。每个对象实例的名字都由对象类名字加上一个后缀构成。对象类的名字是不会相互重复的，因而不同对象类的对象实例之间也不会有重名的危险。

在共同体的定义中一般要规定该共同体授权的管理对象范围，相应地也就规定了哪些对象实例是该共同体的“管辖范围”，据此，共同体的定义可以想象为一个多叉树，以词典序提供了遍历所有管理对象实例的手段。有了这个手段，SNMP就可以使用get-next操作符，顺序地从一个对象找到下一个对象。get-next（object-instance）操作返回的结果是一个对象实例标识符及其相关信息，该对象实例在上面的多叉树中紧排在指定标识符object-instance对象的后面。这种手段的优点在于，即使不知道管理对象实例的具体名字，管理系统也能逐个地找到它，并提取到它的有关信息。遍历所有管理对象的过程可以从第一个对象实例开始（这个实例一定要给出），然后逐次使用get—next，直到返回一个差错（表示不存在的管理对象实例）结束（完成遍历）。

由于信息是以表格形式（一种数据结构）存放的，在SNMP的管理概念中，把所有表格都视为子树，其中一张表格（及其名字）是相应子树的根节点，每个列是根下面的子节点，一列中的每个行则是该列节点下面的子节点，并且是子树的叶节点。因此，按照前面的子树遍历思路，对表格的遍历是先访问第一列的所有元素，再访问第二列的所有元素，…，直到最后一个元素。若试图得到最后一个元素的“下一个”元素，则返回差错标记。

SNMP中各种管理信息大多以表格形式存在，一个表格对应一个对象类，每个元素对应于该类的一个对象实例。那么，管理信息表对象中单个元素（对象实例）的操作可以用前面提到的 get—next 方法，也可以用后面将介绍的 get/set 等操作。下面主要介绍表格内一行信息的整体操作。

增加一行：通过 SNMP 只用一次 set 操作就可在一个表格中增加一行。操作中的每个变量都对应于待增加行中的一个列元素，包括对象实例标识符。如果一个表格中有 8 列，则 set 操作中必须给出 8 个操作数，分别对应 8 个列中的相应元素。

删除一行：删除一行也可以通过 SNMP 调用一次 set 操作完成，并且比增加一行还简单。删除一行只需要用 set 操作将该行中的任意一个元素（对象实例）设置成“非法”即可。但该操作有一个例外：地址翻译组对象中有一个特殊的表（地址变换表），该表中未定义一个元素的“非法”条件。因此，SNMP 中采用的办法是将该表中的地址设置成空串，而空字符串将被视为非法元素。

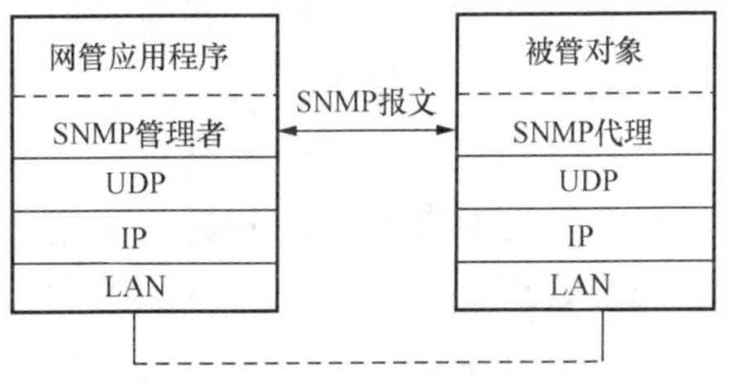

图 8-2 SNMP 管理模型

SNMP 的管理模型如图 8-2 所示。

2. 公共管理信息服务/公共管理信息协议 CMIS/CMIP

公共管理信息服务/公共管理信息协议（CMIS/CMIP）是 OSI 提供的网络管理协议簇。CMIS 定义了每个网络组成部分提供的网络管理服务，这些服务在本质上是很普通的，CMIP 则是实现 CMIS 服务的协议。

OSI 网络协议旨在为所有设备在 ISO 参考模型的每一层提供一个公共网络结构，而 CMIS/CMIP 正是这样一个用于所有网络设备的完整网络管理协议簇。

出于通用性的考虑，CMIS/CMIP 的功能与结构跟 SNMP 很不相同，SNMP 是按照简单和易于实现的原则设计的，而 CMIS/CMIP 则能够提供支持一个完整网络管理方案所需的功能。

CMIS/CMIP 的整体结构是建立在使用 ISO 网络参考模型的基础上的，网络管理应用进程使用 ISO 参考模型中的应用层。也在这层上，公共管理信息服务单元（CMISE）提供了应用程序使用 CMIP 协议的接口。同时该层还包括了两个 ISO 应用协议：联系控制服务元素（ACSE）和远程操作服务元素（ROSE），其中 ACSE 在应用程序之间建立和关闭联系，而 ROSE 则处理应用程序之间的请求/响应交互。另外，值得注意的是 OSI 没有在应用层之下特别为网络管理定义协议。

CMIP 协议是在 OSI 制订的网络管理框架基础上提出的网络管理协议。这个体系包含以下组成部分：套用于描述协议的模型，一组用于描述被管对象的注册、标识和定义的管理信息结构，被管对象的详细说明以及用于远程管理的原语和服务。

CMIP 和 SNMP 一样，也是由被管代理和管理者、管理协议和管理信息库组成。

CMIP 的优点在于：

- 它的变量不仅传递信息，而且还可完成一定的网络管理任务，这样就减少了管理者的负担和网络负载。
- 在安全性方面，它拥有验证、访问控制和安全日志等一整套管理方法。

CMIP 同样存在缺点：

- 资源占用量大，对硬件设备的要求高。

● 由于它在网络代理上要运行相当数量的进程，所以大大增加了网络代理的负担。

● 它的MIB库过分复杂，难于实现。

作为国际标准，由ISO制定的公共管理信息协议（CMIP）着重于普适性(Generality)。CMIP主要针对OSI七层协议模型的传输环境而设计，采用报告机制，具有许多特殊的能力，需要能力强的处理机和大容量的存储器，因此目前支持它的产品较少。但由于它是国际标准，因此发展前景很广阔。

在网络管理过程中，CMIP不是通过轮询而是通过事件报告进行工作，由网络中的各个设备监测设施在发现被检测设备的状态和参数发生变化后及时向管理进程进行事件报告。管理进程一般都对事件进行分类，根据事件发生时对网络服务影响的大小来划分事件的严重等级，网络管理进程很快就会收到事件报告，具有及时性的特点。

与SNMP相比，两种管理协议各有所长。SNMP是Internet组织用来管理TCP/IP互联网和以太网的，由于实现、理解和排错很简单，所以受到很多产品的广泛支持，但是安全性较差。CMIP是一个更为有效的网络管理协议，把更多的工作交给管理者去做，减轻了终端用户的工作负担。此外，CMIP建立了安全管理机制，提供授权、访问控制、安全日志等功能。但由于CMIP是由国际标准组织指定的国际标准，因此涉及面很广，实施起来比较复杂且花费较高。

3. 公共管理信息服务与协议CMOT

公共管理信息服务与协议（CMOT）是在TCP/IP协议簇上实现CMIS服务，这是一种过渡性的解决方案，直到OSI网络管理协议被广泛采用。

CMIS使用的应用协议并没有根据CMOT而修改，CMOT仍然依赖于CMISE、ACSE和ROSE协议，这和CMIS/CMIP是一样的。但是，CMOT并没有直接使用参考模型中的表示层，而是要求在表示层中使用另外一个协议——轻量表示协议（LPP），该协议提供了目前最普通的两种传输层协议接口（TCP和UDP）。

CMOT的一个致命弱点在于它是一个过渡性的方案，而没有人会把注意力集中在一个短期方案上。相反，许多重要厂商都加入了SNMP潮流并在其中投入了大量资源。事实上，虽然存在CMOT的定义，但该协议已经很长时间没有得到任何发展了。

4. 局域网个人管理协议LMMP

局域网个人管理协议（LMMP）试图为LAN环境提供一个网络管理方案。LMMP以前被称为IEEE802逻辑链路控制上的公共管理信息服务与协议（CMOL）。由于该协议直接位于IEEE802逻辑链路层（LLC）上，它可以不依赖于任何特定的网络层协议进行网络传输。

由于不要求任何网络层协议，LMMP比CMIS/CMIP或CMOT都易于实现，然而没有网络层提供路由信息，LMMP信息不能跨越路由器，从而限制了它只能在局域网中发展。但是，跨越局域网传输局限的LMMP信息转换代理可能会克服这一问题。

8.3 网络管理系统

由于网络管理已经有了一系列的标准，以及OSI定义的网络管理五大功能，使得具有配置管理、性能管理、故障管理、安全管理和计费管理五大功能的管理系统成为可能。同时，也正是得益于这样的网络管理系统，我们才能对网络进行充分、完备和有序的管理。但是由于涉及众多的网络管理协议和五个方面所要求的功能以及不同网络的实际情况，使得网络管理系统在技术上具有很强的挑战性。现在市场上号称是网络管理系统的软件不少，但真正具有网络管理五大功能的网络管理系统却不多。我们下面将介绍四种网络管理系统，并给出它们的优缺点比较。这四种网络管理系统是：惠普（HP）公司的 Open View，国际商用机器公司（IBM）的 Net View，SUN 公司的 Sonnet 以及近年来代表未来智能网络管理方向的 Cabletron 公司的 SPECTRUM。

1. HP 的 OpenView

HP 的 Open View 有争议地成为第一个真正兼容的、跨平台的网络管理系统，因此也得到了广泛的市场应用。但是，虽然 OpenView 被认为是一个企业级的网络管理系统，但它跟大多数别的网络管理系统一样，不能提供 NetWare、SNA、Decent、x. 25、无线通信交换机以及其他非 SNMP 设备的管理功能。另一方面，HP 努力使 Open View 由最初的提供给第三方应用厂商的开发系统，转变为一个跨平台的最终用户产品。它的最大特点是被第三方应用开发厂商所广泛接受。比如 IBM 就把 Open View 增强功能并扩展成为自己的 Net View 产品系列，从而与 Open View 展开竞争。特别在最近几年，Open View 已经成为网络管理市场的领导者，与其他网络管理系统相比，Open View 拥有更多的第三方应用开发厂商。在近期，Open View 看上去更像一个工业标准的网络管理系统。

Open View 不能处理因为某一网络对象故障而误导致的其他对象的故障。具体说来就是，它不具备理解所有网络对象在网络中相互关系的能力，因此一旦这些网络对象中的一个发生故障，导致其他正常的网络对象停止响应网络管理系统，它会把这些正常网络对象当作故障对象对待。同时，Open View 也不能把服务的故障与设备的故障区分开来，比如是服务器上的进程出了问题还是该服务器出了问题，它不能区分。这些是 Open View 的最大弱点。

另外，在 Open View 中，性能的轮询与状态的轮询是截然分开的，这样导致一个网络对象响应性能轮询失败但不触发一个报警，仅仅只有当该对象不响应状态的轮询才进行故障报警。这将导致故障响应时间的延长，当然两种轮询的分开将带来灵活性上的好处，第三方的开发商可以对不同轮询的事件做分别处理。

Open View 还使用了商业化的关系数据库，这使得利用 Open View 采集来的数据开发扩展应用变得相对容易。但第三方应用开发厂商需要自己找地方存放自己的数据，这又限制了这些数据的共享。

Open View 的 MIB 变量浏览器相对而言是最完善的，而且正常情况下使用该 MIB 变量浏览器只会产生很少的流量开销。但 Open View 仍然需要更多、更简洁的故障工具以对付各种各样的故障与问题。

Open View 的用户界面显得干净以及相对的灵活，但在功能引导上显得笨拙。同时 Open View 还在简单、易用的 Motif 的图形用户界面上提供状态信息和网络拓扑结构图形，虽然这些信息和图形在大多数网络管理系统中都提供，但问题是 Open Jew 的所有操作（至少现在）都在 X- Windows 界面上进行，它还缺乏一些其他的手段，比如 WWW 界面和字符界面，同时它还缺乏开发基于其他界面应用的 API。

Open View 是一个昂贵的、但相对够用的网络管理系统，它提供了基本层次上的功能需求。它的最大优势在于它被第三方开发厂商所广泛接受。但得到了 Net View 许可证的 IBM 已经加强并扩展了 Open View 的功能，以此形成了 IBM 自己的 Net View/6000 产品系列，该产品可以在很大程度上视为 Open View 的一种替代选择。

2. IBM 的 Net View

IBM 的 Net View 是一个相对比较新、同时又具有兼容性的网络管理系统。Net View 既可以作为一个跨平台的、即插即用的系统提供给最终用户，也可以作为一个开发平台，在上面开发新的网络管理应用。IBM 从 HP 得到 OpenView3. 1 的许可证，并在此基础上大大扩展了它的功能，并将其与其他软件产品集成起来，从而形成了自己的 Net View 产品系列。跟 Open View 一样，Net View 作为企业级的网络管理系统，也不能提供 NetWare，SNA，Decent，X. 25，无线通信交换机以及其他非 SNMP 设备的管理功能。在网络管理产品市场上，Net View 在过去几年得到广泛的关注。Net View 的市场人员宣称尽管 IBM 是从 HP 那里得到了 Open View 的最初许可证，但 IBM 在此基础上自己修改了 70 % 的代码，并修正了很多 Open View 的 bugs，因此 Net View 应该被认为是一种新的产品。Net View 产品系列包括一个故障卡片系统，一些新的故障诊断工具，以及一些 Open View 所不具备的其他特性。虽然目前 New View 在吸引第三方应用开发厂商方面还不如 Open View，但这种差距正在缩小。

Net View 不能对故障事件进行归并，它不能找出相关故障卡片的内在关系，因此对一个失效设备，即使是一个重要的路由器，将导致大量的故障卡片和一系列类似的告警，这是难以接受的。更糟的是，第三方开发的应用似乎也不能确定这样的从属关系，比如一个针对 CISCO 产品的插件不能区分线路故障和 CSU/DSU 故障。因此，Net View 不具备在掌握整个网络结构情况下管理分散对象的能力。在一个大型、异构网络中，这意味着服务的开销不能轻易地从网络开销中区分出来。

同样的，在 Net View 中，性能轮询与状态轮询也是彻底分开的，这也将导致故障响应的延迟。但对第三方而言，Net View 提供了某种程度上的灵活性，在系统告警和事件中允许调用用户自定义的程序。Net View 也使用了商业化的关系数据库，这使得利用 Net View 采集来的数据开发扩展应用变得相对容易。但第三方应用开发厂商需要自己找地方存放自己的数据，这又限制了这些数据的共享。

IBM 在 OS/2 Intel 平台上利用 proxy 代理可以管理内部设备，并通过 SNMP 与 Net View 的管理进程通信。IBM 宣称 Net View 的管理进程具备理解并展示 Novell 的 NetWare 局域网的能力。

IBM 极大地简化了 Net View 的安装过程，使得安装 Net View 比安装 Open View 简单许多，它也是大多数网络管理软件中最容易安装的。

Net View 用户界面显得干净和相对的灵活，它比 Open View 更容易使用。它的 Motif 的图形用户界面也像大多数网络管理软件一样用图形方式显示对象的状态和网络拓扑结构。IBM 还增加了一种事件卡片机制，并在一个单独的窗口中按照一定的索引显示最近发生的事件。但同样一个问题是 Net View 的所有操作（至少现在）都在 X-Windows 界面上进行，它还缺乏一些其他的手段，比如 WWW 界面和字符界面，同时它也缺乏开发基于其他界面应用的 API。

IBM 在 HP 的 Open View 上进行了很多改进，在他们的 Net View 产品系列中提供了更全面的网络管理功能。同时 Net View 还以更便宜的价格、更多的性能和更强的灵活性提供给用户。但它仍然存在着一些令人烦恼的限制，如缺乏相关性的处理，使 Net View 进行自动管理感到困难，不过它针对一些告警还是有某种程度上的过滤与归并机制。Net View 在 open View 的基础上进行了一系列的改进，我们期待 Net View 的新开发版本能够加入更多的改进，包括处理相关性的能力以及适应不同网络环境的能力等。

3. SUN 的 SUN Net Manager

Sun Net Manager（SNM）是第一个重要的基于 Unix 的网络管理系统。SNM 一直主要作为开发平台而存在，它仅仅提供很有限的应用功能。为了实用化，还必须附加很多第三方开发的针对具体硬件平台的网络管理应用。SNM 的开发似乎已经减慢甚至停止，不过 SUN 已经签署一份许可证给 Net Labs DiMONS 3G 公司，授权该公司以 SNM 为基础开发一个名叫 Encompass 的新网络管理系统。对于 SNM，该系统跟其他大多数网络管理系统一样，它也不能提供 NetWare、SNA、Decent、X. 25、无线通信交换机以及其他非 SNMP 设备的管理功能。SNM 只能运行在 SUN 平台上，它需要 32MB 内存和 400MB 硬盘。

作为广泛使用得最早的网络管理平台，SNM 曾经一度占据了市场的领导地位。但后来 SNM 在市场的地位被 HP 的 Open View 所取代，现在 SNM 在市场中所占的份额越来越少，不过 SNM 仍然具有很多第三方开发的应用。

SNM 有两个有趣的特性：Proxy 管理代理和集成控制核心。SNM 是第一个提供分布式网络管理的产品，它的数据采集代理可以通过 RPC（远程过程调用）与管理进程通信。这样 Proxy 管理代理就可以像管理进程的子进程一样分布在整个网络；而集成控制核心可以在不同的 SNM 的管理进程之间分享网络状态信息，这种特性在异构网络中显得特别有效。然而，SNM 不支持相关性处理抵消了 Proxy 管理代理的优势，使得 SNM 的 Proxy 管理代理把网络结构并行化的努力得不到有力的支持。

SNM 的 Proxy 管理代理不仅可以在 SUN 平台上，也可以在 HP/UX 以及 AIX 平台上。一个 Proxy 管理代理可以对一个子网进行轮询，以减少单点的故障、使轮询分布化、以及减少网络的流量开销。同时，Proxy 管理代理也能把不可靠的 SNMP traps 转变为可靠的告警，这些 SNMP trap 被送到本地的管理代理，然后送给管理进程。

集成控制核心允许多个 SNM 共享网络状态信息，这样在一个子网可以拥有一个自己的 SNM 以监控该子网的状态，然后集成控制核心在不同 SNM 之间共享信息，这样即使是异构的复杂网络也能很好地收集和发布网络信息。

新的 SNM 2. 2 版本在易安装性、易配置性以及提供缺省配置选项方面有了很大进步，但在这方面，它还赶不上 IBM 的 Net View。

SNM 更多的是作为一个平台而不是一个网络管理产品出现，它提供了一系列的 API 可供第三方厂商在其上开发自己的应用，因此如果希望使用针对 SNM 的友好的用户界面，则必须购买第三方提供的软件。在某种意义上说，如果购买了 SNM 而不购买第三方的应用软件，那么 SNM 将没有什么用处。另外，SNM 使用一种嵌入式的文件系统来保存数据，但在某些 SNM 的版本中也可以使用关系数据库系统，不过用户得另行付费。

SNM 提供一种集成的网络管理，这是一种介于集中式的网络管理和分散的、非共享的对象管理之间的网络管理方式。集成网络管理特别是在管理不同独立部门的网络所组成的统一网络时非常有用，而分布式的轮询机制也在一定程度上补偿了缺乏相关性处理的缺陷。

SNM 是处于开发周期最高层次的产品，SUN 公司坚持用一种简洁的、使用 Net Jabs DiMoNS3G 技术的产品来淘汰 SNM。虽然 SNM 是一个广泛使用的，同时被很多第三方厂商支持的软件，但它似乎将不再具有未来的发展前景。

4. Cabletron 的 SPECTRUM

Cabletron 的 SPECTRUM 是一个可扩展的、智能的网络管理系统，它使用了面向对象的方法和 C1ient/Server 体系结构。SPECTRUM 构筑在一个人工智能的引擎之上，该引擎叫 Inductive Modeling Technology（IMT），同时 SPECTRUM 借助于面向对象的设计，可以管理多种对象实体；该网络管理系统还提供针对 Novell 的 NetWare 和 Banyan 的 VINES 这些局域网操作系统的网关支持。另外，一些本地的协议支持（比如 AppleTalk，IPX 等）都可以利用外部协议 API 加入到 SPECTRUM 中，当然这样需要进一步的开发。

虽然 SPECTRUM 是一个优秀的网络管理软件，但它却只有很低的市场占有率。同时与前面三种网络管理系统相比，SPECTRUM 只得到少数第三方开发厂商的支持。而缺乏一种第三方厂商的支持，将损害 SPECTRUM 的长期发展前景，虽然它现在拥有很多先进的特性。

SPECTRUM 是所有四种网络管理软件中唯一具备处理网络对象相关性能力的系统。SPECTRUM 采用的归纳模型可以使它检查不同的网络对象与事件，从而找到其中的共同点，以归纳出同一本质的事件或故障。比如，许多同时发生的故障实际上都可最终归结为一个同一路由器的故障，这种能力减少了故障卡片的数量，也减少了网络的开销。

SPECTRUM 服务器提供两种类型的轮询：自动轮询与手动轮询；在每次自动轮询中，服务器都要检查设备的状态并收集特定的 MIB 变量值。与其他网络管理系统一样，SPECTRUM 也可设定哪些设备需要轮询，哪些 MIB 变量需要采集数据，但不同之处在于，对同一设备对象 SPECTRUM 中没有冗余监听。

SPECTRUM 提供多种形式的告警手段，包括弹出报警窗口、发出报警声响、发报警电子邮件以及自动寻呼等。在一个附加产品中，甚至允许 SPECTRUM 提供一种语音响应支持。

SPECTRUM 的自动拓扑发现非常灵活，但相对比较慢。它提供交互式发现的功能，即用户指定要发现的进行自动发现，或用户可以指定特定的 IP 地址范围、路由器以及设备等。单一网络和异构网络它都支持自动发现。SFECTRUM 使用一种集成的关系数据库系统来保存数据，但它不支持直接对该数据库的 SQL 语言操作。SPECTRUM 的数据网关提供类似 SAS 的访问接口，用户可以用 SAS 语言来访问数据库，同时它还提供针对其他数据库系统的 SQL 接口。

在 SPECTRUM 中，管理员可以控制网络操作人员访问系统的界面，以控制系统的使用权限，同时严格控制一个域的操作人员只能控制自己的这一个管理域。但是在管理员的这一层次上只有一级控制，因此一个部门的管理员可以访问其他部门的用户文件。SPECTRUM 的 MIB 浏览器，称为 attribute walk，非常的复杂与笨拙，甚至要求用户给出 MIB 变量的标识才能查询，当然也存在很出色的第三方 MIB 浏览器。

通过 SPECTRUM 的图形用户界面，用户可以定义自己的操作环境并设置自己的快捷方式。不过在 SPECTRUM 中没有在线帮助。另外，SPECTRUM 提供了 X－Windows 和行命令两种方式来查询和操作数据库中的数据。

SPECTRUM是一个性能强大同时非常灵活的网络管理系统。它被一些用户使用并给予很高的评价。SPECTRUM还提供一些独特的功能，比如相关性的分析和错误告警的控制等。SPECTRUM也是四种网络管理系统中最复杂的产品，这种复杂性是它的灵活性带来的，而这种灵活性是必要的。但这种灵活性，或者说是复杂性，限制了SPECTRUM的第三方开发厂商的数量。

8.4 网 络 管 理 方 案

网络管理和维护是一项非常复杂的任务，虽然现在关于网络管理既制订了国际标准，又存在众多网络管理的平台与系统，但要真正做好网络管理的工作不是一件简单的事情。做好这项工作需要广泛的背景知识与大量的实际操作经验，下面我们将介绍一些新形式的网络管理以及一些网络管理经验。

8.4.1 VLAN管理

VLAN（虚拟局域网）就是一个计算机网络，其中的计算机好像是被同一网线连接在一起，而实际上它们可能分处于局域网的不同区域。VLAN更多的是通过软件而非硬件来实现，因此这使得它具有很高的灵活性。VLAN的一个主要特性就是提供了更多的管理控制，减少了相对日常管理开销，提供了更大的配置灵活性。

VLAN的这些特性包括：

- 当用户从一个地点移动到另一个地点时，简化了配置操作和过程修改。
- 当网络阻塞时，可以重新调节流量分布。
- 提供流量与广播行为的详细报告，同时统计VLAN逻辑区域的规模与组成。
- 提供根据实际情况在VLAN中增加和减少用户的灵活性。

上面的这些操作必须透明地执行，同时需要不用具备太多实际网络复杂连接情况的了解，或者不用知道如何重新配置协议。虽然用户可以直接地通过设置或重置VLAN的端口来配置VLAN，但缺乏智能网络管理工具的帮助，而要保证VLAN在若干部门之间正常通信是很困难的。

CISCO公司提供了一组VLAN的管理工具，即VLAN View和Traffic View，我们通过这两个工具来介绍VLAN管理所应具有的功能。这些工具都基于SNMP，完全支持SNMP的“get”和“set”操作，而且可以无缝地集成常用的网络管理平台，比如open View、Net View和Sun Net Manager等。这些工具还用可视化的图形用户界面来简化VLAN的设计、配置和管理，同时还可管理从小型局域网到具有多层交换的复杂大型网络。

1. VLAN View

VLAN View具有图形用户界面，它的核心应用是通过图形界面上的拖放操作模式来为VLAN创建的逻辑组分配端口。在这种功能中，以图形方式自动画出每个交换机在网络中拓扑位置，并提供交换机每个端口的状态显示，然后允许用户拖放一个或多个端口给一个VLAN。这种图形界面下的拖放操作方式减少了配置时间，同时使得操作简单易用。

VLAN View不仅减少了给VLAN配置端口的时间，而且还提供了在主干网不同交换机间配置VLAN的功能。该功能在相连的路由器与交换机之间传递一系列的配置选项以优化VLAN的流量。首先，它提供了一种简单的操作模式，该模式可以自动启动交换机之间的主干线路，而这些交换机都配置有 VLAN 或处于连接 VLAN 的链路之上。其次，网络管理员可以通过冗余线路分配 VLAN，或在特定区域内分离 VLAN。最后，网络管理员可以方便地通过主干网查看 VLAN 的配置情况和每个 VLAN 的详细连接信息，包括交换机、线路的连接配置以及端口的分配情况。

VLAN View 还将具备一些扩展功能，包括通过发现终端主机的 MAC/IP 地址给 VLAN 动态分配交换机的端口，给端口添加安全功能以识别非授权用户以及基于应用层和网络层协议对第三层 VLAN 进行动态分组。

2. Traffic View

Traffic View 是一个基于 RMON 的流量监听与分析应用，该应用可以提供端口和每个局域网段的流量信息。同时，该应用不仅可以为每个局域网的故障诊断与排除提供帮助，而且流量趋势分析可以发现主要的网络变化。这些趋势信息在网络规划阶段、网络实施阶段以及计划审批阶段都非常有用，同时利用这些趋势信息还能很快发现网络发生的故障。另一方面，Traffic View 的管理代理具有通用性，这些管理代理不仅可以给 Traffic View 提供数据，还可以给任何具有 RMON 的应用提供数据。这为网络管理功能的集成提供了保障。

8.4.2 WAN 接入管理

在网络管理的解决方案中，我们知道一个大型网络，一般为 WAN，是通过分层进行管理的。比如在一个全国性的网络中心之下有许多地区性的网络中心，一般全国性的网络中心主要保证这个 WAN 的主干网正常运转，而地区性网络中心则主要负责各个网络用户的接入管理。

对于每个想入网的用户而言，首先要考虑在网络连接上怎么接入这个网络。一般用户需要找到主管自己这片地区的地区性网络中心，然后提出申请，最后该地区性网络中心再进行用户的接入操作。这些操作一般包括：

- 联网用户必须租用一条网络线路，连接用户与地区性网络中心。该线路可以是已经存在的，属于某个商业网络公司或电信公司，也可以是单独为该用户铺设的一条线路。线路既可能是使用光纤的 DDN 专线，也可能是使用电话线的 DDR 线路。联网用户租用了网络线路就要向线路的经营者交纳租金，而线路的经营者可能不是提供接入服务的地区性网络中心。
- 联网用户需要向地区网络中心申请一段属于自己的 IP 地址，然后在全国网络中心注册域名。
- 对于接入的联网用户，一般都要向地区性网络中心一次性交纳一笔接入费用，然后地区网络中心再对该用户进行网络接入的相关配置。
- 在联网用户端也需要进行相应的配置，然后开通该用户的网络连接，最后联网用户需要根据其使用网络资源的流量交纳网络费用。

在上面的操作中可以看到，地区网络中心对新联网用户的接入需要进行相应的配置，这些配置操作一般包括：

- 在接入路由器上，选择一个空闲端口，在该端口上进行相应的配置，然后再根据接入的拓扑关系，配置该端口的路由信息。
- 在接入路由器上，根据用户的 IP 地址范围建立一个 access-list 组，一旦用户要求或其他情况（如用户没有按规定交纳费用等）发生时，可以立即断掉该用户的网络连接。

- 把该路由器端口和连接联网用户的线路加入网络管理监视对象集，以保障提供给用户可靠、稳定的网络接入服务。

8.4.3 网络故障诊断和排除

网络中可能出现的故障多种多样，往往解决一个复杂的网络故障需要广泛的网络知识与丰富的工作经验。这也是为什么一个成熟的网络管理机构制订有一整套完备的故障管理日志记录机制，同时人们也率先把专家系统和人工智能技术引进到网络故障管理中来的原因。另一方面，由于网络故障的多样性和复杂性，网络故障分类方法也不尽相同。我们可以根据网络故障的性质把故障分为物理故障与逻辑故障，也可以根据网络故障的对象把故障分为线路故障、路由器故障和主机故障。

1. 物理故障

物理故障，是指设备或线路损坏、插头松动、线路受到严重电磁干扰等情况。比如说，网络中某条线路突然中断，这时网络管理人员从监控界面上发现该线路流量突然掉下来或系统弹出报警界面，这时首先用 ping 检查线路在网络管理中心这端的端口是否连通，如果不连通，则检查端口插头是否松动，如果松动则插紧，再用 ping 检查，如果连通则故障解决。这时须把故障的特征及其解决步骤详细记录下来。另外，也有可能是线路远离网络管理中心的那端插头松动，此时需要通知对方进行解决。常见的物理故障就是网络插头误接。这种情况经常是没有搞清网络插头规范或没有弄清网络拓扑规划的情况下导致的。比如说网络插头都有一些规范，只有搞清网线中每根线的颜色和意义，才能做出符合规范的插头，否则就会导致网络连接出错。另一种情况，比如两个路由器直接连接，这时应该让一台路由器的出口连接另一路由器的入口，而这台路由器的入口连接另一路由器的出口才行，这时制作的网线就应该满足这一特性，否则也会导致网络故障。不过像这种网络连接故障显得很隐蔽，要诊断这种故障没有什么特别好的工具，只有依靠经验丰富的网络管理人员了。

2. 逻辑故障

逻辑故障中的一种常见情况就是配置错误，就是指因为网络设备的配置原因而导致的网络异常或故障。配置错误可能是路由器端口参数设定有误，或路由器路由配置错误以至于路由循环或找不到远端地址，或者是网络掩码设置错误等。比如，同样是网络中某条线路故障，发现该线路没有流量，但又可以 Ping 接通线路两端的端口，这时很可能就是路由配置错误导致循环了。诊断该故障可以用 trace route 工具，可以发现在 trace route 的结果中某一段之后，两个 IP 地址循环出现。这时，一般就是线路远端把端口路由又指向了线路的近端，导致 IP 包在该线路上来回反复传递。这时需要更改远端路由器端口配置，把路由设置为正确配置，就能恢复线路了。当然处理该故障的所有动作都要记录在日志中。逻辑故障中另一类故障就是一些重要进程或端口关闭，以及系统的负载过高。比如，路由器的 SNMP 进程意外关闭或死掉，这时网络管理系统将不能从路由器中采集到任何数据，因此网络管理系统失去了对该路由器的控制。还有，也是线路中断，没有流量，这时用 ping 发现线路近端的端口 ping 不通，这时检查发现该端口处于 down 的状态，就是说该端口已经给关闭了，因此导致故障。这时只需重新启动该端口，就可以恢复线路的连通了。另一种常见情况是路由器的负载过高，表现为路由器 CPU 温度太高、CPU 利用率太高，以及内存余量太小等，虽然这种故障不能直接影响网络的连通，但却影响到网络提供服务的质量，而且也容易导致硬件设备的损害。

网络故障根据故障的不同对象也可划分为：线路故障、路由器故障和主机故障。

3. 线路故障

线路故障最常见的情况就是线路不通，诊断这种故障可用 ping 检查线路远端的路由器端口是否还能响应，或检测该线路上的流量是否还存在。一旦发现远端路由器端口不通，或该线路没有流量，则该线路可能出现了故障。这时有几种处理方法。首先是 ping 线路两端路由器端口，检查两端的端口是否关闭了。如果其中一端端口没有响应则可能是路由器端口故障。如果是近端端口关闭，则可检查端口插头是否松动，路由器端口是否处于 down 的状态；如果是远端端口关闭，则要通知线路对方进行检查。这些故障经处理之后，线路往往就通畅了。如果线路仍然不通，一种可能就得通知线路的提供商检查线路本身的情况，看是否线路中间被切断，等等；另一种可能就是路由器配置出错，比如路由循环了，就是远端端口路由又指向了线路的近端，这样线路远端连接的网络用户就不通了，这种故障可以用 trace route 来诊断。解决路由循环的方法就是重新配置路由器端口的静态路由或动态路由。

4. 路由器故障

事实上，线路故障中很多情况都涉及到路由器，因此也可以把一些线路故障归结为路由器故障。但线路涉及两端的路由器，因此在考虑线路故障时要涉及多个路由器。有些路由器故障仅仅涉及它本身，这些故障比较典型的就是路由器 CPU 温度过高、CPU 利用率过高和路由器内存余量太小。其中最危险的是路由器 CPU 温度过高，因为这可能导致路由器烧毁。而路由器 CPU 利用率过高和路由器内存余量太小都将直接影响到网络服务的质量，比如路由器上丢包率就会随内存余量的下降而上升。检测这种类型的故障，需要利用 MIB 变量浏览器这种工具，从路由器 MIB 变量中读出有关的数据，通常情况下网络管理系统有专门的管理进程不断地检测路由器的关键数据，并及时给出报警。而解决这种故障，只有对路由器进行升级、扩充内存等，或者重新规划网络的拓扑结构。另一种路由器故障就是自身的配置错误。比如配置的协议类型不对，配置的端口不对等。这种故障比较少见，但没有什么特别的发现方法，排除故障就与网络管理人员的经验有关了。

5. 主机故障

主机故障常见的现象就是主机的配置不当。比如，主机配置的 IP 地址与其他主机冲突，或 IP 地址根本就不在子网范围内，这将导致该主机不能连通。还有一些服务的设置故障，比如 E-Mail 服务器设置不当导致不能收发 E-Mail，或者域名服务器设置不当将导致不能解析域名。主机故障的另一种可能是主机安全故障。比如，主机没有控制其上的 finger，rpc，rlogin 等多余服务。而恶意攻击者可以通过这些多余进程的正常服务或 bug 攻击该主机，甚至得到该主机的超级用户权限等。另外，还有一些主机的其他故障，比如不当共享本机硬盘等，将导致恶意攻击者非法利用该主机的资源。发现主机故障是一件困难的事情，特别是别人恶意的攻击。一般可以通过监视主机的流量或扫描主机端口和服务来防止可能的漏洞。当发现主机受到攻击之后，应立即分析可能的漏洞，并加以预防，同时通知网络管理人员注意。

目前网络管理的工具很多，但很多网络管理工具都集成到网络管理系统中，单独的网络管理工具不多。但仍然存在一些简单、实用的网络管理工具，这些工具包括：连通性测试程序（ping）、路由跟踪程序（trace route）和 MIB 变量浏览器。

6. 连通性测试程序

连通性测试程序就是 ping，是一种最常见的网络工具。用这种工具可以测试端到端的连通性，即检查源端到目的端网络是否通畅。ping 的原理很简单，就是从源端向目的端发出一定数量的网络包，然后从目的端返回这些包的响应，如果在一定的时间内收到响应，则程序返回从包发出到收到的时间间隔，这样根据时间间隔就可以统计网络的延迟。如果网络包的响应在一定时间间隔内没有收到，则程序认为包丢失，返回请求超时的结果。这样如果让 ping 一次发一定数量的包，然后检查收到相应的包的数量，则可统计出端到端网络的丢包率，而丢包率是检验网络质量的重要参数。

在广域网中，线路一般是网络的重要对象，因此监测线路的通断，统计线路的延迟与丢包率是发现网络故障、检查网络质量的重要手段。而网络中线路两端一般是路由器的两个端口，所以通常的监测手段就是登录到线路一端的路由器端口上 ping 线路另一端路由器的端口地址，从而掌握该线路的通断情况和网络延迟等参数。同时，由于登录是可以远程进行的，所以即使网络管理者在北京，如果他有足够的权限，他甚至能监测广州到上海线路的情况。

ping 这种工具有一个局限性，它一般一次只能检测一端到另两端的连通性，而不能一次检测一端到多端的连通性。因此 ping 有一种衍生工具就是 fping，fping 与 ping 基本类似，唯一的差别就是 fping 一次可以 ping 多个 IP 地址，比如 C 类的整个网段地址等。网络管理员经常发现有人依次扫描本网的大量 IP 地址，其实就是 fping 做到的。

7. 路由跟踪程序

路由跟踪程序就是 trace route，在 Windows 系统中是 tracert 命令。由于 ping 工具存在一些固有的缺陷，比如从网络的一台主机 ping 另一台主机，我们可以知道端到端之间的通断和延迟，但这个端到端之间可能有多条网络线路组成，中间经过多个路由器。用 ping 检查端到端的连通情况，但是无法知道是网络中具体是哪一个节点导致的，即使端到端通畅也无法了解线路中哪条线路延迟大，哪条线路质量不好，因此这就需要 trace route 工具了。trace route 在某种方面与 ping 类似，它也是向目的端发出一些网络包，返回这些包的响应结果，如果有响应也返回响应的延迟。但 trace route 与 ping 的最大区别在于 trace route 是把端到端的线路按线路所经过的路由器分成多段，然后以每段返回响应与延迟。如果端到端不通，则用该工具可以检查到哪个路由器之前都能正常响应，到哪个路由器就不能响应了，这样就很容易知道如果线路出现故障，则故障源可能出在哪里。另一方面，如果在线路中某个路由器的路由配置不当，导致路由循环，用 trace route 工具可以方便地发现问题。即 trace route 一端到另一端时，发现到某一路由器之后，出现的下一个路由器正是上一个路由器，结果出现循环，两个路由器返回的结果中间来回交替出现，这时往往是那个路由器的路由配置指向了前一个路由器导致路由循环了。

8. MIB 变量浏览器

MIB 变量浏览器是另一种重要的网络管理工具。在 SNMP 中，MIB 变量包含了路由器的几乎所有重要参数，对路由器进行管理在很大程度上是利用 MIB 变量来实现的。比如，路由器的路由表、路由器的端口流量数据、路由器中的计费数据、路由器 CPU 的温度、负载以及路由器的内存余量等，所有这些数据都是从路由器的 MIB 变量中采集到的。虽然对 MIB 变量的定时采集与分析大部分都是程序进行的，但一种图形界面下的 MIB 变量浏览器也是需要的。一般 MIB 变量浏览器，都按照 MIB 变量的树形命名结构进行设计，这样就可以自顶向下，根据所要浏览的 MIB 变量的类别逐步找到该变量，而无需记住该变量复杂的名字。网络管理人员可以利用 MIB 变量浏览器取出路由器当前的配置信息、性能参数以及统计数据等，对网络情况进行监视。

习 题

一、选择题

1. 网络管理系统中的管理协议作用是（ ）。

A）用于在管理者和代理对象之间传递操作命令，负责解释管理操作命令；

B）作为管理网络的管理规则；

C）作为管理网络的管理原则；

D）监控网络运行状态的途径。

2. 网络管理的基本功能中不包括（ ）。

A）故障管理； B）信息管理；

C）性能管理； D）计费管理。

3. 故障管理最主要的作用是（ ）。

A）快速地检查问题并及时恢复； B）使网络的性能得到增强；

C）提高网络的安全性； D）提高网络的速度。

4. 配置管理的目标是为了实现某个特定功能或使（ ）。

A）网络性能达到最优； B）配置得更好；

C）安全性更高； D）网络便于管理。

5. SNMP 体系结构设计中不包括（ ）。

A）管理者； B）代理；

C）信息库； D）防火墙。

二、思考题

1. 网络维护是保障网络正常运行的重要方面，主要包括什么？

2. 故障处理过程包括哪几个主要部分？

3. 服务器升级包括什么？

4. 在 ISO 网络管理标准中定义了网络管理的 5 大功能是什么？

5. 网络管理协议中最常用的协议是什么？

6. SNMP 中有哪几类管理操作？其作用分别是什么？

第9章 综合布线系统

随着网络系统规模日益扩大，网络拓扑日益复杂，网络系统的维护管理也越来越困难。当人们越来越多地依赖于计算机网络来处理日常工作时，网络的故障会带来不可估量的损失，而网络故障经常发生在传输线路上，因此，保证网络线路的畅通和可维护性是非常重要的。网络综合布线关系到网络的性能、投资效益、网络使用和日常维护，它是整个计算机网络系统设计中不可分割的一部分。

9.1 综合布线系统概述

在信息社会中，一个现代化的大楼内，除了具有电话、传真、空调、消防、动力电线、照明电线外，计算机网络线路也是不可缺少的。综合布线系统是一个模块化、灵活性极高的建筑物或建筑群内的信息传输系统，是建筑物内的"信息高速公路"。它既使语音、数据、图像通信设备、交换设备与其他信息管理系统彼此相连，也使这些设备与外部通信网络或运营商的线路相关联。布线系统是由许多部件组成的，主要有传输介质、线路管理硬件、连接器、插座、插头、适配器、传输电子线路、电气保护设施等，并由这些部件来构造各种子系统。

随着 Internet 网络和信息高速公路的发展，各国的政府机关、大的集团公司也都在针对自己的楼宇特点，进行综合布线，以适应新的需要。智能化大厦、智能化小区已成为开发热点。

综合布线系统总的特点是"设备与线路无关"，也就是说在综合布线系统上，设备可以进行更换与添加，但是设备之间的连线却可以不进行更换与添加。

布线系统，目前被划分为6个子系统。它们是：

1）工作区子系统。
2）水平子系统。
3）管理间子系统。
4）垂直干线子系统。
5）建筑群子系统。
6）设备间子系统。

这6个部分中的每一部分都相互独立，可以单独设计、单独施工，更改其中一个子系统时，均不会影响其他子系统。综合布线系统结构如图9-1所示。

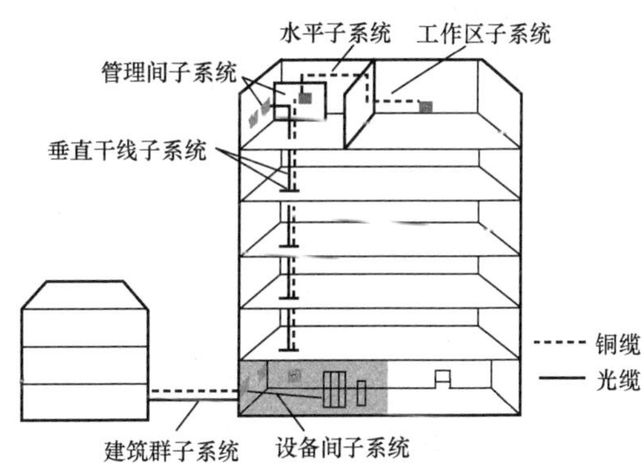

图9-1 综合布线系统结构图

1. 工作区子系统

工作区子系统位于建筑物内水平范围个人办公的区域内，也称为终端连接系统，它将用户的通信设备（电话、传真机、计算机、打印机等）连接到结构化布线系统的信息插座上。该系统所包含的硬件主要有信息插座和 RJ-45 跳线。其中，信息插座有墙上型、地面型、桌上型等多种。在进行终端设备和 I/O 连接时，可能需要某种传输电子装置，但这种装置并不是工作区子系统的一部分。例如，调制解调器，它能为终端与其他设备之间的兼容性传输距离的延长提供所需的转换信号，但不能说是工作区子系统的一部分。

工作区子系统中所使用的连接器必须具备有国际 ISDN 标准的 8 位接口，这种接口能接收楼宇自动化系统所有低压信号以及高速数据网络信息和数码声频信号。

工作区子系统设计时要注意如下要点：

1）从 RJ-45 插座到设备（如 PC 机）间的连线用双绞线，一般不要超过 5m。

2）RJ-45 插座须安装在墙壁上或不易碰到的地方，插座距离地面 30cm 以上。

3）插座和插头（与双绞线）不要接错线头。

2. 水平子系统

水平子系统也称为水平干线子系统。水平干线子系统是整个布线系统的一部分，它是从工作区的信息插座开始到管理间子系统的配线架。结构一般为星型结构，它与垂直干线子系统的区别在于：水平干线子系统总是在一个楼层上，仅与信息插座、管理间连接。在综合布线系统中，水平干线子系统由 4 对 UTP（非屏蔽双绞线）组成，能支持大多数现代化通信设备，如果有磁场干扰或信息保密时可用屏蔽双绞线。在高带宽应用时，可以采用光缆。

从用户工作区的信息插座开始，水平布线子系统在交叉处连接，或在小型通信系统中的以下任何一处进行互联：远程（卫星）通信接线间、干线接线间或设备间。在设备间中，当终端设备位于同一楼层时，水平干线子系统将在干线接线间或远程通信（卫星）接线间的交叉连接处连接。在水平干线子系统的设计中，综合布线的设计必须具有全面介质设施方面的知识，能够向用户或用户的决策者提供完善而又经济的设计。

水平子系统设计时要注意如下要点：

1）水平干线子系统用线一般为双绞线。

2）长度一般不超过 90m。

3）用线必须走线槽或在天花板吊顶内布线，尽量不走地面线槽。

4）用 3 类双绞线可传输速率为 16Mb/s，用 5 类双绞线可传输 100Mb/s。

5）确定介质布线方法和线缆的走向。

6）确定距服务接线间距离最近的 I/O 位置。

7）确定距服务接线间距离最远的 I/O 位置。

8）计算水平区所需线缆长度。

3. 管理间子系统

管理间子系统由交连、互联和 I/O 组成。管理间为连接其他子系统提供手段，它是连接垂直干线子系统和水平干线子系统的设备，其主要设备是配线架、HUB 和机柜、电源。

交连和互联允许将通信线路定位或重定位在建筑物的不同部分，以便能更容易地管理通信线路。I/O 位于用户工作区和其他房间或办公室，使在移动终端设备时能够方便地进行插拔。

在使用跨接线或插入线时，交叉连接允许将端接在单元一端的电缆上的通信线路连接到端接在单元另一端的电缆上的线路。跨接线是一根很短的单根导线，可将交叉连接处的二根导线端点连接起来；插入线包含几根导线，而且每根导线末端均有一个连接器。插入线为重新安排线路提供了一种简易的方法。

互联与交叉连接的目的相同，但它不使用跨接线或插入线，只使用带插头的导线、插座、适配器。互联和交叉连接也适用于光纤。

在远程通信（卫星）接线区，如果是安装在墙上的布线区，交叉连接可以不要插入线，因为线路经常是通过跨接线连接到 I/O 上的。

管理间子系统设计时要注意的要点如下：

1）配线架的配线对数可由管理的信息点数决定。

2）利用配线架的跳线功能，可使布线系统实现灵活、多功能的能力。

3）配线架一般由光配线盒和铜配线架组成。

4）管理间子系统应有足够的空间放置配线架和网络设备（HUB、交换器等）。

5）有 HUB、交换器的地方要配有专用稳压电源。

6）保持一定的温度和湿度，保养好设备。

4. 垂直干线子系统

垂直干线子系统也称干线子系统，它是整个建筑物综合布线系统的一部分。它提供建筑物的干线电缆，负责连接管理间子系统到设备间子系统的子系统，一般使用光缆或选用大对数的非屏蔽双绞线。它也提供了建筑物垂直干线电缆的路由。它通常是在两个单元之间，特别是在位于中央节点的公共系统设备处提供多个线路设施。垂直干线子系统由所有的布线电缆组成，或由导线和光缆以及将此光缆连到其他地方的相关支撑硬件组合而成。传输介质可能包括一幢多层建筑物的楼层之间垂直布线的内部电缆或从主要单元如计算机机房或设备间和其他干线接线间来的电缆。

为了与建筑群的其他建筑物进行通信，干线子系统将中继线交叉连接点和网络接口（由电话局提供的网络设施的一部分）连接起来。网络接口通常放在设备相邻的房间。

垂直干线子系统还包括：

1）垂直干线或远程通信（卫星）接线间、设备间之间的竖向或横向的电缆走向用的通道。

2）设备间和网络接口之间的连接电缆或设备与建筑群子系统各设施间的电缆。

3）垂直干线接线间与各远程通信（卫星）接线间之间的连接电缆。

4）主设备间和计算机主机房之间的干线电缆。

设计时要注意：

1）垂直干线子系统一般选用光缆，以提高传输速率。

2）光缆可选用多模的（室外远距离的），也可以是单模的（室内）。

3）垂直干线电缆的拐弯处，不要直角拐弯，应有相当的弧度，以防光缆受损。

4）垂直干线电缆要防遭破坏（如埋在路面下，要防止挖路、修路对电缆造成危害），架空电缆要防止雷击。

5）确定每层楼的干线要求和防雷电的设施。

6）满足整幢大楼干线要求和防雷击的设施。

5. 建筑群子系统

建筑群子系统是将一个建筑物中的电缆延伸到另一个建筑物的通信设备和装置，通常是由光缆和相应设备组成，建筑群子系统是综合布线系统的一部分，它支持楼宇之间通信所需的硬件，其中包括导线电缆、光缆以及防止电缆上的脉冲电压进入建筑物的电气保护装置。

在建筑群子系统中，会遇到室外敷设电缆问题，一般有三种情况，即架空电缆、直埋电缆、地下管道电缆或者是这三种的任何组合，具体的问题应根据现场的环境来决定。

6. 设备间子系统

设备间子系统也称设备间、主配线终端，位于大楼的中心位置，是综合布线系统的管理中心，它负责大楼内外信息的交流与管理。设备间子系统由电缆、连接器和相关支撑硬件组成。它把各种公共系统设备的多种不同设备互联起来，其中包括邮电部门的光缆、同轴电缆、程控交换机等。

设备间子系统设计时注意要点为：

1）设备间要有足够的空间保障设备的存放。

2）设备间要有良好的工作环境（温度湿度）。

3）设备间的建设标准应按机房建设标准设计。

9.2 工作区子系统

9.2.1 工作区子系统设计概述

工作区子系统由终端设备连接到信息插座的跳线组成，如图 9-2 所示。它包括信息插座、信息模块、网卡和连接所需的跳线，并在终端设备和输入/输出（I/O）之间搭接，相当于电话配线系统中连接话机的用户线及话机终端部分。终端设备可以是电话、微机和数据终端，也可以是仪器仪表、传感器的探测器。用户可以将电话、计算机和传感器等设备连接到信息插座上，可以完成从建筑自控系统的弱电信号到高速数据网和数字话音信号等各种复杂信息的传送。

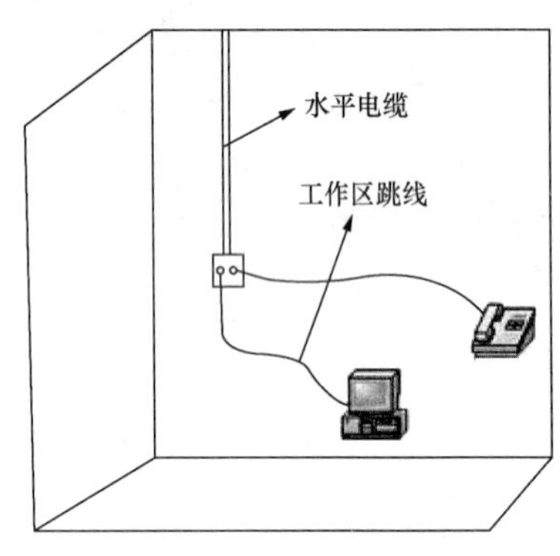

图 9-2　工作区子系统

一个独立的工作区，通常是一部电话机和一台计算机终端设备，设计的等级为基本型、增强型、综合型，目前普遍采用增强型设计等级，为语音点与数据点互换奠定了基础。

工作区可支持电话机、数据终端、微型计算机、电视机、监视及控制等终端设备的设置和安装。

9.2.2 工作区设计要点

工作区设计要考虑以下几点：

1）工作区内线槽要布得合理、美观。

2）信息座要设计在距离地面 30cm 以上。

3）信息座与计算机设备的距离保持在 5m 范围内。

4）购买的网卡类型接口要与线缆类型接口保持一致。

5）所有工作区所需的信息模块、信息座、面板的数量。

6）RJ-45 所需的数量。

9.2.3 信息插座连接技术要求

每个工作区至少要配置一个插座盒。对于难以再增加插座盒的工作区，要至少安装两个分离的插座盒。

信息插座是终端（工作站）与水平子系统连接的接口，如图 9-3 所示。

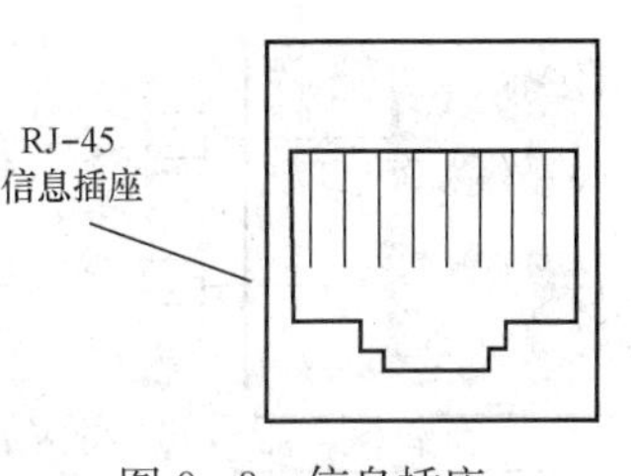

图 9-3 信息插座

在综合布线系统中，信息插座有两种，都是国际标准的 RJ-45 插座，他们在外观上没有区别，只是在线的排列顺序上有区别，可以分为 T568B 标准、T568A（ISDN）标准。其中，T568A 标准符合 ISDN 国际标准的要求，T568B 标准在北美使用比较广泛。

颜色编码标准中，白色为主色，有时为纯白，有时为花白，花白就是在白色上有少许其他颜色，如蓝色、橙色、绿色或棕色，以便区分谁是一对线。在一个工程中，只能采用一个插座标准（T568A 或 T568B），不可混用。在施工过程中，需严格按照标准的颜色顺序接线。

按照 T568B 标准布线的 8 针模块化引针与线对的分配如图 9-4 所示。

按照 T568A（ISDN）标准布线的 8 针模块化引针与线对的分配如图 9-5 所示。

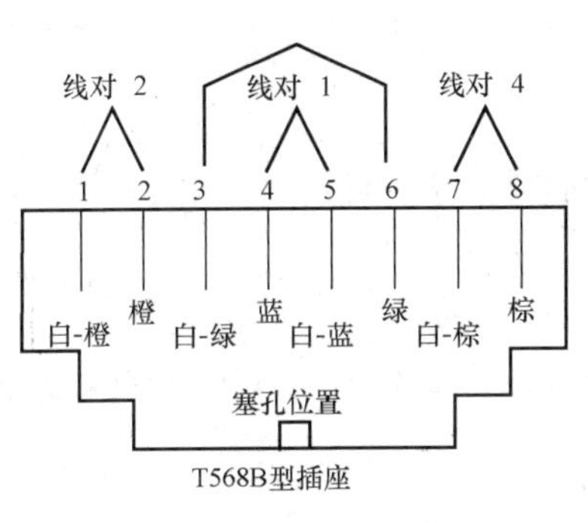

图 9-4 T568B 标准

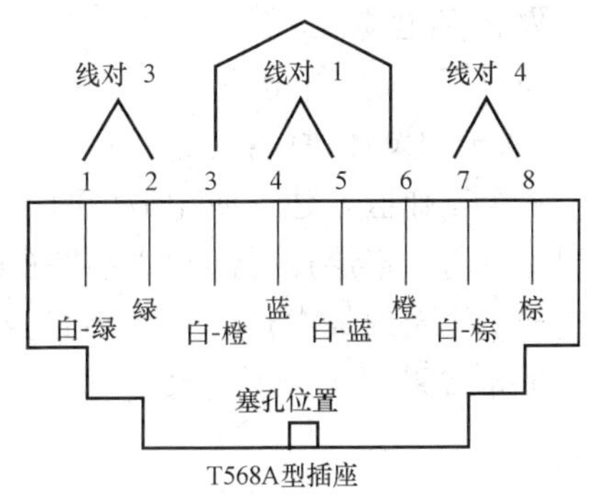

图 9-5 T568A 标准

9.3 水平布线系统

水平子系统是综合布线结构中的重要部分（如图 9-6 所示），也称为水平配线系统，它是同一楼层所有水平布线的一个集合，它是工作区子系统和通信间子系统间的连接桥梁。水平子系统不易改变，因此它的设置成功与否与综合布线系统的设计成功与否有极大的关系。

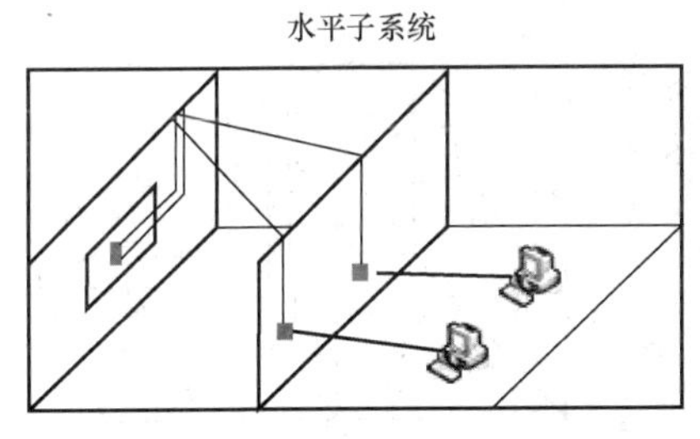

图 9-6 水平子系统

水平子系统对布线距离有非常严格的限制，它的最大距离不超过 90m，如图 9-7 所示。90m 的水平布线距离是指信息插座到通信间配线的距离，不包括两端与设备相连的设备连线的距离。在综合布线系统中生产厂家提供的保证是：收发之间为 100m 以内，线缆能达到标准所规定的传输技术参数要求；超出 100m 的范围后，传输性能就大幅度下降了，在电磁环境较差的情况下更为明显，也就是 100m 是厂家保证质量的范围。这里所说的 100m 的总长等于 90m 水平布线长度加上两端设备连线长度。

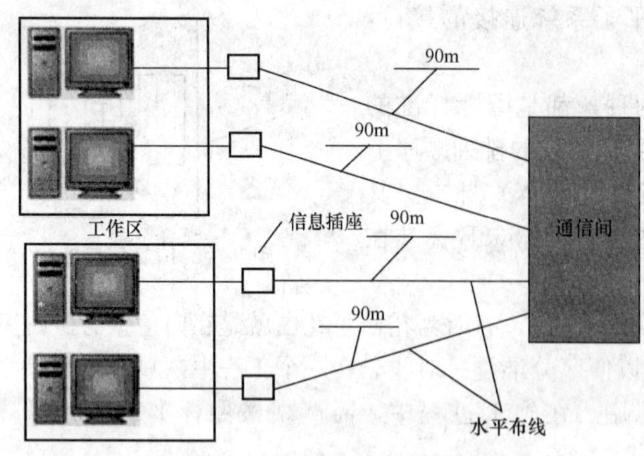

图 9-7　水平布线的拓扑结构

另外，在水平布线设计中，还应考虑线缆与电磁干扰源之间有足够距离，以减少电磁干扰对线缆性能的影响。当电磁干扰有良好的屏蔽时，水平布线的距离可成倍地减少。在施工中，对水平布线系统影响比较大的电磁干扰源是：变压器、电动机和荧光灯。

在水平干线布线系统中常用的线缆有 4 种：

1）100W 非屏蔽双绞线（UTP）电缆。

2）100W 屏蔽双绞线（STP）电缆。

3）50W 同轴电缆。

4）62.5/125μm 光纤电缆。

水平子系统的设计建议：

1）对每个工作区，建议使用最少两条五类以上 4 对非屏蔽双绞线。

2）建议对每个楼层进行饱和式水平布线。

3）遵守水平布线最大长度为 90m 的原则。

4）水平布线采用光纤时，建议最少使用两条散列式 62.5/125μm 的光纤，并使用 ST 或 SC 连接器。

9.4 管理间子系统

9.4.1 管理间子系统概述

管理间子系统是综合布线系统中非常重要的组成部分，正是由于管理间子系统的存在，才实现了综合布线系统的灵活性。所谓管理就是指线路的跳线连接控制，通过跳线连接可安排或重新安排线路路由，管理整个用户终端的灵活接入，从而实现综合布线系统的灵活性。管理间子系统设置在楼层配线间内，是垂直干线子系统和水平子系统的桥梁，同时又可为同层组网提供条件，其主要设备是配线架、电源、集线器和机柜。

现在，许多大楼在综合布线时都考虑在每一楼层都设立一个管理间，用来管理该层的信息点，摒弃了以往几层共享一个管理间子系统的做法，这也是布线的发展趋势。图 9-8 是典型的管理间子系统示意图。

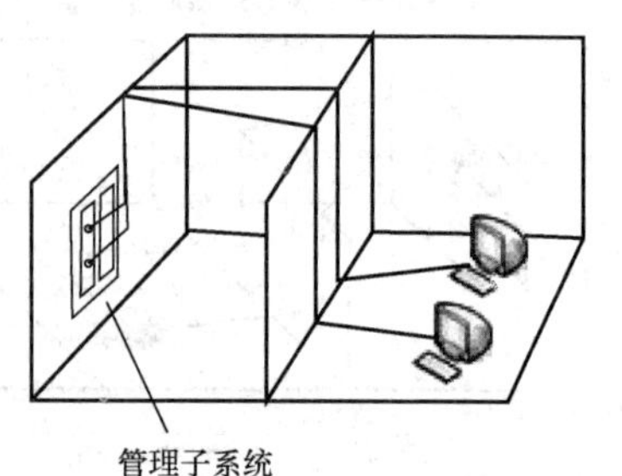

图 9-8　管理间子系统

大型建筑物中布线系统的管理和维护是一件十分复杂、烦琐的工作，由于总是存在着部门搬迁、办公室调整、设备更新等信息点增加等情况，布线系统的调整是必然的。如果采用传送的布线方式，势必要改变布线系统，但在布线系统中，当发生布线系统需要调整情况时，可以通过管理间子系统。根据需要，在配线架上重新配置线路路由，通过跳线实现灵活的调整。

作为管理间子系统，应根据管理的信息点的多少安排使用房间的大小。如果信息点多，就应该考虑一个房间来放置；信息点少时，就没有必要单独设立一个管理间，可选用墙上型机柜来处理该子系统。

9.4.2 管理间子系统的设计步骤

设计管理间管理子系统时，一般采用下述步骤：

1）确认线路模块化系数是 2 对线还是 4 对线。每个线路模块当做一条线路处理，线路模块化系数视具体系统而定。

2）选择合适的接线硬件，计算其使用数量。

- 如果线对总数超过 6000（即 2000 条线路），则使用 110A 交连硬件。
- 如果线对总数少于 6000，则可使用 110A 或 110P 交连硬件。
- 110A 交连硬件点用较少的墙空间或框架空间，但需要一名技术人员负责线路管理。
- 决定每个接线块可供使用的线对总数。主布线交连硬件的接线数目取决于 3 个因素：硬件类型、每个接线块可供使用的线对总数和需要端接的线对总数。
- 由于每个接线块端接行的第 25 对线通常不用，故一个接线块极少能容纳全部线对。
- 决定白场的接线块数目。为此，首先把每种应用（话音或数据）所需的输入线对总数除以每个接线块的可用线对总数，然后取更高的整数作为白场接线块数目。
- 选择和确定交连硬件的规模——中继线/辅助场。
- 确定设备间交连硬件的位置。
- 绘制整个布线系统即所有子系统的详细施工图。

3）设计管理间的位置（楼层配线间）。

- 管理间子系统中干线配线管理宜采用双点管理双交连。
- 管理间子系统中楼层配线管理应采用单点管理。

4）管理间的信息点连接是非常重要的工作，它的连接要尽可能简单，主要工作是跳线。

- 对于配线架上相对稳定和一般不经常进行修改、移动或重组的线路，宜采用卡接式接线法。
- 配线架上经常需要调整或重新组合的线路，宜采用快接式插接线方法。
- 根据信息点的分布和数量确定交接间及楼层配线架的位置和数量。
- 建筑物配线设备的规模应根据楼内信息点数量、用户交换机数、外线引入线对数、主干线缆的对数来确定。
- 在交接间内应留下一定的余量空间，以备容纳未来扩充的交接硬件设备。

9.5 垂直干线子系统

9.5.1 垂直干线子系统概述

垂直干线子系统的任务是通过建筑物内部的传输电缆，把各个服务接线间的信号传送到设备间，直到主交换设备。垂直干线子系统一般在建筑物中预留的弱电井中布线。因此它必须满足当前的需要，又要适应今后的发展。垂直干线子系统的结构是一个星形结构，负责把各个管理间的干线连接到设备间。垂直干线子系统包括干线线缆、干线通道及其他辅助设施，如图9-9所示。

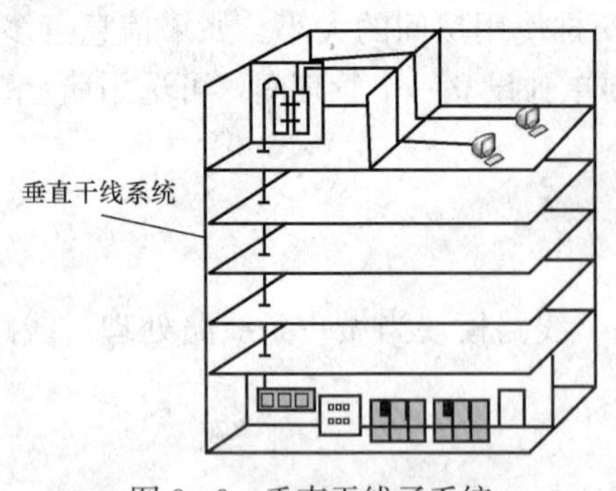

图9-9 垂直干线子系统

垂直干线子系统包括：

1）供各条干线接线间之间的电缆走线用的竖向或横向通道。

2）主设备间与计算机中心间的电缆。

垂直干线子系统设计时要考虑以下几点：

1）确定每层楼的干线要求。

2）确定整座楼的干线要求。

3）确定从楼层到设备间的干线电缆路由。

4）确定干线接线间的接合方法。

5）选定干线电缆的长度。

6）确定敷设附加横向电缆时的支撑结构。

垂直干线系统的设计过程中，首先要考虑的问题是主干线的传输距离。总的原则是：主干光纤的传输距离是2000m；采用双绞铜缆时，当带宽大于5MHz时，主干线最长能到80m。其次，要确定干线子系统规模：根据大楼的设计等级，由第一层开始，确定主干线的对数，再由不同功能分开的原则，决定主干电缆的基准对数。确定干线电缆的路由，干线路由一般在本楼层的弱电井内，弱电井内有一个垂直通路将弱电井连接在一起，弱电井一般就是指综合布线系统中的通信间。

9.5.2 垂直干线子系统设计方法

确定从管理间到设备间的干线路由，应选择干线段最短、最安全和最经济的路由，在大楼内通常有如下两种方法：

1）电缆孔方法：干线通道中所用的电缆孔是很短的管道，通常用直径为10cm的金属钢管做成。它们嵌在混凝土地板中，这是在浇注混凝土地板时嵌入的，比地板表面高出2.5～10cm。电缆往往捆在钢绳上，而钢绳又固定到墙上已铆好的金属条上。当配线间上下都对齐时，一般采用电缆孔方法。

2）电缆井方法：电缆井方法常用于干线通道。电缆井是指在每层楼板上开出一些方孔，使电缆可以穿过这些电缆井并从某层楼伸到相邻的楼层。电缆井的大小依所用电缆的数量而定。与电缆孔方法一样，电缆也是捆在或箍在支撑用的钢绳上，钢绳靠墙上金属条或地板三脚架固定住。离电缆井很近的墙上立式金属架可以支撑很多电缆。电缆井的选择性非常灵活，可以让粗细不同的各种电缆以任何组合方式通过。电缆井方法虽然比电缆孔方法灵活，但在原有建筑物中开电缆井安装电缆造价较高，它的另一个缺点是使用的电缆井很难防火。如果在安装过程中没有采取措施去防止损坏楼板支撑件，则楼板的结构完整性将受到破坏。在多层楼房中，经常需要使用干线电缆的横向通道才能从设备间连接到干线通道，以及在各个楼层上从二级交接间连接到任何一个配线间。请记住，横向走线需要寻找一个易于安装的方便通道，因而两个端点之间很少是一条直线。

9.5.3 垂直干线子系统的介质

在敷设电缆时，对不同的介质电缆要区别对待。

1. 光纤电缆

1）光纤电缆敷设时不应该铰接。

2）光纤电缆在室内布线时要走线槽。

3）光纤电缆在地下管道中穿过时要用PVC管。

4）光纤电缆需要拐弯时，其曲率半径不能小于30cm。

5）光纤电缆的室外裸露部分要加铁管保护，铁管要固定牢固。

6）光纤电缆不要拉得太紧或太松，并要有一定的膨胀收缩余量。

7）光纤电缆埋地时，要加铁管保护。

2. 同轴粗电缆

1）同轴粗电缆敷设时不应扭曲，要保持自然平直。

2）粗缆在拐弯时，其弯角曲率半径不应小于30cm。

3）粗缆接头安装要牢靠。

4）粗缆布线时必须走线槽。

5）粗缆的两端必须加终接器，其中一端应接地。

6）粗缆上连接的用户间隔必须在2.5m以上。

7）粗缆室外部分的安装与光纤电缆室外部分安装相同。

3. 双绞线

1）双绞线敷设时线要平直，走线槽，不要扭曲。

2）双绞线的两端点要标号。

3）双绞线的室外部分要加套管，严禁搭接在树干上。

4）双绞线不要拐硬弯。

4. 同轴细缆

同轴细缆的敷设与同轴粗缆有以下几点不同：

1）细缆弯曲半径不应小于20cm。

2）细缆上各站点距离不小于0.5m。

3）一般细缆长度为183m，粗缆为500m。

9.6 建筑群子系统

9.6.1 建筑群子系统概述

建筑群子系统也称楼宇管理子系统。一个企业或某政府机关可能分散在几幢相邻建筑物或不相邻建筑物内办公。但彼此之间的语音、数据、图像和监控等系统可用传输介质和各种支持设备（硬件）连接在一起。连接各建筑物之间的传输介质和各种支持设备（硬件）组成一个建筑群综合布线系统。连接各建筑物之间的缆线组成建筑群子系统。建筑群子系统包括建筑群间电缆，架空线杆、布线管道等，如图9-10所示。

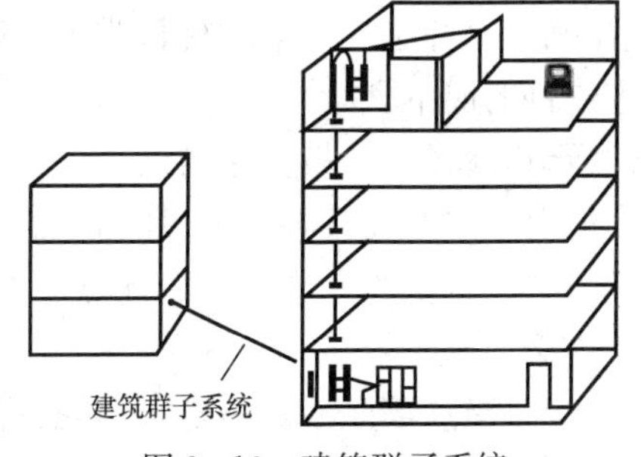

图9-10 建筑群子系统

9.6.2 建筑群子系统设计步骤

1）确定敷设现场的特点：确定整个工地的大小；确定工地的地界；确定共有多少座建筑物。

2）确定电缆系统的一般参数：确认起点位置；确认端接点位置；确认涉及的建筑物和每座建筑物的层数；确定每个端接点所需的双绞线对数；确定有多个端接点的每座建筑物所需的双绞线总对数。

3）确定建筑物的电缆入口：对于现有建筑物，要确定各个入口管道的位置；每座建筑物有多少入口管道可供使用；入口管道数目是否满足系统的需要。如果入口管道不够用，则要确定在移走或重新布置某些电缆时是否能腾出某些入口管道；在不够用的情况下应另装多少入口管道；如果建筑物尚未建起来，则要根据选定的电缆路由完善电缆系统设计，并标出入口管道的位置；选定入口管道的规格、长度和材料；在建筑物施工过程中安装好入口管道。建筑物入口管道的位置应便于连接公用设备，根据需要在墙上穿过一根或多根管道。查阅当地的建筑法规，了解对承重墙穿孔有无特殊要求。所有易燃材料（如聚丙烯管道、聚乙烯管道）应端接在建筑物的外面。外线电缆的聚丙烯护皮可以例外，只要它在建筑物内部的长度（包括多余电缆的卷曲部分）不超过15m。如果外线电缆延伸到建筑物内部的长度超过15m，就应使用合适的电缆入口器材，在入口管道中填入防水和气密性很好的密封胶，如B型管道密封胶。

4）确定明显障碍物的位置：确定土壤类型：砂质土、黏土、砾土等；确定电缆的布线方法；确定地下公用设施的位置；查清拟定的电缆路由中沿线各个障碍物位置或地理条件；确定对管道的要求。

5）确定主电缆路由和备用电缆路由：对于每一种待定的路由，确定可能的电缆结构；所有建筑物共用一根电缆；对所有建筑物进行分组，每组单独分配一根电缆；每座建筑物单用一根电缆；查清在电缆路由中哪些地方需要获准后才能通过；比较每个路由的优缺点，从而选定最佳路由方案。

6）选择所需电缆类型和规格：确定电缆长度；画出最终的结构图；画出所选定路由的位置和挖沟详图，包括公用道路图或任何需要经审批才能动用的地区草图；确定入口管道的规格；选择每种设计方案所需的专用电缆部分中线号、双绞线对数和长度应符合的有关要求；应保证电缆可进入口管道；如果需用管道，应选择其规格和材料；如果需用钢管，应选择其规格、长度和类型。

7）确定每种备选方案所需的劳务成本：确定布线时间；计算总时间；计算每种设计方案的成本；总时间乘以当地的工时费。

8）确定每种选择方案的材料成本：确定电缆成本；确定所有支撑结构的成本；确定所有支撑硬件的成本。

9）选择最经济、最实用的设计方案：把每种选择方案的劳务费成本加在一起，得到每种方案的总成本；比较各种方案的总成本，选择成本较低者；确定该比较经济的方案是否有重大缺点，以致抵消了经济上的优点。如果发生这种情况，应取消此方案，考虑设计性较好的设计方案。

9.6.3 建筑群子系统中电缆布线方法

在建筑群子系统中电缆布线方法有两种。

1. 架空电缆布线

架空电缆布线方法通常只用于现成电线杆，而且电缆的走法不是主要考虑的内容，从电线杆至建筑物的架空进线距离不超过30m（100ft）为宜。建筑物的电缆入口可以是穿墙的电缆孔或管道。入口管道的最小口径为50mm（2in）。建议另设一根同样口径的备用管道，如果架空线的净空间有问题，可以使用天线杆型的入口。该天线的支架一般不应高于屋顶1200mm（4ft）。如果再高，就应使用拉绳固定。此外，天线型入口杆高出屋顶的净空间应有2400mm（8ft），该高度正好使工人可摸到电缆。

通信电缆与电力电缆之间的距离必须符合我国室外架空线缆的有关标准。

架空电缆通常穿入建筑物外墙上的U型钢保护套，然后向下（或向上）延伸，从电缆孔进入建筑物内部，如图9-11所示，电缆入口的孔径一般为50mm，建筑物到最近处的电线杆通常相距应小于30m。

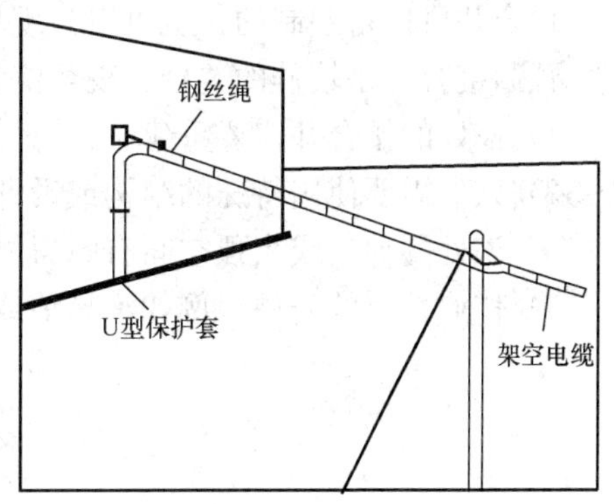

图9-11 架空电缆布线法

2. 直埋电缆布线

直埋电缆布线法优于架空电缆布线法，考虑选择此法的主要因素如下：

1）初始价格。

2）维护费。

3）服务可靠性。

4）安全性。

5）外观。

切不要把任何一个直埋施工结构的设计或方法看做是提供直埋布线的最好方法或唯一方法。在选择某个设计或几种设计的组合时，重要的是采取灵活的、思路开阔的方法。这种方法既要适用，又要经济，还能可靠地提供服务。直埋电缆布线的选取地址和布局实际上是针对每项作业对象专门设计的，而且必须对各种方案进行工程研究后再做出决定。工程的可行性决定出最实际的方案。

在选择最灵活、最经济的直埋布线线路时，主要考虑的物理因素如下：

1）土质和地下状况。

2）天然障碍物，如树林、石头以及不利的地形。

3）其他公用设施（如下水道、水、气、电）的位置。

4）现有或未来的障碍，如游泳池、存储场或修路等。

由于发展趋势是让各种设施不在人的视野里，所以，话音电缆和电力电缆埋在一起将日趋普遍，这样的共用结构要求有关部门从筹划阶段直到施工完毕，以至未来的维护工作中密切合作。这种协作会增加一些成本。但是，这种共用结构也日益需要用户的合作。

要遵守所有的法令和公共法则。有关直埋电缆所需的各种许可证书应妥善保存，以便在施工过程中可立即取用。

需要申请许可证书的事项如下：

1）挖开街道路面。

2）关闭通行道路。

3）把材料堆放在街道上。

4）使用炸药。

5）在街道和铁路下面推进钢管。

6）电缆穿越河流。

管道系统的设计方法就是把直埋电缆设计原则与管道设计步骤结合在一起。当考虑建筑群管道系统时，还要考虑接合井。

在建筑群管道系统中，接合井的平均间距约 180m（600ft），或者在主结合点处设置接合井。

接合井可以是预制的，也可以是现场浇筑的。应在结构方案中标明使用哪一种接合井。

预制接合井是较佳的选择。现场浇筑的接合井只在下述几种情况下才允许使用：

1）该处的接合井需要重建。

2）该处需要使用特殊的结构或设计方案。

3）该处的地下或头顶空间有障碍物，因而无法使用预制接合井。

4）作业地点的条件（例如沼泽地或土壤不稳固等）不适于安装预制入孔。

9.7 设备间子系统

9.7.1 设备间子系统概述

设备间子系统是指集中安装大型通信设备的场所，如：PBX（程控交换机）、大型计算机、计算机网络通信中枢、主机等。设备间子系统由设备间的电缆、连接跳线架及相关支撑硬件、防雷电保护装置等构成。可以说设备间是整个配线系统的中心单元，因此它的放置、选型及环境条件的考虑得当与否，直接影响到将来信息系统的正常运行及维护和使用灵活性。比较理想的设置是把计算机机房、交换机机房等设备设计在同一个楼层中，这样既便于管理，又节省投资。当然也可根据建筑物的具体情况设计多个设备间。设备间子系统在设计和维护时应注意：

1）设备间要有足够的空间保障设备的存放。

2）设备间不应靠近大型电气设备，如发电机、电梯动力间等。

3）设备间要有良好的工作环境，如温度、湿度、通风、照明等。

4）设备间内的建设标准应符合机房的建设标准。

5）设备间应在服务电梯附近，便于装运笨重设备。

9.7.2 设备间对环境的要求

设备间对环境的要求如下。

（1）温度和湿度

网络设备间对温度和湿度是有要求的，设备间的温度、湿度对电子设备的正常运行及使用寿命有很大的影响，一般将温度和湿度分为 A、B、C 三级，设备间可按某一级执行，也可按某级综合执行。

（2）尘埃

尘埃或纤维性颗粒聚积，会影响通信质量，微生物的作用还会使导线被腐蚀断掉。设备间的温度、湿度和尘埃对微电子设备的正常运行及使用寿命都有很大的影响。过高的室温会使元件失效率急剧增加，使用寿命下降；过低的室温又会使磁介质等发脆，容易断裂。温度的波动会产生“电噪声”，使微电子设备不能正常运行。相对湿度过低，容易产生静电，对微电子设备造成干扰；相对湿度过高会使微电子设备内部焊点和插座的接触电阻增大。尘埃或纤维性颗粒积聚，微生物的作用还会使导线被腐蚀断掉。所以在设计设备间时，设备对设备间内的尘埃量的要求一般可分为A、B两级。

(3) 照明

设备间内在距地面0.6～0.8m处，照明度不应低于200lx，同时还应安装紧急照明灯，在距地面0.6～0.8m处照明度不应低于50lx。

(4) 噪声

设备间的噪声，应小于70dB。如果长时间在70～80dB噪声下工作，不但影响人的身心健康和工作效率，还可能造成人为的操作事故。

(5) 电磁场干扰

设备间无线电干扰强，在频率为0.15～100MHz范围内不大于120dB。设备间内磁场干扰场强不大于800A/m。

(6) 供电

设备间应采用频率为50Hz、380V/220V电压，相数为三相五线制或三相四线制或单项三线制供电电源。设备间内供电容量：将设备间内存放的每台设备用电量的标称值相加后，再乘以系数。从电源室（房）到设备间使用的电缆，除应符合GBJ 232—1982《电气装置安装工程规范》中配线工程规定外，载流量应减少50%。设备间内设备用的配电柜应设置在设备间内，并应采取防触电措施。

设备间内的各种电力电缆应为耐燃铜芯屏蔽的电缆。各电力电缆（如空调设备、电源设备所用的电缆等），供电电缆不得与双绞线走向平行。交叉时，应尽量以接近于垂直的角度交叉，并采取防燃措施。各设备应选用铜芯电缆，严禁铜、铝混用。

(7) 安全

设备间要求比较严格，主要防止失窃和人为损害。

(8) 建筑物防火与内部装修

A类：其建筑物的耐火等级必须符合GBJ 45—1982《高层民用建筑设计防火规范》中规定的一级耐火等级。

B类：其建筑物的耐火等级必须符合BGJ 45—1982《高层民用建筑设计防火规范》中规定的二级耐火等级。

与A、B类：安全设备间相关的其余工作房间及辅助房间，其建筑物的耐火等级不应低于TJ 16《建筑设计防火规范》中规定的二级耐火等级。

C类：其建筑物的耐火等级应符合TJ 16—1974《建筑设计防火规范》中规定的二级耐火等级。

与C类设备间相关的其余基本工作房间及辅助房间，其建筑物的耐火等级不应低于TJ 16中规定的三级耐火等级。

内部装修：根据A、B、C三类等级要求，设备间进行装修时，装饰材料应符合TH 16—1974《建筑设计防火规范》中规定的难燃材料或非燃材料，应能防潮、吸噪、不起尘、抗静电等。

（9）地面

为了方便表面敷设电缆线和电源线，设备间地面最好采用抗静电活动地板，其系统电阻应在 1～10Ω。具体要求应符合 SJ/T 10796—2001《防静电活动地板通用规范》标准。

带有走线口的活动地板称为异形地板。其走线应做到光滑，防止损伤电线、电缆。设备间地面所需异形地板的块数可根据设备间所需引线的数量来确定。

设备间地面切忌铺地毯。其原因：一是容易产生静电；二是容易积灰。

放置活动地板的设备间的建筑地面应平整、光洁、防潮、防尘。

（10）墙面

墙面应选择不易产生尘埃，也不易吸附尘埃的材料。目前大多数是在平滑的墙壁涂阻燃漆，或在平滑的墙壁覆盖耐火的胶合板。

（11）顶棚

为了吸噪及布置照明灯具，设备顶棚一般在建筑物梁下加一层吊顶。吊顶材料应满足防火要求。目前，我国大多数采用铝合金或轻钢作龙骨，安装吸声铝合金板、难燃铝塑板、喷塑石英板等。

（12）火灾报警及灭火设施

火灾报警及灭火设施是指火灾烟雾报警器、灭火器等设备。

9.7.3 设备间子系统的设计原则

设备间内的所有进线终端设备宜采用色标，以区别各类用途的配线区。设备间位置及大小应根据设备的数量、规模和最佳网络中心等要求综合考虑确定。

在设计中应遵循如下原则：

（1）最近与方便原则

楼群设备间应选在楼群最主要（或主楼）一座建筑内，且最好离电信公用网越近越好（信号衰减小）。如果条件允许，最好将主交换机间与大楼设备间合二为一。一般设在一、二层，并尽量靠近通信线路引入房间建筑的位置，以便与屋内外各种通信设备、网络接口及装置连接。通信线路的引入端和设备及网络接口的间距，一般不超过 15m。此外，设备间应临近电梯间，以便装运笨重设备。同时，还应注意电梯内的面积大小、净空高度以及电梯载重的限制。

（2）接地原则

设备间的位置应便于安装接地装置，根据房屋建筑的具体条件和通信网络的技术要求，按照接地标准，选择切实可行且有效的接地方式。

（3）色标原则

采用色标区分所有进线终端及相应设备的接口。

（4）操作便利性原则

设备间内配线架宜采用机架式；当采用墙挂式配线架时，设备间应有足够的端接墙面，以便安装和操作。

9.7.4 设备间子系统的设计步骤

设备间子系统的设计是比较复杂和烦琐的工作，通常可以分以下三步进行：

（1）选择和确定主布线场

主布线场是用来端接来自电信局和公用系统设备的线路，以及来自建筑主干子系统和建筑群子系统的线路。比较理想的情况是交连场的安装应使跳线或跨接线可连接到该场的任意两点。

(2) 选择和确定中继场/辅助场

为便于线路管理及未来线路的扩充，应谨慎考虑安排设计间的中继场/辅助场的位置。在设计交连场时，其中间应留出一定的空间，以便容纳未来的交接硬件。设计时，一般在相邻的墙面上安装中继场/辅助场。

(3) 设备间内的主要设备

设备间子系统的硬件大致同管理间子系统的硬件相同，基本上由光缆、铜线电缆、跳线架、引线架、跳线构成，只不过是规模上比管理间子系统大得多。设备间要增加防雷、防过电压、过电流、欠电压等防护设备，这些防护设备与电信局进户线、程控交换机、计算机主机配合设计安装，有时需要综合布线系统配合设计。

设备间内的所有终端设备宜采用色标表示：绿色表示网络接口的进线侧；紫色表示网络接口的设备侧，即中继场/辅助场中继线；黄色表示交换机的用户引出线；白色表示干线电缆和建筑群电缆；蓝色表示设备间至工作站或用户终端的线路；橙色表示来自多路复用器的线路。

9.8 电气防护及接地

在综合布线系统设计中，电气防护及接地，也是非常重要的，它直接关系到设备和人身的安全。好的设计方案一定要考虑这部分。

9.8.1 电气防护

电气防护设计应把握以下原则：

1) 为了保证综合布线系统正常运行，设备间或干线交接间内应设有独立、稳定、可靠的交流 50Hz、220V 电源，以便于维护检修和日常管理，有条件的可配备 50Hz、220V 的 UPS 电源。

2) 当线路处在危险中，如受到雷击、工作电压大于 250V 的电源碰地、电源感应电动势或地电动势上升电压大于 250V 时，要对其进行过电压过电流保护。

3) 综合布线系统的过电压保护宜采用放电保护器，过电流保护宜采用能够自复的保护器。

4) 综合布线系统的配线架、线缆等接地点在任何层次上都不能与避雷系统相连接，与强电接地系统的连接只能在两个接地系统的最底层。

5) 综合布线区域内存在的电磁干扰场强大于 3V/m 时，应采取屏蔽防护措施，抑制外来的电磁干扰，建议采用钢管或金属线槽方式或采用屏蔽线缆、光缆。

6) 使用钢管或金属线槽敷设非屏蔽双绞线时，各段钢管或金属线槽应保持电气连接并接地，当使用屏蔽电缆时，从配线架到工作区设备的整条通道都应有可靠的屏蔽措施。

7) 综合布线系统如采用电缆屏蔽层组成接地网时，各段的屏蔽层必须保持可靠连通并接地，任意两点的接地电压不应超过 1V，不能满足接地条件时宜采用光纤。

8) 在设备间、楼层配线间都应提供合适的接地端，机架应采用直径 4mm 的铜线连接至接地端，设备间必须把电缆的屏蔽层连接至合格的楼层接地端，屏蔽层在各楼层的接地，都应采用直径 4mm 的铜线把干线电缆的屏蔽层焊接到合格的楼层接地端。

9）每个楼层配线架不应串联，而应该并联连接到接地极上。

9.8.2 接地设计

布线中的接地系统的好坏将直接影响综合布线系统的运行质量。根据商业建筑接地和接线要求的规定：综合布线系统接地的结构包括地线、接地母线、接地干线、主接地母线、接地引入线及接地体六部分。在进行系统接地的设计时，可以按上述六个要素分层次地进行设计。

一、填空题

1. 综合布线系统由________、________、________、________、________、________六大部分组成。

2. 信息插座一般安装在距离地面________ m 以上，信息插座距离终端的距离一般不超过________ m，光纤早拐弯时的曲率半径不能小于________。

二、思考题

1. 简述综合布线系统的六大部分在设计时都应注意什么问题？

2. 电气防护设计时应注意什么问题？

第10章 项 目 实 训

项目一 简单以太网的组建

一、实验目的

1. 理解以太网的工作原理。
2. 掌握超5类双绞线直连式和跨连式跳线的制作方法。

二、实验拓扑

组建简单以太网的实验拓扑图如图10-1所示。

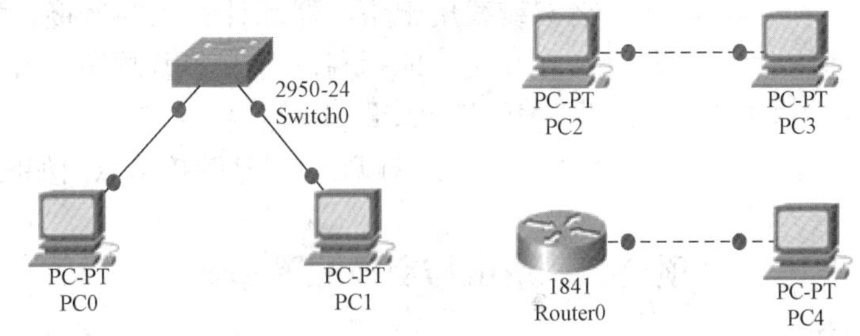

图10-1 简单以太网的组建

(a) 直连式；(b) 跨连式

三、实验条件

1. 超5类非屏蔽双绞线若干。
2. RJ-45头若干。
3. 双绞线专用压线钳。
4. 双绞线专用FLUKE测试仪。

四、实验步骤

1. 认识RJ-45头（也称为水晶头）。RJ-45头上共有8个引脚，对于网卡来说，1号、2号引脚用于发送数据；3号、6号引脚用于接收数据，交换机的引脚定义正好相反。在10M、100Mbit/s位的以太网中，4号、5号、7号、8号引脚没有定义，它们在1000Mbit/s以太网中是有定义的，因此，如果考虑到网络将来会升级到1000M/bit/s，那么8个引脚都要连接好。

2. 用双绞线专用压线钳将双绞线外皮剥去1.5cm左右，并按T568B的顺序将8根线芯排列好，T568B的排列顺序为白橙、橙、白绿、蓝、白蓝、绿、白棕、棕。

3. 用双绞线专用压线钳将8根线芯头部剪齐，保留线芯长度为1cm左右。

4. 将RJ-45头的平面朝上，将8根线芯插入线槽中，注意，8根线芯应尽量顶到RJ-45头的另一端顶部（从顶部应该能清晰地看见8根铜线），同时双绞线的外皮也应该插入RJ-45头中，用双绞线专用压线钳将接头尽量压紧，保证RJ-45头的8根针与双角线的8根线芯紧密接触，并且双绞线的外皮也压实。

5. 以同样的方法将另一个 RJ - 45 头接在双绞线的另一端。

6. 用双绞线专用 FLUKE 测试仪测试双绞线的每一路线是否都正确连通。

五、实验结果

使用刚制作好的跳线连入相应的网络，应保证计算机之间能够正常通信。

六、小结与提示

1. 由于 RJ - 45 头是一次性的产品，如果没有做好（测试结果不通），只有剪断重做，所以在压实以前务必仔细检查两头的连接情况，确认无误后再动手压线。

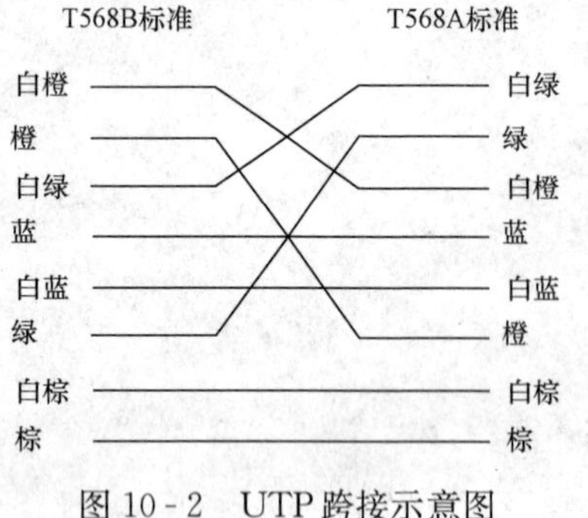

图 10 - 2　UTP 跨接示意图

2. 如果出现测试不通的情况，不要急于剪断重做，可以用压线钳将两头的 RJ - 45 头重新做一下按压试试，也可以换一把压线钳试试。

3. 如果双绞线的两头分别用于连接两台计算机，或者双绞线用于路由器和计算机的连接，那么应该采用交叉接线法，即一端采用 T568B 顺序，另一端采用 T568A 顺序，T568A 顺序只是将 T568B 的 1 号、3 号线对调，2 号、6 号线对调。UTP 跨接示意图如图 10 - 2 所示。

项目二　路由与交换配置基础

一、实验目的

1. 掌握交换机和路由器的常用配置方法。

2. 了解交换机的五种配置模式。

3. 熟悉常用的配置命令和使用技巧。

二、实验拓扑

路由与交换配置基础如图 10 - 3 所示。

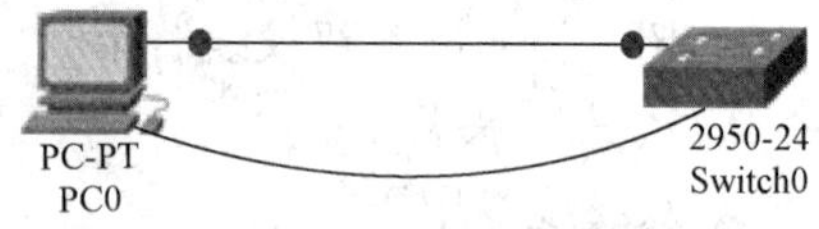

图 10 - 3　路由与交换配置基础

三、实验要求

1. 计算机的以太网口与交换机的 0/1 口连接。

2. 计算机的 RS232C 接口与交换机的 console 口连接。

3. 使用 Windows 系统自带的超级终端或其他串口程序访问交换机。

4. 熟悉交换机的各种配置模式并掌握基本的命令使用技巧。

5. 掌握交换机远程登录的配置。

四、实验步骤

1. 认识超级终端程序

交换机和路由器的初次配置必须使用超级终端程序，通过 console 线进行配置，计算机端的串口一般配置为“9600，8，n，1”，即 9600bit/s 的波特率，8 位数据位，不用奇偶校验，1 位的停止位，由于这种配置方法不占用交换机的网络带宽，称为带外配置。经过适当的配置后（绑定管理 IP、启动 Telnet 或 Web 服务等），计算机就可以通过网络进行远程配置了，这种配置方法需要占用交换机的网络带宽，称为带内配置。

2. 认识交换机的五种配置模式

根据配置内容的不同，交换机一般可分为五种配置模式，每种模式下都有不同的命令，可完成一些特定的网络配置，这几种模式之间的层次关系和切换命令见表 10 - 1。

表 10 - 1　　交换机的配置模式

模式	提示符	进入下一级的命令
用户模式	Switch>	Switch>enable
特权模式	Switch＃	Switch＃configure terminal
全局模式	Switch（config）＃	进入接口模式： Switch（config）＃interface fastEthernet 0/1 计入 VLAN 模式： Switch（config）＃vlan 10
接口模式	Switch（config - if）＃	无
VLAN 模式	Switch（config - vlan）＃	无

大多数的网络配置需要在全局模式或者更高级别的模式下完成，退出当前模式可使用命令 exit，从高级别的模式直接退至特权模式可以使用命令 end。

3. 掌握基本的命令使用技巧

由于交换机提供的配置命令很多，而且特定的命令需要在特定的模式下执行，因此掌握配置命令的一些使用技巧是非常重要的，有助于快速地找到和执行特定的命令，常用的技巧有：

（1）？的使用：使用？可以查看当前模式下可以使用的所有命令，如 Switch＃ ？可以查看全局模式下可以使用的所有命令；Switch（config）＃interface ？可以查看交换机具有哪些接口。

（2）Tab 键的使用：使用 Tab 键可以补全命令行，如在命令 Switch>en 之后按下 Tab 键，交换机会自动将命令行补全为 Switch>enable，但有一个前提，就是必须保证当前的命令缩写是唯一的。

（3）命令的简化：所有的配置命令都可以简化，简化的标准是要保证与其他的命令不冲突，如 enable 命令可以简化为 en，但不能简化成 e，因为以 c 开头的命令有 enable 和 exit，这会产生歧义。

4. 交换机远程登录的配置

通过 console 口进行交换机的配置要求管理员亲自到现场操作，在实践中面临很多问题，所以除首次配置外，后续的配置一般都通过网络进行远程配置，Telnet 是其中最简单和最常用的一种方式，需要启用交换机上的 Telnet 服务，配置序列如下：

```
Switch>en
Switch#conf t
Switch(config)#line vty 0 15
Switch(config-line)#password abc/* Telnet 密码 */
Switch(config-line)#login
Switch(config-line)#exit
```

```
Switch(config)＃interface vlan 1
Switch(config)＃no shutdown
Switch(config-if)＃ip address 192.168.0.1 255.255.255.0      /* 管理地址 */
```

五、实验结果

将计算机配置好 IP 地址（192.168.0.0/24 网段）后，通过 Telnet 程序远程登录交换机，看是否能对交换机进行正常配置。

六、小结与提示

1. 熟练掌握交换机的命令使用技巧是网络管理员的基本素质之一，掌握了这些技巧，遇到问题时就不会手足无措，能够根据提示一步步发现并解决问题。

2. VLAN 1 的 IP 地址一般作为交换机的管理 IP，没有其他意义，对于二层交换机来说，由于无法在物理接口上配置 IP 地址，因此只能通过这个 IP 地址进行远程管理。

项目三　交换机 VLAN 配置

一、实验目的

1. 理解 VLAN 的意义和用途。
2. 掌握交换机上 VLAN 的划分方法。

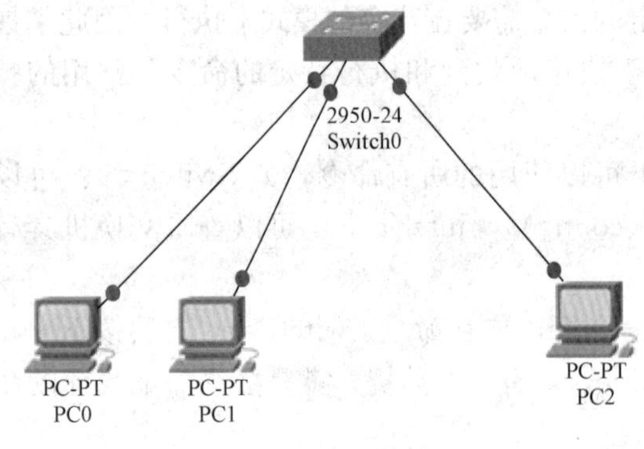

图 10-4　交换机 VLAN 配置

二、实验拓扑

交换机 VLAN 配置如图 10-4 所示。

三、实验要求

1. 交换机划分 VLAN10、VLAN20，端口号见表 10-2。

表 10-2　　VLAN 端口号

VLAN	端口范围
VLAN 10	1～8
VLAN 20	9～16

2. 为计算机配置 IP 地址见表 10-3。

表 10-3　　为计算机配置 IP 地址

计算机	连接端口	IP 地址	子网掩码
PC0	Port 1	192.168.0.1	255.255.255.0
PC1	Port 2	192.168.0.2	255.255.255.0
PC2	Port 9	192.168.0.3	255.255.255.0

3. 相同 VLAN 间的 PC 可以通信，不同 VLAN 间的 PC 不能通信。

四、配置步骤

```
Switch>en
Switch＃conf t
Switch(config)＃vlan 10
```

```
Switch(config-vlan)#exit
Switch(config)#vlan 20
Switch(config-vlan)#exit
Switch(config)#interface range fastEthernet 0/1-8
Switch(config-if-range)#switchport access vlan 10
Switch(config-if-range)#exit
Switch(config)#interface range fastEthernet 0/9-16
Switch(config-if-range)#switchport access vlan 20
Switch(config-if-range)#exit
```

五、实验结果

相同 VLAN 间可以正常通信，不同 VLAN 间不能通信，见表 10-4。

表 10-4 项目三实验结果

测试案例	测试命令	测试结果
PC0 ping PC1	ping 192.168.0.2	通
PC0 ping PC2	ping 192.168.0.3	不通

六、小结与提示

1. 对端口范围进行配置可以使用命令 interface range。

2. 可以在全局模式下使用命令 show mac-address-table 查看交换机的 MAC 地址表，处于不通 VLAN 的端口之间不能正常通信。

3. 每台交换机最多可配置的 VLAN 数是 4096（4K）个，默认情况下，所有的端口都属于 VLAN1，VLAN1 一般用于管理目的，用户不能使用。

项目四 跨交换机相同 VLAN 间的通信

一、实验目的

1. 理解 Access 端口和 Trunk 端口的内部工作原理。
2. 理解 Trunk 端口在网络工程实践中的意义。
3. 掌握交换机 Trunk 端口的配置方法。

二、实验拓扑

跨交换机相同 VLAN 间的通信如图 10-5 所示。

三、实验要求

1. Switch0 划分 VLAN10、VLAN20，Switch 1 与 Switch 0 相同，两台交换机通过 24 号端口连接，见表 10-5。

表 10-5 两台交换机的端口范围

VLAN	端口范围
VLAN 10	1～8
VLAN 20	9～16

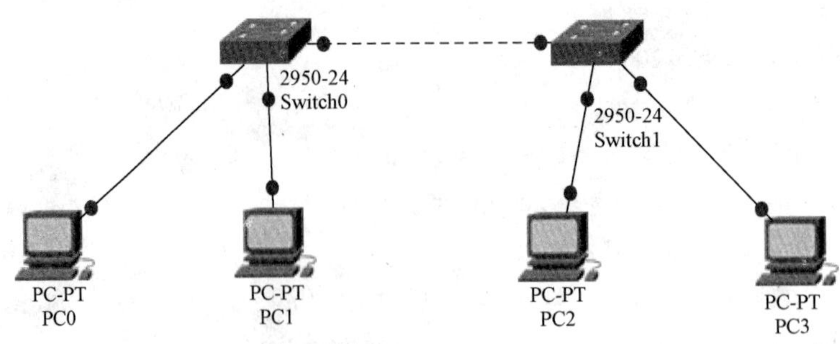

图 10-5 跨交换机相同 VLAN 间的通信

2. 为计算机配置 IP 地址，见表 10-6。

表 10-6 **为计算机配置 IP 地址**

计算机	连接端口	IP 地址	子网掩码
PC0	Switch0，Port 1	192.168.1.1	255.255.255.0
PC1	Switch0，Port 9	192.168.2.1	255.255.255.0
PC2	Switch1，Port 1	192.168.1.2	255.255.255.0
PC3	Switch1，Port 9	192.168.2.2	255.255.255.0

3. 尽管接在不同的交换机下面，但 VLAN 号相同的计算机之间可以正常通信。

四、配置步骤

Switch0 和 Switch1 均配置如下：

```
Switch>en
Switch#conf t
Switch(config)#vlan 10
Switch(config-vlan)#exit
Switch(config)#vlan 20
Switch(config-vlan)#exit
Switch(config)#interface range fastEthernet 0/1-8
Switch(config-if-range)#switchport access vlan 10
Switch(config-if-range)#exit
Switch(config)#interface range fastEthernet 0/9-16
Switch(config-if-range)#switchport access vlan 20
Switch(config-if-range)#exit
Switch(config)#interface fastEthernet 0/24
Switch(config-if-FastEthernet 0/24)#switchport mode trunk
```

五、实验结果

Trunk 端口允许多路 VLAN 数据通过，Access 端口只允许本端口所属的 VLAN 数据通过，见表 10-7。

表 10-7 项目四实验结果

测试案例	测试命令	测试结果
PC0 ping PC1	ping 192.168.0.2	通
PC0 ping PC2	ping 192.168.0.3	不通

六、小结与提示

1. 默认情况下，交换机的所有端口工作在 Access 模式，可以使用命令 switchport mode trunk 设定端口工作在 Trunk 模式。

2. Access 端口对于进入交换机的帧要打上 VLAN 标记，相应的帧称为 tagged frame，对于流出交换机的帧要去掉 VLAN 标记，相应的帧称为 untagged frame；Trunk 端口则无论对于进入的帧还是流出的帧都要打上 VLAN 标记，因此可以保证对于流出交换机的帧不会丢失 VLAN 信息，这是 Trunk 端口实现跨交换机相同 VLAN 间通信的关键。

3. 一般地，网卡并不能识别 tagged 帧，因此 VLAN 标记其实只在交换机内部和 Trunk 链路上有意义，对于 PC 机来说并没有任何意义。

4. 可以使用命令 switchport trunk allowed vlan 来定义 Trunk 端口允许通过哪些 VLAN 的数据。

项目五 无线路由器配置

一、实验目的

1. 理解 WLAN 的工作原理。

2. 掌握无线路由器的配置方法。

二、实验拓扑

无线路由器配置如图 10-6 所示。

图 10-6 无线路由器配置

三、实验要求

1. PC 机通过 DHCP 方式接入无线 AP。

2. 无线安全配置为 WPA2 加密，接入密码为“12345678”。

3. 对无线 AP 进行相关配置，保证 PC0 和 PC1 之间可以 ping 通。

四、配置步骤

1. 配置无线 AP 的 IP 地址和 DHCP 服务，如图 10-7 所示。

2. 配置无线 AP 的无线安全参数如图 10-8 所示。

3. 配置 PC 机的无线接入密码如图 10-9 所示。

五、实验结果

两台 PC 机能正常接入无线 AP，并且能够 ping 通，见表 10-8。

表 10-8 项目五实验结果

测试案例	测试命令	测试结果
PC0 ping PC1	ping 192.168.0.101	通

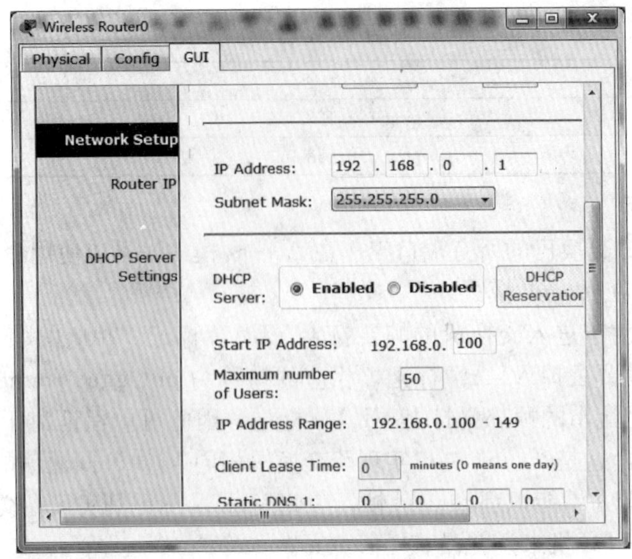

图 10-7　DHCP 配置

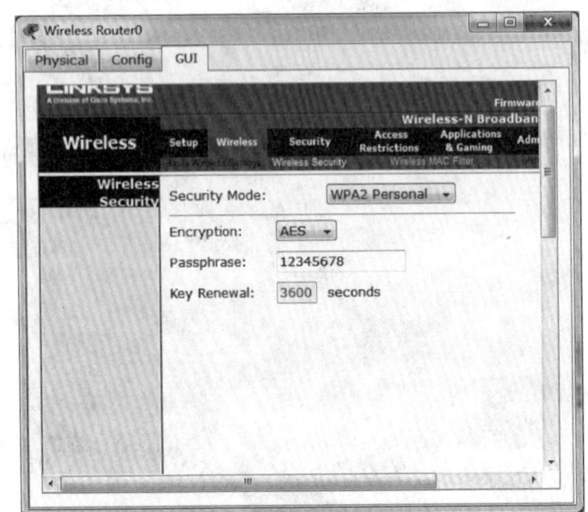

图 10-8　无线安全配置

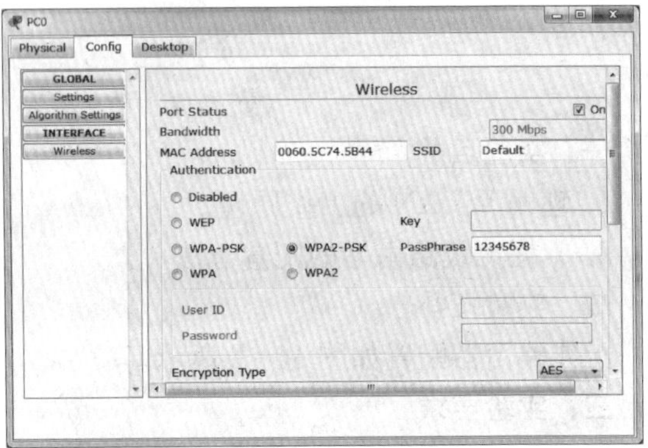

图 10-9　PC 机无线接入配置

六、小结与提示

1. 简单无线 AP 的配置一般采用图形界面，不提供命令行方式。

2. 无线 AP 的常用配置主要包括两部分：①WAN 口配置；②无线安全配置。实践中，WAN 口一般配置为 PPPoE 接入方式，需要用户提供接入的用户名和密码；无线安全配置一般采用 WPA2 算法，其安全性更高，同时也要求 8 位以上的密码。

项目六　利用路由器实现子网间的路由

一、实验目的

1. 理解 IP 路由的工作过程。
2. 掌握路由器的配置方法。
3. 领悟路由器在网络工程项目中的意义和作用。

二、实验拓扑

利用路由器实现子网间的路由如图 10-10 所示。

三、实验要求

1. Switch0 的 0/24 号端口与 Router0 的 0/0 号端口连接，Switch1 的 0/24 号端口与 Router0 的 0/1 号端口连接，为 Router0 的各接口配置 IP 地址见表 10-9。

表 10-9 Rourter0 的各接口配置 IP 地址

接口	IP 地址	子网掩码
Fa 0/0	192.168.1.254	255.255.255.0
Fa 0/1	192.168.2.254	255.255.255.0

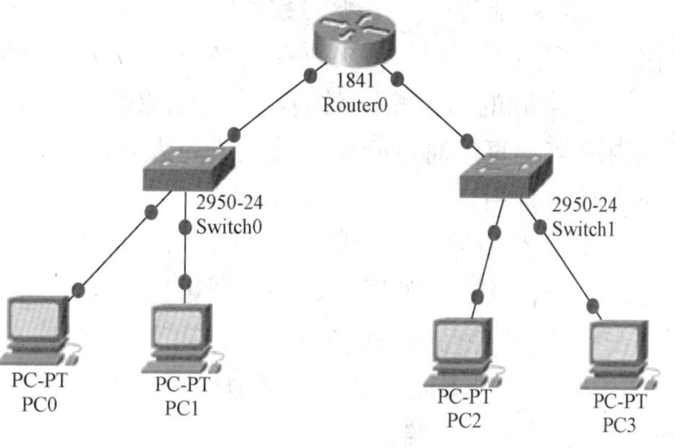

图 10-10 利用路由器实现子网间的路由

2. 为计算机配置 IP 地址见表 10-10。

表 10-10 为计算机配置 IP 地址

计算机	连接端口	IP 地址	子网掩码	网关
PC0	Switch0，Port 1	192.168.1.1	255.255.255.0	192.168.1.254
PC1	Switch0，Port 2	192.168.1.2	255.255.255.0	192.168.1.254
PC2	Switch1，Port 1	192.168.2.1	255.255.255.0	192.168.2.254
PC3	Switch1，Port 2	192.168.2.2	255.255.255.0	192.168.2.254

3. 所有 PC 之间均可正常通信。

四、配置步骤

```
Router>
Router>en
Router#conf t
Router(config)#interface fastEthernet 0/0
Router(config-if)#ip address 192.168.1.254 255.255.255.0
Router(config-if)#no shutdown
Router(config-if)#exit
Router(config)#interface fastEthernet 0/1
Router(config-if)#ip address 192.168.2.254 255.255.255.0
Router(config-if)#no shutdown
```

五、实验结果

任意两台 PC 机之间都能正常 ping 通，见表 10-11。

表 10-11 项目六实验结果

测试案例	测试命令	测试结果
PC0 ping PC1	ping 192.168.1.2	通
PC0 ping PC2	ping 192.168.2.1	通

六、小结与提示

1. 在IP网络中，当目标IP地址和源IP地址不在同一个子网时，数据会被源主机送至网关，然后才能进行下一步的数据转发，因此，在多子网的网络中，主机需要配置网关，通常情况下，网关是指与主机所在的网络直接连接的路由器的相应端口的IP地址。

2. 本实验的两个测试案例，尽管结果都通了，但通信过程却是完全不同的，前者属于子网内通信，直接通过交换即可完成，没有经过路由；后者则需要经过路由，网关只有在需要路由时才有用。

3. 对于路由器来说，所有的目的网络可以分成两大类：直接连接的网络和间接连接的网络。对于直接连接的网络，路由器可以直接实现转发，不需要进行路由配置；间接连接的网络则需要进行配置，如静态路由、动态路由等。

4. 与交换机不同，路由器默认情况下所有的端口都处于关闭状态，必须使用no shutdown命令手动开启端口。

5. 可以在全局模式下使用show ip route命令，查看路由表，其中C代表直接连接的网络；S代表静态路由；R代表RIP路由；O代表OSPF路由等。

```
Router# show ip route
Codes: C - connected, S - static, I - IGRP, M - mobile, B - BGP
       D - EIGRP, EX - EIGRP external, IA - OSPF inter area
       N1 - OSPF NSSA external type 1, N2 - OSPF NSSA external type 2
       E1 - OSPF external type 1, E2 - OSPF external type 2, E - EGP
       i - IS-IS, L1 - IS-IS level-1, L2 - IS-IS level-2, ia - IS-IS inter area
       * - candidate default, U - per-user static route, o - ODR
       P - periodic downloaded static route
Gateway of last resort is not set
C    192.168.1.0/24 is directly connected, FastEthernet0/0
C    192.168.2.0/24 is directly connected, FastEthernet0/1
Router#
```

项目七　利用三层交换机实现VLAN间的路由

一、实验目的

1. 理解IP路由的工作过程。
2. 掌握三层交换机的路由配置方法。
3. 领悟三层交换机在网络工程项目中的意义和作用。

二、实验拓扑

利用三层交换机实验VLAN间的路由器实验拓扑如图10-11所示。

三、实验要求

1. Switch0的0/24号端口与多层交换机的0/1号端口连接，Switch1的0/24号端口与多层交换机的0/2号端口连接，为多层交换机配置VLAN并分配IP地址，见表10-12。

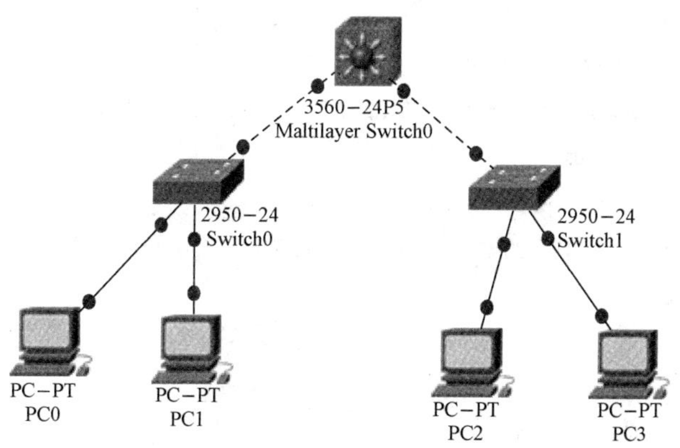

图 10-11 利用三层交换机实现 VLAN 间的路由

表 10-12 **为多层交换机配置 VLAN 并分配 IP 地址**

VLAN	端口范围	IP 地址	子网掩码
VLAN 10	Fa 0/1	192.168.1.254	255.255.255.0
VLAN 20	Fa 0/2	192.168.2.254	255.255.255.0

2. 为计算机配置 IP 地址，见表 10-13。

表 10-13 **为计算机配置 IP 地址**

计算机	连接端口	IP 地址	子网掩码	网关
PC0	Switch0，Port 1	192.168.1.1	255.255.255.0	192.168.1.254
PC1	Switch0，Port 2	192.168.1.2	255.255.255.0	192.168.1.254
PC2	Switch1，Port 1	192.168.2.1	255.255.255.0	192.168.2.254
PC3	Switch1，Port 2	192.168.2.2	255.255.255.0	192.168.2.254

3. 所有 PC 之间均可正常通信。

四、配置步骤

```
Switch>en
Switch#conf t
Switch(config)#vlan 10
Switch(config-vlan)#exit
Switch(config)#vlan 20
Switch(config-vlan)#exit
Switch(config)#interface fastEthernet 0/1
Switch(config-if)#switchport access vlan 10
Switch(config-if)#exit
Switch(config)#interface fastEthernet 0/2
Switch(config-if)#switchport access vlan 20
```

```
Switch(config-if)#exit
Switch(config)#interface vlan 10
Switch(config-if)#ip address 192.168.1.254 255.255.255.0
Switch(config-if)#exit
Switch(config)#interface vlan 20
Switch(config-if)#ip address 192.168.2.254 255.255.255.0
Switch(config-if)#end
```

五、实验结果

任意两台 PC 机之间都能正常 ping 通，见表 10-14。

表 10-14 项目七实验结果

测试案例	测试命令	测试结果
PC0 ping PC1	ping 192.168.1.2	通
PC0 ping PC2	ping 192.168.2.1	通

六、小结与提示

1. 三层交换机是指带路由功能的交换机，与传统的路由器相比，三层交换机的路由速度更快、配置更灵活，特别适合于内网之间的路由。部分高端的交换机还具有传输层和应用层的功能，所有三层和三层以上的交换机统称为多层交换机。

2. 三层交换机的路由功能其实是通过 VLAN 来实现的，通过为 VLAN 配置 IP 地址来实现三层接口，传统路由器则是在物理端口上实现三层接口，相比而言，三层交换机的配置更加灵活，因为用户可以自由设定哪些端口属于哪个 VLAN。

3. 实践中，由于交换机往往比路由器具有更多的端口数，因此也就可以启用更多的三层接口，从而实现更多子网之间的路由，正是由于这个原因，企业内网之间的路由现在一般都采用三层交换机来实现，而出口路由一般仍采用传统路由器来实现，因为出口路由还需要执行 NAT 功能，三层交换机一般不提供 NAT 功能。

项目八 单臂路由配置

一、实验目的

1. 理解单臂路由的工作过程。

2. 掌握路由器的单臂路由配置方法。

二、实验拓扑

单臂路由配置如图 10-12 所示。

三、实验要求

1. Switch0 的 0/24 号端口与 Switch2 的 0/1 号端口连接，Switch1 的 0/24 号端口与 Switch2 的 0/2 号端口连接，Router1 的 0/0 号端口与 Switch2 的 0/24 号端口连接，为 Switch2 配置 VLAN，见表 10-15。

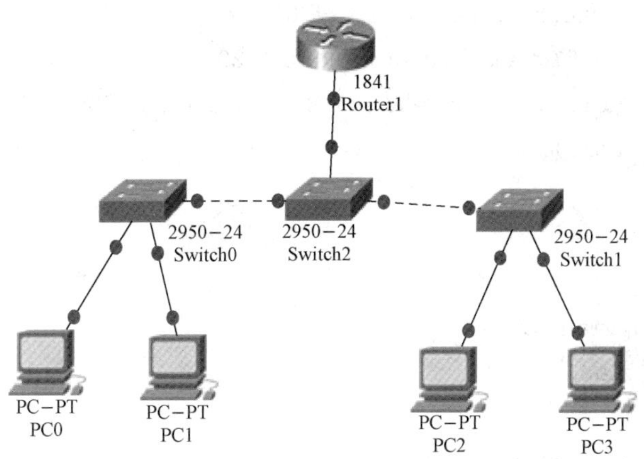

图 10-12 单臂路由配置

表 10-15 VLAN 及端口范围

VLAN	端口范围
VLAN 10	Fa 0/1
VLAN 20	Fa 0/2
Trunk	Fa 0/24

2. 为计算机配置 IP 地址，见表 10-16。

表 10-16 项目八为计算机配置 IP 地址

计算机	连接端口	IP 地址	子网掩码	网关
PC0	Switch0，Port 1	192.168.1.1	255.255.255.0	192.168.1.254
PC1	Switch0，Port 2	192.168.1.2	255.255.255.0	192.168.1.254
PC2	Switch1，Port 1	192.168.2.1	255.255.255.0	192.168.2.254
PC3	Switch1，Port 2	192.168.2.2	255.255.255.0	192.168.2.254

3. 所有 PC 之间均可正常通信。

四、配置步骤

1. 路由器配置

```
Router>en
Router#conf t
Router(config)#interface fastEthernet 0/0
Router(config-if)#no shutdown
Router(config-if)#exit
Router(config)#interface fastEthernet 0/0.1
Router(config-subif)#encapsulation dot1Q 10
Router(config-subif)#ip address 192.168.1.254 255.255.255.0
Router(config-subif)#exit
```

```
Router(config)#interface fastEthernet 0/0.2
Router(config-subif)#encapsulation dot1Q 20
Router(config-subif)#ip address 192.168.2.254 255.255.255.0
Router(config-subif)#end
```

2. Switch2 配置

```
Switch>en
Switch#conf t
Switch(config)#vlan 10
Switch(config-vlan)#exit
Switch(config)#vlan 20
Switch(config-vlan)#exit
Switch(config)#interface fastEthernet 0/1
Switch(config-if)#switchport access vlan 10
Switch(config-if)#exit
Switch(config)#interface fastEthernet 0/2
Switch(config-if)#switchport access vlan 20
Switch(config-if)#exit
Switch(config)#interface fastEthernet 0/24
Switch(config-if)#switchport mode trunk
Switch(config-if)#end
```

五、实验结果

任意两台 PC 机之间都能正常 ping 通，见表 10 - 17。

表 10 - 17　　项目八实验结果

测试案例	测试命令	测试结果
PC0 ping PC1	ping 192.168.1.2	通
PC0 ping PC2	ping 192.168.2.1	通

六、小结与提示

1. 单臂路由适用于没有多层交换机，且子网数量多于路由器的物理端口数的场合，属于一种过渡性的路由方案。

2. 通过为路由器的物理接口定义子接口，可以在一个物理接口上配置多个 IP 地址，分别用作各子网的网关，利用这种方法可以解决路由器物理端口数不够的问题。

3. 实践中，子接口一般以 802.1Q 协议与对方通信，要求对方端口的工作模式必须是 Trunk，以便区分开各个子网的流量。

4. 单臂路由的实现是以 VLAN 为基础的，一般情况下，一个 VLAN 会对应一个 IP 子网，便于网络的管理和维护。

项目九 利用 Trunk 端口实现 VLAN 间路由

一、实验目的

1. 理解 Trunk 端口在路由过程中的通信过程。
2. 掌握 Trunk 端口在路由配置中的灵活运用。

二、实验拓扑

利用 Trunk 端口实现 VLAN 间路由的实验拓扑如图 10 - 13 所示。

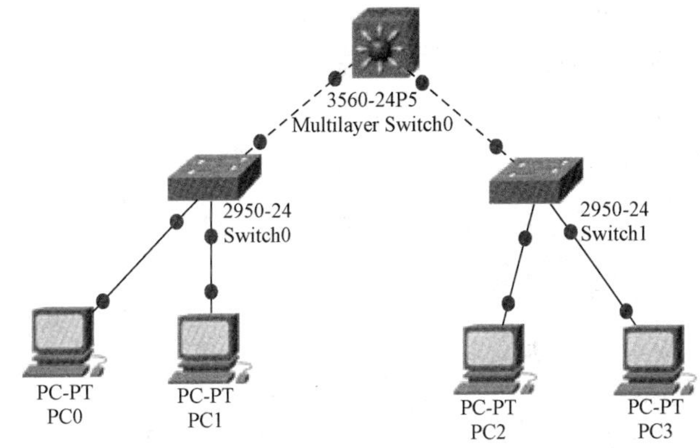

图 10 - 13 利用 Trunk 端口实现 VLAN 间路由

三、实验要求

1. Switch0 的 0/24 号端口与多层交换机的 0/23 号端口连接，Switch1 的 0/24 号端口与多层交换机的 0/24 号端口连接，为多层交换机配置 VLAN 并分配 IP 地址，见表 10 - 18。

表 10 - 18 为多层交换机配置 VLAN 并分配 IP 地址

VLAN	端口范围	IP 地址	子网掩码
VLAN 10	不分配端口	192. 168. 1. 254	255. 255. 255. 0
VLAN 20	不分配端口	192. 168. 2. 254	255. 255. 255. 0
Trunk	Fa 0/23-24	无	无

2. 为 Switch0 和 Switch1 配置 VLAN，见表 10 - 19。

表 10 - 19 为 Switch0 和 Swithc1 配置 VLAN

VLAN	端口范围
VLAN 10	Fa 0/1-8
VLAN 20	Fa 0/9-16
Trunk	Fa 0/24

3. 为计算机配置 IP 地址，见表 10 - 20。

表 10-20 为计算机配置 IP 地址

计算机	连接端口	IP 地址	子网掩码	网关
PC0	Switch0，Port 1	192.168.1.1	255.255.255.0	192.168.1.254
PC1	Switch0，Port 9	192.168.2.1	255.255.255.0	192.168.2.254
PC2	Switch1，Port 1	192.168.1.2	255.255.255.0	192.168.1.254
PC3	Switch1，Port 9	192.168.2.2	255.255.255.0	192.168.2.254

4. 所有 PC 之间均可正常通信。

四、配置步骤

1. 多层交换机

```
Switch>en
Switch#conf t
Switch(config)#vlan 10
Switch(config-vlan)#exit
Switch(config)#vlan 20
Switch(config-vlan)#exit
Switch(config)#interface vlan 10
Switch(config-if)#ip address 192.168.1.254 255.255.255.0
Switch(config-if)#exit
Switch(config)#interface vlan 20
Switch(config-if)#ip address 192.168.2.254 255.255.255.0
Switch(config-if)#exit
Switch(config)#interface range fastEthernet 0/23-24
Switch(config-if-range)#switchport mode trunk
```

2. 交换机 0 和交换机 1

```
Switch>en
Switch#configure terminal
Switch(config)#vlan 10
Switch(config-vlan)#vlan 20
Switch(config-vlan)#exit
Switch(config)#interface range fastEthernet 0/1-8
Switch(config-if-range)#switchport access vlan 10
Switch(config-if-range)#exit
Switch(config)#interface range fastEthernet 0/9-16
Switch(config-if-range)#switchport access vlan 20
Switch(config-if-range)#exit
Switch(config)#interface fastEthernet 0/24
Switch(config-if)#switchport mode trunk
Switch(config-if)#exit
```

五、实验结果

任意两台 PC 机之间都能正常 ping 通，见表 10－21。

表 10－21　项目九实验结果

测试案例	测试命令	测试结果
PC0 ping PC1	ping 192.168.1.2	通
PC0 ping PC2	ping 192.168.2.1	通

六、小结与提示

1. 在多层次的大型网络工程中，上层交换机的一个端口下面往往会连接很多的 VLAN（或者说子网），一种简单的处理方法是将这些交换机之间的链路设置为 Trunk 模式，这些 VLAN 间的路由也经过该 Trunk 链路来转发，其工作原理类似于单臂路由。

2. Trunk 端口的另外一个重要意义在于它可以实现在物理位置上分开的同一个 VLAN 间的通信，但要注意的是这种通信属于二层交换，跟路由没有关系，这点很容易弄混。

3. 请思考本实验与实验七之间的区别。

项目十　静态路由配置

一、实验目的

1. 理解路由表的工作原理。

2. 掌握静态路由的配置方法。

二、实验拓扑

静态路由配置如图 10－14 所示。

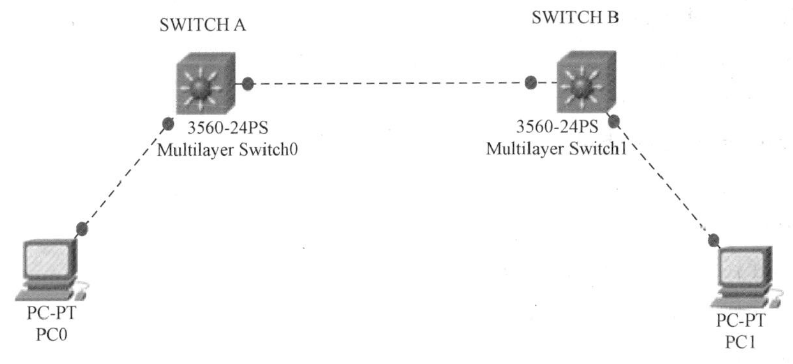

图 10－14　静态路由配置

三、实验要求

1. 两台交换机均划分 VLAN10 和 VLAN100，并分配 IP 地址，两台交换机通过 24 号口连接，见表 10－22。

2. 为计算机配置 IP 地址，表 10－23。

3. 两台 PC 之间可以正常通信。

表 10-22 静态路由配置两台交换机 VLAN10 和 VLAN100 的划分及 IP 地址分配情况

设备	VLAN	端口范围	IP 地址	子网掩码
SWITCH A	VLAN 10	Fa 0/1-8	192.168.1.254	255.255.255.0
	VLAN 100	Fa 0/24	100.100.100.1	255.255.255.0
SWITCH B	VLAN 10	Fa 0/1-8	192.168.2.254	255.255.255.0
	VLAN 100	Fa 0/24	100.100.100.2	255.255.255.0

表 10-23 为计算机配置 IP 地址

计算机	连接端口	IP 地址	子网掩码	网关
PC0	Switch A，Port 1	192.168.1.1	255.255.255.0	192.168.1.254
PC1	Switch B，Port 1	192.168.2.1	255.255.255.0	192.168.2.254

四、配置步骤

1. 交换机 A

```
Switch>en
Switch#conf t
Switch(config)#vlan 10
Switch(config-vlan)#vlan 100
Switch(config-vlan)#exit
Switch(config)#interface range fastEthernet 0/1-8
Switch(config-if-range)#switchport access vlan 10
Switch(config-if-range)#exit
Switch(config)#interface fastEthernet 0/24
Switch(config-if)#switchport access vlan 100
Switch(config-if)#exit
Switch(config)#interface vlan 100
Switch(config-if)#ip address 100.100.100.1 255.255.255.0
Switch(config-if)#exit
Switch(config)#interface vlan 10
Switch(config-if)#ip address 192.168.1.254 255.255.255.0
Switch(config-if)#exit
Switch(config)#ip route 192.168.2.0 255.255.255.0 100.100.100.2
```

2. 交换机 B

```
Switch>en
Switch#conf t
Switch(config)#vlan 10
Switch(config-vlan)#vlan 100
Switch(config-vlan)#exit
Switch(config)#interface range fastEthernet 0/1-8
```

```
Switch(config-if-range)#switchport access vlan 10
Switch(config-if-range)#exit
Switch(config)#interface fastEthernet 0/24
Switch(config-if)#switchport access vlan 100
Switch(config-if)#exit
Switch(config)#interface vlan 100
Switch(config-if)#ip address 100.100.100.2 255.255.255.0
Switch(config-if)#exit
Switch(config)#interface vlan 10
Switch(config-if)#ip address 192.168.2.254 255.255.255.0
Switch(config-if)#exit
Switch(config)#ip route 192.168.1.0 255.255.255.0 100.100.100.1
Switch(config)#end
```

五、实验结果

两台 PC 机之间能正常 ping 通，见表 10-24。

表 10-24　　项目十实验结果

测试案例	测试命令	测试结果
PC0 ping PC1	ping 192.168.2.1	通
PC0 ping Switch B	ping 100.100.100.2	通

六、小结与提示

1. 静态路由在不太复杂的计算机网络中很实用，使用静态路由可以减轻路由器运行路由算法的负载，提高网络性能。其缺点是要求网络管理员必须对整个网络的拓扑结构非常清楚，并且在配置时不能缺项漏项。

2. 配置静态路由使用命令"ip route 目的网络 子网掩码 下一跳"，删除一条静态路由条目使用命令"no ip route 目的网络 子网掩码 下一跳"，"no"关键字常用于删除一些特定的配置。

3. 尽管交换机 A 和计算机 B 上配置了相同的 VLAN 信息，但交换机 A 的 VLAN 10 和交换机 B 的 VLAN 10 是完全不同的两个 VLAN，因为两台交换机之间是 Access 链路，VLAN 标记在经过 Access 链路后就会丢失了。VLAN 在此处的意义在于仅作为三层接口使用，只在交换机内部有效。

4. 在全局模式下使用 show ip route 命令查看交换机 A 和交换机 B 的路由表。

5. 试着删除两台交换机上的静态路由条目，然后在 PC0 上执行命令 ping 192.168.2.1 和 ping 100.100.100.2，观察结果并思考原因。

项目十一　动态路由配置

一、实验目的

1. 理解路由表的工作原理。

2. 掌握动态路由的配置方法。

二、实验拓扑

动态路由配置如图 10 - 15 所示。

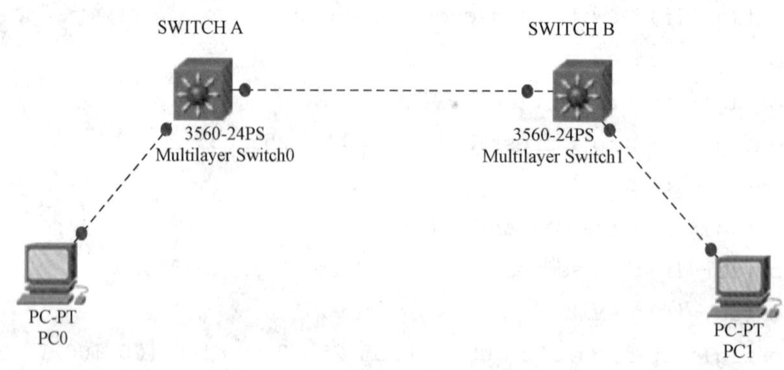

图 10 - 15　动态路由配置

三、实验要求

1. 两台交换机均划分 VLAN10 和 VLAN100，并分配 IP 地址，两台交换机通过 24 号口连接，见表 10 - 25。

表 10 - 25　动态路由配置中两台交换机 VLAN10 和 VLAN100 的划分及 IP 地址分配

设备	VLAN	端口范围	IP 地址	子网掩码
SWITCH A	VLAN 10	Fa 0/1 - 8	192.168.1.254	255.255.255.0
	VLAN 100	Fa 0/24	100.100.100.1	255.255.255.0
SWITCH B	VLAN 10	Fa 0/1 - 8	192.168.2.254	255.255.255.0
	VLAN 100	Fa 0/24	100.100.100.2	255.255.255.0

2. 为计算机配置 IP 地址，见表 10 - 26。

表 10 - 26　动态路由配置中为计算机配置 IP 地址

计算机	连接端口	IP 地址	子网掩码	网关
PC0	Switch A，Port 1	192.168.1.1	255.255.255.0	192.168.1.254
PC1	Switch B，Port 1	192.168.2.1	255.255.255.0	192.168.2.254

3. 两台 PC 之间可以正常通信。

四、配置步骤

1. 交换机 A

```
Switch>en
Switch#conf t
Switch(config)#vlan 10
Switch(config-vlan)#vlan 100
Switch(config-vlan)#exit
Switch(config)#interface range fastEthernet 0/1-8
```

```
Switch(config-if-range)#switchport access vlan 10
Switch(config-if-range)#exit
Switch(config)#interface fastEthernet 0/24
Switch(config-if)#switchport access vlan 100
Switch(config-if)#exit
Switch(config)#interface vlan 100
Switch(config-if)#ip address 100.100.100.1 255.255.255.0
Switch(config-if)#exit
Switch(config)#interface vlan 10
Switch(config-if)#ip address 192.168.1.254 255.255.255.0
Switch(config-if)#exit
Switch(config)#route rip
Switch(config-router)#version 2
Switch(config-router)#network 192.168.1.0 255.255.255.0
Switch(config-router)#network 100.100.100.0 255.255.255.0
```

2. 交换机B

```
Switch>en
Switch#conf t
Switch(config)#vlan 10
Switch(config-vlan)#vlan 100
Switch(config-vlan)#exit
Switch(config)#interface range fastEthernet 0/1-8
Switch(config-if-range)#switchport access vlan 10
Switch(config-if-range)#exit
Switch(config)#interface fastEthernet 0/24
Switch(config-if)#switchport access vlan 100
Switch(config-if)#exit
Switch(config)#interface vlan 100
Switch(config-if)#ip address 100.100.100.2  255.255.255.0
Switch(config-if)#exit
Switch(config)#interface vlan 10
Switch(config-if)#ip address 192.168.2.254  255.255.255.0
Switch(config-if)#exit
Switch(config)#route rip
Switch(config-router)#version 2
Switch(config-router)#network 192.168.2.0 255.255.255.0
Switch(config-router)#network 100.100.100.0 255.255.255.0
```

五、实验结果

两台PC机之间能正常ping通，见表10-27。

表 10 - 27 项目十一实验结果

测试案例	测试命令	测试结果
PC0 ping PC1	ping 192.168.2.1	通
PC0 ping Switch B	ping 100.100.100.2	通

六、小结与提示

1. 与静态路由相比，动态路由不需要管理员事先掌握网络的整体结构，路由协议会自动找到所有的目的网络并计算最短路径，因此，在大型的计算机网络中，一般都采用动态路由。

2. 本实验采用了 RIP 动态路由协议，RIP 协议有两个版本，RIP1 和 RIP2，两者最大的区别在于后者支持无类域间路由，因此，在实践中 RIP2 更加实用。

3. 命令 route rip 用于指示路由器启动 RIP 路由协议，“network 网络号 子网掩码”用于告诉路由器与本地直接连接的网络，之后，RIP 协议会自动发现网络中所有其他的目的网络，并更新路由表。

4. 在全局模式下使用 show ip route 命令查看交换机 A 和交换机 B 的路由表。

5. 试着删除两台交换机的 RIP 配置，并使用 OSPF 动态路由协议来配置该网络，相关的命令包括：①启动 OSPF 进程：“route ospf 进程号”；②配置本地网络号：“network 网络号 子网掩码的反码 area 区域号”。

项目十二 标准 ACL 配置

一、实验目的

1. 认识 ACL。
2. 理解标准 ACL 的工作原理。
3. 掌握标准 ACL 的配置。

二、实验拓扑

标准 ACL 配置实验拓扑如图 10 - 16 所示。

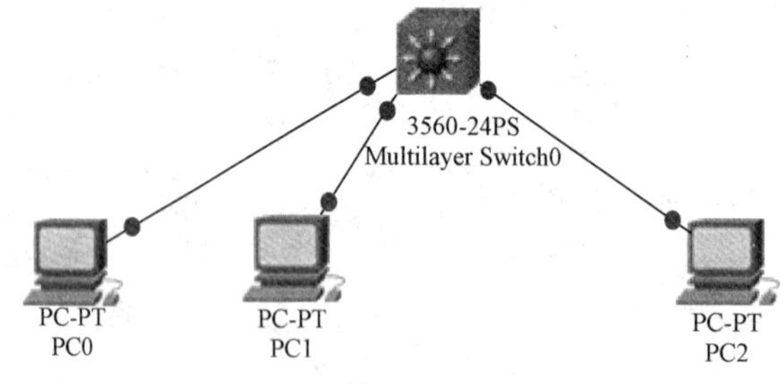

图 10 - 16 标准 ACL 配置

三、实验要求

1. 交换机划分 VLAN10 和 VLAN20，并分配 IP 地址，见表 10 - 28。

表 10-28 交换机 VLAN 的划分和 IP 地址的分配

VLAN	端口范围	IP 地址	子网掩码
VLAN 10	Fa 0/1-8	192.168.1.254	255.255.255.0
VLAN 20	Fa 0/9-16	192.168.2.254	255.255.255.0

2. 为计算机配置 IP 地址，见表 10-29。

表 10-29 标准 ACL 配置为计算机配置 IP 地址

计算机	连接端口	IP 地址	子网掩码	网关
PC0	Port 1	192.168.1.1	255.255.255.0	192.168.1.254
PC1	Port 2	192.168.1.2	255.255.255.0	192.168.1.254
PC2	Port 9	192.168.2.1	255.255.255.0	192.168.2.254

3. 通过标准 ACL 配置，使得 PC0 可以和 PC2 正常通信，但 PC1 不能和 PC2 通信。

四、配置步骤

```
Switch>en
Switch#conf t
Switch(config)#vlan 10
Switch(config-vlan)#vlan 20
Switch(config-vlan)#exit
Switch(config)#interface range fastEthernet 0/1-8
Switch(config-if-range)#switchport access vlan 10
Switch(config-if-range)#exit
Switch(config)#interface range fastEthernet 0/9-16
Switch(config-if-range)#switchport access vlan 20
Switch(config-if-range)#exit
Switch(config)#int vlan 10
Switch(config-if)#ip address 192.168.1.254 255.255.255.0
Switch(config-if)#int vlan 20
Switch(config-if)#ip address 192.168.2.254 255.255.255.0
Switch(config-if)#exit
Switch(config)#access-list 1 deny host 192.168.1.2
Switch(config)#access-list 1 permit any
Switch(config)#interface vlan 10
Switch(config-if)#ip access-group 1 in
Switch(config-if)#end
```

五、实验结果

实验结果见表 10-30。

表 10-30 项目十二实验结果

测试案例	测试命令	测试结果
PC0 ping PC2	ping 192.168.2.1	通
PC1 ping PC2	ping 192.168.2.1	不通

六、小结与提示

1. ACL 的全程是 Access Control List，即访问控制列表，用于定义交换机内部的数据流通规则，常用于网络安全配置。根据复杂程度的不同，ACL 可分为标准 ACL 和扩展 ACL，前者只能检查数据包的源 IP 地址；后者可以检查源 IP、目标 IP、协议类型、端口号，甚至是 TCP 的标志位等。标准 ACL 的表号范围是从 1～99，扩展 ACL 的表号范围 100～199。

2. ACL 的使用要分两步：①定义 ACL 列表；②将表号绑定到相应接口的特定方向上，一般情况下，标准 ACL 绑定到入口方向上，扩展 ACL 绑定到出口方向上。

需要特别注意的是：ACL 列表在匹配过程中，只要有一项匹配成功就会立刻终止，不会再去匹配后面的表项，因此，列表的先后顺序很重要。另外，如果所有的表项都没有匹配成功，则默认的动作是拒绝。

项目十三 扩展 ACL 配置

一、实验目的

1. 理解扩展 ACL 的工作原理。
2. 掌握扩展 ACL 的配置。

二、实验拓扑

扩展 ACL 配置实验拓扑如图 10-17 所示。

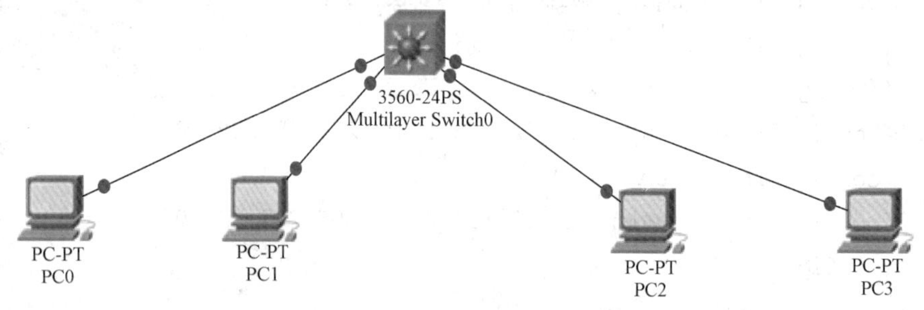

图 10-17 扩展 ACL 配置

三、实验要求

1. 交换机划分 VLAN 10 和 VLAN 20，并分配 IP 地址，见表 10-31。

表 10-31 扩展 ACL 配置交换机 VLAN 的划分及 IP 地址的分配

VLAN	端口范围	IP 地址	子网掩码
VLAN 10	Fa 0/1-8	192.168.1.254	255.255.255.0
VLAN 20	Fa 0/9-16	192.168.2.254	255.255.255.0

2. 为计算机配置IP地址，见表10-32。

表10-32 扩展ACL配置及计算机配置IP地址

计算机	连接端口	IP地址	子网掩码	网关
PC0	Port 1	192.168.1.1	255.255.255.0	192.168.1.254
PC1	Port 2	192.168.1.2	255.255.255.0	192.168.1.254
PC2	Port 9	192.168.2.1	255.255.255.0	192.168.2.254
PC3	Port 10	192.168.2.2	255.255.255.0	192.168.2.254

3. 通过扩展ACL配置，使得PC1和PC2之间不能正常通信，其他任何两台计算机之间都可以正常通信。

四、配置步骤

```
Switch>en
Switch#conf t
Switch(config)#vlan 10
Switch(config-vlan)#vlan 20
Switch(config-vlan)#exit
Switch(config)#interface range fastEthernet 0/1-8
Switch(config-if-range)#switchport access vlan 10
Switch(config-if-range)#exit
Switch(config)#interface range fastEthernet 0/9-16
Switch(config-if-range)#switchport access vlan 20
Switch(config-if-range)#exit
Switch(config)#int vlan 10
Switch(config-if)#ip address 192.168.1.254 255.255.255.0
Switch(config-if)#int vlan 20
Switch(config-if)#ip address 192.168.2.254 255.255.255.0
Switch(config-if)#exit
Switch(config)#access-list 100 deny ip host 192.168.1.1 host 192.168.2.1
Switch(config)#access-list 100 permit ip any any
Switch(config)#interface vlan 20
Switch(config-if)#ip access-group 100 out
Switch(config-if)#end
```

五、实验结果

实验结果见表10-31。

六、小结与提示

1. 与标准ACL相比，扩展ACL可以检查的内容更多，包括源IP、目标IP、协议类型、端口号、TCP的标志位等，因此可以实现更加复杂的包过滤策略，见表10-33。

表 10 - 33 项目十三实验结果

测试案例	测试命令	测试结果
PC0 ping PC2	ping 192. 168. 2. 1	通
PC0 ping PC3	ping 192. 168. 2. 2	通
PC1 ping PC2	ping 192. 168. 2. 1	不通
PC1 ping PC3	ping 192. 168. 2. 2	通

2. 一些典型的扩展 ACL 应用如下：

(1) access - list 100 deny icmp any any：禁止 ICMP 协议。

(2) access - list 100 deny ip 192. 168. 1. 0 0. 0. 0. 255 any：禁止 192. 168. 1. 0 子网。

(3) access - list 110 permit tcp any any eq www：只允许 www 访问。

(4) access - list 110 permit tcp any any lt 1024：只允许访问 1024 以下的端口。

项目十四 路由器 NAT 配置

一、实验目的

1. 理解网络地址转换的工作原理。

2. 掌握 NAT 在路由器的配置。

二、实验拓扑

路由器 NAT 配置实验拓扑如图 10 - 18 所示。

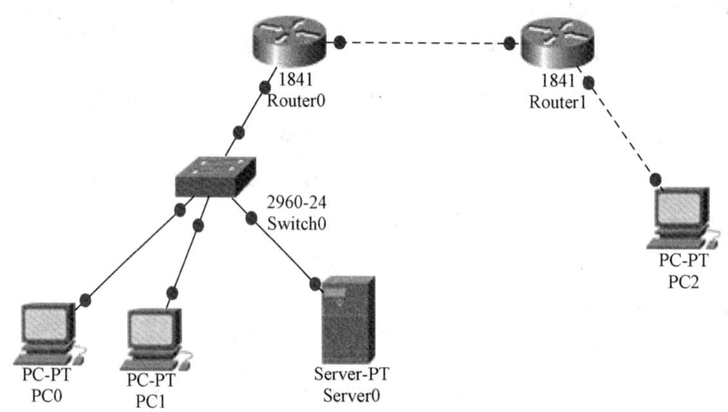

图 10 - 18 路由器 NAT 配置

三、实验要求

1. 两台路由器通过 Fa 0/1 口连接，各接口配置见表 10 - 34。

表 10 - 34 路由器各接口配置

设备	端口	IP 地址	子网掩码
Router0	Fa 0/0	192. 168. 0. 254	255. 255. 255. 0
	Fa 0/1	10. 0. 0. 1	255. 255. 255. 0

续表

设备	端口	IP 地址	子网掩码
Router1	Fa 0/0	172.16.0.254	255.255.255.0
	Fa 0/1	10.0.0.2	255.255.255.0

2. 为计算机配置 IP 地址见表 10-35。

表 10-35 **路由器为计算机配置 IP 地址**

计算机	连接端口	IP 地址	子网掩码	网关
PC0	Switch0，Port 1	192.168.0.1	255.255.255.0	192.168.0.254
PC1	Switch0，Port 2	192.168.0.2	255.255.255.0	192.168.0.254
PC2	Router1，Port 0	172.16.0.1	255.255.255.0	172.16.0.254
Server0	Switch0，Port 3	192.168.0.100	255.255.255.0	192.168.0.254

3. 在 Router0 上配置 NAT，模拟内网路由器，所有内网的计算机与外网通信时，要经过 Router0 的网络地址转换。

4. 在 Router0 上配置端口映射，将 10.0.0.1：80 映射至 192.168.0.100：80，保证外网可以通过 10.0.0.1 访问内网服务器的 WWW 服务。

四、配置步骤

1. Router0

```
Router>en
Router#conf t
Router(config)#acc
Router(config)#access-list 1 permit 192.168.0.0 0.0.0.255
Router(config)#interface fastEthernet 0/0
Router(config-if)#no shutdown
Router(config-if)#ip address 192.168.0.254 255.255.255.0
Router(config-if)#ip nat inside
Router(config-if)#exit
Router(config)#interface fastEthernet 0/1
Router(config-if)#no shutdown
Router(config-if)#ip address 10.0.0.1 255.255.255.0
Router(config-if)#ip nat outside
Router(config-if)#exit
Router(config)#ip nat inside source list 1 interface fastEthernet 0/1 overload
Router(config)#ip nat inside source static tcp 192.168.0.100 80 10.0.0.1 80
Router(config)#ip route 0.0.0.0 0.0.0.0 10.0.0.2
Router(config)#end
```

2. Router1

```
Router>enable
```

```
Router#configure terminal
Router(config)#interface FastEthernet0/0
Router(config-if)#no shutdown
Router(config-if)#ip address 172.16.0.254 255.255.255.0
Router(config-if)#exit
Router(config)#interface FastEthernet0/1
Router(config-if)#no shutdown
Router(config-if)#ip address 10.0.0.2 255.255.255.0
Router(config-if)#end
```

五、实验结果

1. 连通性测试见表 10-36。

表 10-36 连通性测试实验结果

测试案例	测试命令	测试结果
PC0 ping PC2	ping 172.16.0.1	通
PC1 ping PC2	ping 172.16.0.1	通
PC2 ping PC0	ping 192.168.0.1	不通
PC2 ping PC1	ping 192.168.0.2	不通

2. 查看 NAT 转换日志。在 Router0 上运行命令 Router#show ip nat translations 可以查看 NAT 转换日志，如下：

```
Pro Inside global      Inside local         Outside local        Outside global
icmp 10.0.0.1:48       192.168.0.1:48       172.16.0.1:48        172.16.0.1:48
icmp 10.0.0.1:49       192.168.0.1:49       172.16.0.1:49        172.16.0.1:49
icmp 10.0.0.1:50       192.168.0.1:50       172.16.0.1:50        172.16.0.1:50
icmp 10.0.0.1:51       192.168.0.1:51       172.16.0.1:51        172.16.0.1:51
tcp 10.0.0.1:80        192.168.0.100:80     172.16.0.1:1025      172.16.0.1:1025
tcp 10.0.0.1:80        192.168.0.100:80     172.16.0.1:1026      172.16.0.1:1026
tcp 10.0.0.1:80        192.168.0.100:80     172.16.0.1:1027      172.16.0.1:1027
tcp 10.0.0.1:80        192.168.0.100:80     172.16.0.1:1028      172.16.0.1:1028
tcp 10.0.0.1:80        192.168.0.100:80     172.16.0.1:1029      172.16.0.1:1029
tcp 10.0.0.1:80        192.168.0.100:80     172.16.0.1:1030      172.16.0.1:1030
```

3. Web 访问测试。在 PC2 上启动浏览器，输入“http://10.0.0.1”，查看 Web 服务是否正常，如图 10-19 所示。

六、小结与提示

1. NAT 是目前 Internet 上运行最多的服务之一，在缓解 IPv4 地址紧缺方面起着很重要的作用。在我国，几乎所有的企业网络都要通过 NAT 来连接互联网，或者说，几乎所有的 Internet 路由器都在运行 NAT 服务。

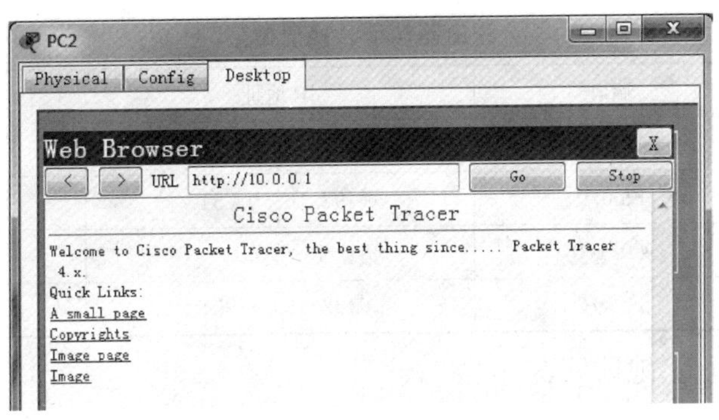

图 10-19 经过 NAT 端口映射的 Web 服务

2. NAT 在缓解 IP 地址紧缺的同时，还在一定程度上保护了内部网络，因为有了 NAT 这个屏障后，外网是无法直接访问内网的。

3. 通过端口映射，可以将外网合法的 IP 地址映射至内网 IP 地址上，从而实现某种特定的 Internet 服务，最常见的服务就是 Web 服务。

4. 本实验将所有内网 IP 地址映射到了路由器的外网接口上，通过一个 IP 地址对外提供服务，如果内网的计算机数量很大，这种配置方法就不行了，可以申请多个合法的外网 IP 地址，并将内网地址映射到这个地址池中（即 NAT Pool），相应的配置命令是“ip nat inside source list 1 pool 池名称”。

项目十五 PPP 协议配置

一、实验目的

1. 认识路由器的 Serials 接口。
2. 掌握 PPP PAP/CHAP 协议的配置。

二、实验拓扑

PPP 协议配置实验拓扑如图 10-20 所示。

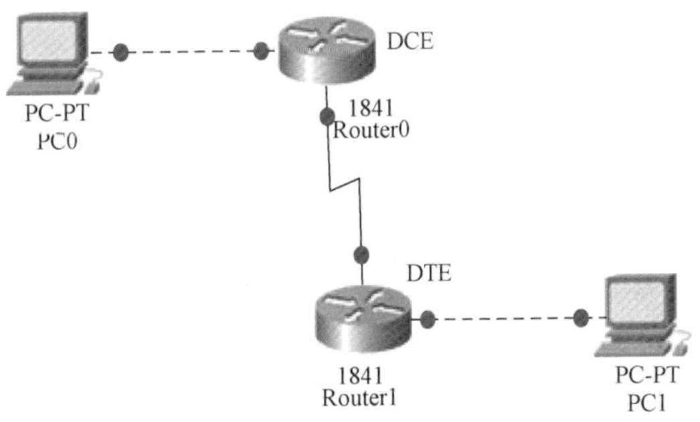

图 10-20 PPP 协议配置

三、实验要求

1. 两台路由器通过 s 0/1/0 口连接，DCE 端要求启用 PPP/PAP 单向验证协议，认证用户名为“abc”，密码为“0000”，双方通信速率 4Mbit/s，认证各接口配置见表 10-37。

表 10-37 **路由器认证各接口配置**

设备	端口	IP 地址	子网掩码
DCE	s 0/1/0	10.0.0.1	255.255.255.0
	Fa 0/0	192.168.0.254	255.255.255.0
DTE	s 0/1/0	10.0.0.2	255.255.255.0
	Fa 0/0	192.168.1.254	255.255.255.0

2. 为计算机配置 IP 地址见表 10-38。

表 10-38 **PPP 协议配置为计算机配置 IP 地址**

计算机	连接端口	IP 地址	子网掩码	网关
PC0	DCE，Fa 0/0	192.168.0.1	255.255.255.0	192.168.0.254
PC1	DTE，Fa 0/0	192.168.1.1	255.255.255.0	192.168.1.254

3. 要求 PC0 和 PC1 能正常通信。

四、配置步骤

1. DCE 端

```
Router>en
Router#conf t
Router(config)#interface fastEthernet 0/0
Router(config-if)#no shutdown
Router(config-if)#ip address 192.168.0.254 255.255.255.0
Router(config-if)#exit
Router(config)#interface serial 0/1/0
Router(config-if)#no shutdown
Router(config-if)#ip address 10.0.0.1 255.255.255.0
Router(config-if)#clock rate 4000000
Router(config-if)#encapsulation ppp
Router(config-if)#ppp authentication pap
Router(config-if)#exit
Router(config)#username abc password 0 0000
Router(config)#end
```

2. DTE 端

```
Router>en
Router#conf t
Router(config)#interface fastEthernet 0/0
Router(config-if)#no shutdown
Router(config-if)#ip address 192.168.1.254 255.255.255.0
Router(config-if)#exit
Router(config)#int serial 0/1/0
```

```
Router(config-if)#no shutdown
Router(config-if)#ip address 10.0.0.2 255.255.255.0
Router(config-if)#encapsulation ppp
Router(config-if)#ppp pap sent-username abc password 0 0000
Router(config-if)#end
```

五、实验结果

实验结果见表10-39。

表10-39 项目十五实验结果

测试案例	测试命令	测试结果
PC0 ping PC1	ping 192.168.1.1	通

六、小结与提示

1. 前面的实验，我们无一例外地使用了以太网连接，以太网适用于局域网，在路由器与广域网连接时，一般采用串行口（即Serial口）连接。与以太网不同，串行口可以自己定义网速，命令Clock rate用于定义串口的时钟频率（即网速），实践中，电信运营商一般也会根据这个频率的高低进行相应的收费。

2. 串行口的通信协议有PPP、HDLC和frame-relay三种，前两者用于点对点的链路，frame-relay用于点对多点的链路。在广域网的点对点链路中，一般又都使用PPP协议，因为HDLC没有认证功能，线路容易被盗接。

3. PPP支持两种认证协议PAP（Password Authentication Protocol，密码验证协议）和CHAP（Challenge Handshake Authentication Protocol，质询握手身份验证协议），PAP协议比CHAP协议简单，适用于安全级别要求不是很高的场合。

4. 根据需求的不同，PAP协议可配置成单向验证或者是双向验证，本实验仅在DCE端配置了单向验证，如果在DTE端也配置了验证信息，那么就成了双向验证。

5. 在配置PAP验证信息时，要保证DCE端定义的用户名和密码，要与DTE端发送的用户名和密码完全相同。

项目十六 端口聚合配置

一、实验目的

1. 理解端口聚合的意义。
2. 掌握以太网端口聚合的配置。

二、实验拓扑

端口聚合配置如图10-21所示。

三、实验要求

1. 两台交换机的1.2.3.4号端口通过双绞线直接连接。
2. 通过端口聚合的配置使得PC0和PC1之间可以正常通信。

四、配置步骤

两台交换的配置完全相同，配置过程如下：

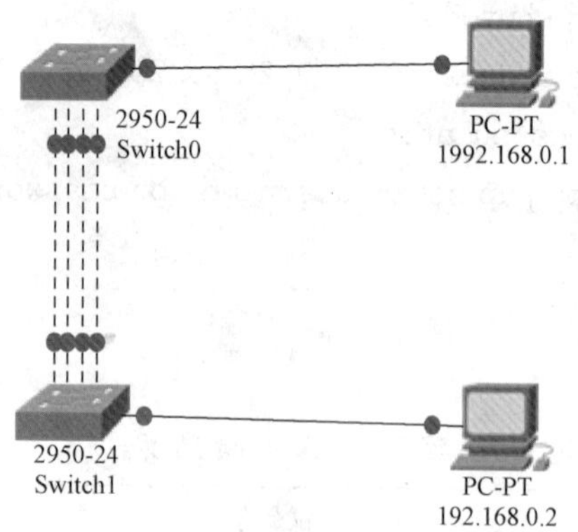

图 10-21　端口聚合配置

```
Switch>en
Switch#conf t
Switch(config)#interface range fastEthernet 0/1-4
Switch(config-if-range)#channel-group 1 mode on
Switch(config-if-range)#end
```

五、实验结果

实验结果见表 10-40。

表 10-40　项目十六的实验结果

测试案例	测试命令	测试结果
PC0 ping PC1	ping 192.168.0.2	通

六、小结与提示

1. 链路聚合在增加链路带宽、实现链路传输弹性和冗余等方面是一项很重要的技术，聚合以后的逻辑链路的带宽增加了 $n-1$ 倍（n 为聚合的路数），在 n 条链路中只要有一条可以正常工作，整个链路就可以工作。

2. 聚合模式分静态和动态两种，使用静态模式时，参与聚合的两端都需要设置为 on 模式；使用动态模式时，应当将一端端口的聚合模式设置为 active，另一端设置为 passive，或者两端都设置为 active。

3. 在交换机没有千兆端口，但需要高带宽的链路时，链路聚合功能非常有用。

参 考 文 献

[1] Andrew S Tanenbaum. 计算机网络 [M]. 4 版. 北京：清华大学出版社，2004.
[2] Mitch Tulloch、Ingrid Tulloch. 网络百科全书 [M]. 北京：科学出版社，2003.
[3] Terry William Ogletree. 防火墙原理与实施 [M]. 北京：电子工业出版社，2001.
[4] Wade trappe、Lawrence C Washington. 密码学概论 [M]. 北京：人民邮电出版社，2004.
[5] Joe Habraken. 计算机网络 [M]. 北京：人民邮电出版社，2002.
[6] 黄燕. 计算机网络教程 [M]. 北京：人民邮电出版社，2004.
[7] 长沙通信职业技术学院. 现代通信网络技术 [M]. 北京：人民邮电出版社，2004.
[8] 桂海源. 现代交换原理 [M]. 北京：人民邮电出版社，2002.
[9] 郭志峰. 阻击黑客进攻防卫技术 [M]. 北京：机械工业出版社，2002.
[10] 徐卓峰. 信息安全技术 [M]. 武汉：武汉理工大学出版社，2004.
[11] 胡胜红，毕娅. 网络工程原理与实践教程 [M]. 北京：人民邮电出版社，2005.
[12] 顾巧论，蔡振山，贾春福. 计算机网络安全 [M]. 北京：科学出版社，2003.
[13] 袁津生，吴砚农. 计算机网络安全基础 [M]. 2 版. 北京：人民邮电出版社，2004.
[14] 李振银. 网络管理与维护 [M]. 北京：中国铁道出版社，2004.
[15] 杨威，刘彦宏，杨陟卓. 网络工程设计与安装 [M]. 北京：电子工业出版社，2003.
[16] 李京宁. 网络综合布线 [M]. 北京：机械工业出版社，2004.
[17] 张少军. 通信与计算机网络技术 [M]. 北京：机械工业出版社，2003.
[18] 孙卫佳. 网络系统集成技术与实训 [M]. 北京：电子工业出版社，2005.
[19] 江思敏，李利，胡荣. 跟我学网络布线与组网 [M]. 北京：机械工业出版社，2002.